普通高等教育"十一五"国家级规划教材

教育部高等学校道路运输与工程教学指导分委员会"十三五"规划教材

ENVIRONMENTAL ECONOMICS

环境经济学

（第 3 版）

董小林　编著

人民交通出版社股份有限公司

China Communications Press Co.,Ltd.

内 容 提 要

本书共分十三章,内容包括:引论、环境经济学概论、经济学的有关基础理论、环境费用与环境成本、环保投资与环境效益、环境效益费用分析、环境经济系统分析、环境经济政策、环境保护的经济手段、环境建设项目经济分析与评价、低碳经济与循环经济、环保产业与环保融资、环境与环境经济指标体系。本书在编写时注重理论与实际相结合,注重采用最新资料和数据,力求结构严谨、语言精练。书中设有多个实例,每章末还附有复习思考题。

本书具有较强的系统性、科学性和实用性,可作为高等院校环境类专业和多个相关专业的本科生及研究生教材,同时也可供从事环境保护和经济管理工作的人员学习参考。

图书在版编目(CIP)数据

环境经济学 / 董小林编著. — 3 版. — 北京 : 人民交通出版社股份有限公司, 2019.9

ISBN 978-7-114-15756-1

Ⅰ.①环… Ⅱ.①董… Ⅲ.①环境经济学—高等学校 — 教材 Ⅳ.①X196

中国版本图书馆 CIP 数据核字(2019)第 170630 号

普通高等教育"十一五"国家级规划教材
教育部高等学校道路运输与工程教学指导分委员会"十三五"规划教材
Huanjing Jingjixue(Di 3 Ban)

书　　　名:	环境经济学(第 3 版)
著 作 者:	董小林
责任编辑:	李　晴
责任校对:	张　贺
责任印制:	张　凯
出版发行:	人民交通出版社股份有限公司
地　　　址:	(100011)北京市朝阳区安定门外外馆斜街 3 号
网　　　址:	http://www.ccpress.com.cn
销售电话:	(010)59757973
总 经 销:	人民交通出版社股份有限公司发行部
经　　　销:	各地新华书店
印　　　刷:	北京鑫正大印刷有限公司
开　　　本:	787×1092　1/16
印　　　张:	26
字　　　数:	620 千
版　　　次:	2005 年 3 月　第 1 版 2011 年 2 月　第 2 版 2019 年 9 月　第 3 版
印　　　次:	2019 年 9 月　第 3 版　第 1 次印刷　总第 5 次印刷
书　　　号:	ISBN 978-7-114-15756-1
定　　　价:	55.00 元

(有印刷、装订质量问题的图书由本公司负责调换)

前言
PREFACE

2005 年,《环境经济学》教材由人民交通出版社作为"面向 21 世纪交通版高等学校试用教材"出版。在当时,同类教材还比较少,不能满足高等院校相关专业的教学需求,《环境经济学》教材的适时出版发行取得了良好的效果。

2011 年,经修编再版后的《环境经济学(第 2 版)》列入普通高等教育"十一五"国家级规划教材,并于 2014 年进行了第 2 版第 2 次(总第 3 次)印刷。该教材被用于环境工程、环境科学等环境类专业以及其他相关专业本科生的教学,同时还作为多个专业和学科方向的研究生教材使用。2015 年,《环境经济学(第 2 版)》获陕西省优秀教材一等奖。

环境经济学是环境科学与经济学相互结合的一门交叉学科,是在全球环境问题日趋严峻,必须在发展经济的同时重视生态环境保护的形势下产生的一门新兴学科,也是近几十年来发展较快的一门学科。几十年来,我国环境与经济方面的专家学者,以及环境保护工作者在环境经济领域的许多方面进行了研究、探索与实践,创立、积累了许多宝贵的理论和经验,逐步形成了中国环境经济学的理论体系。目前,环境经济学在我国经济建设、社会建设、生态建设和可持续发展的进程中发挥着重要的指导作用。

党的十八大以来,党中央确立了创新、协调、绿色、开放、共享的发展理念,形成了习近平生态文明思想。环境保护与生态建设的一系列新理念、新思想、新战略的提出与实施,将绿色发展摆在了更加突出的位置。十九大报告对加快生态文

1

明体制改革、推进绿色发展、建设美丽中国进行了全面战略部署。《环境经济学》教材的再次修编就是在这一大背景下进行的。

第3版《环境经济学》在总结我们多年从事环境经济学教学与科研的经验，并对第2版《环境经济学》教材进行全面梳理的基础上，对教材的内容、架构、表述等进行了较大幅度的调整与更新，使之更能体现与适应教学的要求。第3版《环境经济学》教材的修编吸收了国内外一些研究机构、专家学者的研究成果，参考了许多相关文献，在此表示衷心感谢。同时，感谢一些学校的教师和学生在使用本教材过程中提出了宝贵意见和建议。限于作者水平，书中难免存在不妥之处，请读者指正并反馈给我们，联系邮箱：dxlchd@163.com。

第3版《环境经济学》教材的修编由董小林负责，宋赪、董治、程继夏、杨建军、刘丰旋、冯文昕、赵丽娟、赵佳红、王欢、薛文婕、吴阳、陈美玲、韩妮晏等参与了修编工作。

感谢编辑的辛勤劳动，在此向人民交通出版社股份有限公司表示诚挚的敬意，同时感谢长安大学教务处、长安大学研究生院对第3版《环境经济学》教材修编的支持。

长安大学　董小林

2019 年 2 月

目录
CONTENTS

第一章

引论

　　环境经济学是环境科学的一个分支学科。随着人类在防治环境污染和破坏方面所取得的进展,环境经济学这一新兴学科不断发展,逐步形成了具有成熟的基础理论、研究内容、研究方法的学科体系。环境经济学的发展目标是保护自然环境,改善生态环境,防治污染和环境公害,保障公众健康,推进生态文明建设,使人类生存与发展具有良好环境质量,促进经济社会可持续发展。环境经济学学科体系发展的前提是要明确其基本概念和基本理论。本章主要对环境、环境问题和环境科学的概念、内涵等要点进行论述,在此基础上,分析了经济与环境的辩证关系、环境问题的实质与环境经济学的理论基础。

第一节　环　境　概　述

　　环境是相对于某一中心主体事物而言的。环境经济学所研究的环境是以人为中心的环境,是指可以直接和间接影响人类生存和发展的各种自然因素和社会因素的总体。对环境概念的准确理解,对于协调人类与环境的关系,解决现实或潜在的环境问题,保护人类的生存环境,保障经济社会的可持续发展具有重要的基础性意义。

一、环境概念

环境(Environment)是相对于某个主体而言的,泛指某一主体周围的外部时空,及时空中的物质、能量、条件和状况等。在环境科学中,环境主要是指以人类为主体的外部时空,即人类和生物生存的时空及时空中的物质和条件等。

2015 年 1 月 1 日实施的《中华人民共和国环境保护法》(以下简称《环境保护法》)第一章第二条指出:"本法所称环境,是指影响人类生存和发展的各种天然的和经过人工改造的自然因素的总体,包括大气、水、海洋、土地、矿藏、森林、草原、野生生物、自然遗迹、人文遗迹、自然保护区、风景名胜区、城市和乡村等。"这是对环境的概念、含义和范围做出的法律规定,是开展环境保护工作,准确实施《环境保护法》的基础。

根据《环境保护法》对环境概念的界定可知,环境主要是指人群周围的时空境况,以及直接和间接影响人类生活和发展的各种自然因素和社会因素的总体,包括自然因素中的各种物体、现象和过程,以及人类发展中的各种社会和经济因素等。

二、环境分类

为了科学、系统、全面地分析环境,需要对环境进行分类。根据环境的概念、含义和内容特点,按照不同的角度,依据一定的分类方法对环境进行分类,以达到充分展示环境的内涵和外延,揭示环境的实质和内容,科学开展对环境研究与应用的目的。根据不同的目的和作用,环境分类的类别有多种。

在环境科学中,一般是以人类为主体进行环境分类,通常可以按环境的范围、环境的属性、环境的要素、环境的功能等进行分类。

(一)按照环境范围分类

按照环境范围大小进行环境分类,一般可分为一些特定范围的环境,如生活区环境、城市环境、乡村环境、区域环境、地球环境等。

1. 生活区环境

生活区环境指人类基础聚居场所的环境,包括:院落环境,即功能不同的建筑物和周围场院组成的基本环境单元;村落环境,指主要以农业人口聚居的基本环境单元;居住小区环境,主要指城镇居民聚居的基本环境单元等。

2. 城市环境

城市环境是人类开发利用自然资源创造出来的高度人工化的环境,是自然环境和人工环境高度结合的人类聚居环境。城市环境以人口、建筑高度密集,资源、能源大量消耗,各种人类活动频繁的人类现代化为特征。

3. 乡村环境

与城市环境相比较,乡村环境的主要特点表现为:乡村环境地域更广,自然生态环境显著,乡村人口居住密度、活动方式较为分散,大部分生活资料可直接来源于土地。

按照新农村建设的要求,乡村环境的建设要以加快改善人居环境,提高农民素质,推动"物的新农村"和"人的新农村"建设齐头并进为目标,积极稳妥推进新农村建设,不断优化乡村环境。

4.区域环境

区域环境是指有一定地域的环境。区域的范围可大可小,不同区域内的环境结构、生态特点、环境功能也千差万别。区域环境主要是按自然条件体系、社会经济条件体系、行政区划体系等来划分的,如生态区域环境、流域环境、经济区域环境、行政区域环境等。

5.地球环境

地球环境也称全球环境,它是人类生活发展和生物栖息繁衍的场所,是向人类提供各种资源的场所,也是不断受到人类活动改造和冲击的空间。地球环境可分为地理环境、地质环境等。地理环境是指与人类生产和生活密切相关的,由直接影响人类生活的水、土、大气、生物等环境要素组成,具有一定结构的地表自然系统;地质环境主要指的是自地表以下的地壳层。如果说地理环境为我们提供了大量的生活资料、可再生资源,那么地质环境则为我们提供了大量的、难以再生的矿产资源。

随着人类活动逐步进入大气层以外的空间,空间环境、宇宙环境的概念也被提出来了。人类接触到的宇宙环境同人类生活所处的环境有很大的不同,对人类生存影响很大。

(二)按照环境属性分类

环境是指可以直接和间接影响人类生存、生活和发展的空间以及各种自然因素和社会因素的总体。按照环境的自然属性和社会属性分类,环境可分为自然环境和社会环境,自然环境是社会环境的基础,社会环境是自然环境的发展,如图 1-1 所示。

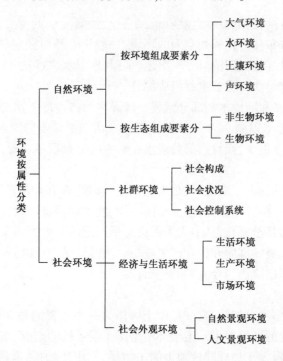

图 1-1　环境的自然和社会属性分类

1. 自然环境

自然环境(Natural Environment)是围绕人们周围的各种自然因素的总和,是人类赖以生存和发展的物质基础,如大气、水、土壤、植物、动物、太阳辐射等。自然环境的分类比较多,按照其主要的环境组成要素,可分为大气环境、水环境、土壤环境、声环境等。

(1)大气环境

大气是自然环境的重要组成部分,是人类和生物生存所必需的物质。大气环境是指人与生物赖以生存的,具有一定物理、化学和生物学特性的空气物质、能量与条件。在自然状态下,大气由混合气体、水汽和杂质组成。除去水汽和杂质的空气称为干洁空气。在空气中,干洁空气的体积约占大气总体积的99.97%,水蒸气等占0.03%。其中干洁空气中的三种主要气体,即氮(N_2)(78%)、氧(O_2)(21%)、氩(Ar)(0.94%),它们的体积占大气总体积的99.94%,另外二氧化碳(CO_2)约占0.03%。自地球表面向上,大约85km以内的大气层里,这些气体组分的含量几乎是不变的,因此称为恒定组分。

在大气中还存在不定组分,其主要来自两个方面:一是来自自然方面(自然源),如火山爆发、森林火灾、海啸、地震等灾害形成的污染物,如尘埃、硫、硫化氢、硫氧化物、碳氧化物等;二是来自人类活动方面(人为源),如人类的生活、消费、交通、工农业等生产排放的废气等。

洁净的大气对人类的健康和生命来说至关重要。人类活动或自然变化过程中会产生某些物质进入大气中,达到足够的浓度与足够的时间,就造成了大气污染,并因此危害人体的健康以及造成其他方面的损害。大气污染使得大气质量变差甚至恶化,对生态环境等产生影响和破坏,所以保护大气环境是非常重要的。

(2)水环境

水是人类和生物生存所需的基本自然物质,是社会经济发展的重要基础资源。水环境是指地球的自然水形成、分布和转化所处空间的环境,一般指有相对稳定的、以陆地为边界的天然水域所处空间的环境。河流、湖泊、沼泽、湿地、水库、地下水、冰川、海洋等储水体中的水,以及水中物质、底质及生物是水环境的主要组成部分。

地球上的水由海洋水和陆地水两部分组成。海洋水约占地球上水总量的97.3%,而陆地水的占比不到3%。陆地水以淡水为主,人类生活生产活动所必需的淡水水量有限,可以较容易地使用和开发的淡水量更少,而且这部分淡水在时空的分布很不均衡,所处空间的环境十分复杂。

水环境是构成环境的基本要素之一,是人类社会赖以生存和发展的重要物质及要素。由于人类活动的加剧以及一些自然原因,造成水体污染,使水的感观性状、物理化学性能、化学成分、生物组成等状况变劣甚至恶化,其中人为污染是最严重的。水污染及其所带来的危害更加剧了水资源的紧张,对人类的健康和生存产生威胁。水污染是当今世界一个突出的环境问题,防止水污染、保护水资源已成为当今人类的迫切任务。

(3)土壤环境

在地球陆地地表有多种自然体存在,其中土壤作为一个重要的独立的自然体发挥着不可替代的作用,是非常重要的环境要素。土壤环境是指土壤系统的组成、结构和功能特性及所处的状态。土壤环境连续覆盖于地球陆地地表的土壤层,是由矿物质、有机质、水分和空气等物质组成的一个非常复杂的系统。土壤系统具有独特的结构和功能,是人类与生物的生存环境之一。

土壤也是人类排放各种废物的场所,当进入土壤系统的各种物质数量超过了它本身所能承受的能力时,就会破坏土壤系统原有的平衡,发生土壤污染。同时,土壤污染又会使大气、水体等进一步受到污染。

人类的一些开发建设活动对土壤环境也会产生诸如土壤侵蚀、土壤酸化、次生盐渍化等多方面的污染影响。所以在社会经济发展的同时,保护土壤环境,协调两者的关系,加强土壤环境管理具有十分重要的意义。

(4)声环境

声音是充满自然界的一种物理现象。声音是由物体振动而产生的,发声的物体称为声源。声音能通过固体、液体和气体介质向外界传播,并且被感受目标所接收。声学中把声源、介质、接收器称为声音的三要素。

人类和生物的生存需要声音。对于人类来说,良好的声环境有利于人类正常的生活、工作和健康。不良的、甚至是恶劣的声环境会直接影响人们的活动,对人类产生危害。这些不需要的声音,称为环境噪声。噪声污染的危害在于它直接对人体的生理和心理产生影响,诱发疾病,进而影响到人们的生活和工作,同时噪声对动物也存在不良影响。

环境噪声的来源,按污染种类可分为交通噪声、工厂噪声、施工噪声、社会生活噪声和自然噪声等。其中,交通噪声是由各种交通运输工具在行驶中产生的。交通噪声一般较大,影响区域分布最广,受危害的人数最多。面对人类社会的现代化,不断发展的城市化,对噪声进行控制、保持良好的声环境是保护环境、保护人类的重要任务。

2.社会环境

社会环境(Social Environment)是人类创造出来的环境,是人类活动的必然产物。社会环境是人类在利用和改造自然环境过程中创造出来的人工环境和人类在生活和生产活动中所形成的人与人之间关系的总体。社会环境是人类在自然环境的基础上,通过长期有意识的社会劳动,加工和改造了的自然物质、创造的物质生产体系、积累的物质文化等所形成的环境体系。社会环境一方面是人类精神文明和物质文明发展的标志,另一方面又随着人类文明的演进而不断地丰富和发展。

社会环境所包含的内容是广泛的,可以说自然环境所包含内容之外的东西均是社会环境所包含的内容。社会环境的广义概念包括经济、政治、文化、道德、宗教、风俗,以及人类建造的各种建筑物、构筑物、其他形态和作用的人工物品等要素。具体来说,社会环境包括自然条件的利用、土地使用、建设设施、社会结构、经济发展、文化宗教、医疗教育、生活条件、文物古迹、旅游景观、环境美学和环境经济等众多内容。

根据社会环境的广义概念,社会环境包括社群环境、经济与生活环境、社会外观环境三个方面,反映了社会环境的基本结构、功能和外貌。

(1)社群环境

社群一般是指在某些边界线、地区或领域内的社会群体以及与其发生作用的一切社会关系。社群也可用来表示一些有特殊关系的社群,如一个有相互关系的网络等。

社群环境主要包括社会构成、社会状况、社会约束与控制系统,以此反映社会群体的特征和结构。社会构成主要包括性别、年龄、民族、种族、职业、家庭、宗教,以及社会团体和机构等;社会状况主要包括健康水平、文化程度、居住环境、社会关系、生活习惯、收入水平、就业与失业、娱乐、福利等;社会约束与控制系统主要包括行政、法律、宗教、舆论、公安与军队等。

（2）经济与生活环境

产业划分通常是按照联合国使用的分类方法分为三大产业。在我国，第一产业主要包括农业、林业、牧业和渔业等；第二产业主要包括采矿业、制造业、电力、热力、燃气及水生产和供应业、建筑业等；第三产业包括商业、金融、交通运输、通信、房地产业、教育、服务业等。经济与生活环境主要是由第一产业、第二产业、第三产业所反映出来的生产环境、市场环境和生活环境，及其结构和功能组成。

以农业为主的第一产业、以工业为主的第二产业，其相应的技术、设施、条件、活动等，称为生产环境；以服务业为主的第三产业，其具体的服务和有关设施与条件，称为生活环境；商品和服务的提供与买卖交换的设施、条件与活动，称为市场环境。

（3）社会外观环境

社会外观主要指自然景观与人文景观，是人类感知的自然与人文的有形体与环境氛围配合的系统。

自然景观是指未受人类影响的地球自然景观，如地形景观、地质景观、森林景观、天文景观、气候景观、生物景观等。实际上，自然环境的各种环境因子，如空气、水、生物、土壤，都是自然景观，而所谓有价值的自然景观是人为因素确定的，如具有科学研究、观赏旅游价值的自然资源等。

人文景观是以人为因素为主的景观，是指可以作为景观的人类社会的各种文化集合。一般是指历史形成的、与人的社会活动有关的景物构成的现象，如文物古迹、宗教名胜、民族风情、地方特色等，也包括当代人改造自然和社会建设产生的景观。人文景观是具有历史、文化价值的旅游资源。

社会环境的概念非常重要，在环境科学中，社会环境逐渐得到重视，但对于社会环境的概念、意义以及所包括的内容等，还没有较为规范的界定。例如，由于经济发展和生产力的提高直接促进社会的发展和进步，一些文献习惯使用社会经济环境的提法，或是把经济环境与社会环境作为同一层次上两个不同的概念，以强调经济发展的重要性，但实质上经济环境隶属于社会环境。

社会环境有广义和狭义之分。广义的社会环境前面已经做了较系统的论述，关于狭义的社会环境也有不少论述，主要是与人们的生活环境联系在一起，如有些人认为居住、交通、文化教育、商业服务以及绿化为社会环境的五要素；有些人提出社会环境质量的三原则，即舒适原则、清洁原则和美学原则。

三、生态环境

生态环境（Ecological Environment）是一个很重要的生态学概念。当今时代，生态、生态环境、生态保护、生态建设已成为使用频率很高的术语。

生态是指生物（包括动物、植物、微生物等）成长、繁育的生存状态，这种状态体现在生物与生物之间、生物与周围环境之间的相互联系和相互作用。

生态环境概念的表述有多种，如：生态环境是对生物生长、发育、繁殖、行为和分布有影响的自然环境因子的综合；生态环境是指由生物群落及非生物自然因素组成的各种生态系统所构成的整体；生态环境是指影响人类与其他生物生存和发展的水资源、土地资源、生物资源以及气候资源等的总称。

对生物有着直接影响的环境因子,主要或完全由自然因素组成。如水、热、光、大气、土壤等非生物自然因素,动物、植物、微生物等生物的相互作用等,都是对生物有着直接影响的环境因子。生态环境的破坏不但直接影响生物,也对人类的生存和发展产生直接且长远的影响。

生态环境并不等同于自然环境,生态环境与自然环境是有区别的。自然环境的外延比较广,各种天然因素的总体都可以说是自然环境,自然环境可以针对生物,也可以针对非生物;生态环境内涵比较小,只有生物的存在,才能有生态环境。自然环境从地球形成以后就存在,生态环境是生物出现后的环境,而人类生态环境一般是人类出现后的环境系统。所以说,生态环境隶属自然环境,二者具有包含关系。

生态环境更多关注的是非人类生物的环境,实际上,关注非人类生物的环境就是关注人类的生态环境。以人类为主体的生态环境是指对人类生存和发展有影响的自然因子和其他生物的综合系统。强调以人为主体的生态环境概念是以人与自然界的关系、人与其他生物的关系为基本出发点,注重人与自然、人与生物相互联系、相互依赖和相互作用的整体性,使人与自然、人与生物和谐相处,从而实现人类社会的可持续发展。

生态保护是指在对自然资源和自然环境保护的基础上,保护好生物生存所需要的资源,从而保护生物资源。生态建设主要包括两方面,一是保护生态环境的活动,二是对人类活动干扰和破坏了的生态系统进行恢复和重建。

生态文明是人类文明发展的一个新的阶段,即工业文明之后的文明形态,是人类遵循人、自然、社会和谐发展这一客观规律而取得的物质与精神成果的总和。

生态文明建设就是把可持续发展提升到绿色发展高度,建设以人与自然、人与人、人与社会和谐共生、良性循环、全面发展、持续繁荣为基本宗旨的社会形态。

四、自然资源与自然环境

(一)自然资源

自然资源(Natural Resources)是自然界中可以被人类生产生活利用的资源。联合国出版的文献中对自然资源的含义解释为:"人在其自然环境中发现的各种成分,只要它能以任何方式为人类提供福利都属于自然资源。从广义来说,自然资源包括全球范围内的一切要素,它既包括过去进化阶段中无生命的物理成分,如矿物,又包括地球演化过程中的产物,如植物、动物、景观要素、地形、水、空气、土壤和化石资源等。"从经济学的角度来说,自然资源是公共资源(Common Resource)的基础和组成部分。公共资源是指自然生成或自然存在的资源,它能为人类提供生存、发展、享受的自然物质与自然条件。这些资源的所有权由全体社会成员共同享有,是人类社会经济发展共同所有的基础条件。

自然资源是人类生活和生产资料的来源,是人类社会和经济发展的物质基础。自然资源具有可用性、整体性、变化性、空间分布不均匀性和区域性等特点,是人类生存和可持续发展的重要条件之一。自然资源的类型有多种划分方法,按资源的实物类型划分,自然资源包括土地资源、气候资源、水资源、生物资源、矿产资源、海洋资源、能源资源、旅游资源等;按资源的形体类型划分,自然资源可分为有形自然资源和无形自然资源,有形自然资源如土地、水体、动植物、矿产等,无形自然资源如光资源、热资源等。按资源的再生性划分,自然资源可分为以下三类:

(1)可再生资源。可再生资源又称可更新资源,是指那些被人类开发利用后,能够依靠生态系统自身在运行中的再生能力得到恢复或再生的资源,如生物资源、水资源等。

（2）不可再生资源。不可再生资源又称不可更新资源,一般是指那些在人类开发利用后,储量会逐渐减少以至枯竭,而不能再生的资源,如矿产资源、土壤资源等。

（3）恒定资源。恒定指"取之不尽、用之不竭"。恒定资源是那些被人类利用后,在可以预计的时间内不会导致其储量的减少,也不会导致其枯竭的资源,如太阳能、风能、潮汐能等。对于环境科学而言,恒定资源是组成环境的要素,但不是环境保护法律法规规定的环境保护对象。

（二）自然资源和自然环境的关系

从自然资源与自然环境的基本概念可知,自然资源与自然环境既有联系,又有区别。联系是指两者是紧密联系的有机体,区别是针对术语与实际应用所体现出来的不同。

从资源的角度来说,自然资源是指具有社会有效性和相对稀缺性的自然物质或自然环境的总称;从环境的角度来说,自然资源就是自然界天然存在的各种自然环境要素。

自然资源具有两重性,它既是人类生存和发展的基础,又是环境要素。如大气、水、土地等既是重要的自然资源,又是组成自然环境的基本要素,它们构成大气环境、水环境、土壤环境等。但是,自然环境是指在客观存在的物质世界中,影响人类生存和发展的各种自然因素的总和,而自然资源则是从人类可利用的角度定义的,是指在一定的人类社会需求和技术经济条件下,人类可以直接开发利用而产生经济价值的自然物质。

根据人类活动对环境的影响结果,一般把环境影响分为两类:一类是环境污染,称为污染型影响;另一类是环境破坏,称为破坏型影响,主要指资源破坏和生态破坏(引起自然资源数量减少),或称资源与生态破坏型影响。与其对应的环境要素可分为三类,如图1-2所示。第一类是仅产生污染型影响的环境要素,如声、振动、辐射等;第二类是既可以产生污染型影响,又可以导致破坏型影响的环境要素,如水、土壤、大气等,这类环境要素在产生环境污染的同时伴随着可利用的自然资源数量的减少,如一些地区出现的水质性缺水就是例证;第三类是仅产生破坏型影响,如对森林、草地、野生生物等的破坏,从而导致自然资源与生态系统的破坏。

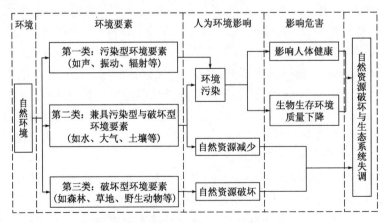

图 1-2　自然环境、自然资源与生态系统的关系

五、环境与经济的辩证关系

人与环境的关系主要体现在环境与经济之间的关系上。依据马克思主义的观点,环境与

经济之间是对立统一的关系,两者是统一事物的两个侧面,既对立,又统一,既互相制约,又互相促进。

(一)环境与经济的矛盾

环境是人类生存和发展的必备条件,随着人类社会发展进程的加快,人类的一些不合理的社会经济活动与环境产生了矛盾。环境与经济之间的矛盾主要表现在两方面:一是经济发展对自然资源的需求是巨大的,而环境可以提供给经济发展所需的许多自然资源是有限的,特别是作为生产资料的自然资源,因其具有有限性、稀缺性,所以不能完全符合人类经济发展要求;二是经济发展会影响环境质量。如果经济发展的方式、结构、规模不合理,经济发展就可能超过环境承载力,从而使环境质量下降,环境资源被破坏,经济的发展受到制约,甚至不利于人类的生存和发展。恩格斯指出:"我们不要过分陶醉于我们人类对自然界的胜利。对于每一次这样的胜利,自然界都对我们进行了报复。"恩格斯在一个多世纪前就深刻强调,人类活动对自然的掠夺导致人类自己会深受其害。

(二)环境与经济的统一

环境与经济也是统一的。环境是经济发展的重要保障,为经济发展提供资源,向人类提供生产和生活的条件,只有环境不断地为人类经济活动提供资源,才能使经济发展成为可能。环境是人类生存和发展活动的载体,环境中的自然资源是人类进行经济活动的物质基础,不仅生产过程中的劳动对象、劳动资料来自自然环境,而且劳动者的生存、繁衍与能力的提高,以及社会再生产全过程都要在自然环境中进行。自然资源是人类创造财富的物质基础,以维持和促进人类的生存与发展。科学健康的经济发展并不只是单方面向自然环境索取资源,反过来也能改造环境、美化环境,为保护环境、提高环境质量提供物质条件。只有经济可持续发展,才能为环境的保护与改善提供物质基础和能力来源。

(三)环境与经济的对立统一关系

恩格斯指出:"只要我们依据唯物辩证法,就能够正确认识和掌握人与环境的关系及其发展过程。"毛泽东指出:"马克思主义的哲学认为,对立统一规律是宇宙的根本规律,这个规律,不论在自然界、人类社会和人们的思想中,都是普遍存在的。"唯物辩证法的对立统一规律也是指导经济发展与环境保护的哲学基础。

环境与经济的普遍矛盾现象,其规律性并不在于两者之间的对立,而在于对立向统一的转化,在于非一致性向一致性的转化。因此,只有认识环境与经济之间的矛盾及其规律性,才能做出有利于环境与经济矛盾调和、协调发展的正确决策。

毛泽东指出:"矛盾着的对立面又统一,又斗争。"在一定条件下,对立双方互相依存、互相制约和互相转化,因此,要从统一中把握对立,要从对立中把握统一。环境与经济之间既对立又统一,二者相互促进,相互制约。环境一方面为经济发展提供资源,促进经济发展;另一方面由于环境制约导致经济不健康发展。经济一方面促进自然环境更加适合人类生存和发展的需要,利用自然规律创造出更适合人类需要的人工环境;另一方面要防止不合理的经济发展带来严重的环境问题,同时要对环境改善起到积极作用。因此,必须正确认识和处理经济和环境之间的关系,充分发挥两者的相互促进作用,调和两者的矛盾,使经济和环境协调发展。

第二节 环境问题概述

人类生存和发展是通过人类的活动而实现的。人类在创造适合人类生存和发展环境的过程中,形成了更适合人类生存的新环境,但也有可能恶化了人类的生存环境。人类生产、生活活动中产生的各种污染因素进入环境,超过了环境容量的容许极限,使环境受到污染和破坏;人类在开发利用自然资源时,超越了环境自身的承载能力,使自然资源和生态环境质量恶化,这些都属于人为造成的环境问题。当前人类面临着不断发展的要求,也面临着日益严重的环境问题,在这一反复曲折的过程中,人类的生存环境形成了一个庞大的、复杂的、多层次、多组元相互影响和交融的矛盾体系。

一、环境问题的概念

环境问题(Environmental Problem)是指不利于人类生存和发展的环境状态、环境质量和环境结构及其变化过程。人类活动与自然活动带来的不利影响,使得环境质量下降或受到破坏,这种变化反过来也会对人类的生产和生活造成不利影响。环境问题有广义和狭义之分。

(一)狭义环境问题

狭义环境问题指在人类活动作用下,人们周围环境结构与状态发生不利于人类生存和发展的变化。具体是指由于人类活动作用于人们周围的环境所引起的环境质量变化,以及这种变化反过来对人类的生产、生活和健康产生的影响。

人类活动产生的环境问题,其影响是显著的、全方位的。狭义环境问题可分为环境污染型环境问题和环境破坏型环境问题。

(1)环境污染型环境问题:即对环境质量产生不利影响的环境污染,如大气环境污染、水环境污染、土壤环境污染和声环境污染等。

(2)环境破坏型环境问题:主要是指生态破坏和资源破坏。生态破坏是指对生态系统的生物生长、发育、繁衍、行为和分布的环境条件产生严重影响的环境问题。资源破坏是指自然资源的破坏性使用和对短缺自然资源的超额利用而产生的环境问题。如对水、土地、森林和草原资源的破坏等。由于生态系统与自然资源的重要性,人们常把环境破坏称为生态破坏或资源破坏。

(二)广义环境问题

广义环境问题是指任何不利于人类生存和发展的环境状态、环境质量和环境结构及其变化过程。广义环境问题产生的原因包括人类活动方面的,也包括自然活动方面的。

二、环境问题分类

环境问题类型有多种,对环境问题进行分类是为了科学地分析环境问题,揭示环境问题的实质,以达到控制和解决环境问题的目的。环境问题分类如图 1-3 所示。

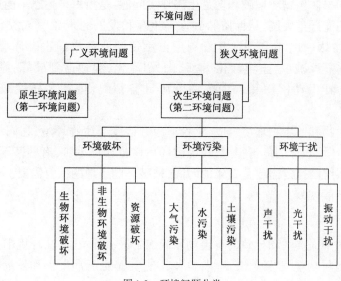

图 1-3　环境问题分类

（一）原生环境问题

原生环境问题也称为第一环境问题，它是由自然活动引起的自然环境本身的变化，没有人为因素或很少有人为因素参与。原生环境问题是自然激发的，主要受自然力的作用，而且人类对其缺乏控制能力，并使人类遭受一定损害的问题。由于人类自身知识和力量有限，对自然灾害还不能有效控制，如：地震、火山活动、台风、洪水、干旱、泥石流、滑坡等。对自然灾害导致的环境风险的防范以及对环境污染与破坏的防治是环境科学研究的一项内容，但原生环境问题不完全属于环境科学研究范畴，它们是灾害学的主要研究对象。

（二）次生环境问题

次生环境问题也称为第二环境问题。它是人类活动作用于环境而引起的环境问题，也就是前述的狭义环境问题概念。环境科学研究的主要对象是次生环境问题。次生环境问题可分为以下三种类型。

1.环境破坏

环境破坏主要指生态破坏和资源破坏。环境破坏主要是由于人类活动违背了自然生态规律，盲目开发自然资源而引起的。环境破坏的表现形式多种多样，按对象性质可分为以下两类：

（1）生物环境破坏。生物环境破坏主要指植物和动物的生长与生存环境遭到破坏。如：因过度砍伐引起的森林覆盖率锐减；因过度放牧引起的草原退化；因人类工程活动和滥肆捕杀等引起的生物多样性减少，动植物濒临灭绝或物种消失等。

（2）非生物环境破坏。非生物环境破坏主要指人类活动造成的非生物因素或条件的破坏。如：毁林、开荒以及不合适的大规模建设等造成的水土流失和沙漠化；地下水及地下其他资源的过度开采造成的地面下沉；其他不合理开发利用，造成资源破坏、地质结构破坏、地貌景观破坏等。

生物环境破坏与非生物环境破坏均是生态环境问题,是指由于生态平衡遭到破坏,导致生态系统的结构和功能严重失调,从而威胁到人类生存和发展的现象。人类活动是当今次生生态环境问题的主因,如:不合理地开发利用自然资源所造成的生态环境破坏,引起水土流失,森林和草地资源减少,土壤沙化、盐碱化、沼泽化,湿地遭到破坏,湖泊面积减少,矿产资源遭到破坏,野生动植物和水生生物资源日益枯竭,生物多样性减少,旱涝灾害频繁,水体污染等。

生态系统由生物和非生物环境组成,生物适应并改变非生物环境,它们相互依赖,相互影响,相互适应。而环境破坏的危害很大,环境破坏后恢复相当困难,有些甚至很难恢复,如:被破坏的森林生态系统的恢复需要上百年的时间,被破坏的土地的恢复需要上千年的时间,而物种的灭绝则根本不能恢复。

2. 环境污染

环境污染是由于人类活动导致的有害物质或因子进入环境,并在环境中扩散、迁移、转化,使环境系统的结构与功能发生变化,对人类和其他生物的正常生存和发展产生不利影响的现象。

引起环境污染的物质或因子称为环境污染物,它们可以是人类活动的结果,也可以是自然活动的结果,或是这两类活动共同作用的结果。通常我们所说的环境污染主要指由于人类活动而产生的污染物排出,导致环境质量下降。在实际工作和生活中,判断环境是否被污染,以及被污染的程度,是以环境质量标准为尺度的。

环境污染的类型有多种,如:按污染物性质可分为生物污染、化学污染、物理污染;按环境要素可分为大气污染、水污染、土壤污染等。

3. 环境干扰

环境干扰是指人类活动所排出的各种能量进入环境,达到一定的程度,产生对人类不良的影响。环境干扰包括噪声干扰、振动干扰、电磁波干扰、热干扰、光干扰等。

环境干扰是由能量产生的,是物理问题,一般是局部性的、区域性的。当环境干扰的干扰源停止作用后,干扰也就立即消失,在环境中不会有残余物质存在。因此,环境干扰的治理很快,只要停止排出能量,或阻隔控制能量,干扰就会立即消失或减少。一般把环境干扰的现象也称为环境污染,如光污染、声污染等。

三、人类面临的环境问题

(一)人类环境问题的发展

在过去相当长的时间里,由于环境污染的范围小,程度轻,危害不明显,未能引起人们的足够重视。进入 20 世纪后,随着工业的发展,环境问题规模扩大,程度加重。特别是 20 世纪 40 年代以后,环境污染更加严重,形成了环境问题的第一次高潮。20 世纪 80 年代以来,环境问题日趋严峻,环境问题高潮持续不减。

20 世纪中期以后,由于工业迅速发展,重大污染事件不断出现,表 1-1 中所示的"八大环境公害"事件,从一个侧面反映出 20 世纪中期以后的环境问题日趋严重,这时环境污染才逐渐引起人们普遍关注。

20世纪中叶"八大环境公害"事件   表1-1

事件	地点	时间	危害	原因
马斯河谷烟雾事件	比利时马斯河谷（长24km，两侧山高90m）	1930年12月	几千人发病，60人死亡	山谷中工厂多，遇逆温天气，工业污染物积累
多诺拉烟雾事件	美国多诺拉（马蹄形河湾，两边山高120m）	1948年10月	4天内42%的居民患病，17人死亡	工厂多，遇雾天和逆温天气，二氧化硫与烟尘作用生成硫酸
伦敦烟雾事件	英国伦敦	1952年12月	5天内4000人死亡	居民烟煤取暖，遇逆温天气使排出的烟尘中的三氧化二铁和二氧化硫反应变成酸沫，附在烟尘上，被人吸入肺部
洛杉矶光化学烟雾事件	美国洛杉矶	1943年5—10月	大多数居民患病，65岁以上老人死亡400人	市区空气水平流动缓慢，石油工业和汽车废气在紫外线作用下生成光化学烟雾
水俣事件	日本九州南部熊本县水俣镇	1953年	水俣镇患病者达180多人，死亡50多人	氮肥生产中，采用氯化汞和硫酸汞作催化剂，含甲基汞的毒水废渣排入水体，人进食有甲基汞的鱼
富山事件(骨痛病)	日本富山县（漫延到其他县的7条河流流域）	1931—1972年间断发生	患者超过280人，死亡34人	炼锌厂未经处理净化的含镉废水排入河流
四日事件(哮喘病)	日本四日市（后来扩大到几十个城市）	1955年以来	患者500多人，有36人在哮喘病的折磨中死去	工厂向大气中排放二氧化硫和煤粉尘数量多，并含有钴、锰、钛等，有毒重金属微粒及二氧化硫被人吸入肺部
米糠油事件	日本九州爱知县等23个府县	1968年	患者5000多人，死亡16人，实际受害者超过10000人	米糠油生产中用多氯联苯作载热体，因管理不善毒物进入米糠油

　　由于社会经济的不断发展及环境保护的滞后，20世纪后期以来全球环境状况进一步恶化，重大环境问题时有发生，世界范围内的环境公害事件频繁发生，20世纪70—80年代的重大环境公害事件见表1-2。环境问题已成为全球性的社会问题，引起了人们的广泛关注。环境问题不仅严重危害着环境自身的健康，也日益威胁到整个人类社会的生存和发展。

20 世纪 70～80 年代的重大环境公害事件 表 1-2

事　件	地　点	时　间	危　害	原　因
维索化学事件	意大利北部	1976 年 7 月 10 日	多人中毒,居民搬迁,几年后出现婴儿畸形多例	农药厂爆炸,二噁英污染
阿摩柯卡的斯油轮漏油	法国西北部布列塔尼半岛	1978 年 3 月	藻类、湖间带动物、海鸟灭绝,工农业生产、旅游业损失大	油轮触礁,22 万 t 原油入海
三哩岛核电站泄漏	美国宾夕法尼亚州	1979 年 3 月 28 日	周围 50 英里[(1)] 200 万人口极度不安,直接损失 10 多亿美元	核电站反应堆严重失水
威尔士饮用水污染	英国威尔士	1984 年 11 月 9 日	200 万居民饮用水污染,44% 的人中毒	化工公司将酚排入迪河
墨西哥气体爆炸	墨西哥	1984 年 11 月 9 日	4200 万人受伤,死亡 400 人,300 栋房被毁,10 万人被疏散	石油公司一个油库爆炸
博帕尔农药泄漏	印度中央博帕尔市	1984 年 12 月 2—3 日	死亡 1408 人,2 万人严重中毒,15 万人接受治疗,20 万人疏散	45t 异氰酸甲酯泄漏
切尔诺贝利核电站泄漏	苏联、乌克兰	1986 年 4 月 26 日	死亡 31 人,203 人受伤,13 万人疏散,直接损失 30 亿美元	4 号反应堆机房爆炸
莱茵河污染	瑞士巴塞尔市	1986 年 11 月 1 日	事故段生物绝迹,周围 100 英里[(1)] 鱼类死亡,300 英里[(1)] 内水源不能饮用	化学公司仓库起火,30t S. P. Hg 剧毒物入河
莫农格希拉河污染	美国	1988 年 11 月 1 日	沿岸 100 万居民生活受到严重影响	石油公司油罐爆炸,350 万加仑[(2)] 原油入河
埃克森·瓦尔迪兹油轮漏油	美国阿拉斯加	1989 年 3 月 24 日	海域严重污染	漏油 26.2 万桶

　　注:(1)英里(mile),1mile = 1609.344m。
　　　　(2)加仑(gal),1gal = 3.785L。

(二)人类面临的主要环境问题

　　全球环境问题,也称国际环境问题或者地球环境问题,是超越国界和管辖范围的全球性的环境污染和生态破坏问题,是人类面临的共同性问题,也是人类面临的严重挑战之一。随着人类社会的发展,当今的环境问题有了新的变化。全球性、广域性的环境污染,大面积的生态破坏和突发性的严重污染事件,成为当今人类面临的环境问题的主要特征:一是许多环境问题在地球上普遍存在,如气候变化、臭氧层的破坏、水资源短缺、生物多样性锐减等;二是虽然是某些国家和地区的环境问题,但其影响和危害具有跨国、跨地区的结果,如酸雨、海洋污染和危险废物转移等。改革开放以来,我国在经济快速增长的同时,自然环境与生态破坏现象相当严重,粗放式的经济发展导致污染加剧,资源和环境的承载力已近极限,环境问题相当严峻。我国是国际社会的一员,全球环境问题同样也是我国的环境问题,也是严重影响我国社会经济稳定和发展的主要问题。

人类面临的主要环境问题有以下几种。

1. 全球气候变暖

由于人类活动规模和频次越来越大以及人口的不断增加,人类向大气释放的二氧化碳(CO_2)、甲烷(CH_4)、一氧化二氮(N_2O)和一氧化碳(CO)等温室气体不断增加,导致大气的组成发生变化,气候有逐渐变暖的趋势。全球气候变暖,将会对全球产生各种不同的影响。较高的温度可使极地冰川融化,海平面上升。全球变暖也可能使气候反常,易造成旱涝灾害,导致生态系统发生变化和破坏。全球气候变化将对人类产生一系列重大影响。联合国大会于1992年6月4日通过的《联合国气候变化框架公约》提出将温室气体的浓度稳定在使气候系统免遭破坏的水平上。截至2012年12月,加入该公约的缔约国共有196个。2018年4月30日,《联合国气候变化框架公约》框架下的新一轮气候谈判在德国波恩开幕。

2. 臭氧层破坏

在离地球表面10~50km的大气平流层中集中了地球上90%的臭氧气体,在离地面25km左右处臭氧浓度最大,形成了臭氧集中层,称为臭氧层。臭氧层能吸收太阳的紫外线,可以过滤掉70%~90%的太阳紫外线,以保护地球上的生命免遭过量紫外线的伤害,并将能量储存在上层大气,起到调节气候的作用。但臭氧层是一个很脆弱的大气层,如果进入一些破坏臭氧的气体(如氟氯碳化合物,俗称氟利昂),它们将可能与臭氧发生化学作用,臭氧层就会遭到破坏。臭氧层被破坏,将使地面受到紫外线辐射的强度增加,给地球上的生命带来很大的危害。20世纪70年代以来,从世界各地地面观察站对大气臭氧总量的观测记录发现,全球臭氧总量有逐渐减少的趋势。

3. 生物多样性被破坏

生物多样性是在不断变化的,随着生态环境条件的变化,会使一些物种消失,也会产生一些新的物种。由于人口的增加、人类活动的加剧、对生物资源的不合理利用和破坏、环境污染等原因,地球上的各种生物及其生态系统受到很大冲击,生物多样性破坏所带来的损失也非常严重。1992年6月5日,在巴西里约热内卢举行的联合国环境与发展大会上签署的《生物多样性公约》是一项保护地球生物资源的国际性公约,旨在保护和拯救生物多样性以及这些生物赖以生存的条件,最大限度地保护地球上的生物资源。

4. 酸雨严重

酸雨是大气污染的一种表现。雨、雪或其他形式的降水在形成和降落过程中,吸收并溶解了空气中的二氧化硫、氮氧化合物等物质,形成了pH值低于5.6的酸性降水。酸雨主要是人为地向大气中排放大量酸性物质所造成的。燃烧含硫量高的煤、各种机动车排放的尾气等都是形成酸雨的重要原因。酸雨对环境的影响是多方面的,例如导致土壤酸化,使土壤退化,造成农作物减产,森林面积减小,损害水中生物的生长,腐蚀建筑材料等。酸雨污染的范围和程度已经引起人们的密切关注。目前世界上有三大酸雨区,我国华南酸雨区就是其中之一。

5. 森林面积锐减

森林具有涵养水源、保持水土、防风固沙的重要作用,可以调节气候,净化空气,减少噪声和空气污染。森林是地球上生物赖以生存的重要环境,是维系地球生态系统稳定的重要因素,森林生态系统对保护生物多样性起着决定性的作用。森林的减少使其涵养水源的功能受到破坏,造成物种的减少和水土的流失,对二氧化碳的吸收减少,加剧了温室效应。根据联合国粮农组织发表的《2000 年世界森林资源评估报告》,在 1990—2000 年间,世界大部分地区森林面积正在逐年缩小。在人类活动发展的过程中,对森林资源的过度开采和其他方面的影响是森林锐减的原因,森林生态系统的破坏直接导致生态环境的恶化。

6. 土地荒漠化

荒漠化是指由于气候变化和人类不合理的经济活动等因素,使干旱、半干旱和具有干旱灾害的半湿润地区的土地发生了退化。世界荒漠化现象仍在加剧,荒漠化已经不再是一个单纯的生态环境问题,而演变为社会问题,它给人类带来贫困和社会的不稳定。截至 1996 年,全球荒漠化的土地已达到 3600 万 km^2,占整个地球陆地面积的 1/4,全世界受荒漠化影响的国家有 100 多个,荒漠化速度仍在扩大。在人类当今诸多的环境问题中,荒漠化是最为严重的灾难之一。1994 年第 49 届联合国大会通过决议,从 1995 年起把每年的 6 月 17 日定为"世界防治荒漠化与干旱日",旨在进一步提高世界各国人民对防治荒漠化重要性的认识,唤起人们防治荒漠化的责任心和紧迫感。2018 年 6 月 17 日是第 24 个"世界防治荒漠化和干旱日",主题是:"绿水青山就是金山银山"。

7. 大气污染

大气污染是指大气中一些物质的含量达到有害的程度以致破坏生态系统和人类正常生存和发展条件的现象。大气污染物的种类很多,可分为颗粒状污染物和气态污染物两大类,目前引起人们注意的有 100 多种,主要因子为悬浮颗粒物、一氧化碳、臭氧、二氧化碳、氮氧化物等。大气污染物的来源十分广泛,如:工业、交通运输、农业、人类生活等都是大气中污染物的来源。大气污染对人体健康有极大损害,导致许多人患呼吸系统疾病等,并因此导致死亡。大气污染也对动植物、工农业等产生危害。大气污染直接危害气候环境,《联合国气候变化框架公约》就是力图控制大气中二氧化碳、甲烷和其他气体的排放,旨在保护地球气候系统免遭破坏。

8. 淡水资源危机与水污染

地球上水占 70% 的面积,其中海水占 97.3%,可用淡水只占 2.7%。在近 3% 的淡水中,77.2% 存在于雪山冰川中,22.4% 为土壤中水和地下水(降水与地表水渗入),只有 0.4% 为地表水。地表水指河流、湖泊、冰川等水体。水资源短缺已成为许多国家和地区的发展障碍,缺水已是世界性的普遍现象,全世界有 100 多个国家存在不同程度的缺水。引起水资源短缺的原因除了自然因素外,由水体污染引起的水资源破坏也是造成水资源危机的重要原因之一。世界各地水污染的严重程度主要取决于人口密度、工业和农业发展的类型和数量,以及所使用的"三废"处理系统的数量和效率。联合国发布的资料表明,全世界每年排入江河湖海的污水有 4200 亿 m^3,全球有 11 亿人缺乏安全饮用水,许多发展中国家的多数疾病也与水污染有关。

9. 海洋污染

近几十年,随着世界工业的发展,海洋污染现象日趋严重,局部海域环境发生了很大变化,并有继续扩展的趋势。海洋污染是指由于大量的废水和固体废物等有害物质进入海水造成的污染,使得海水的温度、pH 值、含盐量、透明度、生物种类和数量等性状发生改变,使海洋资源退化,海洋生态危机加重。海洋污染突出表现为石油污染、赤潮、有毒物质累积、塑料污染和核污染等几个方面。海洋污染已造成鱼群死亡、赤潮泛滥、渔场外迁、部分滩涂养殖场荒废、一些珍贵的海洋资源正在丧失。海洋污染的特点是污染源多、持续性强、扩散范围广、难以控制,因此,海洋污染已经引起国际社会越来越多的重视。

10. 危险废物增加与转移

根据《国家危险废物目录》的定义,危险废物为具有腐蚀性、毒性、易燃性、反应性或者感染性等一种或者几种危险特性的废物,以及不排除具有危险特性,可能对环境或者人体健康造成有害影响,需要按照危险废物进行管理的废物。危险废物,因其数量和浓度较高,可能造成人类死亡率上升,或引起严重难以治愈的疾病或致残。危险废物来源广,种类多。各国根据危险废物的危害特性制定了自己的鉴别标准和危险废物名录,如美国确定 96 种加工工业废物和近 400 种化学品为危险废物,德国确定 570 种,丹麦确定 51 种。我国的《国家危险废物名录》(2016 版)将危险废物调整为 46 大类别 479 种。危险废物及其存在的越境转移等国际性环境问题,给当今人类生存环境带来巨大的潜在威胁。

四、环境问题实质分析

以上对环境问题的论述集中说明了三点:一是环境问题是在人类生存和发展的过程中,通过人类的活动而产生发展的;二是环境问题不利于人类的生存和发展;三是人类可持续生存和发展要求必须解决环境问题,建立并保持良好的生态环境。随着社会经济的发展,人类对环境问题的感受、认知,以及解决环境问题的实践,经历了由表及里、由浅入深、由片面到全面的过程。在近一个世纪的时间里,人类对环境问题的认知以及解决环境问题的根本,可以归纳为经历了两种代表性的认识和实践。

一是认为环境问题是个污染问题,解决环境问题是个技术问题。当人类感觉到环境出现问题时,通常是直接感受到某种环境受到了污染,影响到人们的生活、生产与健康,因此,需要进行环境污染治理。通过研究开发和推广应用环境污染治理技术,消除或减少环境污染,就可以解决环境问题。同时认为通过一些经济手段可以解决环境问题,但简单地把环境污染当作一种特殊的经济问题,如生产者必须偿付损害环境的费用,对环境污染付出经济代价等。这些认识和实践没有触及环境问题的本质,不可能遏制环境问题的产生与发展,当然技术、经济等具体措施是在环境问题不是很严重,环境问题产生的区域有限的情况下,有效处理环境问题的手段,同时应认识到这是对环境问题实质及其解决方法的微观和狭义的认识和实践。

另一种观点认为环境问题的实质是经济问题和社会问题,解决环境问题的根本是人类应该明白采取什么样的发展模式并付诸实际。环境问题产生的根本原因是人类为其自身生存与发展所进行的活动(主要是经济活动)与环境承受能力有限的矛盾,是人类社会经济发展同环境矛盾的产物,是人与自然关系失调的结果。我们所面临的环境问题在人类社会发展的过程中是不可避免的,人类的生存发展必须要改造环境,从环境中获取资源,并排放废弃物,环境对人类活动产生了积极的促进作用。但积累的、严重的环境问题必然强力反作用于人类,环境对人类活动,特别是违背自然规律的活动也必然产生限制作用。这种对环境问题的实质认知是人类不断探索实践的深入剖析,是对环境问题宏观性的根本的认识。解决环境问题的目标应该是把人类社会的发展和自然环境的作用协调起来。要实现这个目标,主要是明确环境问题和经济发展的正确关系,这种关系可以归纳为以下三点。

1. 环境问题是由于人类不合适的经济活动引起的

没有人类的活动,就没有环境问题(次生环境问题),环境问题是随着人类不科学、不合理的经济活动而产生的。但是环境问题并不一定是人类经济活动不可避免的一个结果,而是人类片面地认识环境、不合理地开发、利用环境所造成的后果。由于人们错误地认为环境资源是无穷无尽的,它可以满足人类的各种各样的需要,又可以为人类提供任意排放废物的空间场所,因此忽视、违背了自然规律,不顾环境的承受能力,单纯强调对自然界的征服改造能力,对自然资源进行掠夺性的开发、利用,无限制地从环境中掠取资源和向环境排泄废弃物,从而造成环境污染和环境破坏,产生各种各样的环境问题。

2. 环境问题制约经济的健康发展

环境问题是在人类经济活动过程中产生的,其又影响着经济的健康发展,积累的、严重的环境问题反过来制约经济的发展,使人类社会遭受巨大的经济损失和社会损失。经济发展问题一直是世界各国普遍关注的最重要的问题。20世纪以来,随着科学技术和社会生产力的极大提高,人类创造了前所未有的物质财富,经济发展的进程不断加快,与此同时,自然资源的急剧消耗、环境质量的严重下降等环境问题也对经济发展和人类社会提出了挑战,并且已经在实际的经济发展和社会发展进程中产生了明显的负面作用。

3. 环境问题的解决依赖于经济的进一步健康发展

虽然经济发展可能造成环境污染,产生环境问题,但是治理环境污染、解决环境问题,还得依靠经济发展,没有经济的健康发展就不能从根本上解决环境问题。以经济建设为中心是我国社会主义初级阶段基本路线的中心,但是要切实贯彻新发展理念,落实高质量发展要求,不断取得高质量发展新成就,不断增强经济社会发展创新力,更好地满足人民日益增长的美好生活需要。解决环境问题需要投入大量的人力、物力和财力,需要一定的经济条件。只有经济不断健康发展,才能为解决环境问题奠定物质基础。同时,经济发展政策和经济发展规划的科学制定、经济管理的现代化也必然为环境问题的解决创造根本性的条件。上述两种代表性的认知与实践是人类对环境问题实质的认识以及探索解决环境问题经验与教训的总结,也是探索解决环境问题的过程与规律。在解决环境问题的过程中,需要有宏观的认知和战略部署,也需要有具体的技术、管理、经济等手段的合理应用。

环境问题的实质是经济问题,但环境问题并不是纯经济问题,它也是社会问题,如人口问题、人的认识问题、科学技术发展问题和社会制度与国家体制问题等。因此,人类发展中的社会问题也是导致环境问题产生与发展的主要问题之一,认识和解决环境问题同样要重视人类发展中的社会因素的主导作用。

人类在认识和解决环境问题的过程中不断地探索和实践是必然的,环境科学及其分支学科的产生与发展是这个过程中的重要成果之一。环境科学及其分支学科为解决环境问题在理论上、方法上提供了宏观的指导和微观的指南。在宏观上,环境科学研究人与环境之间的相互作用、相互制约的关系,探寻社会经济发展和环境保护之间协调的规律;在微观上,环境科学要研究不同类别环境问题产生发展的规律,研究解决不同因素环境问题的机理和方法等。

我国对环境问题也有一个认识深化和环境保护战略思想确立的过程。20世纪70年代初以前,我国对环境污染与破坏的认识是肤浅的。随着全球环境保护事业的发展,人们逐渐认识到环境污染与破坏的严重性,认识到解决环境问题的长期性、艰巨性和复杂性。1983年底召开的第二次全国环境保护会议确立了环境保护是我国的一项基本国策。这标志着我国经济社会发展战略思想的转变,这一转变也推动了对环境问题的研究以及环境保护工作的开展。

第三节 环境科学概述

环境科学是关于人与环境关系的科学。随着人类在控制环境污染和破坏方面所取得的进展,环境科学这一新兴学科也日趋发展。环境科学主要探索环境演化的规律,研究环境变化对人类生存与发展的影响及人类活动对环境的影响,揭示人类活动同自然环境之间的关系,提出人类活动产生的环境污染和破坏的综合防治技术措施和管理措施等。环境科学的发展是保障人类生存与发展具有良好环境质量,保障人类社会经济可持续发展的科学基础。

一、环境科学

环境科学(Environmental Science)是人类在认识环境问题,解决环境问题的过程中发展起来的一门新兴学科,它是自然科学和社会科学的交叉学科之一。环境科学是研究人类活动和环境演化规律之间的相互作用关系,寻求人类社会与自然环境持续协调发展的途径与方法,研究人类环境质量及其控制的科学。

环境科学的研究对象是人类与环境这个对立统一的矛盾体,即人类与环境系统。人类同环境之间的相互作用、相互制约、相互促进是人类与环境这个系统的主要关系。环境科学主要研究这个系统的发生和发展、调节和控制,以及改造和利用。

环境科学的研究目的是掌握人类社会发展对环境的影响及环境质量的变化规律,科学调整人类的社会行为,从而为保护自然环境、改善生态环境提供科学依据,使环境为人类持续、稳定、协调发展提供良好的支持与保证。

环境科学的研究任务就是要探索人类活动对环境的影响,以及环境变化对人类生存和发展的影响规律,揭示人类活动与自然环境之间的辩证关系,寻求解决人类与环境矛盾的途径和方法,把人类与环境系统调控和保持到良好的运行状况,促进人类与环境的协调和持续发展。

环境科学的研究内容丰富。在宏观上,环境科学研究人类与环境之间的相互作用、相互促进、相互制约的对立统一关系,揭示社会经济和环境保护协调发展的基本规律,提出保护环境的基本方针、基本政策,以及实施环境保护的重大措施和战略部署等;在微观上,环境科学研究环境中的物质,特别是人类活动排放的污染物迁移、转化和积累的过程及其运动规律,探索污染物对生命的影响及其作用机理,研究环境污染控制和生态保护的原理,环境保护技术与管理的方法等。环境科学是一门综合性很强的学科,涉及的领域也很广泛。不仅涉及自然科学与工程技术科学的许多门类,而且还涉及经济学、社会学和法学等社会科学领域,所以说,环境科学的发展需要充分运用地学、生物学、化学、物理学、医学、工程学、数学、计算科学以及社会学、经济学等多种学科的知识,需要充分运用多种学科的研究成果来推动环境科学的发展。

二、环境科学的分支学科

环境科学作为一门学科产生于20世纪中叶。在几十年的发展中,环境科学从直接运用化学、物理学、地学、生物学、医学和工程技术学科的理论分析环境问题,探索相应的治理措施和方法,发展到运用自然科学和社会科学全方位多角度地认识环境问题,解决环境问题。环境科学在其发展过程中,运用多种自然学科和社会学科认识人类与环境两者的关系,促进环境科学的发展,产生了一系列的交叉边缘分支学科,这些交叉边缘分支学科还在不断探索和发展中。环境科学分支学科体系如图1-4所示。

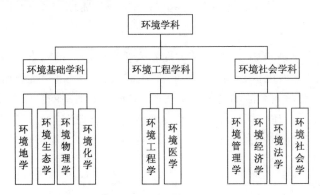

图1-4　环境科学分支学科体系

环境科学的主要分支学科有以下几类。

1. 环境化学

环境化学是环境科学与化学的一个交叉分支学科。环境化学主要是运用化学的理论和方法,研究大气、水、土壤等环境中化学物质的特性、存在状态、化学转化过程及其变化规律、化学行为与化学效应的学科。

2. 环境物理学

环境物理学是环境科学与物理学的一个交叉分支学科。环境物理学主要研究物理环境与人类的相互作用,如声、光、热、振动、电磁和射线等对人类的影响,对这些物理影响进行评价,分析消除这些影响的技术途径和控制措施。

3. 环境地学

环境地学是环境科学与地学的一个交叉分支学科。环境地学主要研究人类地球环境系统的组成、结构及其演化,人类活动对地球环境系统的影响及其反馈作用,人类地球环境系统的优化调控及其利用和改造的途径和措施。

4. 环境生态学

环境生态学是环境科学与生态学的一个交叉分支学科。环境生态学主要研究生物与受人干预的环境相互之间的关系及其规律性,寻求受损生态系统的恢复、重建和保护的对策和措施。

5. 环境医学

环境医学是环境科学与医学的一个交叉分支学科。环境医学主要研究环境因素对人体健康的影响及其发生、发展和控制的规律和方法,如环境污染对人体健康的有害影响及其防治。

6. 环境工程学

环境工程学是运用工程技术理论、方法,研究保护和合理利用自然资源,防治环境污染和生态破坏,用工程技术保护和改善环境质量。

7. 环境经济学

环境经济学是环境科学与经济学的一个交叉分支学科。环境经济学以环境与经济间的相互关系为研究对象,研究环境污染防治的经济问题,以及生态保护与自然资源合理利用的经济问题。

8. 环境管理学

环境管理学是环境科学与管理学的一个交叉分支学科。环境管理学以人类行为、社会行为为主要研究对象,研究环境管理的规律、特点和方法,达到环境保护的目的。

9. 环境法学

环境法学是环境科学与法学的一个交叉分支学科。环境法学是在环境保护领域立法和执法的理论与实践的概括与总结,其研究对象是环境法的发展规律及其方法。

10. 环境社会学

环境社会学是环境科学与社会学的一个交叉分支学科。环境社会学的主要研究对象是环境问题产生、发展和解决的社会因素和社会过程,社会对环境状况及其变化的适应和反应,社会结构和行为对环境的作用。

环境科学是一门综合性、应用性很强的学科。由于涉及范围十分广泛,所以形成了特色鲜明、针对性强的系列分支学科。环境科学的分支学科很多,除上述的分支学科外,还有环境地理学、环境海洋学、环境气候学、环境生物学、环境美学、环境伦理学等。

三、环境经济学的理论基础

任何一门学科的产生和发展,均有支持其的理论基础。环境经济学是环境科学的分支学科,也是经济学的分支学科。环境经济学学科体系是环境科学学科体系的组成部分,也是经济学学科体系的组成部分。环境经济学的主要理论基础是环境科学理论、经济学理论和可持续发展理论,这些理论对环境经济学的研究与实践有着重要的指导意义。

(一)环境科学理论

环境科学是环境经济学的主要理论基础之一。环境科学提供了综合、定量和跨学科的方法来研究人类社会发展活动与环境演化规律之间的相互作用。人类活动产生了许多环境问题,因此,经济、社会、人文等学科也必然融于环境科学研究,形成一系列交叉学科。环境科学在宏观上要研究人与环境之间的相互关系,研究社会经济发展和环境保护之间协调的规律;环境科学在微观上,要研究环境中的物质迁移、转化、蓄积的过程及其运动规律,对生物的影响和作用机理,尤其是环境变化对人类生存和发展的影响,以及环境问题的防治技术和管理措施。所以环境科学的发展必然促进环境经济学的发展。

(二)经济学理论

经济学(Economics)是环境经济学的主要理论基础之一,是研究人类经济活动和经济发展规律的理论,其核心思想是资源的优化配置与优化再生。

经济学在其发展过程中产生了多种类别,不同类别的经济学都是在人类社会发展中产生的,如西方经济学、东方经济学,古典经济学、现代经济学,理论经济学、应用经济学,计划经济学、市场经济学以及政治经济学,等等。在特定的时期里,在不同制度和体制国家的经济发展中,应以适合本国发展的经济学理论为指导。多种类别的经济学实际上有着广泛的联系,如西方经济学有市场经济学之称,其狭义指西方资产阶级政治经济学范式,广义包括马克思政治经济学范式。改革开放之前,我国实行的主要是计划经济,改革开放后,我国实行的是中国特色社会主义市场经济,所以指导我国经济发展的经济理论也在变化、调整和创新之中。

经济学可分为两大基本分支:微观经济学(Microeconomics)和宏观经济学(Macroeconomics)。

微观经济学是现代经济学的一个分支,主要是以单个经济单位作为研究对象分析的一门学科。单个经济单位包括消费者、生产者、投资者、单个要素所有者、单个市场等在经济运作中发挥作用的个人或团体。微观经济学研究的是单个经济单位的行为。微观经济学以社会中多个经济系统的经济作为研究对象,它考察单个经济单位在需求和供给之间,在收入、消费、分配等之间的相互关系,也称为个量经济学。微观经济学的主要内容有均衡价格理论、消费者行为理论、生产和成本理论、市场理论和生产要素报酬理论等。微观经济学的目的是通过研究单个经济单位的行为及其相关作用,揭示行业与市场的运行和演进,实现资源合理配置的最优目标。

宏观经济学是相对于微观经济学而言的。宏观经济学研究的是整体社会经济活动,是使用国民收入、经济整体的投资和消费等总体性的统计概念来分析一个国家或相关大区域经济运行规律的经济学领域。宏观经济学以整个国民经济作为研究对象,它考察总体经济的运行状况、发展趋势和内部各个组成部分之间的相互关系,也称为总量经济学。宏观经济学的主要内容有经济总量、总需求与总供给、国民收入总量及构成、货币与财政、经济周期与经济增长、经济预期与经济政策、国际贸易与国际经济等宏观经济现象。宏观经济学的目的是通过总量经济的研究,分析经济的变动趋势及总体经济环境与制度之间的各种联系,找出一条促进经济和谐发展的路子。

在现代经济学中,微观经济学与宏观经济学之间没有绝对的界限,它们是相互补充、相互依存的。微观经济学是宏观经济学的前提和基础,宏观经济学实际上是微观经济学的扩展。

经济学也分为理论经济学(Theoretical Economics)和应用经济学(Applied Economics)。理论经济学是由经济学基本概念、范畴与范畴体系组成的理论体系,是反映人类经济发展的一般规律的经济学理论,由经济学公理、定理与定理体系组成;应用经济学是应用理论经济学的基本原理,研究国民经济各个部门、各个专业领域的经济活动和经济关系的规律性,或对非经济活动领域进行经济效益、社会效益的分析而建立的各个经济学科。

应用经济学的分支学科,都是为适应社会经济发展的需要而不断扩展、不断充实的。应用经济学的一种分类是,经济学科与非经济学科交叉的学科。如:经济学与人口学相交叉的人口经济学;经济学与社会学相交叉的社会经济学;经济学与环境科学相交叉的环境经济学,等等。这些交叉的应用经济学主要研究非经济领域发展变化的经济含义、经济效益、社会效益,从中找出它们的规律性。环境经济学等应用经济学的发展,离不开社会经济实践,离不开理论经济学的指导,但它们的发展反过来又丰富了理论经济学的内容,起着指导实践的作用。

作为环境经济学的主要理论基础,经济学的基本理论贯穿于环境经济学的整个体系的构建与发展中。环境经济学体系构建的基础是微观经济学和福利经济学,一般认为帕累托理论、外部性理论使环境经济学具有奠基性的经济理论基础。

（三）可持续发展理论

可持续发展理论是环境经济学的主要理论基础之一。可持续发展是一种科学的关于发展的战略思想。可持续发展理论的核心是发展，要点是可持续。人与自然、人与社会、人与人全面协调发展的可持续发展是对全球发展理论的重大创新和发展。可持续发展是一个广义的概念，不但有经济发展、环境保护的含义，还有社会、政治等多方面的意义。可持续发展理论的形成经历了 20 世纪中叶的理论和实践探索，到 20 世纪后期可持续发展模式的确立、可持续发展战略的形成。进入 21 世纪后，可持续发展的实践还在不断探索中，可持续发展的理论还在不断发展中。

我国在可持续发展的实践和可持续发展的理论创新中做出了重要贡献。在中华人民共和国成立初期，毛泽东就以其敏锐的眼光看到了人类本身的生产必须要保持在社会生产所允许的范围内，人类生产应该以社会生产的承受度为限。这实际上就已涉及了可持续发展的问题。毛泽东提出的统筹兼顾、两条腿走路、有计划按比例发展、综合平衡、波浪式前进、人类本身的生产要与社会生产相适应和维护生态平衡等思想，体现了全面协调可持续的要求。毛泽东对国民经济可持续发展的思想系统地体现在《论十大关系》这篇重要著作中。

邓小平"三步走"的发展战略蕴含丰富的可持续发展思想，是邓小平实事求是的思想产物，也是对发展辩证思考的结晶。邓小平提出的"三个有利于"——是否有利于发展社会主义社会的生产力、是否有利于增强社会主义国家的综合国力、是否有利于提高人民的生活水平，被视为衡量一切工作是非得失的判断标准，也是评判国民经济是否健康发展、经济结构是否合理、经济增长方式是否有效的标准。

虽然毛泽东与邓小平没有直接使用"可持续发展"一词，但他们阐释的关于经济社会全面协调发展思想体现了可持续发展的概念。

江泽民深刻认识到我国人口众多、资源相对不足、环境承载能力较弱的基本国情。基于深入的理论思考和持续的实践探索，江泽民在 1995 年就明确提出："在现代化建设中，必须把实现可持续发展作为一个重大战略。"确立了实施可持续发展这一重大战略，江泽民提出了从根本上转变经济体制和增长方式，努力实现经济发展与人口、资源、环境相协调，走新型工业化道路等一系列新论断。

胡锦涛在党的十八大报告中提出要"努力建设美丽中国，实现中华民族永续发展"，深刻体现了中国共产党的可持续发展思想。胡锦涛指出："可持续发展，就是要促进人与自然的和谐，实现经济发展和人口、资源、环境相协调，坚持走生产发展、生活富裕、生态良好的文明发展道路，保证一代接一代地永续发展。"中国共产党十六届三中全会提出了科学发展观，其核心就是："坚持以人为本，树立全面、协调、可持续的发展观，促进经济社会和人的全面发展。"可持续发展思想是科学发展观的重要组成部分。

党的十八大以来，习近平提出了一系列新思想、新论断、新举措，大力促进经济社会发展与生态环境保护的协调发展。党的十九大报告提出了我国发展新的历史方位，即中国特色社会主义进入了新时代。人民对美好生活需要，不仅对物质文化生活提出了更高要求，而且在民主、法治、公平、正义、安全、环境等方面的要求日益增长，这些方面存在的不平衡不充分等问题，已成为满足人民日益增长的美好生活需要的主要制约因素。十九大报告提出了新时代坚持和发展中国特色社会主义的十四条基本方略，其中就包括坚持在发展中保障和改善民生、坚持人与自然和谐共生、坚持总体国家安全观、坚持推动构建人类命运共同体等。十九大报告提出,坚持人与自然和谐共生,建设生态文明是中华民族永续发展的千年大计。

习近平生态文明思想是站在人类发展命运的立场上做出的战略判断和总体部署,把生态文明建设融入经济、政治、文化和社会建设的全过程。习近平指出:"生态环境保护是功在当代、利在千秋的事业""保护生态环境就是保护生产力、改善生态环境就是发展生产力""良好生态环境是最公平的公共产品,是最普惠的民生福祉"。习近平生态文明思想创造性地把马克思主义生态思想同我国经济社会发展的实际结合起来,把建设生态文明与坚持中国特色社会主义完整地统一起来,是构建人类命运共同体的重要组成部分。习近平生态文明思想开辟了人与自然和谐可持续发展的新境界。

复习思考题

1. 名词解释

环境 自然环境 社会环境 生态环境 环境问题 环境污染 环境破坏 自然资源 环境科学

2. 选择题

(1)环境有多种分类方法,按环境属性不同,环境可分为(   )。

  A. 大气环境   B. 社会环境

  C. 经济环境   D. 自然环境

选择说明:

(2)根据社会环境的广义概念,社会环境包括(   )三个方面,反映了社会环境的基本结构、功能和外貌。

  A. 经济与生活环境   B. 生态环境

  C. 社群环境   D. 社会外观环境

选择说明:

(3)关于生态环境与自然环境的关系,叙述错误的是(   )。

  A. 生态环境并不等同于自然环境

  B. 生态环境隶属于自然环境,两者具有包含关系

  C. 生态环境比自然环境的内涵要小

  D. 只有生物的存在,才能有生态环境和自然环境

选择说明:

(4)环境科学研究的主要对象是(   )。

  A. 广义环境问题   B. 狭义环境问题

  C. 原生环境问题   D. 第二环境问题

选择说明:

(5)下列哪个选项不属于狭义的环境问题? (   )

  A. 河流污染

B. 森林、草原资源的破坏

C. 地震、火山活动引起的财产损害

D. 滥肆捕杀引起的许多动物物种消失或濒临灭绝

选择说明：

(6)下列哪个选项不属于自然资源的再生性划分？（　　）

  A. 可再生资源   B. 生物资源

  C. 不可再生资源   D. 恒定资源

选择说明：

(7)下列属于可再生资源的是（　　）。

  A. 森林、草原   B. 煤、石油

  C. 太阳能、潮汐能   D. 空气

选择说明：

(8)当今人类面临的环境问题主要有（　　）。

  A. 全球气候   B. 臭氧层破坏

  C. 酸雨   D. 生物多样性破坏

  E. 森林锐减   F. 人口激增

选择说明：

(9)环境科学是人类在认识环境问题、解决环境问题的过程中发展起来的一门新兴学科，它是（　　）。

  A. 自然科学学科   B. 社会科学学科

  C. 自然科学与社会科学的交叉学科   D. 认识论学科

选择说明：

(10)环境科学主要研究（　　）。

  A. 第一环境问题   B. 科学技术问题

  C. 环境与资源问题   D. 第二环境问题

选择说明：

(11)环境科学在其发展过程中，产生了一系列的交叉分支学科，以下（　　）是环境科学的分支学科。

  A. 环境管理学   B. 环境工程学

  C. 环境化学   D. 环境经济学

3. 论述题

(1)简述什么是次生环境问题。

(2)简述自然环境和自然资源的关系。

(3)简述当今人类面临的主要环境问题。

(4)谈谈对环境科学及其分支学科的认识。

第二章

环境经济学概论

环境经济学是伴随着人类活动引起的日益严重的环境问题而产生和发展起来的一门新兴学科。环境经济学虽仅有几十年的发展历史，但通过不断研究和实践，环境经济学体系已基本建立，并在不断地发展与完善。环境经济学在经济发展与环境保护协调发展中发挥了重要作用，产生了明显的理论价值和实践意义。本章在论述环境经济学产生和发展过程的基础上，对环境经济学体系框架与环境经济学的研究对象和任务、研究内容、研究领域等进行概述。

第一节　环境经济学的产生与发展

随着人类经济活动的不断发展，社会生产规模扩大，人口增加，经济密度提高，人类从自然界获取资源的需求超过自然界的再生能力，排入环境的废弃物超过环境容量，出现了全球性环境污染、生态破坏、资源耗竭等严重问题。关于环境与经济增长之间关系的理论与实践探索不断地进行着，环境经济的研究在这样一个背景下开始并不断得到加强。环境经济学就是在这个过程中逐渐形成与发展起来的一门新学科。

一、环境与经济增长的基本模式

由于环境问题主要是因人类的经济活动所产生和发展的，因此，解决环境问题就要求正确处理环境和经济之间的关系,建立科学、正确、合理的经济发展模式。如何处理好环境和经济之间的关系问题,采用什么样的经济增长模式,不但是学术界长期讨论和争论的热点问题之一,也是世界上许多国家在其经济发展中不断探索的重要问题。自 20 世纪以来,随着人类对经济快速发展的渴望,以及自然环境本身的特征和固有的规律,在经济发展规模不断扩大、经济发展速度不断加快的过程中,关于环境状况与经济增长关系的理论探讨和实践探索从未停止过。多种问题的产生、多种理论的提出、多种实践的尝试,人类在经济发展过程中必然不断地进行着探索与追求。集中分析这些探索与追求,环境与经济增长的理论探讨和实践研究可以归纳为三种典型的模式,即无限增长模式、零增长模式和可持续发展模式。

(一)无限增长模式

无限增长模式(Unrestricted Growth Mode)指的是人类经济社会可以无限制增长的理论、方法与体系。无限增长模式的思想在人类进入经济社会后的不同阶段不断被提出,也形成了理论并被许多人接受和宣传,对此人类开展了多方面的实践。在环境问题、资源问题、人口问题等没有突出表现出来的经济缓慢发展的很长时期里,经济快速发展、高速发展是人们所期盼的。广大人民群众与国家的领导者自然希望在较短的时间里,经济增长越快越好,让国家富裕、让人们早日过上富足的生活。经济的无限增长模式就是在这样朴素而自然的想法与希望中产生的。

无限增长模式的实践是比较广泛的,无限增长的思想也体现在不少国家的经济发展政策中。在其理论研究和学术探讨上,无限增长模式也形成了自己的体系,其中,美国经济学家、马里兰州立大学教授朱利安·林肯·西蒙是这一学派的典型代表。西蒙的研究较为系统,产生了较大影响,有报道称他的观点经常影响着华盛顿政策的形成。西蒙的重要著作有《没有极限的增长》(1981 年)、《资源丰富的地球》(1984 年)等,明确地对《增长的极限》进行了批驳。在环境资源、人口资源等方面,西蒙认为:"人口是一种资源,人口的增加是利大于弊的;地球的资源储量十分丰富,是用不完的。""丰富的资源、人类科学技术的进步,以及不断改进的市场价格机制会解决人类发展中出现的各种问题。人类从贫困到富裕的转变,只有在经济不断增长的情况下才能实现,人类社会不仅可以摆脱对自然的依赖,还可以使用不断发展更新的科学技术使人类具有不受自然环境制约的生命活动能力。"因此,西蒙坚持认为:"环境和人口危机被夸大了,经济增长、工业发展不能也不会停滞,必须保持增长势头。依靠科技进步和经济增长,一切问题都可以迎刃而解。"所以,无限增长模式也称为乐观派观点。

(二)零增长模式

零增长模式(Zero Growth Mode)是在经济社会快速发展的阶段,在人口、环境与资源等产生严重突出问题的背景下,提出的一种实行世界经济的零增长的经济发展模式。客观来说,零增长模式没有哪个国家在其经济发展政策中体现,零增长模式没有实践的可能。但是作为一种发展理论,在其理论研究和学术探讨上,零增长模式也形成了自己的体系。零增长模式在人类经济社会发展中具有重要的意义。

1968 年,在意大利著名实业家、学者奥雷利奥·佩西的领导下,由来自 10 个国家的约 30 名学者在罗马成立了一个国际性民间学术团体——国际性未来研究团体,即罗马俱乐部(Club of Rome),后来发展为研究全球问题的智囊组织。罗马俱乐部研究全球问题的第一份研究报告,是以美国学者丹尼斯·梅多斯领衔的多学科交叉的国际专家组于1972年发表的《增长的极限》。梅多斯等利用数学模型和系统分析等方法,研究了世界人口增长、粮食生产、工业发展、资源消耗和环境污染这五个基本因素的内在联系,提出了"零增长"的观点。该报告第一次提出全球陷入了生态危机、资源危机、人口危机的警告。该报告认为:"地球的容量是有限的,因而其所能提供与人口增长相适应的自然资源也是有限的,不能永远无限制的继续下去。否则资源短缺、环境危机和人口爆炸将会把人类社会的经济增长推向极限,从而导致地球毁灭,因此人类必须停止经济增长,即实行世界经济的'零增长'。"《增长的极限》把全球发展的五个重要因素,作为有机统一体进行定量分析,研究它们相互之间的关系,为制定政策提供依据,这在全球社会经济发展的研究上是一次重要的尝试,也推动了人口、资源与环境经济学的研究。《增长的极限》的观点虽然悲观,但它推动了可持续发展研究的发展。此后,罗马俱乐部又发表了相关的几份报告,不断修正自己的悲观观点。在与其他观点的大讨论中,罗马俱乐部逐步形成了一套关于增长、发展及其持续性的思想。

"零增长"模式也被称为悲观派观点。悲观派的另一位代表人物是美国生态学家、斯坦福大学教授保罗·埃尔里奇。1968年他发表了代表作《人口炸弹》,1974年他预言:"在1985年之前,人类将进入一个匮乏的时代。在这个时代,许多主要矿物供开发的储蓄量将被耗尽。"埃尔里奇认为由于人口爆炸、食物短缺、不可再生性资源的消耗、环境污染等原因,人类前途甚为堪忧。

在发展模式上,乐观派和悲观派一直进行着激烈而有益的辩论,其中有一个著名的辩论,是两位美国学者的打赌,这次打赌的双方是西蒙和埃尔里奇。两位教授打赌的起因源于1980年西蒙在《科学》杂志上发文大谈人类的进步是无限的,因为地球上的资源不是有限的。埃尔里奇被激怒了,开始发文驳斥西蒙,并开始在不可再生性资源是否会消耗完的问题上进行打赌,由于此次打赌事关人类的未来,因此格外受到人们的关注。在关于人类发展和世界前途的问题上,他们两人的观点代表了学术界对人类未来发展的两种根本对立的观点。两位教授打赌的输赢已经无关紧要,而这次打赌的重要意义在于人类开始关注如何可持续发展。

(三)可持续发展模式

可持续发展模式是人类对无限增长模式所造成的严重环境破坏进行深刻反思的基础上,在零增长模式难以实行的情况下,提出来的一种新的发展模式。

可持续发展(Sustainable Development)的思想产生于20世纪中叶。这段时期是世界经济快速发展的时期,也是人类活动对环境构成严重威胁的时期,而不良的环境状况也越来越明显地对人类的生存和发展产生威胁。一些有识之士向人类发出了警告,呼吁人类要走与自然相互协调的道路。罗马俱乐部、埃尔里奇,包括西蒙,也是在这个时期开始研究探讨发展与环境协调问题的。还有许多学者进行了影响广泛的重要研究,其中,美国海洋生物学家雷希尔·卡逊和美国经济学家肯尼斯·鲍尔丁等人的研究意义深远。

1941年,卡逊出版了她的第一本书《海风的下面》,阐明加强生态环境保护的紧迫性。这本书虽然受到科学家和文学评论家的好评,但是销量却很小,原因在于当时人们对生态环境保护的重视程度还远远不够。1962年,卡逊出版了专著《寂静的春天》(*Silent Spring*),书中阐述了她用4年的时间调查研究美国使用DDT农药的危害,警告人类自身的活动会导致严重的后果。《寂静的春天》被认为开启了美国以至于全世界的环境保护事业。

1966 年，美国经济学家肯尼斯·鲍尔丁发表了《即将到来的宇宙飞船经济学》一书，提出了"宇宙飞船经济理论（Spaceship Economic Theory）"，指出人类社会需要由"牧童经济"向"飞船经济"转变。这种理论认为，要想使人类在地球这个茫茫太空中的小小宇宙飞船上存在下去，就必须使这个"飞船"上的资源可持续利用，环境可持续生存。"飞船经济"思想是可持续发展模式的一个早期观点的代表。

1972 年 6 月，在瑞典斯德哥尔摩召开的联合国人类环境会议，讨论了日益恶化的环境问题，发出了人类可能面临生态危机的警告。会议发表了《人类环境宣言》（Declaration of the Human Environment），呼吁各国政府和人民为维护和改善人类环境，造福全体人民、造福后代而共同努力。

1980 年 3 月，联合国环境规划署（UNEP）、世界自然保护基金会（WWF）、国际自然保护联盟（IUCN）共同发布的《世界自然保护大纲》首次使用可持续发展概念。该大纲指出："必须研究自然的、社会的、生态的、经济的以及利用自然资源过程中的基本关系，以确保全球的可持续发展。"

1983 年 12 月联合国成立了由挪威首相布伦特兰为主席的"世界环境与发展委员会（WCED）"，对世界面临的问题及应采取的战略进行研究。布伦特兰组织了世界上最优秀的环境与发展问题专家，用 900 多天的时间到世界各地考察，1987 年，发表了影响全球的著名报告《我们共同的未来》（Our Common Future），正式提出了可持续发展的模式。该报告提交给 1987 年第四十二届联合国大会辩论，并得到通过。《我们共同的未来》对可持续发展做了明确的经典式的定义，即可持续发展就是既满足当代人的需要，又不对后代人满足其需要的能力构成危害的发展。报告深刻指出："我们需要有一条新的发展道路，这条道路不是一条仅能在若干年内、在若干地方支持人类进步的道路，而是一直到遥远的未来都能支持全球人类进步的道路。"这一鲜明、创新的科学观点，实现了人类有关环境与发展思想的重要飞跃。《我们共同的未来》标志着可持续发展理论的形成。1992 年，在里约热内卢召开的联合国环境和发展大会上提出了可持续发展战略，并得到世界各国的普遍认同。

从 1972 年联合国"人类环境会议"、1992 年联合国"环境与发展会议"、2002 年"可持续发展世界首脑会议"到 2012 年的联合国"可持续发展大会"，是国际可持续发展进程中具有里程碑性质的四次重要会议，反映了不同发展时期人类发展中面临的重大问题，标志着可持续发展模式已经成为广受国际社会认可的重要的发展模式。

二、环境经济学的形成与发展

随着人类经济活动的不断发展，关于环境与经济增长之间对立统一关系的理论探索不断地进行着。环境经济学就是在经济学不断完善的过程中逐渐形成与发展起来的一门新学科。

（一）环境经济学的产生

经济学是研究如何对稀缺资源进行有效配置，以最大限度地满足人类需要的一门学科，这里要涉及人类社会的一个基本规律，即人需求的无限性与资源的稀缺性，这个规律称为稀缺规律（the Law of Scarcity）。人类消费物品的欲望会不断地向新的、更高层次发展，因此，欲望是无限的。满足人类欲望的物品可以分为两类：一类为自由物品（Free Goods），这类物品能以充足的数量满足人类的需要，如空气、阳光等，这类物品也称非稀缺物品；另一类为稀缺物品（Scarce Goods），也称为经济物品（Economic Goods）。物品之所以稀缺，主要是生产物品的资源是稀缺的。自由物品的种类很少,大多数物品都是稀缺物品。如何利用现有资源生产出经济物品,更有效地满足人类的需求,就必须进行科学的选择。从这个定义上说,经济学是研究物品数量与选择之间依存关系的科学。资源的稀缺性构成人类满足各种需要的约束条件,人类所在自然环境的质量也是构成人类满足各种需要的约束条件。

20世纪初期,经济学家意识到传统经济学的研究对象是把整个人类经济社会作为一个系统进行研究,没有特别考虑环境和自然资源的影响,所以,传统经济理论不能解决环境污染和资源枯竭等环境问题,也正是由于传统经济理论的缺陷,才产生了严重的环境污染与破坏。经济学家开始从经济理论上对环境问题产生的根源进行深入探讨,提出了一些新的理论和研究方法。传统经济学的一个重要缺陷是认为自然环境无价,主要表现在两个方面:一是不考虑由于环境污染和破坏产生的外部不经济性,以损害环境质量为代价,获取自己的经济效益,将一笔隐蔽而沉重的损失和费用转嫁给社会,其后果是破坏了生态环境,增加了公共费用的开支。二是衡量经济增长的经济学标准——国内生产总值(GDP),不能真实地反映社会福利,因为只是经济增长,并不能全面反映人们生活水平的提高。这两点实质是一个问题,即经济发展对环境的不利影响,在经济方面有充分显示,但却没有纳入经济分析中。自然环境的这种价值不仅体现在对经济系统的支撑和服务上,也体现在对生态系统的支持上。

针对这些缺陷,一些经济学家开展了经济发展与环境质量关系的研究。俄裔美国经济学家、诺贝尔经济学奖得主瓦西里·里昂惕夫用投入产出分析方法研究世界经济结构,把清除污染工业单独列为一个物质生产部门,这是世界上最早从宏观上定量分析研究环境保护与经济发展的关系。美国另外两位著名经济学家詹姆斯·托宾和威廉·诺德豪斯针对国民生产总值不能准确反映经济福利的缺陷,提出了"经济福利量"(Measure of Economic Welfare,MEW)的概念,他们主张应该把污染等经济行为所产生的社会成本从GDP中扣除。美国经济学家、诺贝尔经济学奖得主保罗·萨缪尔森在托宾和诺德豪斯研究的基础上,把经济福利改为经济净福利(Net Economic Welfare,NEW)。根据这个理论计算美国1925—1965年的经济福利量,结果表明经济福利量的增长慢于国内生产总值的增长,尤其是20世纪50年代以后更缓慢,说明环境污染与生态破坏的代价越来越大。

上述有代表性的环境问题的经济学研究,以及前述的三种发展模式的理论等是经济学研究的成果,是人类开始重视经济发展、社会发展与环境保护相互关系的必然产物,也是环境经济学产生与形成的重要标志。

(二)环境经济学的发展

20世纪70年代开始,随着对环境问题的经济学研究的进展,一些经济学著作中已把环境经济问题作为一个主要内容来论述,开始出现污染经济学、公害经济学的论文和著作。这不但推动了经济学的研究,也推动了环境经济学的发展,为环境科学增添了重要内容。

在前人所做的大量工作的基础上,1980年,联合国环境规划署在斯德哥尔摩召开关于"人口、资源、环境和发展"的讨论会,会议指出,这四者之间是紧密联系、互相制约、互相促进的,新的发展战略要正确处理这四者之间的关系。联合国环境规划署经过对人类环境各种变化的观察分析,总结了人类管理地球的经验,决定将"环境经济"列为联合国环境规划署1981年《环境状况报告》中的第一项主题。由此表明,作为环境科学的重要分支,环境经济学已成为一门瞩目的独立学科。40年来,环境经济学快速发展、不断完善,研究方向涉及宏观和微观的多个领域,环境经济学学科体系达到一个新的阶段。

环境经济学是在 20 世纪 70 年代末被引入到我国的。1978 年我国制定了环境经济学和环境保护技术经济八年发展规划(1978—1985 年);1979 年中国环境科学学会成立大会在成都举行;1980 年中国环境科学学会和中国技术经济研究会及中国管理现代化研究会共同成立了全国环境管理、经济与法学学会。20 世纪 80 年代开始,不少学者在环境经济学的理论体系建设和实际工作应用方面做了许多工作。一些学者翻译了国外环境经济方面的著作和资料,如 1986 年出版的美国学者塞尼卡和陶西格的《环境经济学》译著。国内一些学者开始撰写一些环境经济方面的教材和专著,如 1992 年哈尔滨地图出版社出版的阮贤舜等的《环境经济学》,比较系统地论述了环境经济学的体系,是我国环境经济研究领域早期的重要论著之一。不少学者撰写了大量研究环境经济的论文,开展了环境经济领域多方面的科学研究工作。在高等院校和科研单位成立相关的机构,设置了相关专业,培养了一批环境经济学方面的专业人才。40 年来,环境经济学在我国的快速发展,在环境经济理论研究以及结合我国实际所开展的环境经济应用研究方面都取得了很多成果,对我国的生态文明建设、经济协调发展和环境保护事业做出了贡献。总体上看,环境经济学在我国的发展路径体现在两个方面:一是环境经济学作为独立学科的建设和发展,其中包括理论发展和学科教育的完善;二是环境经济学作为经济发展政策、环境保护政策和可持续发展政策的理论基础所起的指导作用和效果,可以说环境经济学是联通经济发展与环境保护的桥梁。

第二节 环境经济系统概述

人类通过各种经济活动方式完成与环境之间的物质和能量的交换,以提供人类社会经济发展的物质条件。在这个过程中,环境系统与经济系统同属于一个大系统,一方发生变化,必然影响到另一方。环境系统与经济系统的相互耦合,构成了环境经济这一复合的大系统。

一、环境系统

环境系统(Environmental System)由自然环境系统(Natural Environment System)和社会环境系统(Social Environment System)组成。

(一)自然环境系统概念

自然环境系统是由地球的大气圈、水圈、土壤(岩石)圈和生物圈四个子系统组成的复杂的系统,是自然环境各要素及其相互关系的总和。自然环境系统各要素之间彼此联系、相互作用,构成了一个不可分割的开放的环境系统。

大气圈是地球最外面的一个圈层,没有明显的上界,由自然物质组成中最轻的物质——空气组成。大气层使地表的热量不易散失,同时通过大气的流动和热量交换,使地表的温度得到调节。大气有自净作用,自净作用是一种自然环境调节的重要机能。当大气污染物的数量超过其自净能力时,就形成大气污染。

水圈中的水上界可达大气对流层顶部,下界至深层地下水的下限。包括大气中的水汽、地表水、土壤水、地下水和生物体内的水。各种水体参加大小水循环,不断交换水量和热量。水圈中大部分水以液态形式储存于海洋、河流、湖泊、水库、沼泽及土壤中,部分水以固态形式存在于极地的广大冰原、冰川、积雪和冻土中,水汽主要存在于大气中。水圈是一个系统,污染物可随着水的运动在水圈中传播。

土壤圈是指岩石圈最外面一层疏松的部分,是构成自然环境的重要子系统。土壤圈与岩石圈有十分密切的关系,因为土壤是由岩石风化后在其他各种条件的作用下逐步形成的。在气候、生物等自然因素作用下形成的土壤称为自然土壤;在耕种、施肥、灌排等人为因素作用下,改变着土壤的自然特性,而使之形成耕作土壤。由于人类社会经济的发展,土壤也面临着前所未有的污染危机。

生物圈包括地球上一切生命有机体(植物、动物和微生物等)及其赖以生存和发展的环境(空气、水、土壤、岩石等)的整体。生物圈是一个复杂的开放系统,是一个生命物质与非生命物质的自我调节系统。它的形成是生物圈与水圈、大气圈及土壤圈(岩石圈)长期相互作用的结果。生物群落与环境之间以及生物群落内部通过能量流动和物质循环形成一个统一整体,即生态系统。生物和环境之间也因物质和能量的制约而达到一种较稳定的状态,即生态平衡。

在这四个子系统中,大气、水和土壤(岩石)三个子系统是环境系统的基础子系统;生物系统是在此基础上形成的子系统,包括动物、植物、微生物等。生物子系统是环境系统中最活跃的子系统,它在环境系统的物质循环、能量转换、信息传递方面有着特殊的重要作用。环境系统具有一定调节能力,对来自外界比较小的冲击能够进行补偿和缓冲,从而维持环境系统的稳定性。四个子系统及其所包含的各种环境因素彼此相互依赖,其中任何一个因素发生变化都会影响整个系统的平衡。到目前为止,人类还未完全了解环境系统中许多错综复杂的机制,还未能揭示环境因素间的微妙平衡关系,人类仍然自觉与不自觉地破坏着自然环境系统的平衡。

需要说明的是,自然环境系统和生态系统两个概念是有区别的:自然环境系统着眼于环境整体,生态系统侧重于生物彼此间以及生物与环境之间的相互关系,而人类生态系统则突出人类在环境系统中的地位和作用,强调人类同环境之间的相互关系。在对环境系统进行具体分析时,分析对象的自然环境系统范围可以是广域的,也可以是局部性的。但要明确的是,环境系统提出的意义是把环境作为一个统一的整体看待,避免人为地把环境分割为互不相关、支离破碎的组成部分。环境系统的内在本质在于各种环境因素之间的相互关系和相互作用过程。揭示这种本质,对于研究和解决当前许多环境问题具有重要意义。

(二)社会环境系统概念

社会环境系统也称为社会系统,是指人类生存及活动范围内的社会物质、精神等条件的总和。广义的社会环境系统包括整个社会经济文化体系;狭义的社会环境系统指人类生活与工作的直接社会环境。与自然环境系统不同,社会环境系统是人类活动的产物,有明确、特定的社会目的和社会价值。社会系统是按照一定的行为规范、经济关系和社会制度等要素结成的相互联系的有机总体。

社会环境系统是个庞大的复杂系统,由不同层次、不同类型、不同结构的子系统组成,如国家、地区、城市、单位、家庭等各个层次的社会环境子系统。各子系统按照其结构、目的、功能发挥着重要作用,如经济系统是人类社会系统的重要组成部分,而环境经济系统是由环境系统和经济系统耦合形成的系统。

二、经济系统

(一)经济系统的概念

经济系统(Economic System)是由相互联系和相互作用的若干经济元素结合成的,具有特定功能的有机整体。经济系统分为狭义经济系统和广义经济系统。

狭义经济系统指社会再生产过程中经济单元以生产、交换、分配、消费相互联系和相互作用的若干经济元素所组成的有机整体,这四个环节分别承担着经济系统若干部分的工作,分别完成特定的功能。

广义经济系统包括狭义经济系统,同时包括宏观概念上的物质生产系统和非物质生产系统中相互联系、相互作用的若干经济元素组成的有机整体,如国民经济系统、区域经济系统、全球经济系统等。在对经济系统分析中,狭义微观经济系统是分析对象,广义宏观经济系统也是分析对象。

经济系统的层次性既要反映经济系统规模的大小,又要反映经济系统内部若干经济元素的相互联系和相互作用,同时也应反映经济系统外部因素对其的影响,以及经济系统对外部因素的影响。

经济系统具有动态变化与静态稳定性的特点,构成经济系统的物质、资金、信息、人力等经济要素及其生产能力、设备水平、科技水平等都是发展变化的,经济系统与外界环境相互依存和作用的关系也是动态开放变化的。所以,经济系统内部与外部总体都处于一种动态非平衡状态,经济系统中的各种子系统是非平衡的,经济系统不断地调整优化就是为了实现各种子系统之间的平衡发展。经济系统内部、经济系统与其外部的调整优化需要不断地进行,从而保持一种相对稳定性,经济系统在发展过程中的动态变化与静态稳定的统一是实现经济系统有序化、可控化、系统化和整体化的要求。

(二)经济系统的四个基本环节

在经济再生产过程中的生产、分配、交换和消费四个环节所组成的有机整体中,既反映了经济系统内部因素的联系和作用,同时也反映出经济系统与外部因素的相互影响。

经济系统的生产、分配、交换和消费是社会再生产过程的四个相互联系的环节,这四个环节分别承担着若干部分的工作,分别完成特定的功能,发挥着特殊的作用。这四个环节之间相互联系、相互制约的辩证关系,反映了社会生产总过程的辩证运动。

生产是人们通过劳动创造产品的过程,表现为劳动者通过有目的的活动,通过改变自然界的物质形式,以适合人们某种需要的过程。生产是社会生产总过程中的决定性因素。

分配是指已生产出来的产品,通过一定形式被社会成员所占有的过程。社会产品分归社会或国家、社会集团和社会成员的活动,包括作为生产条件的生产资料和劳动力的分配,以及作为生产结果的产品的分配。分配决定了生产的性质。

交换是指人们相互交换劳动产品以及交换劳动的过程。包括人们在生产中发生的各种活动和能力的交换,以及产品和产品的交换。交换是生产者之间、生产及由生产决定的分配和消费之间的桥梁,是社会财富分配的重要途径。

消费是指人们为维持自身的生存和发展的需要而对各种产品和服务的使用和消耗过程。消费包括生产消费和个人消费。生产消费是在物质资料生产过程中对生产资料和劳动力的使用和耗费,个人消费是人们把生产出来的物质产品和精神产品用于满足个人生活需要的行为和过程。

一般来说,在经济系统中,生产起决定性的作用,分配和交换是连接生产和消费的桥梁和纽带,消费是生产的目的。生产决定着分配、交换和消费,同时分配、交换、消费对生产也具有反作用。

三、环境经济系统

(一)环境经济系统的概念

环境经济系统(Environmental Economic System)是由环境系统和经济系统复合而成的大系统。在环境经济系统内,环境是一个子系统,经济也是一个子系统,两个子系统都有其特殊的本质。

马克思指出:"劳动首先是人和自然之间的过程,是人以自身的活动来引起、调整和控制人和自然之间的物质变换的过程。"因此,经济再生产过程和自然再生产过程结合在一起形成社会再生产过程,研究经济系统不能脱离环境系统,研究环境系统也不能脱离经济系统。把环境和经济作为一个系统进行研究,是因为在环境与经济共同发展过程中,通过物质、能量和信息的双方流通和相互作用,两者必然耦合为一个整体,经济系统同环境系统是紧密地结合在一起的。环境经济系统如图2-1所示。

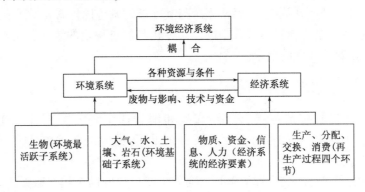

图2-1　环境经济系统

环境系统和经济系统之间存在着重要的复杂的联系。环境系统是经济系统的自然物质基础,经济系统是在环境系统的基础上产生和发展起来的人类经济物质基础,经济再生产过程是以自然再生产过程为前提的。环境系统向经济系统提供各种资源,也要承受经济系统废弃的各种物质,同时,经济系统又为环境系统的保护提供资金和技术等保障。

作为系统来说,环境经济系统有其层次性和边界性,环境经济系统作为分析对象,可以是宏观的,也可以是微观的。环境经济系统可从不同的角度划分为一些子系统。例如,从环境因子划分,环境经济系统可以分为水环境经济系统、大气环境经济系统、生态环境经济系统等。从地域划分,可分为全球经济系统、区域环境经济系统、国家环境经济系统、城市环境经济系统和企业环境经济系统等。从污染区划分,可分为生产部门环境经济系统、生活环境经济系统、交通环境经济系统等。不同的划分方法侧重面不同,是对环境经济系统从不同角度研究的需要,也是在实际工作中,在不同方面采取相应对策和措施的需要。

(二)环境经济系统分析

环境经济系统是一个多相的非线性系统,由于自然环境的行为与人类活动的行为很难分析预测,环境资源的储量和影响环境资源储量变化的因素很难确定,使得环境经济系统的运行非常复杂。人类每年搬运的物质总量非常巨大,而且还在快速增加,这种对自然界进化过程的快速扰动,必将会对环境经济系统产生短期与长期的负面效应,从而危及人类的可持续发展。就经济系统而言,物质的流动包括输入量、输出量和储存量三个部分,根据质量守恒定律与物质平衡原理,在一定时期内经济系统的物质输入量应等于物质输出量和储存量之和。在储存量变化不大的情况下,物质输入量越大,则废物产生量就越多,用于废物处理的物质和能量消耗相应增加;物质输入量越小,则废物产生量就越少,用于废物处理的物质和能量消耗则相应减少。物质输入量是衡量环境经济系统运行可持续性的基础指标。

人类避免环境经济系统功能退化的办法:一是减少经济系统动用自然物质的数量,二是减少经济系统向环境系统排放废物的数量。环境系统的变化取决于经济系统再生产的方式、结构与规模。当前出现的全球性环境问题,都与人类经济再生产的方式、结构及规模有关。要扭转这种不利于人类生存与发展的环境系统的变化,必须调整现有经济发展方式、结构与规模,使经济系统再生产顺应环境系统的再生产。作为人类生存和发展的环境经济系统,不仅受到客观经济规律的制约,同时受到客观自然规律的制约。

第三节　环境经济学体系框架

环境经济学学科体系是指环境经济学的研究对象、研究任务、研究内容、研究方法、理论基础等内在逻辑结构及其理论框架。虽然环境经济学是一门正在发展中的学科,但其学科体系逐步具有了规范性、稳定性和系统性的特点。环境经济学学科体系的充实完善不仅与本学科自身的发展阶段相适应,也对学科在未来发展过程中提出了要求。

一、环境经济学的含义

环境经济学(Environmental Economics)是运用经济学和环境科学的理论与方法,研究人类经济活动和环境保护之间相互依赖、相互制约、相互促进的一门学科。从人类社会经济发展过程来看,环境经济学是研究社会经济发展过程中环境资源合理的使用、有效的配置、公平与可持续问题的学科。

环境经济学有狭义和广义之分。狭义的环境经济学被认为是研究环境污染防治的经济问题,也称为污染控制经济学;广义的环境经济学包括环境污染防治的经济问题研究,还包括在经济发展中生态平衡的破坏与恢复所涉及的经济问题研究,以及自然资源的合理利用等,涉及环境经济、生态经济、资源经济。

环境经济学是一门发展中的新兴学科,与环境经济学密切相关的一些学科也是发展中的年轻学科,这里有必要把环境经济学与其密切相关的学科进行论述,如资源经济学和生态经济学。资源经济学(Resource Economics)是以资源经济问题为研究对象,探索资源配置的基本规律,阐述资源稀缺等基本理论、研究资源配置的经济学原理和方法等内容的学科;生态经济学(Ecological Economics)是研究生态系统和经济系统形成的复合系统的结构、功能及其运动规律的学科,是生态学和经济学相结合而形成的一门分支学科。

环境经济学和资源经济学、生态经济学密切相关,但三者之间的关系,在学术界还没有一致的看法,这里归纳一些学者的意见:

关于环境经济学和资源经济学两者的关系。环境经济学研究是否应该包括自然资源合理利用的研究,国内外学者存在三种意见:第一种意见认为,自然资源属于环境资源,自然资源的合理利用属于环境经济学的研究范围,因此,自然资源经济学是环境经济学的一个分支;第二种意见认为,环境所具有的容纳和自然净化废物的能力本身就是一种资源——环境资源,因而认为应该把专门研究环境污染与治理问题的环境经济学视为自然资源经济学的一个组成部分;第三种意见认为,将环境经济学和自然资源经济学视为两个彼此独立的经济学分支,因为自然资源经济学以进行商品性开发的自然资源为研究重点,而环境经济学的研究重点是以外部性为主要功能的环境资源,很难进行商品性开发。不论是何种意见,都说明了环境经济学与资源经济学之间有着密切的联系。

关于环境经济学和生态经济学两者的关系,在学术界也还没有一致的看法,归纳为以下两种意见:一种意见认为,这两门学科的研究对象是相同的,只是名称不同而已。生态经济学是研究经济发展和生态系统之间的相互关系,研究经济发展如何遵循生态规律的科学,这同环境经济学研究的对象和内容是相同的,所以两者研究的内容基本上是一致的。另一种意见认为,这两门学科研究的内容有密切的联系,其中既有共同的部分,又有不同的部分。它们分别研究环境系统和生态系统在人类利用中的经济问题,虽然有一部分重叠交叉,但研究的范围、重点和角度不同,所以环境经济学和生态经济学各自是独立的学科。

之所以把环境经济学与资源经济学和生态经济学等密切相关学科的关系进行分析论述,说明环境经济学是一门年轻的学科,资源经济学和生态经济学同样也是年轻的学科。对于新兴的交叉学科,需要加强研究和应用,促进其加快发展,不断充实,不断完善。

二、环境经济学的研究对象和任务

社会再生产的全过程是由经济再生产过程和自然再生产过程结合而成的,这两个再生产过程通过人与自然之间的物质交换结合在一起。环境经济学就是研究合理调节人与自然环境之间的物质转换,使人类经济活动符合自然平衡和物质循环规律。

(一)研究对象

关于环境经济学研究对象的文字描述有多种,但其实质含义是一致的。比较集中的文字描述有两种。

1. 环境经济学的研究对象是客观存在的环境经济系统

环境经济系统是由环境系统和经济系统复合而成的大系统,环境经济系统本身就说明了环境保护与经济发展之间的辩证统一关系。环境经济学的研究对象为环境经济系统这一复合的整体。

2.环境经济学的研究对象是环境保护与经济发展之间的关系

如何兼顾经济发展和环境保护是当今社会普遍关注的重要问题,也是环境经济学研究的中心课题。研究环境保护和经济发展之间的关系,实质是探索合理调节经济再生产与自然再生产之间的物质交换,使经济活动既能取得最佳的社会经济效益,又能有效地保护和改善环境。

(二)研究任务

环境经济学的研究任务可以概括为"三个如何,两个寻求"。

环境经济学的主要研究任务就是如何正确地控制和调节环境经济系统,如何在经济发展和环境保护之间寻求相对平衡,如何实现经济发展与环境保护相互促进、协调发展,从而对提升环境质量、提高人类生活水平进行理论研究、实践总结和工作指导。

环境经济学的研究要求是深刻认识经济发展和环境保护之间对立统一的辩证关系,寻求使经济活动符合自然规律的要求,以最小的环境代价实现经济的增长途径,寻求使环境保护工作符合经济规律的途径,以最小的劳动消耗取得最佳的环境效益和经济效益,探索经济建设与环境保护协调的科学发展途径。环境经济学的研究不仅要重现环境经济分析取得的近期效果,更要重视长远效果;不仅要重视环境经济分析取得的直接效果,也要重视其产生的间接效果和波及效果。

三、环境经济学的研究领域

(一)环境经济学研究的微观领域

环境经济学微观领域的研究对象表现在一个企业、一个单位及一个局部区域的生产、生活与环境保护的关系。环境经济学微观领域的研究主要是微观对象对环境产生的污染破坏与经济之间关系的分析。主要体现在:分析企业单位因环境的污染与破坏产生的外部不经济性或外部成本是如何由社会来承担的,研究其量化分析方法;研究这种状况对自然生态环境的损害,导致社会不公平、对企业本身的长远利益和综合效益损害的实质性、规律性、结果性的认知;也包括分析企业单位加强环境保护而对所在区域环境状况改善所产生的外部经济性及对社会的贡献。环境经济学微观领域的研究也表现在指导企业提高环境保护标准,加大企业环境保护投入,明确加强企业环境保护,意味着提高经济单位的环境生产力,意味着企业更有效地利用资源,也意味着对区域环境的保护意识与自觉性的提高。环境经济学的微观研究领域是环境经济分析的基础领域。

(二)环境经济学研究的宏观领域

环境经济学宏观领域的研究对象表现在一个区域、一个国家,以及全球发展与环境的关系。环境经济学的宏观研究考察宏观区域总体经济的运行状况、发展趋势,总体环境的质量状况、发展趋势,以及宏观环境经济系统内部各个组成部分之间的相互关系。环境经济学宏观领域的研究要结合宏观经济运行中的各项内容,从理论、制度、政策、体系、规划等诸多方面,审视与环境的协调、与环境的作用、与环境的可持续发展性。如把环境纳入整个国民经济框架进行分析是宏观环境经济分析的具体应用,制定全球化与区域协调发展的环境经济政策是可持续发展的重要体现等。许多国家现在都意识到发展与环境是分不开的,加强宏观领域的环境保护,是防止和解决一个区域、一个国家和整个世界环境问题的前提。如果一些国家不重视宏观领域的环境保护,环境本身就会成为经济增长和社会发展的瓶颈,还会对全球环境造成危害。构建和实施可持续发展战略体系是环境经济学研究在宏观领域的主要目标。

环境经济学的形成与发展是沿着微观领域和宏观领域这两个方向同时或交替地向前推进,因此,环境经济学也可分为微观环境经济学和宏观环境经济学,目前微观环境经济分析不断深入,宏观环境经济分析不断拓展。

将环境经济学的研究领域分为微观领域和宏观领域,将环境经济学划分为微观环境经济学和宏观环境经济学,只是分析研究层面上的相对划分。这两个方面的研究所基于的环境经济学基本理论、基本方法是一致的。环境经济研究领域的一些研究内容,在这两个方面也是重叠交叉的,一些研究内容不能完全区分属于微观领域还是宏观领域。还有一些研究提出了环境经济中观领域的概念,这也说明了环境经济学是全方位发展的一门学科。

(三)环境经济学研究的重点领域

进入 21 世纪,环境经济学的研究领域不断扩大,并且取得了明显的进展。结合环境经济的研究和实践,以及人类经济活动的发展和全球环境保护的要求,有研究认为,在环境经济全方位研究和应用的基础上,环境经济学研究重点将关注环境经济学理论体系、环境价值核算体系、环境经济政策体系、环境投融资体系、环境经济评价体系、循环经济、国际贸易与环境七个研究领域。

1. 环境经济学理论体系

环境经济学理论体系的构筑基础是经济学、环境科学和可持续发展理论。随着对环境问题认识的深入,以及新的环境问题的出现,环境经济学理论体系需要进一步拓展和充实,进一步丰富环境经济学的理论。环境经济学理论及其体系的发展,特别要注意把经济学理论、环境科学理论和可持续发展理论有机结合起来,再加以创新,扩展环境经济学的研究内容和研究范围。此外要加强环境经济学理论指导实践的研究,使环境经济系统在实际运行中有理论依据,同时环境经济系统的实际运行也会促进环境经济理论的发展。

2. 环境价值核算体系

多年来许多专家学者和有关部门都在呼吁,加快开展绿色国民经济核算研究,建立中国绿色国民核算体系。环境是有价值的,如何量化这种价值是非常重要的,也是复杂困难的,绿色 GDP 核算就是要把环境污染和破坏造成的经济损失内化到 GDP 核算中。绿色 GDP 核算国际上都在研究,但是有很多问题需要解决。2004 年 3 月国家环境保护总局和国家统计局联合启动了《中国绿色国民经济核算(简称绿色 GDP 核算)研究》项目。项目技术组提交了《中国绿色国民经济核算研究报告(2004)》,同时公开出版了报告的公众版。为推进生态文明建设和绿色发展转型,落实《环境保护法》,2015 年有关部门重新启动绿色 GDP 研究工作,即绿色 GDP2.0 研究。绿色 GDP2.0 在内容上与技术上寻求创新,并选择不同地区开展试点工作。但从多个国家和国际组织来看,绿色 GDP 研究不断深入,实际应用的却很少。开展这项工作存在多方面的难度,需要进一步统一思想,加强应用研究,才能扎实推动绿色 GDP 核算工作。

3. 环境经济政策体系

环境经济政策是生态文明建设的重要组成部分,是实现绿色发展的核心政策之一。环境经济政策是指按照环境经济规律的要求,运用财政、税收、价格、信贷等经济手段,调节或影响市场主体的行为,以实现经济建设与环境保护协调发展的政策手段。从环境问题的根源入手,通过一系列政策、措施,是解决环境问题最为有效的途径。经过多年的探索研究与实践,我国已初步形成包括环境资源价值核算政策、环境价格政策、环境财政政策、生态环境补偿政策、环境权益交易政策、绿色税收政策、绿色金融政策、环境市场政策、环境与贸易政策等方面的环境经济政策体系。在依法治国的总要求下,环境经济政策需要创新发展思路,充分发挥市场和经济手段在环境保护中的作用,充分发挥市场对资源配置所起的决定性作用。把制度建设作为推进生态文明建设的重中之重,建立政府与市场统筹,法律、经济、技术和行政办法协调的系统完整的环境经济政策体系。环境经济政策发挥越来越重要的作用,环境经济政策及其体系构建与发展是环境经济学重点研究的问题。

4. 环境投融资体系

环境投融资研究在我国依然是一个新的研究领域。虽然经过多年的实践和研究已取得了一定的效果,但还需加大研究和实际应用的力度,为研究和制定我国的环境投资战略及其政策提供参考。环境投融资方式在我国主要是指在资源配置过程中,环境投融资的决策方式(谁来投资)、投资筹措方式(资金来源)和投资使用方式(怎样投资)的总称,它是环境投融资活动的具体体现。要进一步在环境投融资的概念确定、环境投融资分析方法、环境融资机制研究,以及环境产业投融资、环境投融资工具、环境保护基金、公私合营以及 BOT 模式等方面加大研究和应用,建立起中国特色的环境投融资体系和战略。

5. 环境经济评价体系

环境经济评价是环境经济学的一个主要内容,它通过计量分析方法,进行环境经济损益分析,提出环境经济合理可行的最佳方案,使环境经济管理的方针政策,落实到具体的技术经济措施上。环境经济评价已成为贯彻和落实生态文明建设的重要课题。科学的环境经济评价有助于改善我国的环境绩效,推进我国环境经济评价体系的建立,要进一步加强环境经济评价的研究工作,开展更加全面的环境经济评价研究和更加实用的环境经济评价方法体系的综合应用,提高环境经济评价的实用性与准确性。结合我国国情,从环境经济评价的理论与方法,环境经济评价的政策与体制等方面,探索推行环境经济评价体系的模式和途径,构建我国环境经济评价体系,是环境经济评价的主要任务之一。

6. 循环经济

循环经济按照自然生态系统物质循环和能量流动规律重构经济系统,使经济系统和谐地纳入自然生态系统的物质循环的过程中,建立起一种新形态的经济,循环经济在本质上就是一种生态经济。循环经济是一种以资源的高效利用和循环利用为核心,以"减量化、再利用、资源化"为原则,以低消耗、低排放、高效率为基本特征。循环经济强调把经济活动组织成一个"资源-产品-再生资源"的反馈式流程,以清洁生产为基础,其特征是低开采、高利用、低排放。所有的物质和能源能在这个不断进行的经济循环中得到合理和持久的利用,以把经济活动对自然环境的影响降低到尽可能小的程度。循环经济作为一种全新的经济发展模式,主要体现在新的系统观、新的经济观、新的价值观、新的生产观和新的消费观等几个方面。中国把大力发展循环经济,强调要加快转变经济增长方式,将循环经济的发展理念贯穿到区域经济发展、城乡建设和各行各业的产品生产和服务中,使资源得到最有效的利用。在这一背景下,不断深入研究循环经济的理论,加强循环经济的实践与发展,也是环境经济学研究的重点领域。

7. 国际贸易与环境

深入推进贸易和投资自由化、便利化,构建开放型经济,维护和加强多边贸易体制,引导经济全球化再平衡是我国坚定不移的发展政策。伴随着国际贸易在我国的不断扩大,随之而来的环境问题也日益突出。如何实现国际贸易与环境的协调发展已经受到越来越多的学者、政府和企业家的重视。一方面,国际贸易的发展优化了全球的资源配置,增加了社会财富,提高了人类社会的生活质量,但同时也不可避免地带来了一系列环境问题,所以,国际贸易政策的制定必须考虑环境因素才是可持续的;另一方面,保护环境的政策也需要与国际贸易政策相配合。为了有效保护环境,实现国际贸易的可持续发展,采取适当的国际贸易限制手段是必要的,但如果以保护环境为借口过分限制自由贸易,实施"绿色堡垒"制度等,将阻碍世界经济的发展,对可持续发展也是不利的。国际贸易与环境有时是相互冲突的,国际贸易与环境又是相互协调的,以保护环境促进贸易的发展、以贸易的发展推动环境保护是协调国际贸易与环境相互关系的根本要求,在这些方面都有必要进行深入探讨。

四、环境经济学的研究内容

上述的环境经济学研究对象、任务与研究领域说明了环境经济学的研究内容非常丰富,目前环境经济学研究内容的框架已基本形成。由于环境经济学是一门新兴的发展中学科,其具体研究内容需要进一步充实、完善与优化。环境经济学主要研究内容如图2-2所示。

(一)环境经济学理论研究

环境经济学理论是环境经济学发展和完善的基础,环境经济学主要基本理论研究有以下几个方面。

1. 环境经济学基础理论

环境经济学基础理论主要包括环境公共物品理论、环境外部性理论等。环境公共物品理论的研究包括环境公共物品作为一种特殊的公共物品,它的定义、特征、属性、作用等是否与一般公共物品相同,还是具有其自身的性质、特点等,需要深入研究;环境外部性理论的研究包括环境问题产生的外部不经济性与环境改善产生效益的外部经济性研究等。

2. 环境价值理论

环境价值是指环境为人类生存与发展所提供的效用。环境价值理论主要研究环境价值和使用价值的理论,在此基础上,研究环境价值核算的理论与方法,环境的商品性以及环境市场等。可以说环境价值是环境经济学的核心。

按照劳动价值理论,价值是要付出劳动的,所以环境价值是人们为使经济社会发展与自然资源再生产和生态环境保持平衡和良性循环而付出的社会必要劳动,从生产、使用价值和价值补偿角度来看,环境资源包含了人类劳动,所以具有价值。这种用经济学理论对价值的定义来定义环境价值是否合适?环境是一种特殊的公共物品,它与人类通过劳动生产出的其他物质物品不同,环境价值是人类生存、生活、健康、生产(劳动)所必须依赖的公共物品的价值。环境价值概念及其理论很重要,需要深入研究。

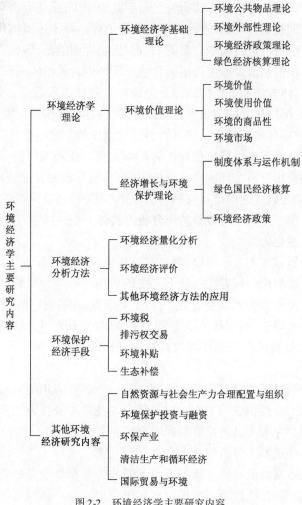

图 2-2　环境经济学主要研究内容

3. 经济增长与环境保护理论

经济增长与环境保护理论主要研究符合环境保护要求的经济增长理论,如经济增长与环境保护协调可持续发展的制度体系、内在运行机制、衡量标准与评价方法等,包括绿色国民经济核算理论、环境经济政策理论、环境保护投资理论研究等。

(二)环境经济分析方法研究

环境经济分析是指对环境的状况、质量和环境所提供的产品与服务的经济价值进行定量评价,特别重视对环境状况变化所产生的经济损失或经济效益的量化分析。环境经济分析是环境分析的难点,这是因为很多环境产品与服务由于其本身特点,不存在市场或市场不完全,没有现存的市场价格作为量化分析的基础。环境经济学家依据现代经济学、数学、系统分析等理论,应用和创造了一些不同的分析方法,以便在不同的情况下针对环境状况变化导致的环境经济损益进行计算分析。

1. 环境经济量化分析研究

环境估价和环境核算是环境经济分析的一项重要工作，也是环境经济学一项重要的研究内容。环境经济价值分析的理论和方法研究已经有几十年了，虽然取得了一些成绩和进展，但由于环境与环境问题的复杂性和特殊性，以及环境价值评估技术还显粗糙，环境价值分析计算的量化结果也只是一个可以进行初步分析的估值。但要说明的是，即使在这种情况下，有环境经济估值比没有环境经济估值要重要得多。目前计算环境价值量的两种基本方法是污染损失法和治理成本法，其具体方法的选择应用以及分析核算程序步骤等还需研究完善。随着人类活动的不断发展，影响环境质量的建设项目日渐增多，与环境价值评估密切相关的环境核算准确度要求的提高等，使得环境价值理论和环境经济价值评估方法的提升更加迫切。

环境效益费用分析是环境经济量化分析的基本方法。在环境经济学中，环境效益费用分析的主要内容有效益费用分析在环境经济分析中的应用；环境和自然资源的经济价值评估的理论和方法；环境污染与破坏的经济损失估价的理论和方法；环境保护经济效益计算的理论与方法等。目前已经出现了多种环境效益费用分析的具体方法，这些方法的指向都是明确的，即寻求计算出环境价值量化的结果。

环境效益费用分析方法本身还不够完善，实行环境效益费用分析存在许多技术难题，环境经济分析中的环境效益费用分析方法还缺乏系统的应用。环境价值的市场定价困难较大，一直是环境效益费用分析研究领域的主要难点，由于环境效益和损失费用的多因性，环境效益和费用计量较难处理。可以说，确定环境效益和费用的内外部范围和项目，确定直接与间接的环境、经济和社会效益或损失是环境效益费用分析理论和方法研究不断提升的关键问题之一。

环境效益费用分析是环境经济价值量化分析的一个非常有用的方法，是涉及面非常广的一项专业性、技术性、综合性很强的工作。加强环境效益费用分析方法和模型的研究，对于促进环境经济分析的科学化水平具有重要的现实意义。

效益费用分析是环境经济分析的基本方法，但不是唯一的方法。例如，运用投入产出模型分析不同的经济增长方案对废弃物总量与未经治理的废弃物排放量的影响；在对环境经济问题进行规划、评价和决策时，线性规划也得到许多应用。随着环境经济学的发展，还会有更多的数学与经济分析方法得到应用。

2. 环境经济评价研究

环境经济评价是指对影响环境质量和环境所提供服务的经济价值进行的定量评价。环境经济评价方法是在环境价值量化计算的基础上，评估分析对象环境损害和环境效益的方法。环境经济评价是环境经济学的一个重要的应用领域，其主要目的在于促使经济与环境协调发展，保证有限的环境资源和人力、资金、物质资源，能够获得最大的经济效益、社会效益和环境效益。

环境经济评价有不同的类别，如建设项目环境影响评价、环境规划评价、环境保护战略评价中的环境经济评价，以及环境建设活动的经济评价、环境政策经济影响评价、自然生态绩效评价等。环境经济评价的具体评价方法也有多种，许多专家学者运用了数学的、经济学的、系统分析的理论与方法，探索创造了多种不同的环境经济评价方法，以便针对不同的评价对象、在不同的情况下，根据环境经济的损益对比，对其环境经济状况进行分析评价，提出环境经济合理而可行的最佳方案，作为决策依据。

(三)环境保护经济手段研究

环境保护的经济手段在环境管理中是与行政、法律、技术和教育手段相互配合使用的一种手段。环境经济手段是指利用价值规律,运用价格、税收、信贷等经济杠杆,遏制无偿使用环境并将环境成本转嫁给社会的做法,控制损害环境的社会经济活动,同时奖励积极治理污染、积极开展"三废"综合利用的单位,促进节约和合理利用资源等。环境保护经济手段主要有环境税、排污权交易、环境补贴、生态补偿等。通过这些经济手段调节经济活动与环境保护之间的关系,促使和引导经济活动符合环境保护的要求。目前我国在环境保护经济手段方面的研究不断加强,其应用不断推进,取得了积极的效果,但还有许多待研究和完善的方面。

1. 环境税

环境税(Environmental Taxation),也称生态税(Ecological Taxation)、绿色税(Green Tax),是把环境污染与破坏的社会成本内化到生产成本和市场价格中去,再通过市场机制来分配环境资源的一种经济手段。

2018 年 1 月 1 日我国开征的环境保护税,是对排污费征收制度改革后的新事物。排污费征收制度在一定的历史时期发挥了积极作用,排污收费制度之所以被否定,不是因为其理论依据,而是因为在实践中存在缺乏强制性、缺乏市场性、影响环境执法、资金使用效率低等问题。根据污染者付费原则,纠正市场失灵、控制污染物等排放和一些产品与服务的消费,环境税具有很强的可行性。

环境税费的改革,需要继续完善和落实支持节能环保与资源综合利用的税收政策,需要在诸如环境税的有效性和法规性、环境税税种的调整、环境税对生产投入要素及经济效率影响等方面深入研究与不断实践,促使环境税制沿最优化方向改革发展。

2. 排污权交易

排污权交易(Pollution Rights Trading)是指在一定区域内,在污染物排放总量不超过允许排放量的前提下,内部各污染源之间通过货币交换的方式相互调剂排污量,从而达到减少排污量、保护环境的目的。排污权交易起源于美国,美国经济学家戴尔斯于 1968 年最先提出了排污权交易的理论。排污权交易主要思想就是建立合法的污染物排放权利,即排污权,这种权利通常以排污许可证的形式表现,并允许排污权像商品那样被买入和卖出,以此来进行污染物的排放控制。在排污权交易试点的基础上,全面推广铺开排污权交易,尚需研究解决一系列的难点和问题。如确定的污染物总量的理论依据,受让主体范围、单价竞价模式、排污权出让方的合理合法性等。

3. 环境补贴

环境补贴(Environmental Subsidies),也称绿色补贴,是指为了保护环境和自然资源,政府采取干预政策将环境成本内在化,对企业在治理环境、改善产品加工工艺的投入进行补贴,以帮助企业进行环保设备、环保工艺改进的一种政府行为和产业政策。环境补贴采取的形式主要有支付现金、税收激励和豁免、政府环境保护投资或政府以优惠利率提供贷款等。环境补贴是减少环境损害的市场方法,是通过环境补贴对污染者减少污染的行为进行补贴,补贴主要有两种类型——排污削减设备补贴和污染减排补贴。

发展中国家因多种原因,许多企业本身无力承担治理环境污染的费用,政府为此给予一定的环境补贴,以达到保护国内产业、协调发展与环境目标的关系。这也导致发达国家认为发展中国家的环境补贴违反 WTO 的《补贴与反补贴措施协议》,从而限制发展中国家产品的出口。在完善环境补贴这个环境经济手段的过程中,也要不断地探索研究所存在的问题,提高环境补贴的有效性及法规性。如:制定科学的补贴方案,实施环境补贴与促进企业环境保护行为的进步紧密挂钩,从产权制度、管理体制、公共政策方面进行环境补贴配套制度创新,环境补贴被利用成新的绿色贸易壁垒,以及其他一些方面也需加强研究与实践。

4. 生态补偿

生态补偿(Eco-Compensation)是以保护和可持续利用生态系统服务为目的,以经济手段为主,调节相关者利益关系,促进补偿活动、调动生态保护积极性的各种规则、激励和协调的制度安排。生态补偿有狭义和广义之分。狭义的生态补偿指对由人类的社会经济活动给生态系统和自然资源造成的破坏及对环境造成的污染的补偿、恢复、综合治理等一系列活动的总称;广义的生态补偿包括对因环境保护丧失发展机会的区域内的居民进行的资金、技术、实物上的补偿,政策上的优惠,以及为加强环境保护而进行的科研、教育费用的支出。生态补偿形式多种多样,包括政策、制度、实物、资金、技术等补偿方式。

我国的生态补偿工作起步较晚。在取得成效的同时,也存在不少问题,如:生态补偿机制的具体内容和建立的基本环节的确定;生态服务功能价值如何评估,生态补偿的定量分析,各地区域生态保护标准的制定等,都需要从理论与实践的角度加强研究,采取措施加以解决。

(四)其他环境经济内容研究

环境经济学的研究内容很多,除上述的一些重要的研究内容外,还有不少重要的研究内容,如:自然资源与社会生产力合理配置与组织、环境保护投资与融资、环保产业、清洁生产和循环经济、环境经济政策体系、国际贸易与环境等。

在自然资源与社会生产力合理配置与组织方面,需要研究的社会经济活动的资源不只是人力、物力和财力的总和,还包括自然资源这种社会经济发展的基本物质条件,自然资源在各种不同用途上的分析比较及科学、合理地选择,合理配置自然资源与社会生产力,使各生产要素充分发挥作用,以便用最少的自然资源耗费,达到社会生产力配置的合理与组织的最优等。

对环境经济学众多的研究内容进行基本归类是便于对其不同内容从不同的角度、用不同的方法开展分析研究。环境经济学的研究内容之间是相互联系的,而且对环境经济学各个研究领域的内容进行研究的目的指向是一致的,都是为了更好地实现环境保护与可持续发展。

由于环境经济学涉及面广、内容丰富,以及作为教材的具体要求,在本教材后面的篇章中,只是对环境经济学的部分主要内容进行了论述。

五、环境经济学的特点

从环境经济学的产生、发展、研究对象和内容及其理论基础可知,环境经济学是经济学和环境科学交叉的分支学科。环境科学和经济学都是综合性科学,环境经济学既是经济学的分支学科,又是环境科学的分支学科,其具有以下显著特点。

(一)交叉性

环境经济问题研究涉及自然、经济、技术等各方面的因素,不仅与经济学、环境科学有直接关系,而且与地学、生物学、技术科学、管理科学及法学等许多学科在内容上和研究领域上有很大的交叉。由于有这样的性质,在研究环境经济问题时,既要重视经济规律的作用,又要受到自然规律的制约。

(二)应用性

环境经济学主要运用经济学科的理论与方法和环境科学的理论与方法,研究正确协调经济发展与环境保护的关系,为制定科学的社会经济发展政策和环境政策提供依据,为解决各种环境问题提供技术、方案和依据。所以说,环境经济学是一门应用性、实践性很强的学科。

(三)整体性

环境经济学的整体性,是由环境经济系统的整体性决定的。环境经济系统是环境系统与经济系统相结合的统一有机整体,环境经济学就是从这个统一整体,即环境经济系统的整体性出发,从环境与经济的全局出发,揭示环境问题的本质,寻求解决环境问题的有效途径。

(四)综合性

环境经济学与其他经济学区别的显著特点,在于它研究任何经济问题时,不仅研究其经济效果,还着重研究经济发展变化对环境质量的影响,以及环境变化的后果对经济发展的反作用,同时环境经济学也关注人类活动的社会效果,环境经济学的综合性体现在环境、经济、社会各个方面。

复习思考题

1. 名词解释
"零增长" 无限增长 可持续发展 环境系统 经济系统 环境经济系统
环境经济学

2. 选择题
(1)环境经济学的基础理论有(   )。

    A. 经济学理论   B. 环境科学理论

    C. 社会学理论   D. 可持续发展理论

选择说明:

(2)环境问题的实质是(   )。

    A. 污染问题和技术问题   B. 技术问题和经济问题

    C. 经济问题和社会问题   D. 社会问题和污染问题

选择说明:

(3)在20世纪80年代中期,世界环境与发展委员会主席(　　)组织了世界上最优秀的环境与发展问题专家,完成了著名的报告《我们共同的未来》。

A.雷希尔·卡逊　　　　　　　　　　B.肯尼斯·鲍尔丁

C.布伦特兰　　　　　　　　　　　　D.丹尼斯·梅多斯

选择说明:

(4)自20世纪中期以来,环境与经济发展的理论研究与实践探讨可以归纳为三种典型模式,下列不属于可持续发展模式观点的是(　　)。

A.依靠科技进步,经济增长、环境问题都可以迎刃而解

B.地球的容量与资源都是有限的,人类必须停止经济的增长

C.市场机制与科技进步可以解决人类无限增长解决的需求

D.在经济发展和环境保护之间寻求相对平衡,实现经济发展与环境保护相互促进、协调发展

选择说明:

(5)正式定义并提出可持续发展模式的是(　　)。

A.罗马俱乐部发表的《极限的增长》

B.美国经济学家西蒙发表的《资源丰富的地球》

C.埃尔里奇发表的《人口炸弹》

D.布伦特兰发表的《我们共同的未来》

选择说明:

(6)首次正式使用可持续发展概念是在(　　)。

A.1972年《人类环境宣言》　　　　　B.1980年《世界自然保护大纲》

C.1987年《我们共同的未来》　　　　D.1992年《里约宣言》

选择说明:

(7)在以下四个子系统中,哪些是环境系统的基础子系统?(　　)

A.大气　　　　　B.水　　　　　C.岩石　　　　　D.生物

选择说明:

(8)以下关于环境经济系统描述正确的是(　　)。

A.环境经济系统是线性系统

B.环境经济系统由经济系统和环境系统共同复合而成

C.环境经济系统具有非层次性和非边界性

D.环境经济系统是非线性系统

选择说明:

(9)环境经济学有狭义与广义之分。狭义的环境经济学被认为是研究(　　)。

A.生态平衡的破坏及修复所涉及的经济问题

B.环境污染防治的经济问题

C.自然资源合理利用的经济问题

D.环境污染防治、自然资源合理利用以及在经济发展中生态平衡的破坏及修复所涉及的经济问题

选择说明:

(10)以下不属于环境经济学的研究任务的是(　　)。

　　A.如何正确控制和调节环境经济系统,如何在经济发展和环境保护之间寻求相对平衡,如何为实现经济发展与环境保护相互促进、协调发展

　　B.寻求使经济活动符合自然规律的要求,以最小的环境代价实现经济的增长途径

　　C.寻求使环境保护工作符合经济规律的途径,以最小的劳动消耗取得最佳的环境效益和经济效益

　　D.寻求有效发挥环境保护的法规、行政、技术等手段,以控制企业的污染物排放量

选择说明:

(11)环境经济学的研究对象是(　　)。

　　A.环境保护与经济发展之间的关系　　　B.再生产过程的生产、分配、交换和消费

　　C.人与自然环境之间的物质转换　　　　D.客观存在的环境经济系统

选择说明:

(12)环境价值理论的研究内容不包括(　　)。

　　A.环境的商品性　　　　　　　　　　　B.环境的使用价值

　　C.环境市场　　　　　　　　　　　　　D.环境经济评价

选择说明:

(13)(　　)是评估环境损害和环境效益经济价值的方法。

　　A.环境效益费用分析　　　　　　　　　B.环境分析方法

　　C.应用分析方法　　　　　　　　　　　D.定性分析方法

选择说明:

(14)环境经济学主要研究内容不包括(　　)。

　　A.环境经济学基础理论　　　　　　　　B.环境经济分析方法

　　C.环境保护经济手段　　　　　　　　　D.环境污染与生态破坏的分布

选择说明:

3.论述题

(1)环境问题的实质是什么?为什么?

(2)简述环境与经济发展的三种典型的模式。

(3)如何从环境经济学的研究对象和研究任务理解环境与经济的辩证关系?

(4)环境经济学有哪些主要研究内容?

(5)简述环境经济学研究的宏观领域和微观领域。

(6)简述环境经济学研究的重点领域。

(7)简述环境经济学的特点。

(8)简述环境经济学的理论基础。

(9)论述环境经济学的学科体系框架。

第三章

经济学的有关基础理论

经济学的基本理论贯穿于整个环境经济学的体系当中,指导着环境经济学理论与实践的发展。环境经济学的研究与实践也推动了经济学有关理论与实践的发展。经济学是研究如何对稀缺资源进行有效配置,以便最大限度地满足人类需要的一门社会科学。需求的无限性与资源的稀缺性是人类社会的一个基本规律,即稀缺规律。稀缺规律要求人类在不断发展的同时,必须保护好人类赖以生存的生态环境与各种资源,从这个定义上说,经济学是研究物品数量与选择之间的依存关系的科学。环境经济学作为经济学的一个分支,它的产生与发展是以经济学的有关理论为基础的,本章将对经济学的有关基本理论进行阐述。

第一节 均衡价格理论

资源配置是通过市场价格进行的,而市场价格是由需求和供给这两个方面的相互作用决定的。微观经济学是关于资源配置的科学,而需求和供给的决定理论是微观经济学理论的出发点。均衡价格理论主要研究需求与供给,以及需求与供给如何决定均衡价格,均衡价格反过来又如何影响需求与供给,还涉及影响需求与供给的因素发生变动时所引起的需求量和供给量的变动(弹性理论)。均衡价格理论是微观经济学的基础和核心理论。

一、需求

(一)需求的定义

需求(Demand)是指消费者在某一特定时期内,在每一价格水平上愿意而且能够购买的商品量。需求必须具备两个条件:一是消费者有购买欲望;二是消费者有购买能力。

需求涉及两个变量:一是某商品的销售价格;二是与该价格对应的人们愿意并且有能力购买的数量。消费者在一定时期内购买某种商品的数量,同该商品的价格相关,但如果这种商品的价格发生了变化,消费者购买这种商品的数量也会发生变化,即对该商品的需求量发生变化。

(二)需求函数

需求函数(Demand Function)表示某一特定时期内消费者愿意和能够购买某种商品的数量与该商品的价格和消费者收入等因素之间的依存关系。

影响某种商品的需求量的主要因素有:

(1)产品价格(P):一产品的价格与该产品的需求量成反向变化,价格越高,需求量越少,反之亦然。

(2)有关产品价格(Pr):一产品价格本身无变化,但与它有关的其他商品价格发生变动,也会影响到这种商品的需求量。

(3)预期价格(Pe):对未来价格的预期,也会对需求量产生重大影响。如某一商品的价格预计下调,消费者的需求量可能下降;而如果价格预计上涨,则需求量可能增加。

(4)消费者收入(M):消费者收入增加,就会增加对产品的需求量;而收入减少,就会减少对产品的需求量。

(5)个人偏好(F):消费者个人的偏好(Preference)对产品的需求量也会产生影响。一种产品的价格虽无变动,但个人对这种产品的偏好增强或减弱,会导致需求量出现相应的增加或减少。

(6)时间因素(t):一种产品的需求量还与时间有关,如产品销售的淡季和旺季,使得需求量减少或增加。

一种产品的需求量 Q_d 与上述各因素之间的关系,可以表示为下列一般需求函数:

$$Q_d = f(P, Pr, Pe, M, F, t, \cdots) \tag{3-1}$$

在经济分析中,一般假定在其他条件不变动的情况下,着重研究 P、Pr、M 分别对 Q_d 的影响,即:

需求价格函数 $\qquad\qquad\qquad Q_d = q(P) \tag{3-2}$

需求交叉函数 $\qquad\qquad\qquad Q_d = g(Pr) \tag{3-3}$

需求收入函数 $\qquad\qquad\qquad Q_d = h(M) \tag{3-4}$

在各种需求函数中,最重要的是需求价格函数,在经济分析中,除非加以说明,否则需求函数一般指需求价格函数。

（三）需求曲线

需求曲线(Demand Carve)是表示商品的需求量在其他条件不变的情况下与其价格之间的依存关系的曲线图。以横轴代表数量 Q，纵轴代表价格 P，则可得到图 3-1 所示的价格与需求量关系的曲线，即需求曲线，又称为 DD 曲线。一般商品的需求曲线具有负斜率，即需求量随商品自身价格的上升或下降而减少或增加。需求曲线是显示价格与需求量之间的反向关系的函数曲线。

需求曲线可分为个人需求曲线和市场需求曲线。个人需求是指个人或家庭对某种产品的需求，市场需求是指所有的个人或家庭对某种产品的需求总和。所以，市场需求曲线是指个人需求曲线的加总。

在图 3-1 所示的需求曲线上，从 a 点移动到 b 点、c 点，都表示由于价格的变化而引起的需求量变化，在图中表现为同一条曲线上的点的移动。但如果在价格因素不变的情况下，由于其他因素的变化，如消费者收入、相关商品价格等变化，而引起的消费者购买商品数量的变化称为需求变化。需求变化不是同一条需求曲线上点的移动，而是需求曲线本身的移动，如图 3-2 所示。图中 D_1 线是需求增加后的需求曲线，D_2 线是需求减少后的需求曲线。

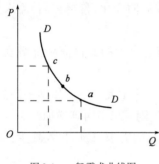

图 3-1　一般需求曲线图

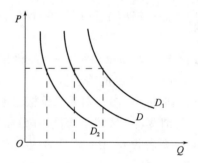

图 3-2　需求曲线的移动

二、供给

（一）供给的定义

供给(Supply)是指厂商(生产者)在某一特定时期内，在每一价格水平上愿意而且能够出卖的商品量。供给也必须具备两个条件：一是厂商有出售愿望；二是厂商有供给能力。

（二）供给函数

供给函数(Supply Function)是表示在某一特定时期内市场上某种商品的供应量和决定这些供应量的各种因素之间的关系。

影响某种商品的供给量的主要因素有：

（1）产品价格(P)：供给量的多少与产品价格的高低成正向变化，价格越高，供给量越多；价格越低，供给量越少。

（2）有关产品价格(Pr)：产品价格本身无变动，但与它有关的其他产品价格发生变动，也会影响到这种产品的供给量。

（3）预期价格（Pe）：对未来价格的预期，也会对供给量产生重大影响。

（4）生产成本（C）：生产成本的变动，主要来自生产要素价格或技术变化。生产要素价格上涨，必然增加生产成本，导致供应量减少。而生产技术的进步，往往意味着产量的增加或成本的降低，厂商愿意并且能够在原有价格下增加供给量。

（5）自然条件（N）：很多供给量与自然条件密切相关，如雨季和旱季，暑期和冬天等。

一种产品的供给量 Q_s 与上述各个因素之间的关系，可以表示为下列供给函数：

$$Q_s = \Phi(P、Pr、Pe、C、N\cdots) \tag{3-5}$$

一般假定在其他条件不变的情况下着重研究 P、C 对 Q_s 的影响，即：

供给价格函数 $\qquad\qquad Q_s = \Phi(P)$ (3-6)

供给成本函数 $\qquad\qquad Q_s = \psi(C)$ (3-7)

其中最重要的是供给价格函数，所以，在经济分析中除非加以说明，否则供给函数一般都指供给价格函数。

（三）供给曲线

一般供给曲线如图 3-3 所示，也称为 SS 曲线。一般商品的供给曲线具有正斜率，即供给量随自身价格上升而增加，反之亦然。

在图 3-3 所示的供给曲线上，从 a 点移动到 b 点、c 点，都表示由于价格的变化而引起的供给量变化，在图上表现为同一条曲线上点的移动。

由于生产技术进步，或生产要素价格下降，单位产品的成本下降，在这种情况下，同过去比较，与任一供应量相对应，生产者要求的卖价将较低。也就是说，与任一卖价相对应，生产者愿意供应的产品量将增加。在供给曲线图上，表现为供给曲线向右移动，这种情况称为供给状况的变化，或供给的变化，如图 3-4 所示。

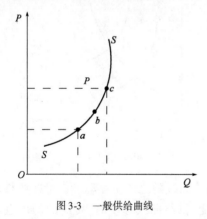

图 3-3 一般供给曲线

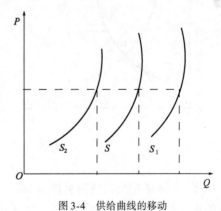

图 3-4 供给曲线的移动

三、均衡分析

（一）均衡

均衡（Equilibrium）是指经济系统中各种变量之间的平衡状态，即在一段时期内没有变动发生的状态。均衡不是一种绝对静止的状态。微观经济理论中单一商品市场均衡指商品需求量等于供给量,即市场处于一种相对静止的均衡状态。宏观经济理论中商品市场均衡指商品的总需求等于其总供给。均衡是有条件的,条件变了,原有均衡被破坏,在新的条件下将达到新的平衡。利用均衡来分析一定条件下,经济系统内各变量之间相互影响和相互作用的关系,称为均衡分析。

(二)均衡价格与均衡产量的决定

市场的产品价格既不是由需求单独决定的,也不是由供给单独决定,而是由需求和供给共同决定的。当产品在低价格水平上时,需求大于供给,产品出现供不应求的状况,导致价格上升;当产品在高价格水平上时,供给大于需求,产品出现供过于求的状况,导致价格下跌。

均衡价格(Equilibrium Price)是指需求量与供给量相等时的价格。如图 3-5 所示,需求曲线和供给曲线的交点成为均衡点 E,均衡点在价格轴上的坐标即为均衡价格 P_E,均衡点在数量轴上的坐标称为均衡数量 Q_E。

产品的需求与供给共同决定价格,同时价格反过来又自动地影响和调节供给与需求,使市场趋于平衡。这种调节功能就是价格机制(Price Mechanism),或称市场机制。

(三)均衡价格与均衡产量的变动

需求和供给任何一方的变动都会引起均衡的变动。如前所述,如果除价格以外影响需求的因素发生变化,则需求曲线会发生移动。需求曲线的移动表示旧的均衡被打破,新的均衡形成。如果供给曲线保持不变,当需求曲线移动时,相应的均衡点沿供给曲线移动,如图 3-6 所示。

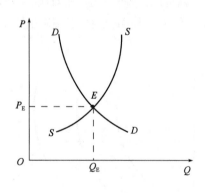
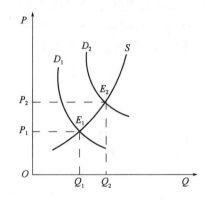

图 3-5　均衡价格　　　　　　　　　图 3-6　需求变动时对均衡的影响

同样,除价格外的其他影响供给的因素变化时,供给曲线随之产生移动。供给曲线移动表示旧的均衡被破坏,新的均衡形成。如果需求曲线不变,供给曲线移动时,相应的均衡点沿需求曲线移动,如图 3-7 所示。

当需求和供给都发生变动时,需求与供给的变动对均衡的影响如图 3-8 所示。在需求和供给都增加的条件下,均衡产量肯定会提高,而均衡价格可能提高,也可能降低,这取决于需求与供给各自增加的力度大小对比。如果需求增加,而供给减少时,新的均衡价格一定会提高,而新的均衡产量可能提高,也可能降低。

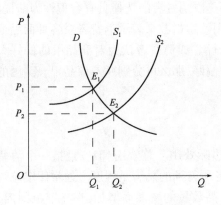

图 3-7 供给变动时对均衡的影响

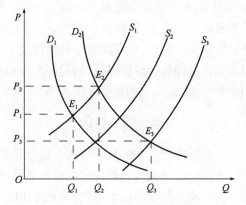

图 3-8 需求与供给变动时对均衡的影响

第二节 消费者行为理论

消费者行为是指在一定的收入和价格下,消费者为获得最大满足而对各种商品所做出的选择活动。消费者行为理论也叫作效用理论,它研究消费者如何在各种商品和劳务之间分配他们的收入,以达到满足程度的最大化。考察消费者行为,可以采用两种分析工具或分析方法:一种是以基数效用论为基础的边际效用分析;另一种是以序数效用论为基础的无差异曲线分析。现代西方经济学界,比较流行的是无差异曲线分析。

一、效用的基本概念

(一)效用

效用(Utility)是指商品和服务满足消费者的欲望和需要的能力,它表示在特定时期内消费一定数量商品和服务获得的满足程度。效用大表明满足程度大,效用小表明满足程度小。效用有两个特点:一是效用具有主观性,即一种商品或服务是否有效用以及效用的大小完全取决于某人对该商品或服务的主观感受,不存在伦理意义,也不存在客观标准。满足程度与是否产生舒适感没有必然联系,如人生病要吃药打针,这可能不产生舒适感,但效用很大。二是效用是消费者的主观评价,效用常常因人、因时、因地而异,不同情况决定人们对同一种商品或服务的效用大小有不同的评价。

效用既然有大小,就是可以比较的。微观经济学中有两种衡量效用大小的理论,即基数效用理论和序数效用理论。效用可分为基数效用(Cardinal Utility)和序数效用(Ordinal Utility)。

基数效用是能用效用单位度量的效用,可用 1、2、3 等基数词来表示效用的大小。基数效用使效用大小可以度量,度量效用大小的测量单位称为效用单位。消费者具有测量效用大小的能力,能说明一种商品或服务给予他多少个效用单位,从而可以比较各种商品和服务效用的大小。但基数效用过于牵强,因为人们很难确定效用计数单位的标准。

序数效用是用等级表示的效用,即用第一、第二、第三等序数词表示效用的大小。序数效用的依据是消费者对不同商品和服务有着不同程度的偏好,偏好程度大则效用大,偏好程度小则效用小,至于大多少或小多少则不可论。序数效用是以消费者的选择具有合理性为前提的。一些经济学家认为,效用指个人偏好,无法计量。可用效用指数来表示消费者对各种商品或服务偏好的先后顺序,效用指数在某种程度上具有任意性。如消费者认为对商品甲的偏好大于对商品乙的偏好,而对商品乙的偏好大于对商品丙的偏好,那么可分别赋予商品甲、乙、丙的效用指数为10、8、6,也可赋予3、2、1等。

(二)总效用与边际效用

基数效用理论中最基本的两个概念是总效用与边际效用。总效用(TU)是指一个消费者在一个特定的时间内消费一定数量的某种商品或服务所得到的总满足程度。通常假定总效用是消费的商品数量的递增函数,即总效用随消费的商品数量的增加而增加,在一定范围内,一个人消费得越多,他的总效用水平越高。这说明了商品和服务对消费者的使用价值,但当消费量超过一定数量时,总效用降低,如图3-9所示。

边际效用(MU)是指一个消费者在某一时间内消费数量每增加或减少一个单位时所变动的满足程度,或表达为某一时间内一定商品或服务的增量所提供的总效用增量与这个商品的消费增量的比例,即:

$$MU = \frac{\Delta TU}{\Delta q} \tag{3-8}$$

式中:ΔTU——总效用增量;

Δq——消费增量。

在极限的情况下,其微分方程为:

$$MU = \lim_{\Delta q \to 0} \frac{\Delta TU}{\Delta q} = \frac{dTU}{dq} \tag{3-9}$$

总效用与边际效用的关系是:当边际效用为正数时,总效用是增加的;当边际效用为零时,总效用达到最大;当边际效用为负数时,总效用减少;总效用是边际效用的总和。边际效用被认为是衡量价值的尺度。一商品或服务越稀缺,其边际效用越大。一定数量的商品或服务,其边际效用可能为正值、零或负值,其相应的总效用则分别是递增的、不变的或者是递减的。总效用的升降取决于边际效用的符号,边际效用大于零时,总效用上升;边际效用等于零时,总效用最大;边际效用小于零时,总效用下降,如图3-9、图3-10所示。

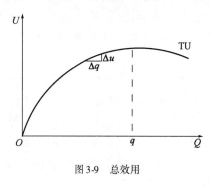

图3-9 总效用

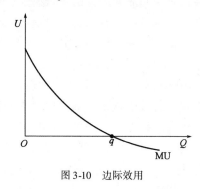

图3-10 边际效用

(三)边际效用递减规律

同一商品的不同数量对消费者的满足程度是不同的。随着所消费的商品数量的增加,该商品对消费者的边际效用是递减的,即在一特定的时期内每增加一单位商品所产生的总效用增量,将随着对该商品消费量的进一步增加而减少。

如图 3-9、图 3-10 所示,当消费品数量增加,总效用增加,而边际效用递减。边际效用是消费的商品或服务数量的递减函数,也就是说,边际效用随着消费的商品数量的增加而减少,这种现象称为边际效用递减规律。

二、消费者均衡

消费者在一特定时间内的货币收入量是相对固定的,这就决定了他不可能购买自己所需要的全部商品,而是要有所取舍、有所选择。消费者均衡(Consumer Equilibrium)就是指消费者在货币收入和商品价格既定的条件下,购买商品而获得最大的总效用的消费或购买状态。也就是说,在收入和价格不变的前提下,消费者获得的最大效用原则是:消费者每一元购买的任何一种商品的边际效用都相等,这也称为边际效用均等规则。

消费者收入一定时,多购买某种商品,就会少购买其他商品。根据边际效用递减规律,多购买的商品边际效用下降,少购买的商品边际效用相对上升。要达到消费者均衡,消费者必须调整其所购买的各种商品的数量,使每种商品的边际效用和价格之间的比例都相等。

如消费者购买 x、y、z 三种商品,价格分别为 P_x、P_y、P_z,购买量分别为 Q_x、Q_y、Q_z,边际效用分别为 MU_x、MU_y、MU_z,收入为 M。则在 $P_x Q_x + P_y Q_y + P_z Q_z = M$ 的约束条件下,消费者均衡的原则可表示为:

$$\frac{MU_x}{P_x} = \frac{MU_y}{P_y} = \frac{MU_z}{P_z} \tag{3-10}$$

式(3-10)又可写为:

$$\frac{MU_x}{MU_y} = \frac{P_x}{P_y} \quad 和 \quad \frac{MU_y}{MU_z} \frac{P_y}{P_z}$$

所以,消费者均衡的条件又可表述为消费者购买的各种商品的边际效用之比,等于它们的价格之比。

三、消费者剩余

由于消费者消费不同数量的同种商品所获得的边际效用是不同的,所以他对不同数量的同种商品所愿意支付的价格也是不同的。消费者为一定量的某种商品愿意支付的价格和实际支付的价格之间可能出现差额,这一差额就是消费者剩余(Consumer Surplus)。

如图 3-11 所示,一消费者愿意为 OQ_1 单位商品支付的全部价格为 OQ_1BA,而如果他实际支付的价格为 OQ_1BP_1,那么两者的差额 $OQ_1BA - OQ_1BP_1 = AP_1B$ 就是

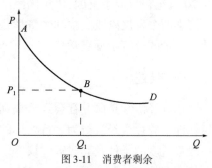

图 3-11 消费者剩余

消费者剩余。通常当一种商品或劳务的价格上涨或下降时,消费者就感到了损失或得到了好处,这种受损或受益就是消费者剩余的减少或增加。

四、消费者偏好

决定消费者行为的最重要的因素之一是消费者偏好(Consumer Preference),不同的偏好会

导致消费者对商品和服务的需求做出不同的决策。

对消费者偏好可用无差异曲线(Indifference Curve)进行分析。无差异曲线是序数效用理论分析的主要工具,它是指产生同等效用水平的两种商品的不同数量组合方式的变化轨迹。它表示在一定条件下选择商品时,不同组合的商品对消费者的满足程度是无区别的。如

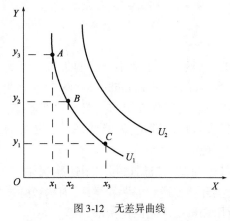

图 3-12 所示,图中的横轴表示商品 x 的数量,纵轴表示商品 y 的数量,如果曲线 U_1 上的各点,比如 A、B、C 各自代表的商品 x 和商品 y 的组合给某消费者带来的满足程度都是一样的,那么该曲线就是一条无差异曲线。因为同一条无差异曲线上的每一个点代表的商品组合所提供的总效用是相等的,所以无差异曲线也称为等效用线。

图 3-12 无差异曲线

实际上,我们可以在同一个坐标图上,根据消费者的偏好画出一系列代表不同满足水平的无差异曲线,而形成无差异曲线图。无差异曲线具有以下特征:

(1)无差异曲线是负斜率曲线。如果消费者要增购一种商品,必须同时减购另一种商品,才能维持效用不变。

(2)同一平面上可以有无数条无差异曲线。同一条无差异曲线代表相同的满足程度,不同的无差异曲线代表不同的满足程度。距原点越远的曲线代表的效用越大,反之越小。

(3)任意两条无差异曲线不会相交。

(4)无差异曲线凸向原点。

第三节　福利经济学

福利经济学(Welfare Economics)是现代西方经济理论的一个重要组成部分。福利经济学在 20 世纪初形成于英国,由英国经济学家霍布斯和庇古创立,经过了旧福利经济学和新福利经济学两个发展阶段。福利经济学是从福利观点或最大化原则出发,对经济体系的运行予以社会评价的经济学分支学科。

一、概述

福利经济学是研究社会经济福利的一种经济学理论体系,其主要内容有社会经济运行的目标即检验社会经济行为运行好坏的标准;实现社会经济运行目标所需的生产、交换、分配的一般最适度的条件及其政策建议等。

(一)福利

福利是人们对满足的一种评价。能用货币来衡量的福利称为经济福利(也称社会福利),它是福利经济学的研究对象。

庇古认为"福利"有广义和狭义之分。广义的福利是指社会福利,包括对财富的占有以及

由知识、情感、欲望而产生的满足。狭义的福利是指经济福利,即能用货币计量的那部分福利。福利经济学研究的是经济福利,经济福利分为个人经济福利和社会经济福利。

福利经济学是考察一个社会全体成员的经济福利的最大化问题,或者说是从资源的有效配置和国民收入在社会成员之间的分配这两个方面,研究一个国家实现最大的社会福利所需具备的条件和国家为增加社会福利应采取的政策措施。

(二)旧福利经济学

英国经济学家庇古(Arthur Cecil Pigou)在 1920 年出版的《福利经济学》中第一次系统地论证了整个经济体系实现经济福利最大化的可能性,是福利经济学产生的标志。《福利经济学》出版的目的,就是研究在实际生活中影响经济福利的重要因素,全书的中心是研究如何增加社会福利。庇古认为,国民收入是衡量社会经济福利的尺度,国民收入水平越高,分配越平均,社会经济福利越大。

庇古把福利经济学建立在效用基数论的基础上。他认为,一个人的经济福利是由效用构成的,效用的大小可以用某种单位给出具体数值来衡量。把个人获得的效用或福利加总,就构成了全社会的福利。而经济福利可以通过商品的价格来计量,因此,庇古认为国民收入可以表示全社会的经济福利,他采用两个标准作为检验社会福利的标志:一是国民收入的总量,二是国民收入的分配。他从国民收入总量和国民收入分配这两个基本命题出发,提出资源的最优配置、收入的最优分配等理论。庇古的福利经济学理论被称为旧福利经济学。

庇古的福利经济学的理论基础主要有两个:一是每个人都追求最大福利,个人福利是个人满足的总和,而社会福利是个人福利的总和;二是以基数效用论为基础,假定商品效用能够度量并进行人与人之间的比较。

(三)新福利经济学

以效用序数论等为基础的福利经济学称为新福利经济学,意大利经济学家帕累托(Vilfredo Pareto)被认为是新福利经济学的先驱。帕累托考察了"集合体的效用极大化"问题,提出了"帕累托最适度条件"。新福利经济学着重研究生产资源在社会生产中如何达到最优配置,认为当整个社会的生产和交换都最有效率时,整个社会的福利就最大。新福利经济学把帕累托提出的社会经济最大化的新标准——帕累托最佳准则作为福利经济学的出发点。随后,卡尔多(Nicholas Kaldor)、希克斯(Hicks John Richard)、伯格森(A. Bergson)和萨缪尔森(Paul A. Samuelson)等经济学家对帕累托最佳准则做了多方面的修正和发展,并提出了补偿原则论和社会福利函数论等,创立了新福利经济学。

新福利经济学的内容主要包括:

(1)序数效用论。认为效用在每个人之间是无法比较的,在收入和市场价格既定条件下,每个人根据各自偏好,使获得的效用趋于极大值时,就可以推论整个社会效用的总和或社会福利达到极大值,因而主张排除收入分配研究,而着重研究"最优化条件"问题。

(2)最优化条件论。研究实现"帕累托最优"所必需的一系列边际条件,包括交换的最优化条件、生产的最优化条件、生产最优条件和交换最优条件的结合。

(3)补偿原则论。研究新的判断福利的标准和补偿原则问题,包括卡尔多"希克斯标准"、西托夫斯基"双重标准"、李特尔"三重标准"等。

（4）伯格森和萨缪尔森的社会福利函数论。研究"最大福利"的伦理标准和满足条件。

（5）相对福利论、平等和效率交替论以及国民福利的尺度和指标研究。

新福利经济学是在旧福利经济学基础上对其进行修改、补充和发展而成的，新福利经济学和旧福利经济学内部之间在理论上有一些变化，其本质没有区别。

二、帕累托准则

（一）帕累托最优状态

帕累托最优状态（Pareto Optimum），是指在收入分配既定的情况下，如果生产要素的任何一种新组合都不能使任何一个人在不损害他人利益的前提下增进自己的福利，资源配置就达到了最有效率的状态。

帕累托最优状态意味着资源的配置达到了最大效率，任何重新配置的行为都只能使这一效率降低，而无法使这一效率更高。也就是说，如果某种新的资源配置能使所有人的处境都有所改善，或者能使一部分人的处境改善，而又不至于减少其他人的福利，经济社会就没有达到帕累托最优状态。

帕累托最优状态的实现要有三个前提条件：①一个完全竞争的市场；②不存在外部性；③不存在信息不对称。当这三个前提条件同时成立时，市场竞争产生的均衡一定是最优的。至于帕累托最优状态需要满足：交换的帕累托最优条件、生产的帕累托最优条件，以及交换和生产的帕累托最优条件，这三个条件能够在完全竞争的经济社会中得到满足。

帕累托最优是指资源分配的一种理想状态。帕累托最优状态就是不可能再有更多的帕累托改进的余地，而帕累托改进是达到帕累托最优的路径和方法，所以帕累托最优是一种整体上的评价。

（二）帕累托改进

在现实经济生活中常常需要判断诸如社会福利是否增加了，某项政策的实施是好还是不好等问题。判断此类问题的关键是看其社会福利增加与否。如果一项变革或一个变化，可使一些人的福利增加又不会使其他人受损，那么这项变革或变化就增加了社会福利。这个标准称为帕累托许可变化。

但帕累托许可变化有一个前提，即收入分配是既定的，这使得许多政策无法根据这个标准评估，一些经济学家针对帕累托许可变化的缺陷，提出了几种不同的判别标准。如英国经济学家卡尔多（Nicholas Kaldor）提出：如果一项变革使受益者从中得到的利益比受损者从中遭受的损失用货币价值来衡量要大的话，则该变革就增加了社会福利，就是有利的。这称为卡尔多的判别标准。

例如：有 A、B 两人或团体，其福利水平分别为 A 福利和 B 福利，初始状态为 m。现有两个运动状态，一是由初始状态 m 到 i，如图 3-13 中的方案 1；二是由 m 到 j，如图 3-13 中的方案 2。如果实施方案 1，则 A、B 双方的福利水平均提高，这种变化符合帕累托许可变化；如果实施方案 2，则 A 的福利水平增加，而 B 的福利水平降低，这种变化就不符合帕累托准则。所以在图 3-13 中的 amb 区域称为帕累托准则的可行域。

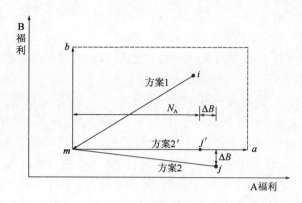

图 3-13　帕累托改进

但如果按照卡尔多的判别标准,则要分析 A 福利增加和 B 福利减少的关系,如果 A 福利增加的部分大于 B 福利减少的部分,那么方案 2 也是有利的、可行的。所以对于方案 2,如果对 B 进行补偿,使 B 高于或至少相当于初始的福利水平,则方案 2 就满足了帕累托准则的条件,变为许可的可行方案。如果方案 2 所需的补偿 ΔB 由 A 来承担,同时 A 的福利水平在承担 ΔB 后尚有正的净福利 N_A,那么这样的变化是可行的,这种变化称为帕累托改进。若 mj' 为改进后的方案,则改进后的方案 $2'$ 为帕累托可行方案,如图 3-13 所示。

(三)补偿检验

事实上,在任何一种运动状态中,一方受益难免不使另一方受损。英国经济学家希克斯(Hicks John Richard)等人提出补偿检验。补偿检验的实质在于:政府可运用适当的政策使受损者得到补偿,如对受益者征收特别税,对受损者支付补偿金,使受损者至少保持原来的经济状态。如果补偿后还有剩余,则意味着增加了社会福利,可以实施这一改变。

三、社会福利函数

社会福利函数是福利经济学研究的一个重要内容,是将社会福利视为社会每个成员所购买的商品和所提供的生产要素以及其他有关变量的函数的一种理论。

美国经济学家伯格森和萨缪尔森在分析补偿原则的基础上,提出以社会福利函数作为检验社会福利的标准,他们认为要确定最理想的帕累托最优状态,仅仅有交换和生产的最优条件,即资源配置的最优条件是不够的,还必须有收入分配的最优条件。也就是说,他们认为补偿原则是不完善的,应当把福利极大化寄托在最适度条件的选择上。尽管生产和交换符合最适度条件,但这两个方面相符合不一定就能达到福利极大化。经济效率只是最大福利的必要条件,而合理分配等其他条件才是最大福利的充分条件。

社会福利函数把社会福利看作是个人福利的总和,所以社会福利是所有个人福利总和的函数。以效用水平表示个人的福利,则社会福利就是个人效用的函数。伯格森和萨缪尔森认为,社会福利是若干变量的函数,这些变量包括社会所有成员购买的各种商品的数量、提供的各种生产要素的数量,以及其他一些因素。

社会福利函数是社会所有成员效用水平的函数,即:

$$W = f(U_1、U_2、\cdots、U_n) \tag{3-11}$$

式中：　　　W——社会福利；

U_1、U_2、$\cdots$、U_n——社会上所有成员的效用水平。

假定社会中共有 A、B、C 三个因素(如社会、经济、环境)，这时的社会福利函数可以写成：

$$W = f(U_A、U_B、U_C) \tag{3-12}$$

上述的社会福利函数，只是福利函数的一般表达式，其具体形式则需要根据具体分析对象确定。如果能得到社会福利函数的具体形式，便可以根据社会福利函数做出社会无差异曲线。当社会福利的数值最大时，即意味着从生产和分配的角度来看，实现了生产资源的最优配置。

社会无差异曲线是表示社会福利水平一定时，社会成员之间的效用的不同搭配关系的曲线。每一条社会无差异曲线都代表一定的社会效用水平，每条曲线上各点代表的是福利水平相等的私人物品和公共物品的各种组合，曲线上每一点的斜率都表明社会对私人物品和公共物品的边际替代率。对于不同的社会福利水平，可以得出一系列的等福利曲线，等福利曲线表示不同产品的配置组合可以达到相同的社会福利效用水平。与单个消费者的无差异曲线一样，社会无差异曲线也有无数条，而且越是离原点远的社会无差异曲线，代表的社会福利也越大。

第四节　微观经济政策

经济政策(Economic Policy)是国家及政府为了达到经济平稳增长的目标，为增进经济福利而制定的解决经济问题的指导原则和措施。经济政策正确与否，对社会经济的发展具有极其重要的影响。经济政策有宏观经济政策和微观经济政策之分。宏观经济政策(Macroeconomic Policy)是指国家或政府有意识有计划地运用一定的政策工具，调节控制宏观经济的运行，以达到一定的政策目标，包括财政政策、货币政策、收入政策等。微观经济政策(Microeconomic Policy)是指对经济的微观变量发生作用以求达到一定经济目标的经济政策，包括政府制定的一些反对干扰市场正常运行的法规政策以及环保政策等。

一、微观经济政策概述

西方经济学认为现实市场经济存在一系列问题，其中市场失灵是主要问题。市场失灵的原因是多方面的，主要因素是垄断、公共产品、外部性和信息不对称等。这些因素导致的市场失灵使市场机制有效配置资源的作用得不到正常发挥，因而必须执行微观经济政策进行弥补，以保证资源配置效率。

市场经济在资源最优配置中存在自身无法克服的种种问题，这就需要政府对市场经济进行干预，以达到优化资源配置的目的。微观经济政策就是政府针对市场失灵的经济政策，主要包括政府对垄断进行管制的微观经济政策、消除外部性的经济政策、管理公共物品供给政策和规范市场信息的政策等。

垄断会导致资源的配置缺乏效率，因此也就产生了对垄断进行公共管制的必要性。政府对垄断进行公共管制的方式或政策是多种多样的。如：有效地控制市场结构，避免垄断的市场结构产生；对垄断企业的产品价格进行管制，提高资源的配置效率；对垄断企业进行税收调节，限制垄断行为；制定反垄断法，从而更好地规范市场秩序和市场环境，进而提高资源的配置效率。

通过政府干预消除外部性的政策方法一般包括：使用税收手段、补贴手段、合并企业等使其外部影响内部化。首先，政府可以使用税收和补贴等手段，对那些产生负外部性的企业（如污染严重的企业）征税，税额至少应等于治理污染的费用，这样就会使企业的私人成本等于社会成本，使资源得到更为有效的利用。对于具有正外部性特点的企业，政府应给予补贴，使其私人收益等于社会收益，以实现资源的优化配置。其次，政府也可以通过合并相关企业的方法使外部性得以"内部化"。最后，消除外部性的另一个最重要的方法是明晰产权。

公共物品的消费者是全社会，解决公共物品的供需不足和公共物品的有效生产问题不可能通过竞争的市场机制来解决，一般由政府来生产所需的公共物品。

信息不对称和信息的不完全会给经济运行带来很多问题，而市场机制又很难有效地解决这些问题。解决信息不对称所引发的问题，一是需要政府在市场信息方面进行调控。政府对市场信息的调控方式有多种，政府规范市场信息的目的是为了提高资源的配置效率。二是通过制定并有效执行相关制度和方法措施，也可以消除信息不完全所造成的一些影响。

市场经济的正常运行，既需要市场机制这只"看不见的手"发挥其调节作用，又需要政府这只"看得见的手"对市场进行必要的干预。政府干预微观经济运行的根本目的有两个：一是要保证市场机制能够正常运转，发挥其对资源配置的基础性作用；二是能消除市场失灵所产生的消极后果，保证市场经济健康发展。微观经济政策的目标是实现收入均等化和资源有效配置。

二、公共物品

（一）公共物品概念

公共物品（Public Goods）是指供整个社会共同享用的各种（特殊）物品、设施和服务的总称，公共物品一般由政府提供。美国经济学家保罗·萨缪尔森1954年在《公共支出的纯理论》一书中定义公共物品是"每个人对这种物品的消费，都不会导致其他人对该物品消费的减少。"

与公共物品相对应的是私人物品（Private Goods）。私人物品是指如果一种物品能够加以分割，因而每一部分能够分别按竞争价格卖给不同的个人，而且对其他人没有产生外部效果的物品。

在现实中，许多物品是介于公共物品和私人物品之间的，称作准公共物品或混合物品。关于公共物品的分类，一些学者认为公共物品可以分为两类：一类是纯公共物品，即同时具有非排他性和非竞争性，如国防、环境保护等；另一类是准公共物品，即不同时具备非排他性和非竞争性的物品，如公共图书馆、公共电影院等在消费上具有非竞争性，但是却可以较轻易地做到排他，又如公共渔场、牧场等在消费上具有竞争性，但是却无法有效地排他。

（二）公共物品基本特征

公共物品有两个基本特征，即消费的非竞争性（Non-rivalness）和受益的非排他性（Non-exeludability），即非竞争性和非排他性。所谓非竞争性，是指公共物品在需求方面，人与人之间无须为争夺公共物品的消费权而竞争，即一个商品在给定的生产水平下，向一个额外消费者提供商品的边际成本为零。所谓非排他性,是指人们不能被排除在使用一种公共物品之外,任何一位公民都可按既定的法律程序消费该物品,任何人包括公共物品的提供者都不可能阻止他人享用公共物品。公共物品非排他性意味着消费者可能做一个"免费搭车者"。

举例来说,公路在不拥挤的情况下,增加行驶车辆并不增加任何运作成本,公路是公共物品;环境保护、基础设施等为整个社会的全体公民提供享用和消费,所以是公共物品。而私人物品是指那些物品数量将随任何人增加对它的消费而相应减少,具有竞争性和排他性特点的产品。

不少公共物品同时具有非排他性和非竞争性,而有一些公共物品可能只具有其中一个特性。一是有竞争性但无排他性的公共物品。这类公共物品通常称为公共资源(Common Resource),如海洋中的鱼是一种竞争性物品,你捕的鱼多了,别人捕的鱼就少了,但这些鱼并不具有排他性,因为不可能对任何从海洋中捕到的鱼收费,环境也是一种公共资源。二是有排他性但无竞争性的公共物品。通常说这种物品存在自然垄断,如城市供水、有线电视等。所以说公共物品的供给也受到社会需要程度的影响,也有一个最优供给量的问题,如一个城市有一个或两个飞机场就够了,建得再多就无必要了。

(三)环境公共物品

1. 环境公共物品及其分类

环境公共物品通常是指各种环境物品及环境服务。环境是人类生存、生活的基本条件,是人类共同的财产,因而环境是公共物品。环境物品作为公共物品,具有两个基本特征:第一,环境公共物品存在消费的非排他性,是指自己消费不能阻止任何其他人免费享受该环境物品的消费。如即使某人自己出资治理了城市的大气污染,他也不可能阻止其他居民免费"搭车"。第二,环境公共物品存在消费的非竞争性,是指某人对某环境物品的消费完全不会减少或干扰他人对此物品的消费。如大气环境,某人呼吸新鲜空气不会影响他人对新鲜空气的吸收。

环境作为一种具有特殊性质和特殊形式的自然和社会的存在,涉及自然生态和社会经济的方方面面,是整个人类社会赖以存在和发展的基础。随着人类开发能力的提高和环境本身所具有的各种自然性质,环境公共物品呈现出包括自然属性和社会属性方面的多种特性。

2. 环境公共物品属性分类

基于环境的属性分类,环境公共物品可以分为自然属性的环境公共物品和社会属性的环境公共物品。

(1)自然属性的环境公共物品

自然属性的环境公共物品,包括自然界存在的一切自然物,如阳光、空气等。它们的产生、变化和消亡是不以人的意志为转移的,更不能靠市场机制随意进行生产和消费,但人类在对这些物品使用的过程中,也对这些物品产生了一些不同程度的影响,如:人类活动所产生的温室效应使全球气候变暖,人类活动对空气、水的直接污染也不同程度地改变了其原始特征。

尽管自然属性的环境公共物品大部分是由自然提供的,不同于经济学所阐明的公共物品大部分是由政府提供的,但客观来讲,它们的基本特征却是相同的,即具有非竞争性和非排他性。所以,可以根据其基本特性对自然属性的环境公共物品进一步分类,自然属性的环境公共物品可以分为三类:第一类是纯环境公共物品,同时具有非排他性和非竞争性,如阳光、大气、生物多样性等;第二类是消费上具有非竞争性,但却可以做到排他,如原始森林公园、海滨沙滩等;第三类是在消费上具有竞争性,但是却无法有效地排他,如水资源、草原等。第二类与第三类可以称为准环境公共物品。这三类自然属性的环境物品对于人类和其他生物的生存和发展非常重要,所以保护好它们是十分重要的。

(2)社会属性的环境公共物品

社会属性的公共物品不同于自然属性的公共物品,社会属性的公共物品包含环境的社会、经济、文化的各个方面,它不完全是由大自然提供的,它主要是由政府、企业和一些社会组织提供,其供给的目的是为了保护环境、利用环境、创造环境,以促进社会经济的可持续发展。许多社会属性的环境公共物品也体现出公共物品消费的非竞争性和受益的非排他性特征。通过为城乡居民提供舒适、清洁和便利的公共物品,可以提高社会环境质量。因此,可以根据环境公共物品的不同表现形态进一步分类,社会属性环境公共物品可以分为三类:第一类是实体性的环境公共物品,如人文景观、绿化工程、城市环保设施等;第二类是文化性的环境公共物品,如环保活动、绿色文化等;第三类是服务性的环境公共物品,如文体教育、商业服务、交通运输、医疗居住条件等。

三、外部性

(一)外部性概述

1.外部性概念

从经济学的角度说,外部性(Externality)是指一个生产者或消费者在自己的活动中对其他生产者和消费者的福利产生的一种有利影响或不利影响。外部性的有利影响带来的利益,外部性的不利影响带来的损失,都不是生产者或消费者本人所获得或承担的。外部性又称为溢出效应、外部影响。市场交易中的买方与卖方并不关注他们行为的外部影响,所以存在外部性时,市场均衡并不是有效率的。在这种情况下,从社会角度关注市场结果必然要超出交易双方的福利之外。

外部性可分为有利的和不利的两种。有利的称为正外部性(Positive Externality)或称为外部经济性(External Economy);不利的称为负外部性(Negative Externality)或称为外部不经济性(External Diseconomy)。

外部经济性是指个体的经济活动使其他社会成员无须付出代价而从中得到好处的现象,如养蜜蜂的收入属于蜂农而不属于果农。外部经济性是社会受益高于个人受益的情况,也就是说,个人的一部分好处被其他人分享了。自己不支出或少支出成本,就可借助于别人的行动获益,这种收益为无偿的转移。过多的外部经济性在一般情况下是低效率的,会导致市场失灵。因此,要使社会经济不断发展进步,就要不断改革,使个人受益不断接近社会受益。外部经济性分为生产的外部经济性和消费的外部经济性。

外部不经济性是指个体的经济活动使其他社会成员遭受损失而未得到补偿的现象,如造纸厂向河流中排放污染物导致造纸厂附近其他社会成员的利益受损。庇古在《福利经济学》一书中指出:"在经济活动中,如果某厂商给其他厂商或整个社会造成不需付出代价的损失,那就是外部不经济。"外部不经济性是社会成本高于个人成本的情况,也就是说个人的一部分成本被其他人分摊了,自己的一部分收益是建立在别人受损的基础上,如某企业向河流里排放污水,其社会成本至少是该企业的成本加上农业、渔业的损失。外部不经济性分为生产的外部不经济性和消费的外部不经济性。生产的外部不经济性如生产活动造成的污染以及交通拥挤状况等,这时生产厂商的边际私人成本小于边际社会成本,从而私人的最优导致社会的非最优。消费的外部不经济性如抽烟对他人健康及环境的损害等。

不管是外部经济性还是外部不经济性,从社会角度来看,都会导致资源配置的错误。一般情况下,政府所关注并致力于解决的主要是外部不经济性问题。当出现外部不经济性问题时,依靠市场是不能解决这种损害的,即所谓市场失灵,必须通过政府的直接干预手段解决外部性问题,就是要在外部性场合通过政府行为使外部成本内部化,使生产稳定在社会最优水平。

2. 针对外部性的公共政策

外部性的存在是市场失灵的一个重要表现,它的出现要求政府进行必要的市场干预。外部性的影响使市场机制不能达到有效率的帕累托最优状态,而且会引起市场配置资源低效率或失效,此时政府可以对某些外部性行为直接进行管制或运用市场规律将外部性经济内部化,或向受外部不经济影响者进行政策补偿,从而使经济意义上的外部性不存在。政府的主要政策有三种:

一是使用税收和津贴。如:向环境保护者给予津贴、减免税收等措施,使个人受益低于社会受益的部分得到补偿;对环境污染者采取征收税与费、罚款等措施,使个人成本上升到与社会成本基本一致。

二是使用规定产权的办法。产权是一种界定财产所有者,以及他们可以如何使用这些财产的法律规则,如应用科斯定理(后文中将详细讲述)。

三是使用企业合并的方法。如有两个企业,甲企业的生产活动影响乙企业的产出水平,则甲的活动产生了外部性。反过来,乙的活动也可能对甲产生外部性。在一定的条件下,合并甲、乙两个企业,实现外部性内部化。这样,原来两个企业各自的外部成本和外部收益变成了一家企业的内部成本和内部收益,相关的外部性就不存在了。

(二)庇古税

1. 庇古税概念

根据污染所造成的危害程度对排污者征税,用税收来弥补排污者生产的私人成本和社会成本之间的差距,使两者相等。这种税由英国经济学家庇古最先提出,所以称为庇古税(Pigovian Tax)。

庇古税是按照污染物的排放量或经济活动的危害来确定纳税义务,是一种从量税。庇古税的单位税额,应该根据一项经济活动的边际社会成本等于边际效益的均衡点来确定,这时对污染排放的税率就处于最佳水平。

庇古税认为私人(经济主体)活动的边际私人成本小于边际社会成本,说明环境污染者使社会付出外部成本,从而带来其私人成本的降低,这种社会与个人的目标的差异会带来环境问题,使得环境资源低效配置,环境资源分配不公平。环境污染问题是典型的外部不经济问题,所以庇古税对解决环境问题具有积极的作用,对环境保护具有一定的指导意义。

2. 庇古税的意义

庇古税是控制环境污染这种负外部性行为的一种经济手段,环境污染问题是典型的外部不经济问题,因此,庇古税对解决环境问题具有一定指导意义。其意义在于:第一,庇古税从责任角度与激励社会和个人目标趋同角度为治理环境污染问题提供了一种思路,有利于激励个人提升自己的福利水平,从而提升社会整体福利水平;第二,通过对污染产品征税,使污染环境的外部成本转化为生产污染产品的内在税收成本,从而降低私人的边际净收益并由此来决定其最终产量;第三,由于征税提高了污染产品成本,降低了私人净收益预期,同时引导生产者不断寻求清洁技术,从而减少了污染;第四,庇古税作为一种污染税,能提供一部分税收收入,可专项用于环境保护工作。

(三)科斯定理

1. 科斯定理的概念

外部性理论中有一个重要的定理,即科斯定理(Coase Theorem)。美国经济学家科斯认为:"在某些条件下,经济的外部性或者说非效率可以通过当事人的谈判而得到纠正,从而达到社会效益最大化。"

科斯定理指出:"只要交易成本为零,那么无论产权归谁,都可以通过市场自由交易达到资源的最佳配置。只要财产权是明确的,并且交易成本为零或者很小,则无论在开始时将财产权赋予谁,市场均衡的最终结果都是有效率的。"

科斯定理明确了以下几点:一是,财产权明确是指不管最初的产权法律是怎样判定的以及判定给谁,即无论最初的产权如何界定;二是,交易成本为零或者很小是指当事各方可以自由交易,且能够无成本地讨价还价;三是,在前两个条件下,他们都能够最终达成协议,都不会对资源配置效率产生影响,都会达到资源的最优配置;四是,当交易费用存在的时候,不同的产权会产生不同的资源配置效率。

2. 科斯定理的意义

科斯定理认为,外部性效应往往不是一方侵害另一方的单项问题,而是相互性,只通过征收庇古税来解决是不公平的,外部性问题的实质是避免将损害扩大。可以基于自愿交易的私人合约行为对市场运转进行自我修正。科斯定理对产权理论的阐述,揭示了外部性问题的根源在于稀缺性导致的对资源使用的竞争性需求。

科斯定理是法律经济学理论基础的主要骨架,法律经济学著作大都是科斯定理的运用。科斯定理提供了根据效率原理理解法律制度的一把"钥匙",也为朝着实现最大效率的方向改革法律制度提供了理论根据。

科斯定理为解决环境污染治理问题提供了一种思路,即解决环境污染问题从产权交易的角度,执行产权规则。环境资源配置低效根本原因在于产权不明晰,在产权不明晰的时候会出现环境问题。当产权清晰,环境资源拥有了排他性、可转让性时,经济主体便有意愿去有效地利用和节约资源。当拥有足够低的联系、约谈、签订合约的成本,那么不管产权属于谁,产权的交易都会使得资源配置达到最优。如环境的使用权应当作为一种财产权,这样当某项生产活动产生负外部性时,就可以明确划定损害方和受损方。产权不仅仅包括个人产权,还包括国有产权、公共财产制度等,执行产权规则,当交易成本很小的时候,环境行为受影响的消费者会自主且自由地相互协商,这一方面有利于社会福利实现最大化,另一方面也有利于资源节约和环境保护。

3. 科斯定理是排污权交易的理论基础

科斯的产权原理和庇古税都是在有限的资源下调整社会间经济主体的资源配置,但侧重点不同。两种手段都对负外部性,特别是污染等环境问题提出治理的可能,但就对解决环境污染问题的实践状况看,征收庇古税比科斯产权理论下的自愿协商解决产生的社会效应要大。

科斯定理的假设和条件在现实社会中是难以实现的,因而其效果十分有限。科斯定理要求财产权可以转让,但由于信息不对称等原因,财产权并不能完全无成本地转让。环境污染的产权交易中,污染者与受损者之间的交易并不常见,但是排污者与排污权拥有者之间的排污权交易比较常见。科斯定理在环境问题上最典型的应用就是排污权交易。

"排污权"这个概念是美国经济学家戴尔斯于1968年提出的。戴尔斯认为,外部性的存在导致了市场机制的失效,造成了生态破坏和环境污染。政府干预与市场机制,两者结合起来才能有效地解决外部性,把污染控制在令人满意的水平。政府可以在专家的帮助下,把污染物分割成一些标准单位,然后在市场上公开标价出售一定数量的"排污权"。购买者购买一份"排污权",则被允许排放一个单位的废物。一定区域出售"排污权"的总量要以充分保证区域环境质量能够被人们接受为限。如果一时难以达到,可以将"排污权"数量的出售逐年减少,直到达到这一点。在出售"排污权"的过程中,政府不仅允许污染者购买,而且,如果受害者或者潜在受害者遭受了或预期将要遭受高于排污权价格的损害,为了防止污染,政府也允许他们竞购"排污权"。政府有效地运用其对环境这一商品的产权,使市场机制在环境资源的配置和外部性内部化的问题上发挥最佳作用。

四、市场失灵

(一)市场失灵的概念

市场机制在协调经济、配置资源、调节产品产量等方面具有十分重要的作用,但是它也表现出许多自身无法克服的缺陷,有些缺陷日益明显和突出。

市场失灵(Market Failure)是指市场无法有效率地分配商品和劳务的情况。市场失灵也指通过市场配置资源不能实现资源的最优配置的情况,以及市场在调节经济、配置资源等方面存在的缺陷。另外,市场失灵也通常被用于描述市场机制在某些领域不能起作用或不能起有效作用的情况,如市场力量无法满足公共利益的状况。

市场失灵的表现大致可以归纳为以下几点:

(1)市场经济不能保证满足众多的社会目标。如失业问题、社会治安、国家经济安全、国防安全等。

(2)市场经济活动会产生外部不经济问题,导致公共资源的过度使用。如产生环境污染等。

(3)不存在公共产品市场。市场本身缺乏完整性,导致公共产品供给不足。

(4)信息不完全。市场不能保证信息的安全、信息传递的充分和传递中的顺畅等。

(5)导致收入分配不公。通过市场进行的收入分配难免很不平均,容易导致贫富两极分化。

（6）区域经济不协调。市场常受到经济波动、经济周期的影响而发生资源的浪费和社会福利水平下降。

（二）导致市场失灵的原因

分析市场失灵的原因是有必要的，导致市场失灵的原因一般认为有以下几点：

（1）公共物品。社会经济发展需要公共物品，而公共物品具有非排他性和非竞争性，非排他性使得通过市场交换获得公共物品的消费权力的机制失灵。

（2）垄断。不完全竞争市场导致垄断，使竞争失败，市场垄断的形成使得资源的配置缺乏效率。

（3）外部性。经济活动的外部性导致交易双方没有经过经济交换，就对他方的经济等施加了影响。

（4）不完全信息。由于经济活动的参与人拥有的信息是不同的，非对称信息会损害正当的交易。当人们担心非对称信息严重影响交易活动时，市场的正常作用就会丧失。

（三）政府干预

市场失灵要求政府采取必要的措施来予以约束、弥补和矫正，即政府干预。政府干预主要通过法规手段，实施经济政策等进行。经济政策包括宏观经济政策和微观经济政策。宏观经济政策是进行政府干预的主要政策，亦称为宏观调控，如通过财政政策、货币政策、收入政策等经济政策对市场进行调控。微观经济政策的内容丰富，手段很多，如反垄断政策、环境保护政策、提供公共产品政策、失业救济政策等。有些微观经济政策是在宏观的背景下运用的，所以带有宏观的形式。

第五节 国民经济核算

国民经济是一国（或地区）范围内在一定历史时期中整个社会经济活动的总和。宏观经济学研究的对象是整个国民经济，国民经济核算是以国民经济为对象的全面核算。国民经济核算所提供的各种指标，是研究一国（或地区）经济现实和历史发展的重要依据，也是构成国民经济核算体系的基础，而国民经济核算体系是宏观经济统计分析的基础。将资源与环境因素的价值量核算纳入国民经济核算体系中形成的绿色国民经济核算体系，获得了广泛的认可，扩展了国民经济核算体系的功能。本节主要介绍国民经济核算中的一些主要统计指标。

一、国民经济核算体系发展概述

（一）国民经济核算与国民经济核算体系

国民经济核算是宏观经济的产物，同时又是搞好宏观经济管理的前提和工具。国民经济核算是以国民经济为总体对整个国民经济运行，即社会再生产过程进行的全面、系统、完整的宏观核算，包括国民经济运行过程和结果的总量、结构及其内部相互关系的核算。国民经济核算目的在于对国民经济的运行、发展做出全面的描述和分析，为国民经济宏观管理、决策提供充分、系统的信息。

国民经济核算体系是对国民经济运行状况的反映,它所显示的信息是宏观经济决策和分析研究的依据。国民经济核算体系是将国民经济作为一个有机联系的整体,借助一系列科学的、有内在联系的指标体系来反映国民经济总体循环或运行的状况,包括运行的结果、过程以及运行过程中的内在联系。

国民经济核算的产生与宏观经济学的发展密切联系,国民经济核算体系也称宏观经济核算体系。国民经济核算的理论、方法、指标体系,是在宏观经济等理论指导下,通过综合运用统计、会计和数学等方法,从数量上系统地反映国民经济运行状况及社会再生产过程中生产、分配、交换、使用各个环节之间以及国民经济各部门之间的内在联系,为国民经济管理提供依据。国际上存在两大核算体系:一个是市场经济国家采用的国民账户体系(SNA);另一个是计划经济国家采用的物质产品平衡表体系(MPS)。两个体系最根本的区别是所依据的基本理论不同。MPS 强调物质生产概念,只把物质产品生产作为生产核算的基础;SNA 采用全面生产的概念,包括所有产品和服务的生产。我国自 1992 年起从 MPS 向 SNA 平稳过渡。

国民经济核算体系的主要功能体现在四个系统上:一是经济社会发展的测量系统,运用它可以把握经济社会发展的规律;二是科学管理和决策的信息系统,采用大量信息的国民经济核算体系,对计划、决策的确定和执行情况,起着重要的咨询、服务与监督作用;三是社会经济运行的预警系统,对宏观经济运行是否正常,各种商品市场价格、供求状况等微观行为起着预警和导向作用;四是国际经济技术交流的共同语言系统,运用它更便于国际经济技术交流和对比分析。

(二)国民经济核算体系发展概况

SNA 是国民账户体系(System of National Accounts)的简称。作为市场经济国家国民经济核算体系,它是由国民收入统计发展而来的。各国统计学家和经济学家经过三百多年的探索与实践,终于在 1953 年正式公布了由联合国组织研制而成的《国民经济核算体系及其辅助表》(简称为 1953 年 SNA 或旧 SNA),标志着 SNA 的正式诞生。

1968 年联合国公布了包括国民收入核算、投入产出核算、国际收支核算、资金流量核算、国民资产负债核算在内的新国民经济核算体系(即新 SNA)。新 SNA 把五种核算方法结合进了一个清晰、前后连贯的体系中。但新 SNA 存在形式完美但难以操作的问题,在联合国等组织的努力下,最终形成了 1993 年的 SNA。1993 年的 SNA 与其他国际统计标准更加协调一致,更加适合不同发展阶段的国家使用,这时 SNA 才走向成熟。1993 年的 SNA 还产生了环境与经济综合核算体系 SEEA,SEEA 是用来描述考虑了环境和能源等诸多问题后一个国家的福利经济水平。

2009 年,联合国等五大国际组织颁布了国民经济核算新的国际标准——《国民账户体系 2008》(简称 2008 年 SNA)。目前,绝大部分发达国家和部分发展中国家已经开始执行 2008 年 SNA。

以可持续发展思想分析,传统的国民经济核算体系(SNA)存在着明显的缺陷,主要表现在忽视对环境资源的核算,也表现在忽视对社会因素的核算等。这些缺陷主要有传统 SNA 只记录人造资本的消耗,却未将人类经济活动过程中所消耗的环境与自然资源视为投入成本;传统 SNA 未能将环境和自然资源真正纳入国民资产负债核算中;传统 SNA 在进行 GDP 核算时,对环境保护与环境破坏的处理方式存在矛盾之处,如为恢复环境而发生的支出或污染处理费用被有关主体作为其对 GDP 的贡献而计入产出成果之中,而对那些未经处理,或处理不完全的直接排入环境中的污染损失却不予扣除,由企业支出的内部环境保护费用作为成本从企业增加值中扣除;而由政府和居民个人所支付的外部环境保护费用却反而计入了 GDP 中。

许多经济学家在积极地研究发展真实储蓄(Genuine Saving)理论,用真实储蓄判断社会经济可持续发展的趋势,真实储蓄是在可持续发展的背景下逐渐发展形成的。真实储蓄以传统国民经济核算体系(SNA)为基础,建立并扩展了传统资本的概念,将自然资本和人力资本纳入资本的范畴,构成广义的资本(包括人力资本、人造资本和自然资本)。真实储蓄与当年国内生产总值的比值,称为真实储蓄率。真实储蓄与可持续性之间存在简单的对应关系,即如果一个社会的真实储蓄小于零,则社会经济发展处于不可持续的状态。真实储蓄的含义是,持续负增长最终必将导致财富的减少。这样就把可持续发展同真实储蓄联系起来,认为可持续发展就是一个创造财富和维持财富的过程。世界银行致力于把真实储蓄指标用于改进国民经济核算体系(SNA),并得到了广泛认同。当然真实储蓄理论的发展也遇到一些困难,需要发展完善。

目前世界上有 100 多个国家和地区采用 SNA 体系的基本方法,并结合本国实际,制定了本国的国民经济核算体系。

(三)我国国民经济核算体系的发展概况

我国国民经济核算体系的发展是随着我国经济体制由计划经济体制、有计划的商品经济体制、向社会主义市场经济体制转变而变化发展的,经历了两个主要阶段。

第一阶段为 1952—1992 年。

我国的国民经济核算始于新中国成立初期。1952 年,刚刚成立的国家统计局在全国范围内开展了工农业总产值调查,建立了工农业总产值核算制度。后来,从工农业总产值核算扩大到农业、工业、建筑业、运输业和商业五大物质生产部门总产值核算,即社会总产值核算。

这一阶段我国国民经济核算体系基本属于物质产品平衡表体系(MPS),MPS 由苏联始创,主要为经济互助委员会(简称经互会)国家使用。这一阶段的国民经济核算体系,是高度集中的计划经济管理体制下的产物,它适应了当时社会的经济基础和生产力发展水平的需要,是符合我国历史发展进程的。1956 年,国家统计局派团对苏联国民经济核算工作进行了全面考察,随后在中国全面推行 MPS 体系。20 世纪 80 年代初,为适应改革开放初期宏观经济计划和管理工作的需要,国家统计局与国家计划委员会等有关部门编制了 1981 年 MPS 体系价值型和实物型全国投入产出表与 1983 年 MPS 体系价值型全国投入产出表。

改革开放以后,非物质服务业,如金融保险业、房地产业、教育事业等获得了飞速发展,并在国民经济中发挥越来越重要的作用。宏观经济分析和管理部门需要了解这方面的情况,以便研究和制定正确的服务业发展政策,协调各产业部门健康发展。为适应宏观经济分析和管理的需要,国家统计局在 1985 年建立了 SNA 体系的年度 GDP 生产核算,1989 年建立了年度 GDP 使用核算,即支出法 GDP 核算,1992 年建立了季度 GDP 生产核算。

为适应改革开放的需要,1985—1992 年同时采用了 MPS 和 SNA 标准,建立了《中国国民经济核算体系(试行方案)1992 年》文本。这一文本,是一个比较全面系统的核算体系,其主要特征是 MPS 和 SNA 相互并存,主要总量指标可以相互转换,它的建立满足了在当时经济形势下改革原有核算体系的要求。这一体系的建立在当时具有重大的现实意义,但随着改革开放的深入,这种国民经济核算体系已不适应经济形势发展的需要。

我国国民经济核算体系从 MPS 体系向 SNA 体系转换过程中,MPS 体系的国民收入和 SNA 体系的 GDP 在我国国民经济核算体系中的地位逐步发生变化。在转换后期,GDP 演化为这个体系中的主要总量指标,国民收入演化为这个体系中的附属指标。1993 年,以取消 MPS 体系的国民收入为标志,我国国民经济核算体系完成了从 MPS 体系向 SNA 体系的转换过程。

第二阶段为 1993 年至今。

为适应发展社会主义市场经济体制的要求,建立与联合国新 SNA 接轨的国民经济核算体系新版本,我国从 1993 年起,根据联合国 1968 年 SNA 的标准,并采纳了部分 1993 年 SNA 的标准,对 1992 年《中国国民经济核算体系(试行方案)》进行重大修改,探索建立了中国国民经济核算体系新版本。《中国国民经济核算综合报表制度》是新版本国民经济核算体系的雏形。2002 年,国家统计局等八部门发布了《中国国民经济核算体系(2002)》。

《中国国民经济核算体系(2002)》实施以来,随着我国社会主义市场经济的发展,经济生活中出现了许多新情况和新变化。为加强和改进宏观经济调控,满足经济新常态下宏观经济管理和社会公众的新需求,实现与国民经济核算新的国际标准相衔接,按照党的十八届三中全会关于加快建立国家统一的经济核算制度的要求,我国对中国国民经济核算体系进行了全面系统的修订,使其适应经济发展的新情况和新需求。同时,为与国际标准 2008 年 SNA 相衔接,也需要对我国国民经济核算体系作出相应的修订,提高国际可比性,国务院批复国家统计局印发了《中国国民经济核算体系(2016)》。

2016 年核算体系丰富和完善了核算内容,引入了新的概念,拓展了核算范围,细化了基本分类,修订了基本核算指标,改进了基本核算方法,是对我国现行国民经济核算体系的重大改革。新核算体系的实施,有利于更加全面准确地反映我国国民经济运行的情况,更好地体现我国经济发展的新特点,提高我国国民经济核算的国际可比性,有利于提高宏观决策和宏观管理水平。

二、国民经济核算中的主要指标

国民经济核算中的统计指标是综合性经济指标,分析综合性经济总量的指标有多种,这些指标反映一个国家或地区总的经济成果及生产能力,是衡量经济政策效果、分析经济行为的一个全面性的尺度。除了要弄清 GDP 这个概念以外,还要了解其他一些收入衡量指标的概念及相互关系。它们在国民经济核算和国民经济统计中有着有非常重要的意义和作用。

(一)国内生产总值

1. 国内生产总值概念

国内生产总值,即 GDP(Gross Domestic Product),是综合性经济总量指标中的核心指标,是反映一国或一个地区的生产规模及综合实力的重要的总量指标。国内生产总值是一个国家或地区的常驻单位在一定时期内所生产和提供的最终产品(货物)和服务的总价值,是对最终产品的统计。

(1)国内生产总值是一个综合性的经济总量

国内生产总值的统计范围包含了产品(货物)及服务,采取了综合性的生产观。产品(货物)是对其有某种社会需求而且能够确定其所有权的有形实体;服务是指生产者按照消费者的需求进行活动而实现的消费单位状况的变化。与产品(货物)相比,服务最大的特点是不可储存性和消费的同时性。

在国内生产总值的统计过程中,它所认定的生产是指生产者利用投入生产产出的活动。也就是说,国内生产总值基本上采用经济生产的概念,即在机构单位的控制和负责下,利用劳动、资本、货物和服务的投入生产货物和服务的活动。所以国内生产总值的统计范围以广义的生产概念为基础,这是它最显著的特点。

(2)国内生产总值是对最终产品的统计

在国内生产总值的统计中,为了避免重复计算,提出了最终产品的概念。所谓最终产品是指本期生产,本期不再加工,可供社会最终使用的产品。相对于最终产品的是中间产品,中间产品是指本期生产,但在本期进一步加工的产品。最终产品与中间产品共同组成了总产品。

国内生产总值是最终产品的价值总和,所以国内生产总值衡量的是当期内新创造的价值,不包含中间消耗的部分。但有时确定一个产品的最终产品属性却很困难,因为有些产品同时具有中间产品和最终产品的双重属性。对最终产品的分析只能根据它的去向来确定,只能从价值构成的角度来分析,即通过对每一生产环节的"增加性"加总的方法来估计最终产品的总量。

2. 国内生产总值的作用

GDP是目前世界通行的国民经济核算体系的核心指标,它甚至成为衡量一个国家发展程度的唯一标准。国内生产总值的作用主要表现在:

(1)国内生产总值能综合反映国民经济活动的总量,表明国民经济发展全貌,而且能反映这个国家的产业结构。

(2)国内生产总值是衡量国民经济发展规模、速度的基本指标。

(3)国内生产总值是分析经济结构和宏观经济效应的基础数据。

(4)国内生产总值有利于分析、研究社会最终产品及服务的生产、分配和最终使用情况,能较全面地反映国家、企业和居民个人三者之间的分配关系。

总之,国内生产总值是经济总量的核心指标,其核心地位表现在:只有计算了国内生产总值,才能进行投入产出核算、资金流量核算、资金负债核算以及国际收支核算;国内生产总值的统计是计算其他国民经济总量指标的条件,国民经济总量的一系列指标的计算都以国内生产总值的计算为前提。

3. 实际GDP与名义GDP

不同时期的GDP的差异由两个因素造成:一是所生产的物品和劳务的数量的变动;二是物品和劳务的价格的变动。当然,这两个因素也常常会同时变动而导致GDP的变动。为了能够对不同时期的GDP进行有效的比较,我们可以选择过去某一年的价格水平作为标准,此后各年的GDP都按照这一价格水平来计算。这个特定的年份称为基年,这一年的价格水平称为不变价格或固定价格。为了解GDP变动究竟是由产量变动引起的还是由价格变动引起的,需要区分实际GDP和名义GDP。

实际GDP(Real GDP)是用不变价格或固定价格计算的GDP。它衡量在两个不同时期经济中的产品产量的变化,以相同的价格或不变金额来计算两个时期所产生的所有产品的价值。也就是说,实际 GDP 的变动仅仅反映了实际产量变动的情况。

名义 GDP(Nominal GDP)也称货币 GDP,是用当年价格或实际市场价格计算的 GDP。名义 GDP 的变动可以有两种原因,即实际产量的变动与价格的变动。也就是说,名义 GDP 的变动既反映了实际产量变动的情况,又反映了价格变动的情况。名义 GDP 包含价格水平变动,就是说,如果我们现在的所有价格水平上升 1 倍,则名义 GDP 也要上升 1 倍。

假设某国最终产品用香蕉和衣服来代表,两种物品在 2018 年(当期)和 2010 年(基期)的价格和产量见表 3-1,则以 2010 年价格计算的 2018 年的实际 GDP 为 620 万美元,而计算的 2018 年的名义 GDP 为 780 万美元。

名义 GDP 和实际 GDP   表 3-1

产品	2010 年名义 GDP	2018 年名义 GDP	2018 年实际 GDP
香蕉	15 万吨 ×1 美元/吨 = 15 万美元	20 万吨 ×1.5 美元/吨 = 30 万美元	20 万吨 ×1 美元/吨 = 20 万美元
衣服	19 万件 ×20 美元/件 = 380 万美元	30 万件 ×25 美元/件 = 750 万美元	30 万件 ×20 美元/件 = 600 万美元
合计	395 万美元	780 万美元	620 万美元

2018 年名义 GDP 和实际 GDP 的差别,可以反映出这一时期和基期相比,价格变动的程度。在表 3-1 中,780 ÷ 620 = 125.8%,说明从 2010—2018 年该国的价格水平上升了 25.8%。在这里,125.8% 称为 GDP 折算(平减)指数,可见,GDP 折算指数是名义的 GDP 和实际的 GDP 的比率。如果知道了 GDP 折算指数,就可以将名义的 GDP 折算为实际的 GDP,其公式为:

$$实际 GDP = 名义 GDP ÷ GDP 折算指数 \tag{3-13}$$

例如,在表 3-1 中,从 2010—2018 年,名义 GDP 从 395 万美增加到 780 万美元,实际 GDP 只增加到 620 万美元,即如果扣除物价变动因素,GDP 只增长了 57%,即(620 – 395)÷ 395 = 57%,而名义上却增长了 97.5%,即(780 – 395)÷ 395 = 97.5%。由于价格变动因素的影响,名义 GDP 并不反映实际产出的变动。用绝对值表述时,一般用名义 GDP;反映增长速度时,一般用实际 GDP。

(二)国民收入核算其他总量指标

其他一些收入衡量指标主要有国民生产总值 GNP、国内生产净值 NDP、国民收入 NL、个人收入 PI 和个人可支配收入 DPI。

1. 国民生产总值(GNP)

GNP(Gross National Product)是一个国民概念,是一个收入指标,是反映常驻单位全部收入(国内与国外)的指标,是一定时期内本国的生产要素所有者所占有的最终产品(货物)和服务的总价值。如果某国一定时期内的 GNP 超过 GDP,说明该时期该国公民从外国获得的收入超过了外国公民从该国获得的收入;而当 GDP 超过 GNP 时,说明情况相反。由于国外净收入数据不足,GDP 较易测量,再加上 GDP 相对于国民生产总值来说是衡量国内就业潜力更好的指标,因此大多数国家都用 GDP 来衡量国民收入。GNP 和 GDP 的关系可以表示为:

$$GNP = GDP + 来自国外的要素净收入 \tag{3-14}$$

2. 国内生产净值(NDP)

最终产品价值并未扣去资本设备消耗的价值,如扣除消耗的资本设备价值,就能得到净增价值,即从 GDP 中扣除资本折旧,就能得到国内生产净值(Net Domestic Product)。国内生产净值与 GDP 的关系如式(3-15)所示:

$$NDP = GDP - 折旧 \tag{3-15}$$

"总"和"净"对于投资也具有类似意义。总投资是一定时期的全部投资,如建设的全部厂房和设备等,而净投资是总投资扣除资本消耗或者说重置投资的部分。例如,某企业某年购置20 台机器,其中 5 台用来更换报废的旧机器,则总投资为 20 台机器,净投资为 15 台机器。

3. 国民收入(NL)

国民收入(National Income)有广义和狭义之分,广义的国民收入泛指国民生产总值、国内生产净值、国民收入、个人收入、个人可支配收入 5 个总量;狭义的国民收入仅指国民收入。

这里的国民收入是指按生产要素报酬计算的国民收入。从国内生产净值 NDP 中扣除间接税和企业转移支付,加上政府补助金,就能得到一国生产要素在一定时期内提供生产性服务所得的报酬,即工资、利息、租金和利润的总和意义上的国民收入。间接税和企业转移支付虽构成产品价格,但不能作为要素收入;相反,政府给企业的补助金虽不列入产品价格,但属于要素收入。故前者应扣除,后者应加入。国民收入与国内生产净值的关系如式(3-16)所示:

$$国民收入 = 国内生产净值 - 间接税企业转移支付 + 政府补助金 \tag{3-16}$$

4. 个人收入(PI)

生产要素报酬意义上的国民收入并不会全部成为个人的收入(Personal Income)。例如,利润收入除了要给政府缴纳公司所得税以外,公司还要留下一部分利润不分配给个人,最终只有一部分利润才会以红利和股息的形式分给个人。在职工的收入中,也有一部分要以社会保险费的形式上缴有关机构。另外,人们也会以各种形式从政府那里得到转移支付,如退伍军人津贴、工人失业救济金、职工养老金、职工困难补助等。因此,从国民收入中减去公司未分配利润、公司所得税及社会保险税(费),加上政府给个人的转移支付,大体上就能得到个人收入。个人收入的构成可用式(3-17)表示:

$$PI = 国民收入 - 公司未分配利润 - 公司所得税 -$$

$$社会保险税 + 政府给个人的转移支付 \tag{3-17}$$

5. 个人可支配收入(DPI)

个人收入不能全归个人支配,因为要缴纳个人所得税,税后的个人收入才是个人可支配收入(Disposal Personal Income),即人们用来消费和储蓄的收入。个人可支配收入的构成可用式(3-18)表示:

$$DPI = PI - 个人所得税 \tag{3-18}$$

三、国内生产总值的核算方法

GDP 的核算方法是国民收入核算中的重要内容。GDP 的计算基于"三方等价原则"。所谓三方等价原则,是指社会产品的生产、分配和使用的总量应该是恒等或平衡的。从不同的计量角度,就产生了不同的 GDP 计算方法,有支出法(最终产品法)、收入法(生产要素法)和生产法。常用的是前两种方法。

(一)支出法核算 GDP

支出法又称最终产品法,最终产品的购买者是产品和劳务的最终使用者,支出法是从产品的使用角度出发,通过核算在一定时期内整个社会购买最终产品的总支出来计量 GDP。因此,用支出法核算 GDP,就是核算经济社会(一个国家或一个地区)在一定时期内消费、投资、政府购买及净出口这几个方面的支出的总和。

1. 消费(C)

消费指居民个人、家庭消费支出,包括购买耐用消费品(如小汽车、家用电器等)、非耐用消费品(如食物、衣服等)和劳务(如医疗、旅游等)的支出。建造住宅的支出则不包括在内。

2. 投资(I)

投资指增加或更换资本资产的支出,包括厂房、机器设备、商业用房、居民住房、企业存货净变动额等。这里要说明的是,用于投资的物品也是最终产品,资本物品不属于中间物品。投资中的资本物品与中间物品的区别在于中间物品在生产别的产品时全部被消耗掉,而资本物品在生产别的产品过程中只是部分地被消耗。资本物品由于损耗造成的价值减少被称为折旧。折旧包括生产中资本物品的物质磨损和资本物品老化带来的精神磨损。

投资包括固定资产投资和存货投资两大类。固定资产投资指新厂房、新设备、新商业用房以及新住宅的增加,住宅建筑属于投资而不属于消费,因为住宅像别的固定资产一样是长期使用的,是慢慢被消耗的;存货投资是企业掌握的存货价值的增加(或减少)。如果年初全国企业存货为 1000 亿美元而年末为 1200 亿美元,则存货投资为 200 亿美元。存货投资可能是正值也可能是负值。

投资是一定时期内资本存量中所增加的资本流量,而资本存量则是经济社会在某一时间点上的资本总量。假定某国家 2018 年的投资是 900 亿美元,2018 年末的资本存量可能是 5000 亿美元。由于机器厂房等固定资产会不断磨损,假设每年要消耗即折旧 400 亿美元,则上述 900 亿美元投资中就有 400 亿美元要用来补偿旧资本消耗,净增加的投资只有 500 亿美元。这 400 亿美元因是用于重置资本设备的,故称重置资本。净投资加重置投资称为总投资。用支出法计算 GDP 时的投资,指的是总投资。

3. 政府购买(G)

政府对于物品和劳务的购买是指各级政府购买物品和劳务的支出,如政府出资提供国防、设立法院、修路建桥、开办学校、政府雇员的薪金支出等,这只是政府支出的一部分。政府支出的另一些部分如转移支付、公债利息等都不计入 GDP。政府转移支付是指政府在社会福利、保险、贫困救济和补助等方面的支出,它是通过政府将收入在不同社会成员之间进行再分配而实现的,不是国民收入的组成部分。所以,政府购买为社会提供了服务,而转移支付只是简单地把收入从一些人或一些组织转移到另一些人或另一些组织,没有相应的物品或劳务的交换发生。

4. 净出口(Net Exports)

净出口指进出口的差额,商品和服务的出口额(X)和进口额(M)之间的差额($X-M$),则为净出口额。进口应从本国总购买中减去,因为进口表示收入流到国外,不是用于购买本国产品的支出;出口则应加进本国总购买量之中,因为出口表示收入从外国流入,是用于购买本国产品的支出。因此,只有净出口才应计入总支出,它可能是正值,也可能是负值。

把上面四个项目加总,用支出法计算 GDP,如式(3-19)所示:

$$GDP = C + I + G + (X - M) \tag{3-19}$$

(二)收入法核算 GDP

收入法,又称要素支付法、生产要素法、成本法。这种方法是从收入的角度出发,以商品与劳务的市场价值应与生产这些商品和劳务所使用的生产要素的报酬之和相等的要求,将经济系统内各生产要素取得的收入相加,通过核算整个社会在一定时期内获得的所有要素收入来计量 GDP。严格来说,最终产品市场价值除了生产要素收入构成的成本以外,还有间接税、折旧、公司未分配利润等内容,因此,采用收入法计算 GDP 时,一般包括以下项目。

(1)工资。工资指税前工资,是因工作而取得的酬劳的总和,既包括工资、薪水,也包括各种补助或福利项目,如雇主依法支付雇员的社会保险金、养老金等内容。这是 GDP 中数额最大的组成部分。

(2)租金。在租金收入中,租金包括出租土地、房屋等租赁收入及专利、版权等的收入。

(3)利息。利息在这里指人们给企业所提供的资金所得的利息收入,如银行存款利息、企业债券利息等。

(4)利润。利润是指公司税前利润。公司税前利润包括公司所得税、社会保险税、股东红利及公司未分配利润等。

以上四个项目分别是针对劳动、土地、资本、企业家才能等生产要素所支出的报酬,即生产要素收入,但它与一个国家最终产品和劳务的市场价值在金额上仍存在差别。其中主要原因是在商品与劳务的价格中,除包括生产要素报酬外,还包括其他一些费用,如企业间接税和折旧。

(5)企业转移支付及企业间接税。这些虽不是生产要素创造的收入,但要通过产品价格转嫁给消费者,故也应该视其为成本。企业转移支付包括对非营利组织的社会慈善捐款和消费者呆账,企业间接税包括货物税或销售税、周转税。

(6)资本折旧。折旧虽不是要素收入,但由于折旧已被分摊在商品和劳务的价格中,所以,在计算 GDP 时也要加上折旧。

根据以上分析,按收入法计算 GDP:

$$GDP = 工资 + 利息 + 利润 + 租金 + 间接税 + 企业转移支付 + 折旧 \tag{3-20}$$

(三)生产法核算 GDP

生产法是从生产角度衡量 GDP 的一种方法。用生产法核算 GDP,是指按提供物质产品与劳务的各个部门的产值来计算 GDP,所以生产法又叫部门法、增值法,它反映了 GDP 的来源。运用这种方法进行计算时,各生产部门要把使用的中间产品的产值扣除,只计算所增加的价值。商业和服务等部门也按增值法计算。在实际的 GDP 核算中,如果使用生产法,就可以分行业求增加值。可以将部门分类如下:农、林、牧、副、渔业,矿业,建筑业,制造业,运输业,邮电和公用事业,电、煤气、自来水业,批发、零售商业,金融、保险、不动产,服务业,政府服务和政府企业。把以上部门生产的 GDP 加总,再与国外要素净收入相加,考虑统计误差项,就可以得到用生产法计算的 GDP 了。

生产法的基本思想就是通过加总经济中各产业、各部门在一定时期的价值增值来求得 GDP,生产法可以用于核算国民收入的原因是最终产品价值等于整个生产过程中价值增加值之和,即:

$$GDP = \sum 各部门的价值增加值 \tag{3-21}$$

生产法核算的只是各部门的价值增加值,所以在使用生产法时要把各物质生产部门使用的中间产品的产值(即各部门从出售产成品获得的收益与它为中间产品支付的费用之间的差额)扣除。卫生、教育、行政、家庭服务等部门无法计算其增值,就按工资收入来计算其服务的价值。

支出法、收入法和生产法,这三种方法实际上是从不同的角度来计算 GDP,它们得出的结果应该是一致的,但实际上其结果一般并不相同。通常情况下,要以支出法计算的 GDP 为标准,若使用收入法与生产法计算的结果与其结果有差别,就要通过"统计误差"项目加以调整,人为地使三种方法的结果一致。

复习思考题

1. 名词解释

需求　供给　均衡　效用　总效用　边际效用　消费者均衡　消费者剩余　福利
经济政策　宏观经济政策　微观经济政策　经济福利　帕雷托最优状态　帕累托准则
公共物品　外部性　庇古税　市场失灵　GDP　名义 GDP　实际 GDP　个人可支配收入

2. 选择题

(1)在需求和供给都增加的条件下,下列哪一个结果是真实的?（　　）

　　A. 价格下降,数量可能上升,也可能下降

　　B. 数量下降,价格上升

　　C. 价格下降,数量上升

　　D. 数量上升,价格可能上升,也可能下降

选择说明:

(2)总效用曲线达到最高点时(　　)。

　　A. 边际效用最大　　　　　　　　　　B. 边际效用为零

　　C. 边际效用递增　　　　　　　　　　D. 边际效用递减

选择说明:

(3)下列属于旧福利经济学家的是(　　)。

A. 帕累托　　　　　B. 庇古　　　　　C. 卡尔多　　　　　D. 希克斯

选择说明：

(4)对于帕累托最优,下面唯一正确的解释是(　　　)。

A. 在收入分配既定的情况下,如果对资源配置的任何重新调整都可能在不使其他任何人境况变坏的情况下,而使任何一人的境况变好,那么这种资源配置状况就符合帕累托效率准则

B. 在收入分配既定的情况下,对于资源配置的任何重新调整,如果要改善某人的境况不必以其他任何人的境况恶化为条件,那么这种资源配置状况就符合帕累托效率准则

C. 在收入分配既定的情况下,实现资源配置效率最大化即"帕累托效率"的条件是:配置在每一种物品或服务上的资源的社会边际效益均大于其社会边际成本

D. 在收入分配既定的情况下,如果对资源配置的任何重新调整都不可能在不使其他任何人境况变坏的情况下,而使任何一人的境况变好,那么这种资源配置状况就符合帕累托效率准则

选择说明：

(5)外部性可分为有利的和不利的两种,有利的称为(　　　);不利的称为(　　　)。

A. 正外部性　　　　　　　　　　B. 负外部性

C. 外部经济性　　　　　　　　　D. 外部不经济性

选择说明：

(6)市场失灵的原因是(　　　)。

A. 信息不对称　　B. 公共物品　　C. 外部性　　　　D. 垄断

选择说明：

(7)劳动、土地、资本和企业家才能等生产要素的价格分别是(　　　)。(注:按顺序填写答案。)

A. 工资　　　　　B. 利润　　　　　C. 利息

D. 税率　　　　　E. 地租

选择说明：

(8)国内生产总值的核算方法有(　　　)种,比较常用的国内生产总值的核算方法是(　　　)。

A. 支出法和收入法　　　　　　　B. 生产法和支出法

C. 生产法和收入法　　　　　　　D. 生产法、收入法和支出法

选择说明：

3. 论述题

(1)影响某种商品的需求量和供给量的主要因素有哪些?

(2)为什么需求曲线向右下方倾斜?

(3)什么是边际效用递减规律?

(4)分析需求和供给都发生变动时,需求与供给的变动对均衡的影响。

(5)一家企业在生产中产生污染,对当地的农业产生影响,请用帕雷托准则对此进行分析。

(6)举出几个外部经济性和外部不经济性的例子,并加以分析说明。

4.计算题

设某国最终产品用苹果、衣服和书本来代表,三种物品在2018年(当期)和2017年(基期)的价格和产量见表3-2。

某国最终产品的价格和产量   表3-2

品　　种	2017 年(基期)		2018 年(当期)	
	数量(万)	价格(美元)	数量(万)	价格(美元)
苹果	16	3	18	4
衣服	21	18	27	25
书本	32	10	36	12

求:(1)2017年名义GDP。

(2)2018年名义GDP和实际GDP。

(3)以2017年为基期,计算2018年的GDP折算指数。

第四章

环境费用与环境成本

现代经济学在改进传统经济学不足的同时,提出了一系列新的理论与方法,如自然环境存在价值的理论、环境价值核算的理论与基本方法等。这些理论、方法推动了环境经济学的发展,符合自然生态环境与社会经济可持续发展的基本要求。环境价值的研究既体现在环境价值货币表现的费用方面,也体现在经济活动对环境影响的成本方面,是环境价值量核算的重要概念与基础。本章将对环境费用、环境成本等概念进行重点阐述,对环境价值量及其核算以及绿色 GDP 进行分析论述。

第一节 环 境 费 用

环境费用是由环境污染与生态破坏引起的损害费用,以及为维护环境质量而采取的环境保护措施费用组成的。环境费用、环境成本和环保投资是在分析环境经济系统和开展环境保护工作中三个非常重要的概念,这三者之间关系紧密。本节主要论述环境费用。

一、环境费用的组成

费用是指人类为达到某一目的而进行某项活动所需要的支出,是价值的货币表现。不同行业、不同领域中,费用有其不同的定义。

环境费用是环境价值的货币表现。环境费用一般由两部分组成:一是指环境受到污染和破坏后造成损失的货币表现;二是指为防治环境污染和破坏造成的损失而采取的防护治理以及其他相关工作所需资金的货币值。环境费用一般分为社会损害费用和环境控制费用,如图 4-1 所示。

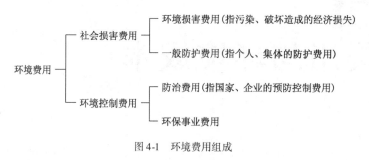

图 4-1 环境费用组成

(一)社会损害费用

社会损害费用是指由于人类活动(如开发利用自然资源和生产生活等)对环境产生的污染和破坏的损害费用,以及人们所采取的一般防护费用。

1. 环境损害费用

环境损害费用是指因环境受到污染及生态遭到破坏而对社会造成的各种经济损失的货币值。如:农田被污染后农产品产量和质量下降、河流被污染后渔业受损等造成的经济损失值。

2. 一般防护费用

这里所说的防护费用,是指在环境受到污染和破坏时,人类(个人或集体)所采取的一般性防护措施的费用。如:人们在生产生活中为减小环境影响,自身所采取的一些防护措施以及使用的一些防护物品的费用。需要强调的是,这部分费用一般由个人承担。

(二)环境控制费用

环境控制费用是指国家和企业为防护和治理环境污染、环境破坏而采取的各项措施的费用。一般分为防治费用和环保事业费用。

1. 防治费用

防治费用是指国家和企业为控制和预防环境污染和生态破坏而发生的与环境保护项目或设施有关的建设、运行等费用。

2. 环保事业费用

环保事业费用主要包括环境保护科研费用和环境保护管理的有关费用等。

在实际工作中,要确定所需环境费用的细类和具体数量,是比较复杂和困难的,特别是社会损害费用。目前,测算损害费用的方法大多采用估算方法,由于估算方法较多、精度较低,加之损害的范围和影响的确定较为复杂,从而使得损害费用的估算数额与实际的损害费用往往相差较大。

在国民经济账户体系 SNA(System of National Accounts)中,环境费用表现为一种"防护性"费用,即各部门在生产或提供劳务的过程中为防止或消除其对环境所造成的不利影响而付出的一些费用。1993 年形成的环境与经济综合核算体系 SEEA(System of Integrated Environment and Economic Accounting)认为,环境费用应包括两部分:一部分是生产者或消费者在提供生产或劳务的过程中,为防止和消除对环境的负面影响而实际支付的环保费用;另一部分是生产者或消费者在提供生产和劳务的过程中所造成的资源耗减和环境降级的虚拟环境费用。对于第一部分环境费用,主要通过收取排污费、征收环境税等手段来实现。对于第二部分环境费用的估价,目前还停留在理论研究层面,在实践中还难以实现。

二、环境费用的关系

(一)一般关系

前述的社会损害费用与环境控制费用是相互关联的。这是因为在一般情况下,增加环境控制费用(防治费用和环保事业费用),有助于改善环境质量,也必然减少环境污染和破坏造成的经济损失,从而减少了社会损害费用。从正面看这种关系,即环境控制费用增加→实际环境保护投资增加→环境质量改善→环境污染和破坏的损失减少→社会损失减少→社会损失费用减少。

(二)环境费用曲线

在一定经济技术条件下,增加污染控制费用,可以取得较大的污染控制效果。但是,不断增加的污染控制费用,并不总是取得相应的污染控制效果。当污染控制费用增加到一定程度时,单位污染的经济损失减少幅度已不明显,如继续增加污染控制费用,整个环境费用就要增大。

由图 4-2 可以看出,污染控制费用不断增加的同时,污染损失费用则在不断减少,这主要是因为污染控制费用增加致使污染控制力度加大,从而导致污染损失费用减少。控制费用曲线与污染损失费用曲线的叠加形成了马鞍形的曲线,即环境费用曲线。环境费用曲线的最低点为 M(污染控制经济效果最佳点)。在 M 点,污染控制费用为 A,污染控制程度为 P。如果污染控制费用继续增加,污染控制程度的变化则逐渐变得不明显,而此时环境费用却在不断上升。

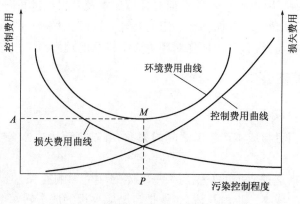

图 4-2　环境费用曲线

第二节 环 境 成 本

人类的任何活动都是为实现一定目的,都是有一定成本的。针对不同的经济活动、不同的载体和角度,成本有着不同的分类和界定。环境成本是人类活动中一个重要的成本,既包括人类活动对环境造成的影响损失,也包括人类为保护环境而采取措施的成本,同时还包括为达到环境目标和要求所付出的其他成本。环境成本是环境价值分析的基础。

一、环境成本概念

成本原属商品经济的价值范畴,是商品经济的组成部分。人们要进行生产经营活动或达到一定的目的,就必须耗费一定资源,其所费资源的货币表现及其对象化称为成本。随着社会经济的不断发展,成本概念的内涵和外延都处于不断地变化发展之中,成本概念的应用也涉及许多领域。

环境成本(Environmental Costs)概念的提出来自于环境会计理论,环境成本从会计学领域产生以来,主要应用于以生产产品的企业为对象的成本核算科目中。环境成本目前还缺乏统一和明确的广义定义,但环境成本作为环境影响的重要量化指标被广泛应用于各有关领域的分析中,所以相关研究已在不断深入。

由于环境成本与环境费用密切相关,有研究认为1993年联合国统计署(UNSD)发布的"环境与经济综合核算体系"(SEEA)中提出的因自然资源数量消耗和质量退减而造成的经济损失与环保方面的实际支出,也可作为环境成本的基本概念。所以,可将这一定义以宏观角度来理解,环境成本划分为两部分,即环境损失成本和环境措施成本。

此外,在一些研究文献中还对环境成本的定义进行了不同的界定,这里对环境成本的一般概念表述如下:环境成本是指由于人类活动采取的手段失效或不完全而产生的环境损失成本,以及为达到政府和法规要求的环境质量而采取的环境措施成本。

二、环境成本类别

上述将环境成本分为两大部分,即环境损失成本和环境措施成本。根据成本分类和环境经济分析的要求,需要从不同角度、不同方面对环境成本及其组成进行分类。环境成本的分类方式很多,但由于分析视角的不同而存在一定的差异。这里,对一些重要且常用的环境成本类别名词及其概念进行阐述,将有利于加强对环境成本概念的理解。

(一)环境成本基本分类

1.外部环境成本和内部环境成本

根据环境成本负担者与成本产生者之间的关系,可以将环境成本分为外部环境成本和内部环境成本。

外部环境成本是指这种成本的发生与某一主体的环境影响有关,但却由发生成本或获得利益以外的主体承担的成本。也就是说,企业把自己应承担的成本转嫁给了外部环境与社会,使其成为一种社会成本。

内部环境成本是指在发生成本的主体里进行会计反映的成本,即私人成本。根据生产过程的不同阶段,可将环境成本分为事前环境成本、事中环境成本和事后环境成本。根据功能的不同,可将环境成本分为弥补已发生的环境损失的环境性支出、用于维护环境现状的环境性支出、预防将来可能出现不良环境后果的环境性支出。

成本会计学将环境成本划分为环境内部失败成本、环境外部失败成本、环境保护成本和环境监测成本四类。其中,前两项可以归为环境损失成本,后两项可以归为环境措施成本。

2. 美国环境管理委员会对环境成本的界定

美国环境管理委员会把环境成本分为环境损耗成本、环境保护成本、环境事务成本、环境污染消除费用四项。其中,第一项可以归为环境损失成本,后三项可以归为环境措施成本。

(二)环境降级成本

环境降级成本即环境成本。环境降级成本是指由于环境污染和生态破坏致使环境质量下降,从而导致环境服务功能降低的代价。环境降级成本分为环境退化成本和环境防护成本。

1. 环境退化成本

环境退化是指由于经济活动产生的环境污染与生态破坏所造成的环境质量下降。环境退化成本,也称为污染损失成本,是指环境污染和生态破坏损失的价值。具体来说,环境退化成本是指生产和消费过程中所排放的污染物对环境功能、人体健康、作物产量等造成的各种损害的货币体现。环境退化成本可以通过污染损失法核算的环境退化价值进行计算。环境退化成本体现在环境保护之外应该发生的虚拟成本。

2. 环境防护成本

环境防护成本也称为环境措施成本或环境保护支出,是指为保护环境而实际发生的成本,即实际支付的价值。

(三)环境治理成本

1. 实际治理成本

实际治理成本是指目前已经发生的治理成本,总体是指实际支出的环境污染治理运行成本。实际治理成本对应的是污染物的去除量和排放达标量。污染实际治理成本包括污染治理过程中的固定资产折旧、材料药剂费、人工费、电费等运行费用等。

2. 虚拟治理成本

虚拟治理成本是指目前排放到环境中的污染物按照现行的治理技术和水平全部治理所需要的支出,不是实际支出的成本。虚拟治理成本对应的是污染物的未处理量和处理未达标量。虚拟治理成本是当年环境保护支出(运行费用)的概念。

3. 治理总成本

由实际治理成本和虚拟治理成本构成的总体,称为治理环境所需总成本,即治理总成本。2004 年,全国废气实际治理成本为 478.2 亿元,虚拟治理成本为 922.3 亿元,环境治理所需总成本约为 1400.5 亿元。

　　《中国绿色国民经济核算研究报告 2004(公众版)》指出:2004 年,全国东、中、西部地区实际治理成本为 1005 亿元,虚拟治理成本为 2874 亿元,环境治理总成本为 3879 亿元,实际治理成本只占环境治理总成本的 25.9%。而在实际治理成本方面,东部地区的实际治理成本占全国总实际治理成本的 54.2%,这说明东部地区人口密集、工业化水平高,经济发展迅猛,但同时环境污染也比较严重,具体如图 4-3 所示。

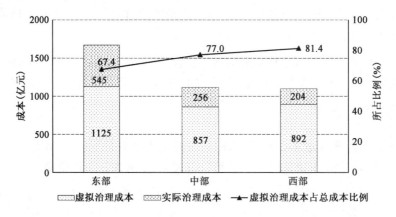

图 4-3　2004 年各地区污染实际和虚拟治理成本比较

　　2004 年,东部地区的实际治理成本为 545 亿元,但其虚拟治理成本高达 1125 亿元,是实际治理成本的 2 倍多,也就是说,东部地区实际治理成本只占其环境所需治理总成本 1670 亿元的 32.6%。

　　从图 4-3 中还可以看出,东、中、西部地区虚拟治理成本分别占其总治理成本的 67.4%、77.0% 和 81.4%,这说明中西部地区的污染治理投入严重不足,东部地区治理投入仍需加大。

(四)资源耗减成本

　　资源耗减成本又称自然资源耗减成本,是指由于经济活动对自然资源的开发、利用而造成的自然资源实体价值的耗减量。从这个意义上说,资源耗减是一种经济现象,而不是一种环境现象。美国环境经济学家弗里曼在《环境与资源价值的测算》一文中,曾就环境成本提出过一个言简意赅的定义。他指出,所谓环境成本是指环境状态发生变异的经济测度。在这里,"变异"一词的使用,显然不是指环境状态的量变而是指质变,即环境质量降级或升级。因此,只有环境退化而不是资源耗减的经济测度,才是真正意义上的环境成本。将资源耗减和环境退化分别看作是数量耗损和质量耗损,至于因资源过度使用所带来的环境变异,应作为环境退化核算而不应作为资源耗减核算的对象和内容。这两个因素一加一减,如实地反映了经济系统与环境系统之间的联系及其数量关系。如果强调自然资源是环境资源,那么资源耗减成本只是一种特殊的环境成本。

(五)环境保护设施运行成本

　　环境保护设施运行成本是环境保护支出(运行费用)的概念,可采用治理成本法计算获得。

　　这里先引入环保投资的概念。污染治理和生态保护项目、设施、设备等固定资产的建设与购置需要资金,这种投入环境保护固定资产的资金称为环境保护投资,简称环保投资。在环境保护设施运行中会产生运行成本,即环境保护设施运行成本(简称环保运行成本)。环保运行成本是指环境保护项目、设施、设备等在运行过程中产生的人力、材料、维护、管理等成本,是环保项目和设施运行过程中所投入的人力、物力和财力的总和。

1. 人力成本

环境保护工作需要投入一定的人力资源,人员素质和技术水平的高低对环保工作的质量有很大的影响。人力成本是指环保项目与设施正常运行的相关工作人员的工资、奖金、福利、培训等费用的总和。

2. 材料成本

材料是环保项目与设施正常运转所必需的物质基础。材料成本是环保项目与设施运行过程中所发生的材料消耗的费用,包括水、电等各项耗材的支出。

3. 维护成本

环保项目与设施投入使用后不可避免地会发生损耗和故障。维护成本是指用于环保项目与设施的日常检修、维护以及构件、零件替换的费用。

4. 管理成本

环境管理活动中需要进行环境保护的计划、组织、指挥与协调等活动,这些活动是环保项目与设施有效运行的重要保证。管理成本是指对环保项目与设施有效运行承担管理职能的相关部门在环境管理活动中所需要的成本,包括管理决策的制定、实施和监督等成本。

环保固定资产的运行成本是客观存在的,确立环保运行成本,有利于合理配置环保项目与设施的资源,建立科学的环保工作定额,促进环保项目设施的正常运转,提高整个环保设施系统的工作质量,从而取得良好的环保效益。对环保运行成本进行分析,寻找降低环保运行成本的方法,是环境经济管理工作的重要组成部分。

三、环境费用与环境成本关系

(一)费用与成本

费用与成本这两个名词通常被混用。实际上,费用与成本是两个既有联系又有区别的会计概念。一般而言,费用是指人类为达某一目的而进行活动所需的耗费货币值,成本是指消费资源应付出的货币表现及其对象化。两者的区别在于,费用是以当期的实际支出作为确认标准,而成本是以费用是否归属于本期作为确认标准。由此可以看出,在概念上两者的出发点并不相同,但在表现形式上两者却相同,均以货币的支出来表现。另外,从计算范围来看,费用大于成本,对象化的费用才计入成本。

经济学中的成本与企业会计中的成本在含义方面存在一些不同,但是两者之间却存在着某种必然联系,这也是理论与实践相结合时需要完善的内容。对于会计中"成本是对象化的费用",可以从两个方面来理解:一是成本是费用的一部分,费用是构成产品成本的基础;二是成本是为生产某种产品而发生的各种耗费的总和,是以产品成本核算对象来进行归集的费用。这里以建设项目经营活动为例来说明两者的主要区别,见表4-1。

建设项目经营活动中费用与成本的主要区别　　　　表 4-1

序　号	项　目	费　用	成　本
1	内容	全部的直接费用、间接费用和期间费用	不包括期间费用和未完工的相关费用
2	计算期	与会计期联系	与生产周期联系
3	对象	经济用途	产品
4	总额	大	小(费用的一部分)
5	原始凭证	生产中各种原始凭证	成本计算单、成本汇总表等

由表 4-1 可知,费用涵盖范围较宽,包括企业生产各种产品发生的各种耗费,既有甲产品的,也有乙、丙等其他产品的费用,包括当期的以及以前期间发生的费用,既有完工产品的,也有未完工产品的费用;而产品成本只包括为生产一定种类或数量的完工产品的费用,是费用总额的一部分,不包括期末未完工产品的生产费用和期间费用。同时,费用着重于按会计期间进行归集,一般以生产过程中取得的各种原始凭证为计算依据;成本着重于按产品进行归集,一般以成本计算单或成本汇总表及产品入库单等为计算依据。

(二)环境费用和环境成本

针对环境费用和环境成本这两个名词概念,目前尚无明确或权威的定义。通常情况下,这两者容易被混淆也容易被混用。环境费用和环境成本两者之间既有相同之处,也有不同方面。明确环境费用与环境成本的内涵及它们之间的关联,对于环境经济关系的正确分析具有重要的现实意义。

人类在其活动对环境产生影响的时候都会采取或被要求采取一定的措施来达到环境质量目标的要求,这时所付出的货币量就是这些活动的环境成本。这种环境成本也就是人为活动所实际支付的环境费用,因此,可以认为环境成本就是环境费用的一部分。之所以提出环境费用和环境成本,是因为环境成本是由环境费用确定的,同时应明确,符合确认标准的环境费用才归入环境成本。

环境费用、环境成本与环保投资的关系是密切关联的。环境费用是保护环境所需的费用,环保投资是保护环境所能提供的资金。但世界各国的环保投资从总体上来说均小于环境费用,不足以支付所有的环境费用。同时,从实际情况来看,环保投资也小于环境成本。目前,用于环境污染治理、生态保护与恢复的环保投资,主要是环保项目与设施建设资金的实际投入,但仍有较大缺口。另外,环保项目与设施运行中的成本只是实际成本,还需要投入更多的运行成本,但大多很难支付,最终演变成"虚拟成本"的概念。

四、环境成本计算基本步骤和方法

根据环境费用与环境成本的关系并结合各自定义,环境成本计算的基本步骤和方法如下所述。

(一)环境成本计算步骤

(1)由现行法律法规和实际情况确定经济活动中环境成本的构成因素,包括内部构成因素和外部构成因素。内部构成因素是指经济活动本身的因素,外部构成因素是外部环境与经济活动的相互影响。

（2）选择构成环境成本的费用构成因素。环境费用的计算方法较多，由于各因素具有不同特点，所以各类环境费用的计算方法也有所不同。

计算环境措施费用主要基于历史成本法、全额计量法、差额计量法、清单计价法和制造成本法。历史成本法是按原始成本和实际成本两个原则来计量的；全额计量法是将因解决环境问题而支付的成本全部计入环境成本；差额计量法是指环境支出总额减去没有发生环境功能部分后的差额；清单计价法是依据计价规范和工程量清单来计价；制造成本法是以材料和人工费用作为成本的主要组成费用。

计算环境损失费用主要基于意愿调查法、人力资本法、市场价值法和机会成本法。意愿调查法是通过调查者的支付意愿来计价；人力资本法是指用收入的损失去估价由于污染引起的过早死亡的成本；市场价值法是利用因环境质量变化引起的某区域产值的变化来计量损失；机会成本法是指在无市场价格的情况下，资源使用的成本可以用所牺牲的替代用途的收入来估算。

（3）将环境费用归入环境成本。在当期的实际费用支出中，将经济活动对环境影响的相关本期费用计入环境成本，即以经济活动为对象进行费用的对象化。

（二）项目环境成本计算流程

项目环境成本计算流程如图4-4所示。需要注意的是，环境损失费用和环境措施费用存在着一定的此消彼长的关系。若能进一步采取合理的措施来减少对环境的负面影响，那么环境措施费用增加，环境损失费用将减少，而最终两者之和将决定环境成本。

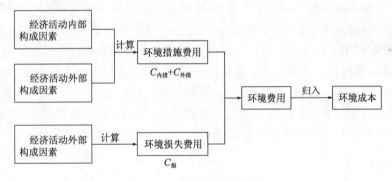

图4-4　项目环境成本计算流程

（三）环境成本计算基本表达式

由图4-4可知，环境成本 C 的计算如式（4-1）所示：

$$C = C_{内措} + C_{外措} + C_{损} \tag{4-1}$$

若经济活动各阶段环境成本计算分析期在1年以上[假设为 M 年（$M \geq 1$）]，在具体计算 C 时还需考虑将成本的时间价值进行折现，如式（4-2）所示：

$$C = \sum_{i=1}^{m} \frac{C_{内措i}}{(1+i)^m} + \sum_{i=1}^{m} \frac{C_{外措i}}{(1+i)^m} + \sum_{i=1}^{m} \frac{C_{损i}}{(1+i)^m} \tag{4-2}$$

式中：$C_{内措i}$——经济活动内部因素构成的各项环境措施费用；

　　$C_{外措i}$——经济活动外部因素构成的各项环境措施费用；

　　$C_{损i}$——经济活动外部因素构成的各项环境损失费用；

　　i——贴现率,一般采用相关部门定期公布的行业基准贴现率。

经济活动全寿命周期总的环境成本为经济活动各阶段的各类环境成本之和,如式(4-3)所示：

$$C_{总} = \sum C_i \tag{4-3}$$

第三节　环境价值量及其核算

环境价值量是环境价值的经济量化,环境价值量核算是对环境价值效用的分析。研究环境价值量及其核算是量化绿色 GDP 的基本条件,是推动绿色国民经济核算的重要基础。开展环境价值量核算,就是核算经济社会发展的环境成本代价,为分析环境经济系统、探索环境资产核算、判断环境经济形势、建立经济社会绿色发展评价体系提供有力支撑。

一、基本概念

(一)环境价值

环境价值(Environmental Value ,EV)是指环境为人类生存与发展所提供的效用。环境价值量是对这种效用的经济量化,是指环境为人类生存与发展所提供的这种效用的经济量化。在第二章中,我们论述了传统经济学认为没有人类劳动参与的东西就是没有价值的,所以说环境是没有价值的,而现代经济学已开始弥补这一缺陷,以适应社会、经济、环境的可持续发展。有研究指出,环境价值的构成有多种分类,如将环境总价值(TEV)划分为使用价值(UV)和非使用价值(NUV),使用价值(UV)又分为直接使用价值(DUV)和间接使用价值(IUV)。此外,还有将环境价值分为有形的物质性的商品价值和无形的舒适性的服务价值。

(二)实物量核算

绿色国民经济核算包含两个层次：一是实物量核算,二是价值量核算。所谓实物量核算,是指在国民经济核算框架基础上,运用实物单位(物理量单位)建立不同层次的实物量账户,描述与经济活动对应的各类污染物的产生量、去除量(处理量)与排放量等。对指定污染物,污染物排放量应是污染物产生量与污染物处理量之差,它是总量控制或排污许可证中进行污染源排污控制管理的指标之一。

(三)价值量核算

环境价值量核算是对环境价值效用的分析,其包括环境降级价值量核算与环境升级价值量核算。环境降级是指由于经济活动造成环境污染而使环境服务功能质量下降的代价,环境升级是指由于经济活动的绿色转型发展而使环境改善和提升的环境优化增长。环境降级价值量是环境损失价值量,环境升级价值量是环境收益价值量。环境价值量核算是在实物量核算的基础上,估算各种环境污染和生态破坏造成的货币价值损失,以及各种环境要素状况的改善与提升所产生的货币价值收益。

(四)环境损失价值量核算

环境损失价值量核算就是在实物量核算的基础上,估算各种环境污染和环境破坏所造成损失的货币价值,包括污染物虚拟治理成本核算和环境退化成本核算。

二、环境价值量核算

(一)环境价值量核算的理论框架

1993 年,联合国统计署发布了《综合环境和经济核算体系(SEEA)》,这是关于环境经济核算的一套理论方法。2000 年,联合国统计署又在各国实践的基础上对原有绿色核算体系框架做了进一步的充实和完善,推出了绿色核算体系框架和绿色 GDP 核算的最新版本《综合环境和经济核算体系 2000》。2003 年,联合国统计署推出了《综合环境与经济核算 2003》手册,该手册依托国民经济核算体系,提出了核算中所应用的分类和更加具体的核算原理,并检验了不同核算内容的可行性及其应用价值,为进一步规范各国环境价值核算与绿色国民经济核算体系提供了理论依据。

(二)环境价值量核算的主要内容

环境价值量核算的主要内容包括环境污染价值量核算与生态破坏价值量核算等。

1. 环境污染价值量核算

环境污染价值量核算主要是对污染物实际治理成本的核算,以及对因污染物排放而造成的环境退化的成本和污染事故造成的损失成本的核算,用环境退化成本和污染事故损失成本的和作为基础来计算环境污染总成本。环境污染价值量核算主要包括各地区和各部门的水污染价值量核算、大气污染价值量核算、工业固体废物污染价值量核算、城市生活垃圾污染价值量核算和污染事故经济损失核算等。

环境污染价值量核算的基本思路是依据环境经济核算体系理论框架中提出的两种计算思路:一是计算维护环境不发生降级需要花费的成本;二是计算环境退化后所引起的损失价值。污染物排放造成的环境退化成本是指环境污染损失的价值和为保护环境应该支付的价值,环境退化成本是环境污染价值量核算中最困难和最复杂的环节,目前还停留在理论研究层面,在实践中的应用还不成熟。

2. 生态破坏价值量核算

生态破坏价值量核算是在生态破坏实物量核算的基础上,通过价值评估方法将生态破坏实物量折算为生态破坏价值量,进而计算出生态破坏的价值损失,即生态破坏损失成本。

环境经济核算体系理论框架中对生态破坏损失成本的核算有两种思路:一是直接将生态破坏实物量核算表中的"当期变化量"转化为"当期价值量",即为该项生态系统服务功能损失成本;二是通过评估该项生态系统各项服务功能要素的上期价值量、当期价值量,两者相减得出当期生态系统服务功能价值变化量,即损失成本。这两种思路在实际中根据不同的情况可灵活处理。

三、环境价值量核算基本方法

在 SEEA 框架中,污染损失法与治理成本法是计算环境价值量的两种基本方法。环境退化成本核算一般采用污染损失法,污染物治理成本核算一般采用治理成本法。

(一)污染损失法

污染损失法(Pollution Loss Method)是指基于损害的环境价值评估方法。污染损失法借助一定的技术手段和污染损失调查,通过核算污染损失成本(环境退化成本),计算环境污染所造成的各种损害的货币体现。如:环境污染对农产品产量、人体健康、生态服务功能等的影响,采用诸如市场价值法、人力资本法、旅行费用法、支付意愿法等估价技术,进行污染经济损失评估。基于损害的污染损失法的特点是具有合理性,能体现污染造成的环境退化成本,从而体现出环境污染的危害性,因此,环保部门更倾向采用污染损失法。

(二)治理成本法

治理成本法(Governance Cost Method)是指基于成本的环境价值评估方法。治理成本法是从防护的角度,计算为避免环境污染造成的各种损害所支付的成本,即如果所有污染物都得到治理,则环境退化不会发生。因此,已经发生的环境退化的经济价值应为治理所有污染物所需的成本。环境治理成本理论体系与实际应用是环境价值核算与环境价值量统计双重理论体系中的重要研究内容。治理成本法的核算基础是以污染实物量为基础,乘以单位污染物的治理成本。如:单位成本分析模型就是利用污染物的排放与治理实物量以及污染物的单位治理成本来计算治理成本。目前,对污染治理成本的核算还有其他一些模型,如:污染物边际处理费用模型、治理成本系数模型、类比模型以及排污收费标准表征模型等。

治理成本法核算的环境价值包括两部分:一是环境污染实际治理成本;二是环境污染虚拟治理成本。虚拟治理成本的计算是在实际治理成本和污染实物量的基础上进行的。治理成本法的特点在于其环境价值的成本核算思路清晰、过程简洁、容易理解,核算基础具有客观性,因此,更容易为统计部门所使用。

环境价值量核算是环境经济分析非常重要的一项工作,也是环境经济学中非常重要的一项研究内容,可以说人类活动的各方面都需要评估环境价值,但这些都必须以科学合理的环境价值评估理论和方法为基础。针对环境价值量核算的理论与方法研究已有多年,国内外学者和研究机构在环境价值核算与环境价值量统计的理论体系研究方面已经取得进展,但是其中仍然存在很多亟待完善之处,如基础理论、核算方法缺乏统一性,核算模型规范性较差等,所以导致环境价值仍很难被纳入国民经济核算体系当中。由于环境与环境问题的复杂性和特殊性,以及环境价值评估技术的粗糙性,所以,对环境价值的量化结果也仅仅只是一个可以进行基本分析的估值。即使这样,在现实环境经济分析中,有环境估值也比没有环境估值更加具有指导意义。随着人类活动的不断发展,影响环境质量的建设项目的日渐增多,与环境价值评估密切相关的环境核算准确度也有越来越高的要求,这使得对环境价值估值理论和方法的提升更加迫切。

第四节 环境成本与绿色 GDP

绿色 GDP 是从 GDP 总值中将环境成本扣除后的值,所以环境成本是绿色 GDP 核算的基础。环境成本包括污染治理成本、环境退化成本、生态破坏成本以及资源耗减成本等。把经济活动中的环境资源因素反映在国民经济核算体系中,从而最终形成绿色国民经济核算体系,既是对现行经济核算体系的有益补充,同时也是可持续发展的要求与期望。绿色 GDP 及其核算研究是一个新生事物,在观念、方法、操作等层面都存在一些问题,需要在实践中不断研究与探索,从而最终走向完善与成熟。

一、绿色 GDP 的提出

(一)国内生产总值的局限性

GDP 这个总量指标是一把尺子、一面镜子,衡量着所有国家与地区的经济表现,这是 300 多年来诸多经济学家、统计学家共同努力的成果。1968 年和 1993 年在联合国的主持下,人们对国内生产总值统计上的技术缺陷进行了两次重大修改。但是现行的国内生产总值核算体系仍然存在一些缺陷,其中 GDP 不能反映经济发展对环境与资源造成的负面影响是 GDP 的局限性最主要的表现。

现在人们已认识到,经济产出总量增加的过程,必然是自然资源消耗增加的过程,也是产生环境污染和生态破坏的过程。GDP 反映了经济的发展,但是没有反映经济发展对环境与资源的影响,也就是说,在衡量经济总值的质量方面有大的缺陷。现行的国内生产总值核算体系对人类经济活动的外部不经济性不予考虑,由于没有将环境和生态因素纳入其中,在经济发展中,看不出环境成本和生态成本有多大。GDP 是单纯的经济增长概念,只反映出国民经济收入总量,它不统计环境污染和生态破坏产生的经济损失,所以不能合理地反映经济增长的状况。

我国的环境欠账也是很严重的。据有关资料分析,20 世纪 90 年代我国 GDP 增长率中 4~6 个百分点是以牺牲环境换取的,这些损失仅代表 20 世纪 90 年代"绿色 GDP"与 GDP 的差额,而没有包含我国长期的累积性损失。国内生产总值统计存在一系列明显的缺陷,这些缺陷已被人们深刻地认识到。由于多种原因,国内生产总值核算体系还没有得到修正,但对于这方面的研究工作还在不断深入。

(二)绿色 GDP 的产生与发展

20 世纪中叶,随着环境保护运动的发展和可持续观念的兴起,一些经济学家和统计学家尝试将环境要素纳入国民经济核算体系,以发展新的国民经济核算体系。1993 年,联合国统计署正式出版的《综合环境经济核算手册》,首次正式提出了"绿色 GDP"的概念。绿色 GDP 是一种大众化的提法,比较容易被公众理解与接受,是一个被公众广泛接受的指标。

1. 绿色 GDP 概念

绿色 GDP,即绿色国内生产总值,是在国内生产总值(GDP)基础上对 GDP 指标进行有关调整后的,用以衡量一个国家财富的总量核算指标。绿色 GDP 是绿色国民经济核算的一个重要指标。简单地说,绿色 GDP 就是从现行统计的 GDP 中扣除环境成本(包括环境污染、自然资源退化等)因素引起的经济损失成本,从而得出较真实的国民财富总量,是一个国家或地区在考虑自然资源与环境因素之后经济活动的最终成果。所以,绿色 GDP 是指在不减少现有资本资产水平的前提下,一个国家或一个地区所有常驻单位在一定时期所生产的全部最终产品和劳务的价值总额。这里的资本资产包括自然资本资产和环境资本资产,如矿产、森林、土地等自然资源,水、大气等环境资源。

绿色 GDP 不仅能反映经济增长水平,而且能够体现经济增长与环境保护和谐统一的程度,还可以很好地表达和反映可持续发展的思想和要求。一般来讲,绿色 GDP 占 GDP 的比重越高,表明国民经济增长的正面效应越高,负面效应越低。

许多国家都在研究绿色 GDP,有些国家开始逐步试行绿色 GDP。挪威在 1981 年首次公布并出版了《自然资源核算》数据报告和刊物;美国于 1992 年开始从事自然资源卫星核算方面的工作;荷兰建立和发表了以实物单位编制的 1989—1991 年每年的包括环境核算的国民经济核算矩阵。我国国家环保总局和国家统计局 2006 年向社会发布了《中国绿色国民经济核算研究报告 2004》,这是我国第一份考虑了环境污染调整的 GDP 核算研究报告。由于技术限制等原因,计算出的损失成本只是实际环境成本的一部分。2004 年,全国狭义的环境污染损失已经达到 5118 亿元,占全国 GDP 的 3.5%,一个相对比较完整的绿色 GDP 核算还需要更为艰苦的工作才能得到,但这已标志着我国的绿色国民经济核算研究取得了阶段性成果。

2. 绿色 GDP 核算存在的困难

迄今为止,全世界还没有一套公认的绿色 GDP 核算模式,也没有一个国家以政府的名义发布绿色 GDP 结果。绿色 GDP 至今仍是一个正在研究、探索实践的课题。由于环境与环境问题的多样性、复杂性、广泛性,对绿色 GDP 的核算还存在相当大的困难,有许多重大难题有待解决。

(1)技术障碍

绿色 GDP 核算还存在许多重大技术与方法难题。一是自然资产的产权界定及市场定价较为困难。许多自然资产同时具有生产性和非生产性资产的属性,因此,其产权界定非常困难,如何界定自然资产产权并为其合理定价,一直是绿色 GDP 核算研究领域的一个主要难点,也是绿色国民经济核算不能取得实质性进展的一个重要原因。二是环境成本的计量较难处理。环境成本计量是绿色 GDP 核算的基础,但确定环境成本的概念比较容易,而实现环境成本的计量却是困难的。三是市场定价较为困难。绿色 GDP 与 GDP 不一样,GDP 有一个客观标准,即市场交易标准,所有的交易都有市场公认的价格,买卖双方认可的价格是客观存在的,但绿色 GDP 对环境资源耗费的估计没有标准,不同的人得出的结论不同。

(2)观念障碍

在把环境污染与破坏成本全部计入发展成本后,绿色 GDP 的核算结果可能从根本上改变一个地区社会经济发展的评价结论,这势必对基于传统核算的发展理念形成很大的冲击。不可持续发展的真实状况与人们的传统认识形成很大反差,这对于追求短期效益和直接经济效益的人是难以接受的。绿色 GDP 所蕴含的以人为本、协调统筹、可持续发展理念要得到全社会的普遍认同和接受,还需要一个相当长的过程。实施绿色 GDP 核算可能会使一些政府部门或领导干部不愿意看到的情况发生,而在工作中产生抵触,这就需要有新的政绩观和干部考核体系的重大转变,树立"绿水青山就是金山银山"的生态文明观念至关重要。

二、绿色国民经济核算体系研究发展

(一)绿色国民经济核算体系研究发展概况

现行的国民经济核算体系是以 GDP 作为核心指标和统一标准,来衡量一个国家国民经济发展程度的核算体系。自然与生态环境是一个国家综合经济的一部分,但目前的国民经济核算体系中,没有对应的指标、数据能看出环境污染和生态破坏的状况。从 20 世纪中叶开始,随着环境保护运动的发展和可持续发展理念的兴起,一些专家学者尝试将环境要素纳入国民经济核算体系,以发展新的国民经济核算体系,这就是我们常说的绿色国民经济核算体系的基本概念。

联合国统计署于 1989 年、1993 年和 2003 年先后发布了 3 个版本的《环境与经济综合核算体系(SEEA)》。1995 年,世界银行提出了真实储蓄的概念,并以此作为衡量一个国家国民经济发展状况及其发展潜力的一个新指标。真实储蓄是指总产出减去消费、人造资本的折旧以及自然资源的消耗之后的余值。真实储蓄是考虑了一个国家在自然资源损耗和环境污染损失之后的真实储蓄,可以作为衡量国民绿色经济发展状况及潜力的指标。

国际上关于绿色国民经济核算体系的构建大致有四个特点:①资源核算和环境核算并重;②偏重于实物核算;③重视不可再生资源的定价与核算;④不少国家的核算工作由政府部门进行。但是,目前还没有一个国家建立起比较成熟的绿色国民经济核算体系。

(二)SEEA 对核算体系的研究原则和方法

联合国颁布的《环境与经济综合核算手册(SEEA)》中对绿色国民经济核算体系的研究原则和方法做出了规定,其基本内容有以下几点。

1. 绿色 GDP 核算研究

绿色 GDP 核算研究主要包括进行自然资源的经济使用核算研究,环境降级的价值核算研究,环境保护、治理投资及效益核算研究,资源、环境的变化与经济活动相互间关系研究,以及客观评价经济增长的真实性和潜力研究。

2. 自然资本存量及其变化核算研究

自然资本存量及其变化核算研究主要是建立与经济活动相关的各种自然资源核算账户研究,如能源账户、森林账户、土地使用账户、水资源账户、矿产资源账户和渔业账户等。对上述资源进行实物量与价值量的测算,以此反映自然资本存量及增减量的变化,正确评价自然资本在社会活动中的地位和作用。

3. 环境生态潜力核算研究

环境生态潜力核算研究主要包括由于自然灾害造成的经济损失核算研究、生态破坏引起自然灾害造成的经济损失以及生态恢复机会成本核算等研究。

必须看到,建立绿色国民经济核算体系是一项长期艰巨的工作。《环境与经济综合核算手册(SEEA)》中多次指出,建立绿色 GDP、建立绿色国民经济核算体系是一个雄心勃勃的目标,但在现阶段是难以完全实现的。这主要是由于资源成本、环境成本估价方法和资料来源的巨大困难,目前国际上还没有任何一个国家能够完成全面的资源与环境核算,能够计算出一个完整的绿色GDP。因此,建立绿色国民经济核算体系仍然是一个充满探索、实验的研究领域。

(三)中国绿色国民经济核算体系研究发展概况

中国绿色国民经济核算研究开始于20世纪80年代。通过一系列重大课题的研究与实践,中国绿色国民经济核算体系的构建研究已具有一定基础。

对我国来说,建立绿色国民核算体系是一项任重而道远的工作(这项工作尚有许多问题和困难亟待解决),是一项长期的、跨部门合作,政策性和技术性都很强的系统工程。

1.绿色GDP 1.0核算体系

2004年由国家相关部门牵头组织的课题组,在建立绿色GDP核算基本理论体系及框架、开展和建立环境污染物实物量核算、开展和初步建立环境损失价值量核算、测算经环境损失调整的GDP等研究的基础上,于2006年发布了《中国绿色国民经济核算研究报告2004》,这是我国第一份经环境污染调整的GDP核算研究报告,得出了涉及环境降级成本调整的绿色GDP。2004年我国绿色国民经济核算内容主要由三部分组成:

(1)环境实物量核算。运用实物单位建立不同层次的实物量账户,描述与经济活动对应的各类污染物的产生量、去除量(处理量)、排放量等,具体分为水污染、大气污染和固体废物实物量核算。

(2)环境价值量核算。在实物量核算的基础上,估算各种污染排放造成的环境退化价值。

(3)经环境污染调整的GDP核算。

环境实物量核算是以环境统计为基础,综合核算全口径的主要污染物产生量、削减量和排放量。

2.绿色GDP 2.0核算体系

绿色GDP至今仍是一个正在研究、有待成熟的项目,2004年开始的绿色GDP研究,被课题组专家称为绿色GDP 1.0,2015年开始的绿色GDP研究则被称为绿色GDP 2.0。

党的十八大报告提出,要把资源消耗、环境损害、生态效益纳入经济社会发展体系当中,建立体现生态文明要求的目标体系、考核办法、奖惩机制。十八届三中全会也明确提出,要用制度保护生态环境,提出编制自然资产负债表,建立干部审计、环境预警等制度与机制等。2015年,中共中央、国务院印发《关于加快推进生态文明建设的意见》(中发〔2015〕12号),意见指出:要以自然资源资产负债表、自然资源资产离任审计、生态环境损害赔偿和责任追究等重大制度为突破口,深化生态文明体制改革。习近平在十九大所做的报告全面阐述了加快生态文明体制改革、推进绿色发展、建设美丽中国的战略部署。十九大报告为未来我国推进生态文明建设和绿色发展指明了路线图:一是必须加大环境治理力度;二是加快构建环境管控的长效机制;三是全面深化绿色发展的制度创新。十九大报告对于生态文明建设和绿色发展的高度重视,表明我国生态文明建设和绿色发展将迎来新的战略机遇。

建立绿色GDP 2.0核算体系,主要体现在如何实现现有的国民经济绿色化,提高传统经济的绿色化程度,把GDP中的环境污染损失和生态破坏损失扣除掉,从而提高经济发展核算的质量。所以,要对绿色GDP 2.0进行更进一步和更广泛的研究与实践,主要内容有以下四点:一是环境成本核算,开展环境退化成本与环境改善效益核算,客观反映经济活动的环境代价;二是环境容量核算,开展以环境容量为基础的环境承载能力研究;三是生态系统生产总值核算,开展生态绩效评估;四是经济绿色转型政策研究,建立符合环境承载能力的发展模式。

在内容上,绿色 GDP 2.0 要增加以环境容量核算为基础的环境承载能力研究,从而摸清"环境家底"。在技术上,要克服数据薄弱问题,夯实核算的数据和技术基础,从而构建支撑绿色 GDP 核算的大数据平台。

科学、客观、实用的绿色 GDP 核算研究,在国际上尚无成功经验可以借鉴。目前,绿色 GDP 核算研究在许多方面都存在问题,绿色 GDP 核算研究仍需要较长时间的探索、研究和实践。

三、绿色 GDP 的计算

(一)绿色 GDP 的计算类别

在实际核算时,根据环境成本中的不同环境构成要素和资源耗减成本中的不同资源构成要素,形成了不同内容的环境退化成本和资源耗减成本,由此构成了反映不同内容、不同层次的绿色 GDP 结构,这包括以环境防护成本进行扣减得到的"经环境防护调整的绿色 GDP"、以环境退化成本进行扣减得到的"经环境退化调整的绿色 GDP",以及以资源耗减成本进行扣减得到的"经资源耗减调整的绿色 GDP"。

由此可见,绿色 GDP 核算在 GDP 核算的基础上,主要是从 GDP 中扣除了环境降级损失价值与自然资源耗减价值后的价值,所以计算绿色 GDP 的关键是估算环境损失和资源损耗的费用成本。

(二)绿色 GDP 的计算方法

1. 一般概念上的绿色 GDP 计算方法

一般概念上的绿色 GDP 结构为:绿色 GDP = 绿色 GDP 环境 + 绿色 GDP 资源。

绿色 GDP 计算的一般表达式为:

$$绿色 GDP = GDP - 环境退化成本 - 资源耗减成本 \tag{4-4}$$

广义地说,绿色 GDP 不但应扣除环境退化成本及资源耗减成本,还应扣除预防支出、恢复支出,以及非优化调整费用。即:

$$绿色 GDP = GDP - 环境退化成本 - 资源耗减成本 -$$
$$(预防支出 + 恢复支出 + 非优化调整费用) \tag{4-5}$$

绿色 GDP 核算是在 GDP 核算的基础上,通过相应地调整而得到的。这种调整包括扣除当期环境退化成本与资源耗减成本,当期环境损害预防费用支出(预防支出),当期资源恢复费用支出(恢复支出),当期由于非优化利用资源而进行调整支出的费用。绿色 GDP 占 GDP 比重越高,表明国民经济增长对自然环境的负面效应越低,经济增长与自然环境保护和谐度越高,反之亦然。而绿色 GDP 人均相对指标,即人均绿色 GDP,更直观、深入地体现了以人为本的经济增长与自然保护和谐统一的程度。

2. 绿色 GDP 总值与绿色 GDP 净值

(1)国内生产总值与国内生产净值

国内生产总值(GDP),是指一个国家(或地区)所有常住单位在一定时期内生产的全部最终产品和服务价值的总和,常被认为是衡量国家(或地区)经济状况的指标。

国内生产净值(NDP),是一个国家(或地区)所有常住单位在一定时期(通常为一年)内运用生产要素净生产的全部最终产品(包括物品和劳务)的市场价值。计算公式为:国内生产净值=国内生产总值−固定资产消耗。

国内生产净值促使人们在追求表面经济高增长率的同时,更为深入考虑到了经济增长的同时"消耗"或者说"折旧"问题,这对于政府及各经济单位改进经济政策、企业发展理念有着重要的意义。

NDP 与 GDP 的关系式为:

$$NDP = GDP − 固定资产消耗 \tag{4-6}$$

(2)绿色 GDP 总值与绿色 GDP 净值

根据 GDP 与 NDP 两者的概念与关系,有文献提出绿色 GDP 总值与绿色 GDP 净值概念,即:

$$绿色 GDP 总值 = GDP − 固定资产折旧 − 环境退化成本 − 资源耗减成本$$
$$= NDP − 环境退化成本 − 资源耗减成本 \tag{4-7}$$

而绿色 GDP 净值(Environmental Domestic Product,EDP)为:

$$EDP = NDP − 环境与资源实际成本 − 环境与资源虚拟成本 \tag{4-8}$$

对式(4-8)的进一步说明如下:

$EDP_1 = NDP − 环境实际退化成本 − 资源实际耗减成本$

$EDP_2 = EDP_1 − 环境退化虚拟成本 − 资源耗减虚拟成本$

　　$= (NDP − 环境实际退化成本 − 资源实际耗减成本) − 环境退化虚拟成本 −$
　　　资源耗减虚拟成本

　　$= NDP − 环境实际退化成本 − 资源实际耗减成本 − 环境退化虚拟成本 −$
　　　资源耗减虚拟成本

　　$= NDP − 环境与资源实际成本 − 环境与资源虚拟成本$

其中,EDP_1 表示扣除实际成本的绿色 GDP 净值;EDP_2 为扣除实际成本与虚拟成本,即扣除总成本的绿色 GDP 净值。有文献称,绿色 GDP 净值(EDP)为国内生态产值。

第五节　实例分析:城市大气环境治理成本核算及其结构分析

本节介绍的实例,是以西安市为例对城市大气环境治理成本核算及其结构进行分析。西安市位于黄河流域关中盆地,市区面积约为 $1066 km^2$。虽然,西安市多年来已经采取了很多措施来控制和治理大气环境污染,但是由于城市建设步伐不断加快、建成区规模不断扩大,加之独特地理位置和自然气候类型,致使西安市大气环境质量状况存在一些问题,可吸入颗粒物是环境空气中的首要污染物,SO_2 是主要污染物,NO_x 污染不断加重等。大气环境状况的改善与环境治理成本有很大的相关性,核算并分析西安市历年来的大气环境治理成本,可为西安市未来大气环境治理的投入方向和措施选择提供更加科学的决策依据。

一、环境治理成本核算模型选择

目前,环境治理成本核算主要采用的几种模型中,单位成本分析模型核算思路相对清晰、核算过程容易理解、操作性较强,本实例采用单位成本分析模型进行分析。单位成本分析模型是利用污染物的排放与治理实物量以及污染物的单位治理成本来计算治理成本,能够同时反映环境治理成本两个侧面内容(实际与虚拟)的单位成本。本节基于西安市相关基础数据,对2000—2009 年西安市大气环境治理的价值量进行系统核算,并从总量与结构两方面对核算结果进行全面分析。

二、西安市大气环境治理成本的核算结果

大气环境治理成本核算包括工业大气的实际治理成本和虚拟治理成本核算,以及城镇生活废气的实际治理成本和虚拟治理成本核算。

(一)工业大气的实际治理成本和虚拟治理成本核算

根据实际情况,西安市工业大气核算对象确定为 SO_2、烟尘、粉尘和 NO_x。由于目前尚未有理想的 NO_x 治理办法,因此核算时一般认为其产生量就等于排放量,所以该市的工业大气治理成本核算包括 SO_2、烟尘、粉尘的实际治理成本和虚拟治理成本核算以及 NO_x 的虚拟治理成本。在核算过程中,将废气治理设施运行费用作为实际治理成本。

在核算污染物的实物量(指产生量、排放量或去除量)时,若没有直接可用的数据,则通过拟合方程或取近似值获得数据。

1. 核算方法

(1)工业 SO_2

工业 SO_2 实际治理成本和虚拟治理成本的核算如式(4-9) ~ 式(4-11)所示:

$$y_1 = q \times (n_1/n_2) \tag{4-9}$$

$$x_1 = y_1/m_1 \tag{4-10}$$

$$y_2 = x_1 \times m_2 \tag{4-11}$$

式中: y_1 ——工业 SO_2 实际治理成本;

$\quad q$ ——工业废气实际治理成本;

$\quad n_1$ ——脱硫设施数;

$\quad n_2$ ——工业废气治理设施数;

$\quad x_1$ ——工业 SO_2 单位治理成本;

$\quad m_1$ ——工业 SO_2 去除量;

$\quad y_2$ ——工业 SO_2 虚拟治理成本;

$\quad m_2$ ——工业 SO_2 排放量。

各变量单位根据实际计算确定,下同。

(2)工业烟尘和粉尘

工业烟尘和粉尘的实际治理成本和虚拟治理成本核算见式(4-12) ~ 式(4-14):

$$x_2 = (q - p_1)/m_3 \tag{4-12}$$

$$y_3 = m_3 \times x_2 \tag{4-13}$$
$$y_4 = m_4 \times x_2 \tag{4-14}$$

式中：q——工业废气实际治理成本；

p_1——工业 SO_2 实际治理成本；

$q - p_1$——工业烟尘或粉尘的实际治理成本；

x_2——工业烟尘或粉尘的单位治理成本；

m_3——工业烟尘或粉尘的去除量；

y_3——工业烟尘或粉尘实际治理成本；

y_4——工业烟尘或粉尘虚拟治理成本；

m_4——烟尘或粉尘的排放量。

（3）工业 NO_x

工业 NO_x 虚拟治理成本核算见式(4-15)：

$$y_5 = m_5 \times x_2 \tag{4-15}$$

式中：y_5——工业 NO_x 虚拟治理成本；

m_5——工业 NO_x 的排放量。

西安市工业 NO_x 排放量的核算采用工业产值的 NO_x 排放系数来进行推算。由于在相应的年鉴或环境质量公报中未公布西安市历年的工业 NO_x 排放量数据，而只有 2006—2009 年陕西省的工业 NO_x 排放量数据，因此运用已有数据进行近似推算，具体推算过程见表4-2。这里假设 2006 年陕西省工业产值的 NO_x 排放系数（38.58 吨/亿元）与 2000—2005 年西安市工业产值的 NO_x 排放系数相等，即可推算出 2000—2005 年西安市工业 NO_x 的排放量。而 2006—2009 年西安市的工业 NO_x 的排放量则根据 2006—2009 年陕西省工业万元产值 NO_x 排放系数来进行推算。

2000—2009 年西安市工业 NO_x 排放量的推算　　　　　　　表4-2

年份 （年）	陕西省工业 NO_x 排放量 （t）	陕西省工业 总产值 （亿元）	陕西省工业万元产值 NO_x 排放系数 （吨/亿元）	西安市工业 总产值 （亿元）	西安市工业 NO_x 排放量 （t）
2000		1714.18	38.58	639.48	24617
2001		1946.94	38.58	736.15	28401
2002		2205.98	38.58	837.94	32328
2003		2708.86	38.58	975.08	37619
2004		3389.88	38.58	1185.32	45730
2005		4109.32	38.58	1308.56	50484
2006	202500	5248.39	38.58	1557.35	60083
2007	234200	6587.41	35.55	1979.86	70384
2008	418700	8358.86	50.09	2388.14	119622
2009	445000	10239.60	43.46	2827.07	122865

注：原始数据来源于相应年份的《西安统计年鉴》和《陕西统计年鉴》，下同。

2. 西安市工业大气污染物实物量统计

2000—2009 年西安市工业大气污染物的实物量（排放量和去除量）统计情况见表4-3。

2000—2009 年西安市工业大气污染物的实物量(排放量和去除量)统计(单位:t)　　表 4-3

年份 (年)	SO₂		烟尘		粉尘		NOₓ
	排放量	去除量	排放量	去除量	排放量	去除量	排放量
1999	92573.00	6733.00	66837.00	458996.00	68795.00	34643.00	
2000	87003.51	6394.80[1]	66653.02	442406.42	64759.19	40031.55	24671
2001	78604.53	5777.40[1]	30295.51	334853.18	81997.40[2]	72053.95	28401
2002	71778.58	5275.70[1]	33195.53	426517.00	44573.00[2]	58656.36	32328
2003	71749.25	5273.60[1]	38325.83	497093.30	31432.03[2]	57169.93	37619
2004	90508.1	6278.80	43767.0	591938.10	28223.90	57358.1	45730
2005	94341.39	9423.53	39541.28	566809.97	25975.53	58358.06	50484
2006	91674.20	11000.28	38344.52	783767.72	19564.05	47868.06	60083
2007	98155.37	17666.82	24362.73	645604.01	10197.82	38908.66	70384
2008	96587.37	29234.94	19806.16	658528.89	8553.11	146190.28	119622
2009	82864.22	48879.85	20409.64	780445.92	4235.23	133130.14	122865

注:(1)该数据根据 1999 年、2004 年的 SO₂ 去除量占排放量的平均比例(0.0735)推算而得。

(2)该数据根据 1999 年、2000 年、2004 年、2005 年、2006 年、2007 年、2008 年、2009 年的粉尘排放量(y,t)与去除量(x,t)之比得到的拟合方程($y = 0.0004x^5 - 0.0123x^4 + 0.1331x^3 - 0.5841x^2 + 0.6260x + 1.8223, R^2 = 0.9998$)推算而得。

3. 西安市工业废气治理情况

2000—2007 年西安市工业废气治理的相关情况统计见表 4-4。

2000—2007 年西安市工业废气治理相关情况统计　　表 4-4

年份 (年)	工业废气治理设施运行费用 (万元)	工业废气治理设施数量 (套)	脱硫设施数量 (套)
1999		280	
2000	1349.6[1]	552[2]	190[3]
2001	2012.2	823	283[3]
2002	9050.0	882	304[3]
2003	2593.8	878	302[3]
2004	2628.5	972	335[3]
2005	2539.8	950	327
2006	11493.4	840	175
2007	4068.0	846	209
2008	7306.2	920	227[4]
2009	19463.9	852	210[4]

注:(1)该数据根据 2001 年单套废气治理设施的运行费用(2.445 万元/套)推算而得。

(2)该数据取 1999 年、2001 年相关数据的平均值。

(3)该数据根据 2005 年废气治理设施数量与脱硫设施数量之比推算而得。

(4)该数据根据 2007 年废气治理设施数量与脱硫设施数量之比推算而得。

4. 核算结果

2000—2009 年西安市工业大气实际治理成本与虚拟治理成本核算结果见表 4-5。

2000—2009 年西安市工业大气实际治理成本与虚拟治理成本核算结果(单位:万元) 表 4-5

年份 (年)	实际治理成本			虚拟治理成本			
	SO_2	烟尘	粉尘	SO_2	烟尘	粉尘	NO_x
2000	464.50	811.70	73.40	6316.50	122.30	118.80	45.27
2001	691.90	1086.50	233.80	9416.80	98.30	295.00	92.16
2002	3119.30	5213.70	717.00	42442.70	405.80	698.20	395.20
2003	892.20	1526.10	175.50	12140.00	117.70	129.40	115.50
2004	905.90	1570.40	152.20	12182.40	116.10	74.90	121.33
2005	874.23	1510.10	155.50	8754.88	105.30	69.20	134.51
2006	2394.46	8575.20	523.70	19957.47	419.50	214.10	657.42
2007	1004.98	2888.90	174.10	5585.04	109.00	45.60	314.97
2008	1802.73	4503.68	999.79	5955.92	135.45	327.65	818.09
2009	4797.44	12529.20	2137.26	8132.92	58.49	67.99	1972.46

(二)城镇生活废气的实际治理成本和虚拟治理成本核算

城镇生活废气是指城镇居民生活以及其他非工业行业的 SO_2、烟尘和 NO_x 等大气污染物的总排放量(不包括汽车运输业产生的废气)。按西安市的现状,城镇生活废气的产生量基本等同于排放量,即基本未加治理直接排放,因此对于城镇生活废气只核算虚拟治理成本。

1. 核算方法

城镇生活废气的虚拟治理成本计算见式(4-16):

$$J_i = Q_i \times H_i \tag{4-16}$$

式中:J_i——i 类城镇生活废气的虚拟治理成本;

Q_i——i 类城镇生活废气的排放量;

H_i——i 类城镇生活废气的单位治理成本。

其中,城镇生活废气的排放量采用表 4-6 中的核算结果,城镇生活 SO_2、烟尘和 NO_x 的单位治理成本均采用工业上的相应单位治理成本。

2000—2009 年西安市城镇生活废气排放量的推算结果 表 4-6

年份(年)	西安市城镇生活 SO_2 排放量(t)	西安市城镇生活烟尘排放量(t)	西安市城镇生活 NO_x 排放量(t)
2000	13680[1]	31001[2]	13053.44[3]
2001	12359[1]	14091[2]	15026.98[3]
2002	11286[1]	15440[2]	17104.76[3]
2003	11281[1]	17826[2]	19904.23[3]
2004	14227	20362	24195.77[3]
2005	14908	20813	26711.11[3]

年份(年)	西安市城镇生活 SO_2 排放量(t)	西安市城镇生活烟尘排放量(t)	西安市城镇生活 NO_x 排放量(t)
2006	14268	7595	31789.95[3]
2007	5789	8397	20315.79[4]
2008	2848	9461	16741.94[4]
2009	3438	9134	15047.51[4]

注:(1)该数据根据 2004 年西安市工业 SO_2 排放量与城镇生活 SO_2 排放量之比(6.36)推算而得。

(2)该数据根据 2004 年西安市工业烟尘排放量与城镇生活烟尘排放量之比(2.15)推算而得。

(3)该数据根据 2006 年陕西省工业 NO_x 排放量与城镇生活 NO_x 排放量(参照相应年份的《陕西统计年鉴》和《陕西省环境状况公报》,下同)之比(1.89)推算而得。

(4)该数据根据当年陕西省工业 NO_x 排放量与城镇生活 NO_x 排放量之比推算而得。

2. 核算结果

2000—2009 年西安市城镇生活废气的虚拟治理成本核算结果见表 4-7。

2000—2009 年西安市城镇生活废气的虚拟治理成本核算结果(单位:万元) 表 4-7

年份(年)	SO_2	烟尘	NO_x
2000	993.7	56.88	23.95
2001	1480.1	45.72	48.76
2002	6672.9	188.74	209.10
2003	1908.5	54.73	61.11
2004	1915.4	54.02	64.20
2005	1383.0	55.45	71.16
2006	3105.8	83.1	347.81
2007	329.3	37.57	90.91
2008	175.62	64.70	114.50
2009	337.43	146.64	241.57

(三)大气环境治理成本统计

2000—2009 年西安市大气环境治理成本核算结果见表 4-8。

2000—2009 年西安市大气环境治理成本核算结果(单位:万元) 表 4-8

年份(年)	实际治理成本	虚拟治理成本
2000	1349.60	7677.40
2001	2012.20	11476.84
2002	9050.00	51012.64
2003	2593.80	14526.94
2004	2628.50	14528.35
2005	2539.83	10573.50

年份(年)	实际治理成本	虚拟治理成本
2006	11493.36	24785.20
2007	4067.98	6512.39
2008	7306.20	7591.93
2009	19463.90	10957.50

三、西安市大气环境治理成本分析

(一)治理成本的总量

由表4-8可见,2000—2009年西安市大气环境的实际治理成本和虚拟治理成本变化趋势基本一致,在2002年、2006年、2009年均在相邻年份形成峰值。这是由于本研究核算西安市大气环境实际治理成本时未核算城镇生活废气的实际治理成本,仅核算了工业大气的实际治理成本,而由表4-5可以看出,2002年、2006年、2009年西安市工业大气的实际治理成本均比相邻年份高,如:SO_2的实际治理成本2002年比2001年、2003年分别高出350.8%、249.6%,烟尘的实际治理成本2002年比2001年、2003年分别高出379.9%、241.6%,粉尘的实际治理成本2002年比2001年、2003年分别高出206.7%、308.5%。根据表4-3和表4-4和相应的计算公式可知,这分别是由于这3年工业废气治理设施的运行费用比其他年份要高出很多,以及这几年烟尘和粉尘单位治理成本相对较高。

由表4-8可得,2002年西安市大气环境的虚拟治理成本比2001年增加了39535.80万元。其中工业大气的虚拟治理成本增加了34039.64万元,占总增加量的86.1%,涉及具体核算对象,则SO_2、烟尘、粉尘、NO_x的虚拟治理成本分别增加了33025.90万元、307.50万元、403.2万元、303.04万元,分别占总增加量的83.5%、0.8%、1.0%、0.8%。2002年城镇生活废气的虚拟治理成本比2001年增加了5496.16万元,占总增加量的13.9%,涉及具体核算对象,则SO_2、烟尘、NO_x的虚拟治理成本分别增加了5192.8万元、143.02万元、160.34万元,分别占总增加量的13.1%、0.4%、0.4%。由此可见,工业大气的SO_2虚拟治理成本增加量最大,其次是城镇生活SO_2。根据式(4-11),并结合表4-3可进一步推导出,致使2002年该市工业和城镇SO_2虚拟治理成本增量过大的主要原因是2002年的SO_2单位治理成本过高。同理也可推导出2006年、2009年该市工业和城镇SO_2虚拟治理成本比相邻年份高的主要原因。

从历年大气环境实际治理成本(除2002年、2006年、2009年)来看,西安市在大气环境治理方面的投资基本上每年都在增加,但是增加幅度较小。大气环境虚拟治理成本在一般年份(除2002年、2006年和2009年)总体上呈现出先增加后减小的变化趋势,这表明近年来西安市大气环境污染治理的资金缺口发生了先增加后减小的变化。可见,西安市初期的大气环境污染状况较重,历史欠账较多,为改变环境污染状况,该市不断增加大气环境治理方面的投资,但是治理的资金缺口仍在增加,而随着投资的持续增加,许多大气环境治理设施的建立与作用的发挥,大气环境污染状况逐渐减轻,治理的资金缺口开始变小。

(二)治理成本的结构

2000—2009年西安市工业大气实际治理成本与虚拟治理成本所占比例、工业大气各核算对象的实际治理成本所占比例、工业大气各核算对象的虚拟治理成本所占比例、城镇生活废气各核算对象的虚拟治理成本所占比例分析如图 4-5 ~ 图 4-8 所示。

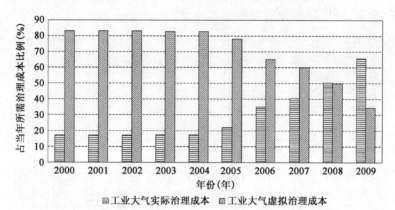

图 4-5 2000—2009 年西安市工业大气实际治理成本和虚拟治理成本所占比例

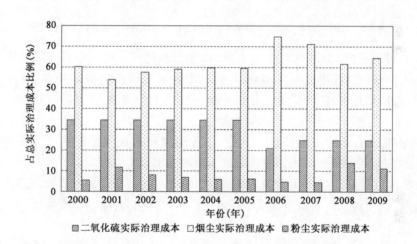

图 4-6 2000—2009 年西安市工业大气各核算对象实际治理成本所占比例

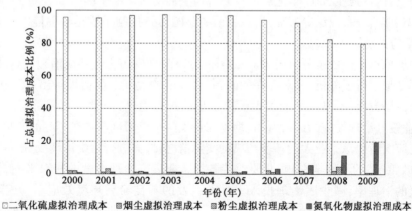

图 4-7 2000—2009 年西安市工业大气各核算对象的虚拟治理成本所占比例

由图 4-5 可以看出,2000—2009 年西安市工业大气实际治理成本占当年所需治理成本的比例总体呈上升趋势;虚拟治理成本所占比例呈下降趋势,2000—2004 年所占比例在 17% 左右,2005 年、2006 年、2007 年则分别增加到 22%、35%、40% 左右。

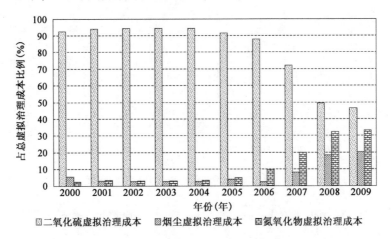

图 4-8　2000—2009 年西安市城镇生活废气各核算对象的虚拟治理成本所占比例

由图 4-6 可以看出,2000—2009 年工业 SO_2 实际治理成本占工业总实际治理成本的比例总体降低,而 2000—2005 年、2007—2009 年这两个区间段所占比例均基本保持一致;工业烟尘实际治理成本占工业总实际治理成本的比例总体上呈现先增加后减小的变化特征,除 2006、2007 年外,其他年份所占比例均较为接近;工业粉尘实际治理成本占工业总实际治理成本的比例则呈现波浪形的变化特征。其中,工业烟尘所占比例始终占据主导地位,其次为 SO_2。可见,西安市工业大气环境污染治理的重点放在了烟尘方面。

由图 4-7 可以看出,工业 SO_2 虚拟治理成本占工业总虚拟治理成本的比例总体呈先升高后降低的变化特征,工业 NO_x 虚拟治理成本所占比例呈上升趋势,而烟尘或粉尘的虚拟治理成本所占比例一直很低。

由图 4-8 可以看出,城镇生活 SO_2 虚拟治理成本在生活废气总虚拟治理成本中所占比例最高,但 2000—2009 年所占比例总体不断下降;而城镇生活烟尘和 NO_x 的虚拟治理成本所占比例总体均上升,特别在 2005 年之后上升趋势更加明显。由于城镇生活废气的排放源具有数目多、类型复杂、分布广泛等特征,所以目前主要的污染控制手段是改变能源结构以及居民的生产、生活方式等。

本节内容依据单位成本分析模型对 2000—2009 年西安市大气环境治理成本进行了核算,同时对核算结果进行了分析,针对存在的问题,对该市的大气环境治理给出以下建议:①在工业大气环境污染方面,不仅应继续加大污染治理的投资力度,而且应加强对其投资的管理力度,促使工业废气治理设施的运行费用、烟尘和粉尘的单位治理成本在年际的变化幅度保持相对平稳。②应实时跟踪工业大气环境污染的实际情况,按需进行污染治理投资,尽量避免外界因素(比如政策等)的不确定影响,并要保持各类工业废气治理力度的相对平衡,继续提高各类工业废气的治理率,减少因治理投入不足而引发的不良滞后环境效应。③应继续将工业 SO_2 作为西安市工业大气环境污染治理的重点,同时增加对工业 NO_x 的治理力度,还应采取有效手段控制城镇生活的烟尘和 NO_x 排放量。

复习思考题

1. 名词解释

环境费用 环境降级成本 环境治理成本 实际治理成本 虚拟治理成本 环境价值量 环境价值量核算 治理成本法 污染损失法 绿色 GDP SEEA

2. 选择题

(1)政府和企业为控制和预防环境污染和破坏而进行的环境保护建设项目与设施的建设费用、使用和运转费用等属于环境费用中的(   )。

  A. 环境损害费用   B. 一般防护费用

  C. 防治污染费用   D. 环保事业费用

选择说明：

(2)农田被工厂废气污染后农产品产量和质量下降,河流被工厂废水污染后渔业受损造成的经济损失等属于以下什么费用(   )?

  A. 一般防护费用   B. 环境损害费用

  C. 环境事业费用   D. 环境防治费用

选择说明：

(3)关于环境费用曲线,下列说法正确的是(   )。

  A. 污染控制费用增加,则污染损失费用减少

  B. 随着污染控制费用的增加,污染产生的经济损失会一直明显减少

  C. 当污染控制费用增加到一定程度时,如继续增加,污染控制程度的变化逐渐变得不明显

  D. 环境费用曲线的最低点为污染控制经济效果的最佳点

选择说明：

(4)治理成本法的核算基础是以(   )为基础,乘以单位污染物的治理成本。

  A. 损害   B. 污染实物量

  C. 实际治理成本   D. 实际治理成本和污染实物量

选择说明：

(5)实际支出的环境污染治理运行成本包括(   )。

  A. 治理设施投资   B. 固定资产折旧

  C. 人工费   D. 各种材料消耗费用

选择说明：

(6)以下属于环境价值量核算的有(   )。

  A. 环境污染价值量核算   B. 生态破坏价值量核算

  C. 环境升级价值量核算   D. 环境实物量核算

选择说明：

(7)计算环境价值量的基本方法为(   )。

  A. 污染损失法   B. 恢复费用法

  C. 治理成本法   D. 影子工程法

选择说明：

(8)2004年,中国绿色国民经济核算内容主要由(　　)组成。

　　A.环境实物量核算　　　　　　　　B.环境价值量核算

　　C.经环境污染调整的GDP核算　　　D.环境污染治理投资核算

选择说明:

3. 计算分析题

某地区工业废气实际治理成本为24000万元,工业废气治理设施数为1100套,脱硫设施数为275套,工业SO_2产生量为155000t,工业SO_2去除量为52500t,试求工业SO_2实际治理成本与虚拟治理成本?

4. 论述题

(1)简述环境费用的组成。

(2)简述环境费用曲线。

(3)简述环境费用和环境成本的关系。

(4)简述环境成本计算的基本步骤。

(5)简述环境价值量核算的主要内容。

(6)简述环境价值量核算基本方法。

(7)简述绿色国民经济核算体系研究发展概况。

第五章

环保投资与环境效益

环境保护投资是实施可持续发展战略的重要条件,是执行基本国策的必要保证。环境保护投资可以获得良好的综合效益,对改善环境质量、保证经济发展、促进社会发展具有重要作用。环境保护投资水平反映一个国家、地区环境保护总体水平,是分析评价环境保护状况的关键指标之一。本章在对环保投资概述的基础上,对环保投资结构和环保投资产生的环境效益、社会效益与经济效益进行分析,论述了环保投资对实现"三效益"的协调统一和共同发展的重要作用和意义。

第一节　环保投资概述

环保投资是投资的组成部分,本节在概述投资的基础上,对环境保护投资的定义、特点、分类,以及环保投资的范围、使用方向和来源等环保投资结构的主要组成部分进行论述与分析。

一、投资概述

(一)投资概念

投资(Investment)是为了获得效益而投入资金的行为过程,是最常见和最基本的一种经济行为。在经济学中,投资用以转化实物资产或金融资产;在环境经济学中,投资主要用以转化环境资产。所以,一般意义上说投资效益有四种,即财务效益、经济效益、社会效益和环境效益。财务效益是指投资项目的微观经济效益;经济效益是指投资项目对国民经济贡献的宏观经济效益;社会效益是指投资项目对社会的贡献;环境效益是指投资项目对环境质量改善的贡献。一个投资项目,可兼有四种效益,也可能一种效益大,其他效益小,甚至有的效益是负效益。投资结果是获得正效益还是负效益,受许多复杂因素的影响,有的因素是很难预料的,所以投资总有或大或小的风险。因此,投资也可以理解为经济实体为获得预期的效益,而用资金所进行的风险性活动。

(二)投资内容

投资一般包括投资目的、投资主体、投资手段和投资行为四方面内容。

1. 投资目的

投资的目的就是为了获得效益。投资主体在投资前,要对各种效益(包括财务效益、经济效益、社会效益和环境效益)进行多方面的预测分析和评价,权衡其利弊得失,然后才做出决策,进行投资,所以,获取效益是投资的动机和目的。

2. 投资主体

投资主体是指具有独立决策权并对投资负有责任的经济法人或自然人。投资主体主要包括国家(中央和地方政府)投资主体、企业(各类性质)投资主体、个人投资主体、银行投资主体和国外投资主体等。各投资主体可独立投资,也可联合投资,构成整个国民经济中的多元化、多层次的投资结构。

3. 投资手段

投资手段是指资金投入的方式,主要包括有形资产投资和无形资产投资。有形资产投资是指投资主体以货币形式和实物资产形式进行的资产投资,直接表现为资金形态,这是投资的主要方式;无形资产投资是指不能直接表现为资金形态的投资方式,如投资主体以专利权、商标权、著作权、土地使用权、非专利技术、冠名权、商誉等无形资产进行的投资,无形资产的投资一般需运用价值尺度,将其转化为资金形态。

4. 投资行为

投资行为包括资金的筹集、资金的投入、资金的使用、资金的管理和资金的回收。这几个环节连在一起,构成一次完整的投资行为过程。

二、投资分类

(一)固定资产投资和流动资产投资

1. 固定资产和流动资产

(1)固定资产

固定资产(Fixed Asset)是指在社会再生产中,能够在较长时间(一般为一年以上)为生产、生活等方面服务的物质资料。《中华人民共和国企业所得税法实施条例》第五十七条规定:固定资产,是指企业为生产产品、提供劳务、出租或者经营管理而持有的、使用时间超过 12 个月的非货币性资产,包括房屋、建筑物、机器、机械、运输工具以及其他与生产经营活动有关的设备、器具、工具等。

固定资产按其用途可分为生产性固定资产和非生产性固定资产两大类。

生产性固定资产是指物质资料生产过程中,能在较长时期内发挥作用而不改变其实物形态的劳动资料,如工业建设项目、农业建设项目、交通建设项目和水利建设项目等。

非生产性固定资产是为非物质生产领域和人民物质文化生活服务,能在较长时期内使用,而不改变其形态的物质资料,如科教文卫体建设项目、住宅和其他福利设施等。非生产性固定资产可分两类:一类是没有盈利,投资不能收回的,如对学校、社会福利、国防设施、污水与垃圾处理厂等的固定资产投资;另一类是可转化为无形商品的,有盈利,可以收回投资,如对影剧院、电视台等的投资。

(2)流动资产

流动资产(Current Assets)是指企业可以在一年或者超过一年的一个营业周期内变现或者运用的资产,是企业资产中必不可少的组成部分。流动资产的内容包括货币资金、短期投资、应收票据、应收账款和存货等。

固定资产和流动资产是生产过程不可缺少的生产要素,固定资产是企业的劳动手段,也是企业赖以生产经营的主要资产;流动资产则是保证企业生产经营活动顺利进行。

2.固定资产投资和流动资产投资

(1)固定资产投资

固定资产投资是指投入资金运用于购置或建造固定资产。固定资产的生产性和非生产性使投资分为生产性投资和非生产性投资两类。生产性投资一般都有财务收益,追求经济效益;非生产性投资一般不追求直接的经济效益,但具有良好的社会效益和环境效益。

(2)流动资产投资

流动资产投资是指增加流动资产以满足生产和经营中周转需要的资金的投资。流动资产在周转过渡中,各种形态的资金与生产流通紧密相结合,从货币形态开始,依次改变其形态,最后又回到货币形态(货币资金→储备资金、固定资金→生产资金→成品资金→货币资金)。

从价值周转的角度看,固定资产投资属于长期投资,流动资产投资属于短期投资。固定资产投资的结果形成劳动手段,流动资产投资的结果是劳动对象。固定资产投资必须有流动资产投资的配合。固定资产和流动资产在数量上要成比例,流动资产投资的数量及其结构是由固定资产投资的规模及结构所决定的。

(二)直接投资和间接投资

直接投资是指固定资产投资和流动资金投资,是指投资者将货币资金直接投入投资项目,形成实物资产或者购买现有企业的投资。直接投资具有实体性,一般通过投资主体创设独资、合资、合作等生产经营性企业得以实现。直接投资是资金所有者和资金使用者的合一,由于直接投资直接参与企业的生产经营活动,其投资回报与投资项目的生命周期、企业经营状况密切相关,通常周期较长,风险较大。

间接投资是指信用投资和证券投资等,是指投资者以其资本购买债券、股票、各种有价证券,以预期获取一定收益的投资,间接投资以货币资金转化为金融资产,而没有转为实物资产,一般只享有定期获得一定收益的权利。间接投资更具流动性,风险也相对要小。

直接投资是资金所有者和资金使用者的合一,而间接投资是资金所有者和资金使用者的分解。但直接投资和间接投资有着密切联系,通过间接投资,可以为直接投资筹集到所需资本,并监督、促进直接投资的管理。由于间接投资已成为基本的投资方式,所以,直接投资的进行依赖间接投资的发展,而直接投资对间接投资有重大影响。

三、投资规模与结构

(一)投资规模

投资规模是指一定时间的投资总量。一定规模的资金投入,是社会经济发展,人民生活水平提高的必要保证和前提。投资规模过小,不能保证社会经济的正常发展和人民生活水平的不断提高;投资规模过大,短期的经济发展显著,但对长期的社会经济发展不利。投资规模与国家经济实力、社会经济发展目标等因素有关。所以,在确定投资规模时,应注意处理好几个方面的关系,即需要和可能的关系,生产、生活和建设的关系,财力和物力、人力的关系,规模与结构、效益的关系等。

(二)投资结构

投资结构是指投资总量中各个分量与总量、分量与分量之间的比例关系。包括投资的主体结构、投资资金的来源结构和投资的使用结构等。

投资的主体结构是指不同投资主体的投资在投资总额中所占的份额,一般是指国家投资、企业投资和个人投资的比例关系;投资资金来源结构是指不同资金来源的投资在投资总额中所占的比重,如国家投资、银行贷款、自筹资金、外资投资等;投资的使用结构是投资结构的主要内容,是指国民经济各部门、各行业以及社会生产各个方面的投资比例关系,包括生产性投资与非生产性投资的比例关系,生产性投资和非生产性投资内部的各种比例关系等。

从客观来看,合理安排投资结构有利于提高投资的经济效果,有利于实现国民经济的稳定增长。所以,正确确定各种比例关系,合理安排投资结构,具有非常重要的意义。

四、环保投资概述

(一)环保投资定义

环境保护投资(Environmental Protection Investment)是为了治理环境污染,维持生态平衡而投入资金,用以转化为环境保护实物资产或取得环境效益的行为和过程。简单地说,环保投资就是投入环境保护的资金活动。

原国家环保总局在《关于监理环保投资统计调查制度的通知,环财发〔1999〕64》中将环保投资定义为:"社会各有关投资主体从社会积累资金和各种补偿资金、生产经营资金中,支付用于污染防治、保护和改善生态环境的资金。"环保投资的这个定义表明:环保投资主体是政府、企业、社会和个人等;环保投资对象是整个环境保护领域;环保投资的使用方向包括环境污染防治和生态环境建设;在环保投资结构上,体现为污染治理和生态防护项目、设施等固定资产投资,支付环保固定资产运转的运行成本;环保投资的目的是防治污染、保护和改善生态环境,获得环境、经济、社会的综合效益,着重强调的是环境效益和社会效益。

环保投资是国民经济和社会发展固定资产投资的重要组成部分,是表征一个国家和地区环境保护力度的重要指标。环保投资的总量、来源、使用方向和使用效率等,在一定程度上反映了一个国家(地区)的环境状态。环保投资也是企业环境保护投入的核心与关键,是实现可持续发展的物质基础,合适的环保投资对实现可持续发展具有十分重要的意义。

这里需要指出的是,环保投资与环境费用是两个不同的概念。环境费用是环境污染和破坏造成的经济损失,以及使环境得到治理、恢复和保护所需的资金。而环保投资是计划或实际用于环境的治理、恢复和保护的资金。就目前情况来看,世界各国的环保投资从总体上来说,均小于所需的环境费用。

(二)环保投资的特点

环保投资除具有投资的共性特点外,还突显出以下特点。

1.环保投资主体的多元性

环保投资主体的多元性,是由环境保护工作的广泛性和重要性决定的。我国环保投资主体有政府主体、企业主体、社会与个人主体、国外投资主体、金融组织主体等。

2.环保投资效益的综合性

环保投资是非生产性投资,不是以盈利为目的的投资,环保投资着重于产生良好的环境效益和社会效益。环境效益和社会效益的提高,必然为经济长远发展提供质量保证。所以,环保投资效益的综合性体现在环境效益、社会效益和经济效益的统一。

3.环保投资效益的滞后性

一般来说,环保投资直接的、近期的效益较低,这是因为环保投资所产生的效益具有滞后性。由于环境问题的形成与发展是一个积累过程,所以,解决环境问题也需要一个过程,同时由于环保投资一般多产生外部性效益,当下的环保投资可见的效益往往呈现在中远期,所以,环保投资效益的滞后性明显。

4.环保投资主体与受益者的不一致性

环保投资主体是确切的,而环保投资产生的综合效益却是广泛的。特别是环保投资产生的良好环境效益和社会效益一般是由社会共享的。这样,环保投资主体带来的投资效益被全社会共享,也就产生了环保投资主体和受益者的不一致性。

5.环保投资效益量化的困难性

由于环保投资的主要目的是防治环境污染和生态破坏、改善环境质量,所以对环保投资产生的效益进行经济量化存在许多困难。第二章论述了环境价值量化的困难性,包括环境损失量化与环境效益量化的困难性。环保投资主要产生的是效益,环保投资所产生的环境效益、社会效益和经济效益,由于其效益识别界定、影响范围确定和经济量化转化方法的复杂性,货币计量难度很大。环保投资效益经济计量的预测和计算存在不少困难。

五、环保投资结构

(一)环保投资范围

1.环保投资范围基本原则

世界各国对环保投资范围的确定不完全一致,但就环保投资的基本概念来说,环保投资的范围是很广泛的。环保投资范围的界定原则有两个:一是目的原则,即凡是用于解决环境问题的投资都是环保投资,如:治理环境污染、保护生态环境及与之相关的工作和活动的投资均属于环保投资;二是效果原则,有些经济和社会活动的投资,其主要目的是获取经济效益和社会效益,同时又可以产生显著的环境效益,例如:城市集中供热,在产生显著的社会效益和经济效益的同时,又对城市大气污染的防治发挥了重要作用,这类具有明显环境效果的投资也属于环保投资。

2.直接环保投资与间接环保投资

从环保投资的主要目的来说,环保投资分为直接环保投资与间接环保投资。符合上述目的原则的环保投资为直接环保投资,直接环保投资为直接用于污染治理、生态保护,改善环境质量的投资,如环境保护所需的工程项目、设施设备等的投资是直接环保投资;符合上述效果原则的环保投资为间接环保投资,如:一些投资的主要目的不是污染治理,但能发挥环境保护效用的城市给排水、集中供热和园林绿化等的投资为间接环保投资。

把环境保护投资分类为直接环保投资和间接环保投资,对正确掌握环保投资的整体状况,真实反映环保工作状况,科学规范环保投资统计工作,加强环保投资的管理来说是非常必要的。

(二)环保投资使用方向

我国的环保投资使用方向主要包括环境污染治理投资、生态建设与防护投资、环境保护事业相关投资。

1.环境污染治理投资

目前我国的环境污染治理投资主要包括城市环境基础设施建设投资、工业污染治理项目投资、建设项目"三同时"环保工程投资。环境污染治理投资是我国目前环保投资统计的主要部分。除了上述三方面的环境污染治理投资,还应包括农业污染治理项目投资、防治水污染等专项资金及其他方面投资。

2.生态建设与防护投资

生态建设与防护投资主要是指对生态环境的保护,对生态功能区、自然保护区等的建设投资。如:保护水资源、土地资源、生物资源以及气候资源的投资,以及建立、建设各种类型生态功能区、自然保护区与生物多样性保护的投资。

3.环境保护事业相关投资

环境保护事业相关投资主要体现在为提高环境监管能力建设而对环境保护事业相关工作的开展所进行的投资,如:环境管理、环境保护科学研究、环境保护有关自身能力建设的部分投资等。

环境管理投资是用于环境监测、环境监察、环境应急、环境宣教、环境信息、环境科研、环境履约等方面的投资。环境保护科学研究投资包括开展污染防治和生态建设科技工作等方面的投资；环保自身建设投资是指各级环保系统有关建设、各级环境监测系统建设、各级环保督查、环境监察有关建设、各级环境科研机构有关建设，以及技术培训、宣传教育等方面的部分相关投资。环境监管是环境管理的重要组成部分，随着《国家环境监管能力建设规划》的发布实施，以及环境监测和环境监察标准化建设的推进，环境监管能力建设投资逐步加大。

环保投资是指与环境保护和环境建设相关的投资，不包括环境保护部门的行政经费、事业费等，也不包括防治旱涝灾害、水土保持、兴修水利等方面的投资。

（三）环境污染治理投资

在我国目前的环境统计工作中，环保投资统计主要统计的是环境污染治理投资。环境污染治理投资主要体现为固定资产中的环保投资和环境基础设施的投资，包括工业污染治理项目投资、"三同时"项目环保工程投资、城市环境基础设施投资三个方面。

1. 工业污染治理项目投资

工业污染治理项目投资是指工业企业为使其排出的污染物浓度或总量达标，通过技术改造或开展清洁生产等措施，用于大气、水、固体废物、噪声、振动、辐射等工业污染源治理和"三废"综合利用工程或设施的投资。

2. "三同时"项目环保投资

"三同时"项目环保投资是指按照"三同时"制度，即与新建、扩建、改建项目和技术改造项目的主体工程同时设计、同时施工、同时投产的环保工程与设施投资，以及项目污染防治所需的资金。

3. 城市环境基础设施投资

城市环境基础设施投资是指城市建设中直接用于改善城市水、气、声环境质量和城市垃圾的处理、处置、综合利用和城市绿化的投资，以及其他相关的城市基础设施的投资。如污水处理设施、垃圾处理设施投资，以及与环境保护密切相关的设施，如城市煤气、天然气设施和集中供热设施等投资。

（四）环保投资来源

环境保护资金渠道是为实行环境保护所需资金的来源。1984年，当时的中国国家计委、城乡建设环境保护部、财政部等7个部门联合发布的《关于环境保护资金渠道的规定的通知》规定环境保护资金的来源有8个渠道。这是我国在环境保护工作的实践中，形成的以法规、计划和其他方式的多种环保资金的来源渠道。从目前来看，《关于环境保护资金渠道的规定的通知》仍然是政府和企业在环境保护方面的主要投资来源的依据，也符合环保投资来源的实际。

1. 预算内基本建设投资

建设项目（包括新建、扩建和改建项目）"三同时"环保固定资产投资。建设项目防治污染所需要的投资要纳入固定资产投资计划，包括建设项目的环境影响评价费用。

2. 预算内更新改造资金

老企业的污染治理要与技术改造相结合,规定从更新改造资金中,每年拿出7%用于污染治理。污染严重、治理任务重的企业,其比例要提高。

3. 城市维护费中的一部分资金

城市要在城市维护费用中支出一部分资金,用于城市污染的集中治理。主要用于结合城市基础设施建设进行的综合环境污染防治工程。

4. 企事业单位交纳的排污费

企业交纳的排污费的一部分要用于企业治理污染源的补助资金。所交纳排污费中的80%用于治理污染源的补助资金,其余部分由各地环保部门掌握,用于补助环境监测设备的购置、监测工作、科研工作、技术培训,以及进行宣传教育等用途。

5. 企业"三废"综合利用的利润留成

企业开展综合利用项目所生产的产品实现的利润,可在投资后5年内不上交,留给企业继续治理污染,开展综合利用。

6. 防治水污染的专项资金

根据河流污染程度和国家财力,将水污染防治列入国家长期计划,有计划、有步骤地逐项进行治理。

7. 环境保护部门自身建设费用

环保部门为建设监测系统、科研院(所)、学校以及治理污染的示范工程所需的基本建设投资,要列入中央和地方的环境保护投资计划。

8. 环境保护部门科技攻关及科技三项费用

环境保护部门科技攻关及科技三项费用包括新产品试制、中间试验和重大科技项目补助费以及相关费用,由各级科委和财政部门根据需要和财政能力给予适当增加。

在上述环保投资来源的8个主要渠道中,前四项为主要渠道,约占全部环境保护资金的80%以上,主要是政府和企业在环境保护方面的投资。其中,《中华人民共和国环境保护税法》规定,自2018年1月1日起,不再征收排污费,同时依法征收环境保护税。目前用于环境保护资金来源的其他渠道也在不断探索、实践、丰富和完善中。如国债环保投资、环境保护利用外资、社会融资、环境保护企业上市融资、"BOT(建设-运营-交付)"融资运作方式、污染治理设施的市场化运营、多种形式的环境保护基金、与环保有关的税收优惠政策、信贷优惠的金融政策、公共财政改革、探索发行环境保护彩票、试点排污权交易等。多渠道多元化的环保投融资格局,有助于更多地筹集环境保护资金。

总体来说,我国现阶段环保投资来源主要有五种,即基本建设资金、更新改造资金、城市基础建设资金、环境保护税和其他环保投资。

第二节 环保投资结构分析

环保投资结构是指环保投资总量,以及各个分量之间的关系,包括环保投资的规模结构、环保投资的主体结构、环保投资的来源结构、环保投资的使用结构、环保投资的地区结构等。

对环保投资结构进行分析的目的是合理确定环保投资的结构,提高投资的综合效果。合理的环保投资对实现经济、社会和环境效益的协调统一和共同发展具有重要的意义。

一、环保投资的规模结构分析

环保投资要有一个合理合适的限度,投资不够就控制不住环境恶化的趋势,不能改善环境质量,进而影响到社会经济发展;过分投资虽能控制和改善环境,但对经济发展有影响,同时投资的效果也不理想。只有适当的环保投资,才能兼顾环境保护和经济发展两方面的目标,所以,对环保投资的规模结构进行分析很重要。环保投资的规模结构主要是指环保投资与国内生产总值的关系,是从价值角度反映环保投资计划投入或已经投入的资金量。环保投资规模结构的状况主要体现为环保投资占国内生产总值的比例。

(一)环境保护投资指数

衡量一个国家或区域的环保投资规模和水平,常用的重要指标是环境保护投资指数。环保投资指数是指在一定时期内环保投资占同期国内生产总值(GDP)的比例,如式(5-1)所示:

$$环境保护投资指数 = \frac{环境保护投资}{国内生产总值} \times 100\% \tag{5-1}$$

关于环保投资指数的判据,目前是依据经验和专家的估计设定的范围。国内外一些环境经济专家分析估计,在现代的生产规模、技术水平、管理条件和自然环境状况下,把国内生产总值的1% ~2%用于环境保护,可以比较明显地控制污染和保护生态环境,使环境质量保持在一个可以基本接受的水平上;把国内生产总值的2% ~3%用于环境保护,可以在很大程度上遏制环境恶化,改善生态环境;使环境质量保持在一个良好的状态下,需用国内生产总值的4% ~5%的投资用于环境保护。我国《国家环境保护模范城市考核指标及其实施细则(第六阶段)》规定:"近三年,每年环境保护投资指数≥1.7%。"另外,根据联合国的预测,2000—2025年,全世界用在环境保护方面的投资大约占国内生产总值的2%。

一个国家、地区或城市确定其环保投资的规模和水平,应当遵循需要与可能相结合的原则,既要考虑环境的现状,也要和国家的经济状况相适应;合适的环保投资的规模还应当遵循确保环保投资规模稳步增长和协调发展的原则,避免大起大落。

(二)我国环保投资状况分析

1982 年,我国第一次把环境保护纳入国民经济与社会发展计划,环保投入被纳入计划工作中。随着环境保护工作的不断加强,环保投资也逐年增加。环保投资情况(主要是全国环境统计公报中的环境污染治理投资)见表5-1、表5-2 和图5-1 ~图5-3。

我国环境污染治理投资(环保投资)状况表(一) 表5-1

起止年份 (年)	五年计划	环保投资 (亿元)	比上一个五年计划增加 (%)	环保投资指数 (%)	备注 (亿元)
1981—1985	"六五"	166.23	—	0.50	—
1986—1990	"七五"	476.42	186.60	0.69	—
1991—1995	"八五"	1306.57	174.25	0.73	—

续上表

起止年份 (年)	五年计划	环保投资 (亿元)	比上一个五年计划增加 (%)	环保投资指数 (%)	备注 (亿元)
1996—2000	"九五"	3516.4	169.13	0.93	计划为1.3%
2001—2005	"十五"	8393.9	138.71	1.32	计划为7000
2006—2010	"十一五"	21625.1	157.63	1.38	计划为13750
2011—2015	"十二五"	41698.8	92.83	1.42	规划为3.4万

我国环境污染治理投资(环保投资)状况表(二)　　　　表5-2

年份(年)	环保投资(亿元)	比上一年计划增加(%)	环保投资指数(%)	备　注
1986	73.9	—	0.76	—
1987	90.9	23	0.80	—
1988	99.97	10	0.71	—
1989	102.51	3	0.64	—
1990	109.14	6	0.62	—
1991	170.12	56	0.84	—
1992	205.56	21	0.86	—
1993	268.83	31	0.86	—
1994	307.2	14	0.68	—
1995	354.86	16	0.60	—
1996	408.21	15	0.62	—
1997	502.49	23	0.68	—
1998	721.8	44	0.91	—
1999	823.2	14	1.00	—
2000	1060.7	29	1.10	人均GDP超过800美元
2001	1106.6	04	1.15	—
2002	1363.4	22	1.33	—
2003	1627.3	19	1.39	人均GDP超过1000美元
2004	1908.6	17	1.40	—
2005	2388.0	25	1.31	—
2006	2567.8	8	1.23	人均GDP超过2000美元
2007	3387.6	32	1.36	—
2008	4490.3	33	1.49	人均GDP超过3000美元
2009	4525.2	0.8	1.35	—
2010	6654.2	47	1.67	人均GDP超过4000美元
2011	6026.2	-9.4	1.27	人均GDP超过5000美元
2012	8253.6	37.0	1.59	人均GDP超过6000美元

续上表

年份(年)	环保投资(亿元)	比上一年计划增加(%)	环保投资指数(%)	备　　注
2013	9037.2	9.4	1.59	人均 GDP 超过 7000 美元
2014	9575.5	6.0	1.51	—
2015	8806.3	−8.0	1.30	人均 GDP 超过 8000 美元
2016	9219.8	4.7	1.28	—

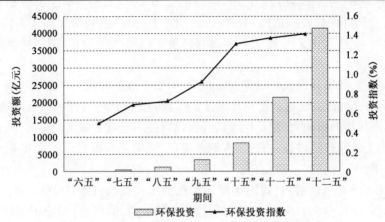

图 5-1　"五年"规划环保投资额及占同期 GDP 比例的增长

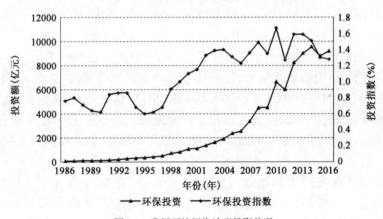

图 5-2　我国环境污染治理投资状况

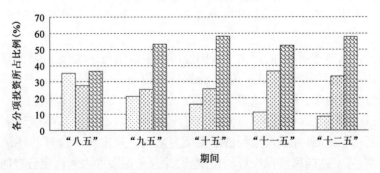

图 5-3　五年规划期间环境污染治理投资使用结构

由表5-1和图5-1可知,随着我国经济的不断发展,五年规划期间的环保投入增加较快,计划与规划的五年环保投资均小于实际的五年环保投资,而且五年环保投资均比上一个五年翻了一番多。

"七五"期间环保投资共476.42亿元;"八五"期间环保投资达到1306.57亿元,是"七五"期间的2.7倍;"九五"期间我国环保投资力度不断加大,是"八五"期间的2.6倍,占GDP的0.93%;"十五"期间的环保投资达到8393.9亿元,约占GDP的1.3%,是"九五"期间的2.4倍;"十一五"期间的环保投资是"十五"期间的2.6倍,"五年"环保投资指数为1.38%;"十二五"期间我国环保投资将达到41698亿元,比"十一五"期间增加约2万亿元,"五年"环保投资指数为1.42%。2015年12月环保部官网发布预测:"十三五"期间社会环保总投资有望超过17万亿元。

需要说明的是,我国环保投资的绝对量很大,但由于改革开放以来我国经济一直保持中高速增长,所以GDP增长很大,这就使得环保投资指数的提高比较缓慢;另外经济中高速增长的方式对自然生态环境的影响大,数量巨大的环保投资还不能满足防治环境污染、改善生态环境的需求,这就需要转变经济增长方式,实现绿色发展,同时把环保投资指数提高到符合我国现阶段要求的水平。

由表5-2和图5-2可以看出,我国年度环保投资增长较快,1986—1998年,全国环保投资总量从73.9亿元增长至721.8亿元,绝对量增长是很大的,但表现在占国内生产总值比例上,则增长缓慢。从1998年开始,国家实施积极的财政政策,同时国家加大城市环境基础设施投资,所以其环保投资占GDP的比例有较大增长。1999年,全国环保投资为823.2亿元,比1998年增长14%,约占当年GDP的1.0%,这是一个标志性数据。

2000年,我国国内生产总值突破1万亿美元,人均GDP超过800美元,按国际评价标准,我国总体上都达到了小康的初级阶段,这一年全国环保投资为1060.7亿元,比1999年增长29%,占当年GDP的1.1%。2003年全国人均GDP超过1000美元,环保投资已达1627.3亿元,占当年GDP的1.39%,环保投资指数有了较大提升。2005年全国环保投资为2388.0亿元,比2004年增长25%,但占当年GDP的比例却低于2004年,由此环保投资指数经历了几年的徘徊。

2010年全国环保投资大幅增加,达6654.2亿元,较2009年增长47%,环保投资指数达1.67%,超过1.5%的标志性指标。随后几年环保投资总体不断增加,接近万亿元,但环保投资指数波动变化,还没有稳定在1.5%以上。与此同时,全国各地的环保投资力度也在加大,一些城市环保投资的增长速度明显超过全国平均水平,环保投资指数提升较快。

我国环保投入虽然逐年增加,但由于我国经济多年的中高速增长,经济发展方式存在许多问题等诸多原因,环境污染还在加重,生态保护任务很重,环境保护的一些目标还难以达到。要有效地控制与治理污染,恢复与改善生态环境,加大环保投资是关键措施之一。根据有关部门和专家分析,我国现阶段环保投资占GDP的合适比例为1.5%～2.0%,这个比例能使我国的环境状况得到基本控制,并在国家经济承受能力之内。确定一个合理的环保投资比例要综合考虑多种因素,从发达国家环保投资的比例看,综合考虑多种因素确定各自的环保投资比例也有可遵循的共同规律。

（三）影响环保投资水平的因素

1. 经济实力

经济实力对环保投资水平具有决定性影响。经济发达国家的环保投资比例较高，一般为2%~3%；经济发展中国家一般为1%~2%；经济不发达国家环保投资指数低。所以，加快经济发展，提高经济水平是环境保护的主要保障之一。

2. 环境状况

环保投资的多少与环境状况有关。环境状况差，就会促使人们加大环保投资，解决环境问题；环境质量好，所需的环保投资也相对稳定。

3. 环保意识

环保意识是影响环保投资的一个重要因素。特别是领导者和决策者的环保意识与对环保工作的重视程度，在很大程度上决定着环境保护投资的多少，决定着政府和企业在环境保护方面的工作和成效。当领导者和决策者有较强的环境意识时，他们就会把环境保护列为工作的重点，增加环保投入。另外，公众作为环境保护的基本力量，其整体环保意识的加强，也会促进环境保护投入的增加。

4. 科技水平

科技水平对环保投资也有影响，环保投资需要借助于科学技术才能发挥其效益。加大环境保护的科学技术研究和推广实践，对提高环保投资效益和整体环保工作具有重要的作用。另外，社会经济发展程度、投资政策等因素，也会影响到环保投资水平的高低。

二、环保投资的使用结构分析

（一）五年规划期间环境污染治理投资使用结构分析

表5-3列出了"八五"至"十二五"五年规划期间我国环境污染治理投资的使用结构。从表中可以看出，环境污染治理投资的使用比例是考虑到当时国家经济建设和环境保护的要求进行确定的。如在"八五"期间及其以前，我国环境保护的重点是治理老企业污染，所以，老企业污染治理投资占的比例比较大。随着对老企业污染的加快治理，以及"三同时"制度的严格执行，"三同时"项目投资也同步增加，占环保投资总量的比例相对稳定。"九五"期间城市环境基础设施的投资逐年加大，"十五"期间城市环境基础设施建设投资成为我国环境污染治理投资的主要部分，这也反映出国家环境保护工作的重点。

五年规划期间环境污染治理投资使用结构   表5-3

期　间	工业污染治理项目投资占投资总额的比例（%）	"三同时"项目环保工程投资占投资总额的比例（%）	城市环境基础设施建设投资占投资总量的比例（%）
"八五"	35.54	27.91	36.55
"九五"	21.08	25.26	53.36
"十五"	16.09	25.74	58.17
"十一五"	11.19	36.46	52.35
"十二五"	8.55	33.50	57.95

(二)年度环境污染治理投资使用结构分析

表 5-4 为年度环境污染治理投资的使用结构状况。2014 年环境污染治理投资总额为 9575.5 亿元,较 2013 年上升 6.0%,占国内生产总值的 1.51%。其中,工业污染治理投资 997.7 亿元,比 2013 年增加 17.4%,占当年污染治理投资总额的 10.4%;建设项目"三同时" 环保投资 3113.9 亿元,比 2013 年增加 5.0%,占当年污染治理投资总额的 32.5%;城市环境 基础设施建设投资 5463.9 亿元,比 2013 年增加 4.6%,占当年污染治理投资总额的 57.1%。

年度环境污染治理投资使用结构 表 5-4

年份 (年)	环境污染治理 投资(亿元)	工业污染治理项目 投资额(亿元)	"三同时"项目环保 工程投资额(亿元)	城市环境基础设施 建设投资额(亿元)	环境污染治理投资 占当年 GDP(%)
2001	1106.6	174.5[15.8%]	336.4[30.4%]	595.7[53.8%]	1.15
2002	1363.4<23.2%>	188.4[13.8%]	389.7[28.6%]	785.3[57.6%]	1.33
2003	1627.3<19.4%>	221.8[13.6%]	333.5[20.5%]	1072.0[65.9%]	1.39
2004	1908.6<17.3%>	308.1[14.14%]	460.5[24.13%]	1140.0[59.73%]	1.40
2005	2388.0<25.1%>	458.2[19.19%]	640.1[26.8%]	1289.7[54.01%]	1.31
2006	2567.8<7.5%>	485.7[18.91%]	767.2[29.88%]	1314.9[51.21%]	1.23
2007	3387.6<31.9%>	552.4[16.3%]	1367.4[40.4%]	1467.8[43.3%]	1.36
2008	4490.3<32.6%>	542.6[12.1%]	2146.7[47.81%]	1801.0[40.11%]	1.49
2009	4525.2<0.7%>	442.5[9.8%]	1570.7[34.7%]	2512.0[55.5%]	1.35
2010	6654.2<47.0%>	397.0[6.1%]	2033.0[30.6%]	4224.2[63.5%]	1.67
2011	6026.2<-9.4%>	444.4[7.4%]	2112.4[35.1%]	3469.4[57.6%]	1.27
2012	8253.6<37.0%>	500.5[6.1%]	2690.4[32.7%]	5062.7[61.3%]	1.59
2013	9037.2<9.5%>	849.7[9.4%]	2964.5[32.8%]	5223.0[57.8%]	1.59
2014	9575.5<6.0%>	997.7[10.4%]	3113.9[32.5%]	5463.9[57.1%]	1.51
2015	8806.3<-8.0%>	773.7[8.79%]	3085.8[35.04%]	4946.8[56.17%]	1.30
2016	9219.80<4.7%>				1.24

注:<>中数字为环境污染治理投资年增长率,[]中数字为各项投资占投资总量的比例。

图 5-4 与图 5-5 为年度环境污染治理各分项投资对比情况。图 5-6 为环境污染治理各分 项投资所占比例的结构情况。

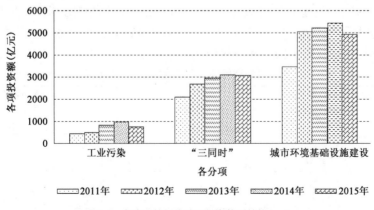

图 5-4 年度环境污染治理投资使用结构(一)

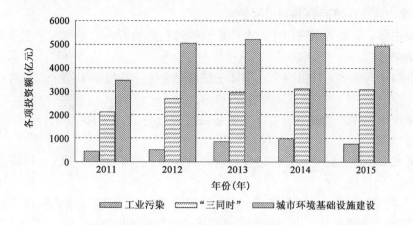

图 5-5 年度环境污染治理投资使用结构(二)

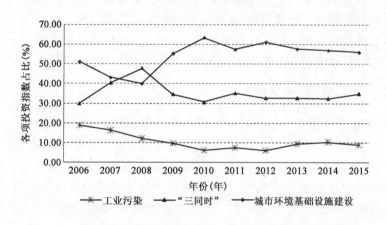

图 5-6 环境污染治理各分项投资所占比例结构

三、环保投资其他结构分析

环保投资结构分析还需对环保投资的主体结构、环保投资的来源结构等进行分析。

(一)环保投资的主体结构分析

环保投资的主体结构分析是指对不同投资主体的环保投资及其在环保投资总额中所占的比重与作用的分析。环保投资的主体结构分析一般是指对国家、企业、社会与个人等的环保投资比例关系、作用及其投资体制分析。保护和改善环境需要大量的资金,环境保护投资主要由政府承担,但单纯依靠国家投资是不够的,需要多种投资渠道筹措资金用于保护环境,实现环境保护投资主体的多元性。实现环境保护投资主体的多元性有利于提高环保投资的效果,有利于环境保护目标的实现。

目前我国的环保投资主体主要有以下几种:

(1)国家主体。国家主体即国家预算的环保投资,主要用于重点污染源治理、区域污染防治和生态保护,以及环境监督管理等方面的投资。

(2)地方政府主体。地方政府(省、市、县等)进行的环保投资纳入地方财政预算,主要用于解决本行政区域的环境问题和环境保护工作。

（3）企业主体。企业为解决由于自身所造成的对企业及所在区域和所影响区域相关环境问题而进行的投资。

（4）社会与个人主体。社会与个人主体主要由社会团体和组织以及个人参与环境保护而进行的投资。

（5）金融组织主体。金融组织主体主要是通过银行贷款,也包括非银行金融组织的融资用于环境保护工作。

（6）国外投资主体。随着国际环境保护合作的加强,我国利用外资进行环境保护工作得到了不断发展。

有研究表明,我国70%的环保投资来源于政府投资,而较长时期以来企业没有承担好环保投资主要投资主体的责任。由于政府财政资金有限,投资供给能力不足,然而实际需求的环境保护资金很大,这就需要企业加大环境保护投入,加强多方投资保护环境。环境保护本身是一项公共事业,政府要发挥主导投资作用,但要推进环保投资主体多元化,要制定政策,采取措施,落实企业及其他投资主体进行环保投资的责任,调动其进行环保投资的积极性。这样的环保投资体制是完善的,也必然会发挥更大的作用。

（二）环保投资的来源结构分析

我国环保投资的来源渠道主要有基本建设投资、更新改造投资、城市基础建设投资、环境税（排污收费）和其他环保投资。"三同时"制度使建设投资成为环保投资的主渠道之一,而且多年来一直保持着较高比例。由于新建、改建和扩建的基本建设项目、技术改造项目、自然开发项目,以及其他工程建设项目实施"三同时"制度,所以,更新改造环保投资处于下降的趋势,这说明老企业更新改造的力度减弱了。相比之下,城市基础设施建设环保投资增长很快,目前已超过环境污染治理投资总量的一半,这说明城市环境污染集中治理和综合整治是这个时期国家环境保护工作的重点。在排污收费方面,"十五"期间排污费征收总额达到420.1亿元,"十一五"期间排污费征收总额为863.7亿元,"十二五"期间排污费征收总额为948.9亿元。排污费征收与使用存在一些问题,如排污费漏征问题比较普遍等,导致征收的排污费在环保投资来源中的比重过低。2018年1月1日,《中华人民共和国环境保护税法》正式实施,尽管立法原则是"税负平移",从排污费平移到环保税,但相对于排污费征收存在的种种问题,环境保护税征收额将有较大增加。

四、我国环保投资存在的问题

（一）历史欠账仍有存在,环保投资总量不足

我国环保历史欠账较多,尽管环境保护的投资总量不断加大,但占GDP的比例依然较低,近些年环保投资指数不断提升,但还没有稳定在1.5%以上,环保投资规模与控制环境污染、改善生态环境质量的需求差异还比较大。历史形成的环境与生态问题还有不少,新形成的环境问题仍比较严重,如雾霾、黑臭水体、农村环境治理和生态脆弱地区环境问题等。目前的环保投资总量还不能从根本上遏制环境污染和生态破坏的状况。环保投资还需要加大,环保投资指数需要稳定性的提高,环保投入的力度须进一步加强。

（二）环保投资方式单一，环保投资管理较弱

在环保投资计划管理渠道方面，社会机构融资和其他市场融资渠道比较薄弱，企业环保投入亟待加大，形成政府、企业、银行、社会、个人等多元化的环保投资融资格局还需加大力度，广泛地吸纳财政资金、商业资本、社会公众和企事业单位等社会资金投入环境保护。在环保投资管理方面，环保投资的行为方式和管理方式滞后，如何提高环保投资效益，加强环保投资管理，规范、严格、操作性强的管理体系需要完善，也是急需重点研究的问题。

（三）企业环保投资不高，环保投资效益低效

企业对环境问题外部性的特征理解普遍存在严重误区，但企业对环保投入效益的滞后性与外部性却有着深入认识。因此，许多企业缺乏环保投资的积极性和环境保护的内在动力，主动进行环保投入的意识不强。目前环保投资仍是以政府投资为主，企业作为环境保护投资主要的投资主体，但企业环保投资所占份额不够，环保投资的积极性不高。

同时，企业环保投资的效益不高，其中一方面体现在环保设施运行不足。环保设施低效是普遍存在的问题，因闲置、停运、报废等原因没有运行的环保设施比重较大，而在运行中的环保设施的有效运行率不足。导致这个问题产生的主要原因是不正确的认识，如：环保设施运行与环保费用的支出不能直接带来现实生产力和经济效益提升的认识，在一些企业里还比较根深蒂固。企业环保投资效益不高，是环境污染状况改善不佳的主要原因之一。

（四）环保投资统计不全，统计口径缺项较多

我国在 20 世纪 80 年代初正式建立环境统计报表制度，其间进行了部分微调，自 2012 年开始统计污染治理设施直接投资。但环保投资统计范围不全，难以反映环保投资整体情况。在我国目前的环境统计工作中，环保投资统计主要统计的是环境污染治理投资，环境污染治理投资中主要统计的是工业污染治理项目投资、"三同时"项目环保工程投资、城市环境基础设施投资三个方面。尚未将生态保护投资、流域环境综合整治投资，以及非工业污染治理项目投资、环境保护事业相关投资等领域的环保投资纳入现行环保投资统计范围。以 2014 年中央环保专项资金和预算内基本建设资金进行初步估算，非工业企业大气污染防治、流域环境综合整治、农村连片整治、土壤污染防治、环境监管能力建设、生物多样性保护等活动共计投资 287.6 亿元。

环保投资统计体系设计应尽可能地覆盖所有环境保护活动，环保投资统计口径应有结构式的设计，把必要的间接环保投资纳入统计范围，进行分类统计。统计口径不全及收窄统计口径会带来环保投资规模偏低的不真实结论，也不利于环保投资决策、管理与研究。

第三节　环境效益与"三效益"分析

经济效益、社会效益和环境效益相互间存在着辩证统一关系。对环保投资进行"三效益"分析表明，环保投资产生的环境效益是显著的，环保投资是预防治理环境污染和生态破坏的基础条件和重要保证。环保投资带来的社会效益也是十分明显的，在改善人们的生活条件、提高

人们的生活质量、促进社会的稳定等方面,都起到了十分重要的作用,同时环保投资是社会经济的长远可持续发展的条件和保障。

一、环境效益

(一)环境效益的概念

环境效益主要是指由于人类的活动给自然环境系统造成影响而产生的效应。也就是说,环境效益是指人类活动引起的环境质量变化,从而对人和其他生物产生影响的效果。

环境效益是对人类活动对环境影响后果的衡量,它有正效益和负效益之分,负环境效益通常称为环境损失,一般我们所说的环境效益均指正效益。例如:各种生态保护恢复与建设活动会明显改善生态环境,其环境效益为正值;向环境排放"三废",污染大气、水体和土壤,使得环境质量下降,这就是负环境效益,即环境损失。追求环境效益,就是要鼓励那些有助于环境质量不断提高的人类活动,减少或限制那些对环境有负面影响的活动。

对于产生环境损失的经济活动,要采取环境保护措施。环境保护措施取得的环境效益为正的效益,表现为环境状况的改善,环境质量的提高。如采取环境保护措施后,大气、水和土壤中污染物数量和浓度的减少,空气、水的质量的改善,可用土地面积增加,生态平衡的保持,自然保护区维护的加强等。

环境效益还可以反映为直接效益和间接效益、短期效益和长期效益、可计量效益和不可计量效益等。此外,环境效益也具有多层次性,包括宏观环境效益和微观环境效益两个基本层次。宏观环境效益是指区域范围的面上的环境效益,微观环境效益主要是指以企业为主要代表的点上的环境效益。微观环境效益是宏观环境效益的基础,宏观环境效益是微观环境效益的综合。

(二)环境资源特征与环境效益

环境是一种资源,同一般的资源一样,具有生产性、消费性的特征,同时环境资源还具有公有性的特征。

1. 环境资源的生产性特征

环境资源的生产性特征表现在环境资源可以为人类的生产活动提供原料和生产要素,通常有三种形式:

(1)环境资源以生产的原材料形式进入生产过程。例如:水资源是许多工业生产过程的重要原材料等。

(2)环境资源为生产提供了必不可少的条件,使环境资源成为生产过程的要素。例如:清洁的空气是工业生产过程和农作物生长的重要条件。

(3)环境资源为生产提供了废物排泄的场所,环境以自己对废物特有的容纳和净化能力,减少了生产过程处理废物的费用。

以上三种环境资源生产特征不但给人类带来了经济效益,同时还具有非常重要的环境效益。

2. 环境资源的消费性特征

人们的消费需要包括吃、穿、住、用、行、文化、娱乐等方面。消费需要可分为物质生活需要和文化生活需要。文化生活是满足人们物质生活需要以外的一部分,如人们对教育、科学、体育、旅游、娱乐等方面的需要。

环境资源的消费性特征表现在为人类消费需求提供了资源,如新鲜的空气、清澈的水体、宁静的环境、优美的景观等为人类的文化生活需要提供了舒适、享受和快乐。人们从消费这些环境资源中获取了所需效益,就是环境资源的消费性特征的体现。

当然,人类要求自身的消费活动要有利于保护人类赖以生存的自然环境,维护生态平衡,避免对自然环境资源的过度消耗与消费。消费与环境保护一体化的趋向,以及"绿色消费"观念开始成为人类的基本共识。

3. 环境资源的公有性特征

环境资源除了生产性和消费性之外,还有一个与一般资源不同的特征,环境资源的公有性,即不排斥性,也就是说,环境资源是个公共物品。由于环境资源具有公有性的特征,所以环境所产生的效益是在更大的空间体现,也为大多数人所感受与获得。如果你要使用一般资源,不论是谁使用都要支付费用,而环境资源却不同,新鲜的空气人人可以免费呼吸,不会因为你为改善大气环境投入了资金而不同于没有支付费用的其他人。另外,由于环境资源的公有性,它往往没有市场价格,因而难以直接用市场价格来计量环境效益。

环境资源通过上述三个特征给人类带来了效益,这种效益可以称为广义环境效益。

二、经济效益

经济效益从宏观上说是人类活动对国民经济的贡献,反映为增加社会产品和国民收入的能力,从微观上表现为对企业生产的贡献,反映为增加企业利润的能力。任何一项经济活动首先必须有经济效益才是可行的。经济效益包括物质效果和经济效果,物质效果表现为资源的合理利用,产品品种、产品质量、社会需求满足程度等,是以使用价值形态考核的;经济效果表现为劳动的占用与消耗,产品的成本、产值、利润等,以价值形态考核。

经济效益就是人类为达到一定的目的而进行的生产活动所占用及消耗的劳动,与所产生的满足社会需要的劳动成果的对比关系。也可简单概括为投入与产出的比较,或所费和所得的比较,即:

$$E = \frac{X}{L} \tag{5-2}$$

式中:E——经济效益;

    L——劳动消耗;

    X——劳动成果。

由式(5-2)可知,要提高经济效益,一般有五种可能:一是在劳动成果不变的情况下,劳动消耗下降;二是在劳动消耗不变的情况下,劳动成果增加;三是劳动消耗与劳动成果均增加,但劳动成果增加的幅度更大;四是劳动消耗和劳动成果均降低,但劳动消耗降低的幅度更大;五是最理想的状况,即劳动消耗下降,同时劳动成果增加,则经济效益显著增加。即:

$$E^\uparrow = \frac{X^\rightarrow}{L^\downarrow}; \; E^\uparrow = \frac{X^\uparrow}{L^\rightarrow}; \; E^\uparrow = \frac{X^{\uparrow\uparrow}}{L^\uparrow}; \; E^\uparrow = \frac{X^\downarrow}{L^{\downarrow\downarrow}}; \; E^{\uparrow\uparrow} = \frac{X^\uparrow}{L^\downarrow}$$

评价经济效益一般有两种指标:一是相对指标,二是绝对指标。

经济效益相对指标 $\qquad E_{相} = \dfrac{X}{L}$ (5-3)

经济效益绝对指标 $\qquad E_{绝} = X - L$ (5-4)

根据制定经济方案数量的不同,经济活动的决策可分为单方案(只有一个方案)决策和多方案(两个以上方案)的选择决策。

对于单方案来说评价判据为:

$E_{相} = \dfrac{X}{L} \geqslant 1$ 或 $E_{绝} = X - L \geqslant 0$,则方案可行。

对于多方案,其经济效益评价判据可简单表述为在满足单方案标准的条件下,E 最大者为优。

环保投资可以产生显著的经济效益,主要表现在保护和节约资源和能源,提高国家的宏观经济效益和企业的微观经济效益;促进科学技术水平的提高和技术改造加快;促进经济管理的科学化。所以说,环境保护是提高经济效益质量的重要保证,而环境保护投资是环境保护的主要推动力。

三、社会效益

社会效益指人类活动对社会所产生的社会影响效果。一项活动的社会效益不仅从活动的本身,更重要的是从受活动影响的社会角度来评价该活动的社会效果。这里所说的活动,主要是指人类的经济活动,也包括其他的非经济活动。社会效益的内涵主要包括三方面内容:一是人类活动对提高人民福利水平的作用;二是人类活动对提高社会文明方面的作用;三是人类活动对合理的人类自身发展的其他作用。

社会效益主要体现在科学教育、文体卫生、公益福利、社会稳定、生态环境和人的素质等多方面。社会效益也具有难以经济量化的特点,所以,许多社会效益很难或不能用货币指标进行定量分析,只能进行间接量化或结合定性分析进行主观量化。

从环境保护来说,社会效益表现为民众体质的增强、发病率降低、寿命和精力充沛时间的延长、劳动和生活条件的改善、人文景观和财富的维护、文化条件改善、社会稳定等。

四、环保投资效益

环保投资效益主要是指在环境保护方面的投入所带来的效益。环保投资效益可用实现特定的环境目标所投入的资金与所获得的各种效益的关系来体现和表示,如环保投资对"三效益"的贡献度等。环保投资效益主要体现在环境效益上,同时也产生良好的社会效益和经济效益。环保投资效益包括投资产生的各种直接效益,也包括许多范围广泛、影响深远的间接效益。

(一)环保投资的环境效益

(1)环保投资有效遏制了环境污染的产生与发展,使环境质量得到改善,为可持续发展提供必要条件。

(2)环保投资有效恢复、改善生态的破坏,促进自然生态保护,为可持续发展提供必要的物质基础。

(3)环保投资提高企业的污染治理水平,增强企业在防治污染方面的综合实力,改善企业的生产环境。

(二)环保投资的经济效益

(1)环保投资是区域经济良性发展的重要保障。

(2)环保投资促进环保产业规模和效益的提高,带动其他一些产业的发展,促进整个经济的发展。

(3)环保投资促使企业有效利用"三废",有效节约资源和能源,促进了企业经济效益的提高。

(4)环保投资促进企业采用新技术,加快技术改造,提高企业的技术水平。

(三)环保投资的社会效益

(1)环保投资促进环境基础设施的建设,改善人们的生活条件和生活质量,提高人们的综合素质,促进美好生活的实现。

(2)环保投资保护自然和人文景观,保护人类珍贵的文化遗产,推动社会文化事业的发展。

(3)环保投资可以减少一些由于环境污染产生的民事纠纷,促进社会的稳定。

提高环保投资效益是环境保护工作的重要内容,提高环保投资效益体现在两个方面:一是在实现环保投资目标的前提下节约环保投资;二是以同样的环保投资取得更多的环境效益、经济效益和社会效益。环保投资所体现的实体主要是环境保护设施,环境保护设施是防止人类生产、生活过程产生的污染物污染环境的闸门,是保护生态环境的最后一道防线,用好管好环境保护设施,才能真正有效的保护环境,因此,加强对环境保护设施的监督管理非常重要。

最大限度地提高环保投资的质量和效益,始终是贯穿环保投资的一项根本性任务。环保投资仅仅依靠增量还达不到提高环保投资效益的要求,还要转变环保投资管理方式,由重视环保投资数量转变为同时注重环保投资质量,以提高环保投资的效益。

五、"三效益"协调的帕雷托准则分析

从上述对环境效益、经济效益和社会效益概念与内涵的论述中可以看出,经济效益、社会效益和环境效益相互间存在着辩证统一的关系。首先,在"三效益"之间存在着相互矛盾的关系,这种矛盾主要是人们在社会经济活动中,往往只重视所带来的直接经济效益,而忽视与人类的整体利益和长远利益相关联的环境效益和社会效益。其次,"三效益"能在一定的条件下具有相互统一和相互转化的关系,如果经济系统在运转中能做到降低物耗、能耗、实行废料资源的综合利用,那么,在其提高经济效益的过程中就能同时减轻污染物排放,从而也能同步提高社会效益和环境效益;如果生态环境保护系统建设得比较配套、运转得比较合理,就能在提高环境效益的同时,给经济系统提供较多的自然资源,为提高经济效益创造资源条件,还能为人类提供较高的生态环境条件,从而也提高社会效益。所以,"三效益"之间在一定的条件下是可以实现协调,取得良性的综合效益的。

环境效益、经济效益和社会效益,三者互为条件,相互影响,是辩证统一的关系。我们人类的任何活动都应寻求使这三个效益得以协调统一的方式,促使社会不断进步、经济持续发展、环境日益改善。关于环境、经济和社会三效益协调发展的经济学分析,可用帕雷托准则的方法(见第三章)进行。

图 5-7 是用 xyz 直角坐标系进行的图示"三效益"协调的帕雷托分析,x 轴、y 轴、z 轴分别表示经济效益、社会效益、环境效益,初始状态定为 M。设现有两个运动状态,一个是由 M 到 I,称为方案 1;另一个是由 M 到 J,称为方案 2。如果实施方案 1,则经济效益、社会效益和环境效益这三个效益均得到提高,这种变化符合帕雷托许可变化;如果实施方案 2,则经济效益和社会效益将得到提高,但环境效益则会下降,这种变化不符合帕雷托许可变化。

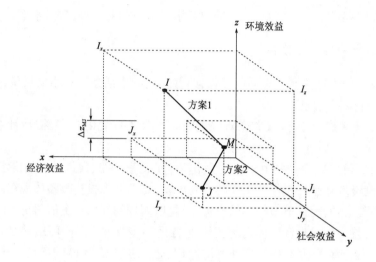

图 5-7 "三效益"协调的帕雷托分析

在图 5-7 中,对于方案 2,如果对环境效益进行补偿,使其高于或相当于初始值,则方案 2 就满足了帕雷托准则的条件,从而变成许可的可行方案。假设方案 2 中环境效益所需补偿 Δz_{MJ} 由经济效益、社会效益其中一方承担或双方共同分担,且 Δz_{MJ} 为 Δx_{MJ} 和 Δy_{MJ} 的矢量和;同时,经济效益、社会效益其中一方或双方在承担 Δz_{MJ} 后仍余有 N_x 和 N_y 净效益,那么这样的变化也是可行的。改进后的方案 2′为帕雷托可行方案。这种变化可称为帕雷托改进的三维推广。

把帕雷托准则推广到经济效益、环境效益和社会效益"三效益"协调统一的分析中是合适的。"三效益"可以看作是三维空间,空间中的每一点代表了社会的福利状态。任何一个项目活动,如果能使经济效益、环境效益和社会效益中至少一种效益有所提高,而其他两种效益至少保持原来水平,则该项活动就符合帕雷托准则,则这项活动是可行的。如果活动使三效益中的一个或两个效益增加,而使其他两个或一个效益降低,则需要采取补偿措施,如由效益增加的一方或几方进行补偿,补偿后净效益仍然为正,这也符合帕雷托改进。当然,如果一项活动使三效益中的一个或两个效益增加,而其他两个或一个效益不降低,环境经济系统及资源分配才会趋于最优化,"三效益"才能达到理想的协调统一。

第四节 实例分析:区域环境污染治理投资结构分析

区域是一个空间概念。在我国社会经济发展和环境保护事业中,区域体现为全国范围内所属的省(区)或市等行政区划以及一些特定的区域,如流域、经济发展区域等。随着我国区域经济和社会的快速发展,区域环境问题也变得越来越突出,对我国可持续发展战略的全面实施产生了不利影响。加大和优化区域环境保护的投资,是解决区域环境问题的重要保证。为了确定合适的区域环境保护投资数额,充分发挥环境保护的效用,应对区域环境保护的结构进行分析。由于不同区域在地理位置、环境状况、经济水平等方面存在着较大的差异,所以,在进行环境保护投资分析之前首先要明确具体的分析对象。本实例以陕西省为分析对象,以陕西省环境污染治理投资为分析内容。

一、环境污染治理投资规模结构分析

本实例主要对 2013—2016 年陕西省环境污染治理投资总额及其他方面进行分析,陕西省环境污染治理投资的概况见表 5-5。

2013—2016 年陕西省环境污染治理投资状况　　　　　　表 5-5

项 目	年份(年)			
	2013	2014	2015	2016
环境污染治理总投资额(亿元)	221.6819	276.3183	241.8911	253.4473
增长率(%)	—	24.65	-12.46	4.78
城市环境基础设施建设投资(亿元)	141.1093	203.5119	169.8817	190.3342
增长率(%)	—	44.22	-11.12	12.04
工业污染防治投资(亿元)	41.7562	37.731	29.4856	19.552
增长率(%)	—	-9.64	-21.85	-33.69
完成环保验收项目环保投资(亿元)	38.8164	26.5076	42.5238	43.5611
增长率(%)	—	-31.71	60.42	2.44
陕西国内生产总值(亿元)	16205.45	17689.94	18171.86	19165.39
环境污染治理投资占 GDP 比重(%)	1.38	1.56	1.33	1.32
GDP 增长率(%)	11.0	9.7	7.9	7.6

注:1. 基础数据来源:陕西省统计年鉴。

2. 表中"完成环保验收项目环保投资"即为"建设项目'三同时'环保投资"。

2013—2016 年陕西省环境污染治理投资总额比 2003—2006 年有了大幅度增加。这是因为,10 年间陕西省与全国一样,社会经济保持中高速增长,国内生产总值有了很大提高;同时十八大以来,在生态环境建设方面党中央谋划开展了一系列根本性、长远性、开创性工作,推动我国生态环境保护从认识到实践发生了历史性、转折性和全局性变化,生态文明建设取得显著成效。

2013—2016 年陕西省及全国环保投资指数如图 5-8 所示。由图 5-8 和表 5-5 可以看出,2003—2006 年,全国环保投资指数均比陕西省的要高,但在 2013—2016 年间,陕西省环保投

资指数高于全国环保投资指数;这说明陕西省环保投资在其国内生产总值所占比例有了较大提高。同时,从图5-8中也可以看出,2013—2016年陕西省及全国环保投资指数还处于1.5%上下,按照新时代环境保护的目标和要求,环保投资指数还有较大的提升空间。

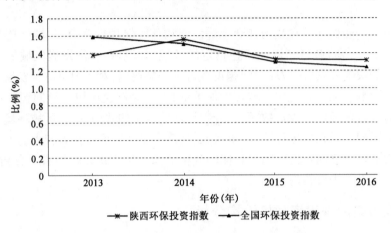

图5-8 陕西省及全国环保投资指数对比

二、环境污染治理投资使用结构分析

环境污染治理投资的使用方向分为工业污染源治理投资、完成环保验收项目环保投资及城市环境基础设施建设投资三个方面。陕西省环境污染治理投资三个使用方向的情况见表5-5和图5-9。

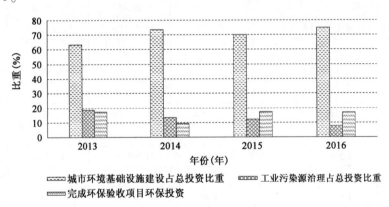

图5-9 陕西省环境污染治理投资各分项投资比重

从表5-5和图5-9中可以看出,整体来看,无论是工业污染源治理投资、完成环保验收项目环保投资以及城市环境基础设施建设投资,还是在占环境污染治理投资总额的比重,均保持着比较平稳的态势。

2013—2016年陕西省环境污染治理投资的重点一直是城市环境基础设施建设投资,4年来的投资额占到环境污染治理投资额的一半以上,达到了71%。在完成环保验收项目环保投资方面基本上保持着增长态势,说明陕西省在建设项目"三同时"环保投资方面的力度一直加大。

三、环境污染治理投资水平分析

影响一个区域环境保护投资的大小有很多因素,如区域的环境污染状况、区域的经济实力、区域的人口数量、区域公众的环境意识及区域环境政策的执行力度等。由于多方面因素的影响,所以通常采用人均环保投资量来进行环境保护投资水平的对比分析。人均环保投资既可以被用来衡量一个区域环境保护投资的人均水平,也可以被用来衡量一个区域环境保护投资的实际状况水平。表5-6是2016年我国26个省(自治区)环境污染治理投资情况。

2016年我国26个省(自治区)环境污染治理投资情况　　　　　　　　　　表5-6

省(自治区)	人口(万人)	环境污染治理投资总额(万元)	人均环境污染治理投资
内蒙古	2520	4560000	1809.52
江苏	7999	7656000	957.12
宁夏	675	1012000	1499.26
辽宁	4378	1762000	402.47
浙江	5590	6506000	1163.86
山东	9947	7808000	784.96
河北	7470	3996000	534.94
山西	3682	5257000	1427.76
广东	10999	3675000	334.12
福建	3874	1896000	489.42
吉林	2733	841000	307.72
黑龙江	3799	1736000	456.96
新疆	2398	3128000	1304.42
湖北	5885	4647000	789.63
陕西	3813	3174000	832.42
青海	593	563000	949.41
甘肃	2610	1176000	450.576
海南	917	303000	330.43
河南	9532	3598000	377.47
四川	8262	2904000	351.49
江西	4592	3133000	682.27
广西	4838	2042000	422.08
湖南	6822	2004000	293.76
安徽	6196	4982000	804.07
云南	4771	1458000	305.60
贵州	3555	1184000	333.05
总计	138271	92198000	666.79

注:1. 环境污染治理投资总额数据来源:全国环境统计年鉴。

　　2. 人口数据来源:中国统计年鉴。

本实例选取我国26个省(自治区)作为与陕西省进行对比分析的对象。在对2006年这26个省(自治区)的环境污染治理投资和GDP的数据进行统计,并对各省(自治区)的人均环境污染治理投资进行计算的基础上,按各省(自治区)人均环境污染治理投资量从高到低进行了排序,如图5-10所示。从图5-10中可以看出,2006年陕西省人均环境污染治理投资量为109.77元,低于26个省(自治区)人均环境污染治理投资的平均值167.69元;在26个省(自治区)人均环境污染治理投资的排序中位居第15位,基本上处在中后位置,同西北地区的新疆、甘肃、青海、宁夏4个省份相比,也处在中间位置。这说明,无论是从人均环境污染治理投资量还是从26个省(自治区)中的排位次序来看,陕西省的环境污染治理投资水平在全国整体中是处于中等水平的。通过对陕西省环境污染治理投资结构的分析,可知2003—2006年陕西省环保投资不足,是造成陕西省整体环境质量状况不容乐观的主要原因之一。

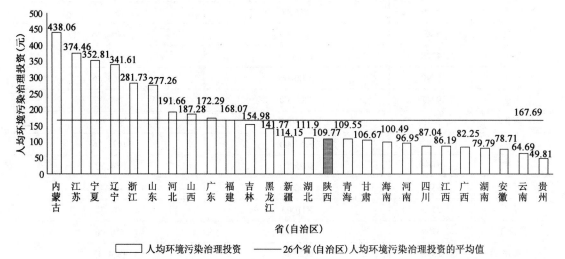

图5-10　2006年我国26个省(自治区)人均环境污染治理投资情况

时隔10年后,对2016年这26个省(自治区)的人均环境污染治理投资再进行计算,计算结果仍按2006年各省(自治区)人均环境污染治理投资量从高到低的排序表示,如图5-11所

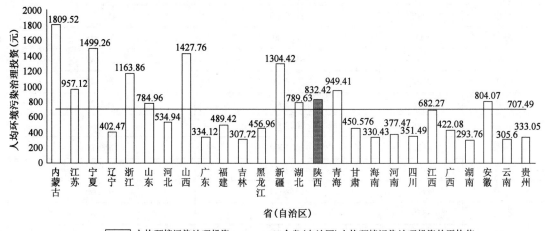

图5-11　2016年我国26个省(自治区)人均环境污染治理投资情况

注:基础数据来源为中华人民共和国国家统计局网站,http://www.stats.gov.cn。

示。从图 5-11 中可以看出,2016 年陕西省人均环境污染治理投资量已达到 832.42 元,已高于这 26 个省(自治区)人均环境污染治理投资的平均值 707.49 元,在 26 个省(自治区)人均环境污染治理投资的排序中上升到第 9 位,处在中前位置。这说明,陕西省的环境污染治理投资水平在全国整体中处于中上水平。分析可知,2006 年后的 10 多年,陕西省不断加大环保投资,环保投资指数也在不断提高,环境保护工作取得了更有效的发展,陕西省整体环境质量状况在不断改善。同时,26 个省(自治区)在 10 年间的人均环境污染治理投资都有大幅增加,其平均人均环境污染治理投资翻了两番以上。全国环境状况已得到明显改善,生态环境治理明显加强,生态文明建设取得显著成效。

复习思考题

1. 名词解释

投资　环保投资　直接环保投资　间接环保投资　环境效益　经济效益　社会效益环保投资效益

2. 选择题

(1)以下有关环保投资和环境费用的说法不正确的是(　　)。

　　A. 环保投资是计划或使用于环境资源治理、恢复和保护的资金

　　B. 环境费用是环境污染和破坏造成的经济损失,以及使环境得到治理、恢复和保护所需的资金

　　C. 总体来说,环保投资大于所需的环境费用

　　D. 环保投资是国民经济和社会发展固定资产的重要组成费用

选择说明:

(2)下列属于环保投资的有(　　)。

　　A. 某化工厂治理生产污水的费用

　　B. 某地区建设大熊猫自然保护区的费用

　　C. 某大学研究环保项目所需科研资金

　　D. 某环保局建设大气监测站的费用

　　E. 某地区修筑防洪堤坝的费用

选择说明:

(3)下列属于间接环保投资的是(　　)。

　　A. 市政排水　　　　B. 污染治理　　　　C. 集中供热　　　　D. 生态保护

选择说明:

(4)环保投资的范围包括(　　)。

　　A. 环境污染治理投资

　　B. 生态建设与防护投资

　　C. 兴修水利,水土保持,防止旱灾投资

D. 环境保护科学研究投资

E. 环境保护自身能力建设的投资

选择说明:

(5)环保投资特点包括( )。

A. 投资主体的多元化

B. 投资效益的综合性

C. 环境效益的滞后性

D. 投资与受益的一致性

E. 投资效益量化困难性

选择说明:

(6)环保投资指数可以用下列哪个式子表示?( )

A. $\dfrac{环境保护投资}{环境费用} \times 100\%$
B. $\dfrac{环境保护投资}{社会损害费用} \times 100\%$

C. $\dfrac{环境保护投资}{国内生产总值} \times 100\%$
D. $\dfrac{环境保护投资}{环境控制费用} \times 100\%$

选择说明:

(7)环保投资的目的着重强调的是( )。

A. 经济效益和生态效益
B. 环境效益和经济效益

C. 社会效益和经济效益
D. 环境效益和社会效益

选择说明:

(8)环境资源的特征有( )。

A. 环境资源的生产性特征

B. 环境资源的公有性特征

C. 环境资源的脆弱性特征

D. 环境资源的消费性特征

选择说明:

(9)由公式 $E = X/L$ 可知,若要提高经济效益,( )是可行的办法。

A. 在劳动成果不变的情况下,劳动消耗下降

B. 在劳动消耗不变的情况下,劳动成果增加

C. 劳动消耗与劳动成果均增加,但劳动成果增加的幅度更大

D. 劳动消耗和劳动成果均降低,但劳动消耗降低的幅度更大

E. 劳动消耗下降,同时劳动成果增加

选择说明:

3. 计算分析题

(1)我国环境保护投资(环境污染治理投资)2015年为8806.3亿元,国内生产总值为689052亿元,试分析我国的环保投资是否能起到明显的控制污染的作用。

(2)搜集表5-7所需人口数据资料,计算各年人均环保投资,完成下表内容,并作图。根据表、图进行相关分析。

我国环境污染治理投资（环保投资）状况表　　表 5-7

年份(年)	环保投资(亿元)	当年人口数(亿)	人均环保投资(元/人)	环保投资指数(%)
1986	73.90			0.76
1987	90.90			0.80
1988	99.97			0.71
1989	102.51			0.64
1990	109.14			0.62
1991	170.12			0.84
1992	205.56			0.86
1993	268.83			0.86
1994	307.20			0.68
1995	354.86			0.60
1996	408.21			0.62
1997	502.49			0.68
1998	721.80			0.91
1999	823.20			1.00
2000	1060.70			1.10
2001	1106.60			1.15
2002	1363.40			1.33
2003	1627.3			1.39
2004	1908.6			1.40
2005	2388.0			1.31
2006	2567.8			1.23
2007	3387.6			1.36
2008	4490.3			1.49
2009	4525.2			1.35
2010	6654.2			1.67
2011	6026.2			1.27
2012	8253.6			1.59
2013	9037.2			1.59
2014	9575.5			1.51
2015	8806.3			1.30
2016	9219.80			1.28

4. 论述题

（1）简述环保投资的范围。

（2）简述环保投资的来源渠道。

（3）简述环保投资的特点。

（4）论述我国目前的环保投资结构状况。

（5）环保投资可以在哪些方面取得效益？

（6）如何用帕雷托准则分析"三效益"的关系？

第六章

环境效益费用分析

许多环境物品和环境质量没有直接的市场价格,这给环境经济分析带来了困难。但是环境资源具有稀缺性、生产性和消费性的特征,使得对一些环境进行经济计量成为可能。环境效益费用分析方法就是环境经济计量的一种主要方法。环境效益费用分析是效益费用分析的基本理论和方法在环境保护领域中的具体应用。一般来说,环境效益费用分析中的环境保护措施费用组成比较清晰,有规范,有标准,可以较准确地计算出来,但是对于环境效益和环境损失的经济计量,有许多则不易用货币来准确衡量。而环境效益费用分析的基本思路和出发点就是环境效益与环境费用的对比分析,所以,环境效益的货币量化是运用效益费用分析的关键。

第一节　效益费用分析概述

效益费用分析是从 20 世纪 50 年代中期出现的费用效果分析发展而来的。效益费用分析的产生与公共投资的增加和公共事业的发展是分不开的,它同福利经济学、工程经济学、运筹学的发展紧密相关。效益费用分析是研究如何使投资项目或工程技术方案取得最佳经济效果的一种科学的评价体系。效益费用分析所比较的费用与效益,都是以社会的观点和角度分析某一活动的目标和结果,所以,效益费用分析较多地用于公共工程项目评价中。

一、效益费用分析

(一)效益费用分析的概念

效益费用分析也称费用效益分析、成本收益分析、工程经济分析等。效益费用分析以现代福利经济学为基础,以寻求人类活动最大社会经济福利为目的,进而选择最有利于优化资源配置的方案。效益费用分析的任务是分析所要解决某一问题各方案的费用和效益,通过比较,从中选出净效益最大的方案以供决策。效益费用分析是一门实用性很强的技术方法,其目标是改善资源分配的经济效果,追求最大的社会经济效益。

效益费用分析(Benefit Cost Analysis),简称效费分析(BC 分析)。它是对一项活动所投入的资金或所需要的费用,与其所能产生的效益进行对比分析的方法。效益费用分析主要是运用经济学、数学和系统科学等理论,按照一定的程序、准则,分析工程项目、建设规划、社会计划等将会给社会带来的效益与费用,为决策的做出或进一步改进提供科学依据。

在对建设项目进行经济评价中,效益费用分析主要是对公共工程项目建成后,社会所得到的效益与所产生的费用进行评价的一种经济分析方法。

(二)效益费用分析的产生和发展

效益费用分析的思想雏形在 17 世纪就反映出来了。1667 年,英国的威廉·佩蒂爵士在伦敦发现,用于防治瘟疫的公共卫生费用,用今天的话来说,取得了 84:1 的效益-费用率。

效益费用分析方法的思想产生于 19 世纪,1844 年法国工程师迪皮发表了《公共工程效用的评价》一文,提出一个公共工程全社会所得的总效益,即一个公共项目的净生产量乘以相应市场价格所得的社会效益的下限与消费者剩余之和,这个总效益就是一个公共项目的评价指标。这种思想发展成为社会净效益的概念,其中一些主要思想发展成为效益费用分析的基础。

在美国,效益费用分析在 1902 年的《河流与港口法》《联邦开垦法案》以及 1936 年的《洪水治理法案》通过后便取得了法定地位。这些法律规定:各项工程必须通过效益(无论是谁受益)与费用的比较加以论证。

在 20 世纪中期,效益费用分析的基本理论和方法形成,被用于政策制定、项目评价、绩效评估等领域。1936 年,美国把效益费用分析方法应用于田纳西河流域工程规划的研究制定中。1950 年,在美国联邦河流流域委员会发表的《内河流域项目经济分析的实用方法》中,第一次把两个平行独立发展起来的学科,即实用项目分析与福利经济学联系起来,更鲜明地显示了效益费用分析服务于公共福利评价的特点。同时,福利经济学充实完善了效益费用分析理论,并成为现代效益费用分析理论的基础之一。较为完整的效益费用分析的应用是在 1965 年由美国工兵部队初步应用于水资源工程的前景评价上。1973 年美国颁布了《水和土地资源规划原则和标准》文件,把效益费用分析重点放在国民经济发展、环境质量、区域发展和社会福利四个方面的正负效果的评价上。

1970 年,在英国伦敦第三机场的场地选择中,也进行了大规模的效益费用分析,它几乎对所有的效益和费用都进行了量化分析,甚至包括旅客到机场的时间和噪声危害等。当时的分析评价指出,有 20 所学校和一所医院将因暴露于高噪声中而要关闭。伦敦第三机场的选址经过了多年研讨仍难以决策,其主要原因之一是随着时间的推移,环境影响这一问题变得越来越重要。

效益费用分析已成为普遍使用的评估工具,特别是在公共项目评价中得到了广泛应用。效益费用分析也常被用于由世界银行、联合国或其他国际组织正式资助的某些项目的例行评估。

(三)效益费用分析的对象

效益费用分析的研究对象是人类某项活动及其所影响的全社会。但从效益费用分析的产生过程来看,一开始是为了评价公共工程项目而提出来的,所以说,效益费用分析的具体对象是公共工程项目。公共工程项目一般属于非生产性工程项目,不同于一般生产性工程项目,它不是以项目的自身盈利为主要目的的,而是通过为社会提供服务使社会增加收益和效益的项目。所以,效益费用分析在其发展过程中,在交通水利、文教卫生、城市建设等方面的投资决策中得到了广泛应用。效益费用分析在环境保护领域的应用也不断加强,取得了一定的效果。所以,在建设项目中,效益费用分析主要用于对公共工程等非生产性建设项目投资的评价。同时,对于生产性工程项目,也需要效益费用分析配合财务分析来进行项目的经济分析。

公共工程项目主要是指基础设施。基础设施(Infrastructure)是指为社会生产和居民生活提供公共服务的物质工程设施,是用于保证国家或地区社会经济活动正常进行的公共服务系统,是社会赖以生存发展的一般物质条件。它们是国民经济和社会发展各项事业发展的基础。在现代社会中,经济越发展,对基础设施的要求越高;完善的基础设施对促进社会经济活动起着巨大的推动作用。建立完善的基础设施往往需较长时间和巨额投资。

公共工程项目主要包括以下几个方面的项目:

(1)社会经济服务方面的项目。如铁路、公路、航空、水运、桥梁、隧道、港口等交通运输项目,水利工程项目,电力及供电设施项目,通信项目,城市给排水、供气、供暖等基础设施项目。

(2)科教文卫发展方面的项目。科教文卫指科学、教育、文化、卫生,以及体育、通信、广播电视事业,还包括出版、文物、档案、气象等事业。这方面的项目有:科学教育文化设施(科研院所、学校、博物馆、图书馆)、体育娱乐设施(运动场馆、公园)以及各类卫生医疗保健机构等。

(3)自然生态环境保护方面的项目。自然生态环境保护方面的项目是指对自然环境和自然资源保护的项目,如水资源保护、土地资源保护、生物资源保护等项目。具体体现在污染控制,野生动物、野生植物保护,草原、森林、湿地保护等方面的项目。

(4)防护方面的项目。防护方面的项目主要是指自然灾害与战争防护方面的项目,如防火、防洪、人防等方面的工程项目。

二、效益费用分析有关概念

(一)效益费用分析中的效果、效益与费用

1. 效果

效果与效益是两个紧密相关的、但有着不同含义的概念。效果是一项活动的成效,是某项活动由于某种因素而产生出的结果;效益是指某项活动实施后所产生的实际效果和利益。效果与效益在本质上是一致的,都是反映所得与所费的关系。在效益费用分析中,首先要分析确定活动的各种效果。

从效果的角度来说,人类活动的效果可分为正效果和负效果,也可以产生直接效果和间接效果。由活动本身产生的效果为直接效果,或称内部效果;由活动对环境与社会产生的非直接效果称为间接效果,也称为外部效果。活动的外部效果多表现为环境效果和社会效果,以及一些间接经济效果。

例如,水利建设项目产生的直接效果是发电、防洪、灌溉农田及淹没土地等。而项目产生的间接效果很多,如:由于防洪作用,使得河流下游发生洪涝灾害的可能性减小,因洪水导致的财产损失及疾病产生的可能性也就减小,生态环境也得到保护;又如水库的建设,必然淹没一些土地,而使一部分民众成为移民,需要再安置等。针对水利建设项目进行初步分析,防洪就是正的直接效果,淹没土地就是负的直接效果;因洪水而发生的疾病减少,为正的间接效果,而因淹没土地使一部分民众成为移民为负的间接效果。

人类活动的内部效果所反映出来的效益,有些可以计量,如对活动效益的经济计量和物理计量;而活动的外部效果所产生的环境效益和社会效益,一般在经济上计量困难或不可计量,这类效果称为无形效果。对于无形效果所反映出来的不易量化的无形效益也可以通过其相关物理量指标的计算分析来进行分析评价。

2. 效益

效益的表现方式有很多,如直接效益和间接效益、正效益和负效益、量化效益和非量化效益等。在效益费用分析中,根据所分析确定的效果,要进一步分析明确活动的各种效益及其类别。

在环境效益费用分析中,各种效益均应在一定程度上转化为经济效益来进行分析。而实施效益费用分析的关键,也是最大的困难,是如何用货币的形式衡量人类活动的各种效益(包括正效益和负效益),特别是环境效益和社会效益。对于难以直接用货币量化的效益,应尽可能采取技术措施间接货币量化,当然这样经济量化的准确性和有效性受到了很大的限制。

在效益费用分析中,还会涉及环境保护措施的效益。环境保护措施是人们为了改善和恢复环境的功能或防止环境恶化采取各种措施,以减少环境污染和破坏产生的各种损失。所以,环境保护措施效益在环境与社会方面反映出来的主要是正效益,但要说明的是,环境保护措施中的环境保护设施与设备,在其建设和运行当中会带来新的污染和其他方面的问题,这种污染和其他问题造成的损失是环境保护设施设备的负效益,在效益费用分析中也不能忽略。

从损失的角度说,环境污染和生态破坏产生的经济损失可以分为直接经济损失和间接经济损失。

直接经济损失是指由于环境污染和生态破坏直接对产品或物品的量和质引起下降而产生的经济损失。如大气中 SO_2 超过一定浓度,使农作物产量减少、质量下降而造成的经济损失。直接经济损失一般可以用市场价格来计量分析。

间接经济损失是指由于环境污染和生态破坏使得环境功能损害,而影响了其他生产和消费系统,从而造成的经济损失。如:固体废物堆放,由于雨水淋溶引起地下水污染而间接造成水源污染,导致生产、生活用水水处理费用增加;又如:森林、草原退化,其涵养水分能力、固土能力、调节气候的功能等受到影响,从而在经济方面产生的损失等。间接经济损失一般可寻求它的机会成本、影子价格或影子工程费用,间接地加以分析计算。

3. 费用

效益费用分析中的费用也包括直接费用和间接费用,即内部费用和外部费用。对建设项目而言,直接费用是指建设活动需要的资金,包括建设投资和运转费、经营费等;间接费用包括两种概念的费用:一是相对于间接效益的费用,二是建设活动对社会、环境造成的损失。如图 6-1 所示,如对一水域进行污染治理,使得该水域的渔业得到恢复并有更大的发展,因渔业发展而建立了一些渔产品加工厂,进行水产品的加工,建设和运转这些加工厂的费用就是对该水域进行污染治理的间接费用。项目对环境造成的污染和破坏,这种损失可以看作费用,也可看作项目效益中的负效益纳入环境效益费用分析中。

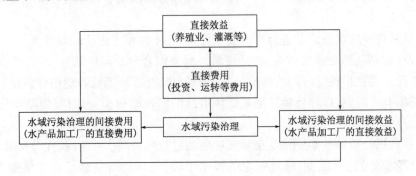

图 6-1　效益费用分析中的效益与费用

(二)效益费用分析基本表达式

效益费用分析的基本表达式(主要评价指标)有两种:一是效益费用比(Benefit Cost Ratio);二是净效益(Net Benefit)。

效益费用比简称效费比,一般表达式如式(6-1)所示:

$$[B/C] = \frac{B - D}{C} \tag{6-1}$$

式中:$[B/C]$——效费比;

B——正效益;

D——负效益;

C——费用。

使用效费比的评价法则为$[B/C] \geqslant 1$,项目可接受;如$[B/C] < 1$,项目不可接受。效费比的特点是表示出单位费用所取得的效益,是一个很有意义的评价指标。

效费比$[B/C]$也可以有其他表达方式,如式(6-2)所示。这种效费比是将负效益D与费用C一同看作损失或支出,这种效费比也称为增益-损失效费比,其评价法则同上。

$$[B/C] = \frac{B}{C + D} \tag{6-2}$$

净效益$[B - C]$的一般表达式如式(6-3)所示:

$$[B - C] = (B - D) - C \tag{6-3}$$

使用净效益的评价法则为如$[B - C] \geqslant 0$,项目可接受;如$[B - C] < 0$,项目应放弃。净效益的特点是直接表示出损益状况,概念清晰。

三、环境效益费用分析概述

(一)环境效益费用分析

1. 环境效益费用分析的概念

环境效益费用分析(Environmental Benefit Cost Analysis)是效益费用分析理论与环境科学的结合,是效益费用分析的基本原理和方法在环境经济分析中的应用。把效益费用分析应用于环境经济分析,不但是对效益费用分析在应用方面的发展,也是对环境经济分析方法的重要完善。

在人类对其自身的建设活动进行经济效益评价时,不能不考虑活动对环境的影响,不能不计算环境效益(包括正效益和负效益)的经济量。只有综合分析经济效益、环境效益和社会效益,才能对一项活动做出科学合理的评价。从损失的角度说,环境效益费用分析是根据实际的环境状况,搜集有关数据,计算环境污染或破坏引起的实物型损失,再对实物型损失进行货币量化的一种方法。

环境效益费用分析的基本思路是在对某项活动进行环境经济分析时,在分析其经济效益、环境效益(环境损失)的基础上,通过一定的技术手段,将环境效益转换成经济效益(经济损失),即将活动的环境效益货币化,然后分析活动的综合效益,进而对该项活动环境、经济与社会效益进行综合评价,确定活动可行性。

环境效益费用分析作为评价某项活动综合效益的一种环境经济分析方法,得到了广泛应用。如:环境污染及生态破坏的损失评估,各种污染综合治理方案的优化,建设项目环境影响评价,环保投资决策,有关政策的环境经济评价等。对活动的环境效益费用分析可以从国家、地区以及企业的角度进行。

2. 环境效益费用分析的发展

美国经济学家哈曼德把效益费用分析的原理和方法用于污染控制,他在1958年出版的《水污染控制的费用效益分析》一书中分析了水污染控制的费用与效益评估技术原理,在水和空气污染控制的环境质量管理中得到了应用。自公害事件屡屡发生以后,20世纪70年代一些经济学家开始将效益费用分析应用于环境污染控制决策分析中,对环境质量变化的危害和效益进行评价。美国卡特政府规定所有对环境有影响的项目,在环境影响评价中必须进行效益费用分析。英国、日本、加拿大等国,也广泛开展了环境领域的效益费用分析研究与应用。20世纪70年代以后,效益费用分析在环境影响评价中被广泛采用。现在效益费用分析已成为环境经济定量分析研究的一种基本方法。

20世纪80年代以来,我国在环境效益费用分析的理论和实践方面有了相当的发展,在方法和应用上都做了不少的研究工作。从1984年开始,历时4年完成的《公元2000年中国环境预测与对策研究》中,首次对我国环境污染造成的经济损失进行了计算和分析,同时为以后的研究提供了基础。2006年国家环境保护总局和国家统计局制定了《中国绿色国民经济核算研究报告2004》,采用了污染损失法和治理成本法计算环境价值量。

由于环境效益费用分析涉及面广泛,需要的信息量和数据量大,特别是环境与环境问题的复杂性导致对环境质量变化所产生的效益和损失经济计量的复杂性,以及在基础分析方面要求有较多的支持等,所以在环境效益费用分析的研究和应用上还存在不少问题。环境效益费用分析需要在理论和方法上不断发展完善。

(二)环境效益费用分析的基本要求

由于环境,环境问题,环境经济的复杂性、多样性和特殊性,使得进行环境效益费用分析应考虑并尽可能适应这些特点。同时由于环境效益费用分析是效益费用分析的具体应用,所以,进行环境效益费用分析也必须具备效益费用分析的基本要求。环境效益费用分析的基本条件如下。

1. 可以分析出环境质量变化所产生的损失和效益

人类活动对环境的影响,表现在环境质量的变化。环境质量的变化表现在正、负两个方面。在对环境质量变化所产生的经济损失和效益进行综合分析时,要通过分析环境质量的变化,分析在环境资源的生产性、消费性和公有性的哪些方面受到了影响,从中分析活动产生环境质量变化的损失和效益。在分析环境质量变化所产生的损失和效益时,应分析归类哪些是直接的损失和效益,哪些是间接的损失和效益;哪些是可经济计量的损失和效益,哪些是难于经济计量的损失和效益。

2. 可以确定出环境损失和效益货币化计量的途径

环境质量一般没有直接的市场价格,但是环境资源的特征都与人们的经济活动有着密切联系,这就为环境质量变化所产生的经济损失与效益提供了货币化计量的途径。在确定经济计量的途径时,要注意结合所分析活动的具体特点,结合活动对环境影响的特征,结合受影响的环境中各种物质元素的具体状况,然后在结合具体经济计量方法思路的基础上,找出经济计量环境损失和效益的途径。

3. 可以进行环境资源的替代分析

环境资源的替代是环境效益费用分析中一个间接量化的思路和方法。如消费性的环境资源的变化必然引起这类消费品的价值变化,这种影响程度正是消费性环境资源变化的价值计量,环境资源的替代可以用人工环境来代替自然环境资源,例如,用人造公园代替自然公园供人们休息、游览,而人工环境的价值是可以用货币计量的。某些生产性环境资源也可进行合理替代,包括同类生产性环境资源和相近生产性环境资源。在环境效益费用分析中,对于一些间接的损失和效益,以及一些难于经济计量的损失和效益,可以进行合理的自然或人工的环境资源的替代,可以利用替代的思想和方法进行经济计量,以协助环境效益费用分析的开展。

4. 环境效益费用分析的具体方法针对性要强

由于人类活动的多样性及环境的复杂性,不可能设计出一种环境效益费用分析方法去应对。目前,已形成了一些不同类别的环境费用效益分析的具体方法,这些方法有其自身的特点,也有其自身的使用条件和应用范围。这就要求在进行活动的环境效益费用分析时,要在通盘分析的基础上,选择针对性强的具体分析方法,根据不同情况采用不同的方法。随着环境经济学的发展,还会产生更多实用的经济计量方法。

(三)环境效益费用分析基本程序

在进行环境经济分析时,通常要经过四个基本步骤:

一是确定活动存在着哪些环境影响,分析出重要的环境影响。

二是将环境影响定量化,这里主要指物理量化,如:污染物的含量、农作物减产量、疾病发病率的变化等指标,这些物理量不但可分析环境影响的大小,也是经济估价的基础。

三是对物理定量化的环境影响进行经济估价,即用货币价值来表示环境影响的大小。

四是对货币量化的环境影响进行经济分析,即环境效益费用分析。

环境效益费用分析的一般程序如图 6-2 所示。

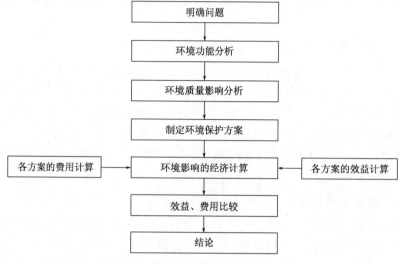

图 6-2　环境效益费用分析程序

1. 明确分析的问题

在环境效益费用分析中,首先要明确分析的对象,进而明确分析对象的性质、规模、所处的地域,以及分析所涉的范围与时间基准和跨度等。例如:某地区拟建一建设项目,在它的建设和建成使用过程中会对附近大气和水体环境产生不良影响,所以进行环境效益费用分析时,重点是对该建设项目大气和水体所产生的污染进行效益费用分析。同时要分别对该建设项目在建设期和使用期进行分析,并要考虑大气和水体的影响范围等。

2. 环境功能分析

环境功能是指环境通过自身的结构和特征而发挥的有利作用。人类活动产生的环境问题,带来的各种损失,是由于环境的功能遭到破坏,反过来影响自然生态环境,影响人类生存和发展。环境的功能是多方面的,环境问题带来的损失也是多方面的。因此,要计算环境问题产生的经济损失,首先要弄清楚分析对象所处环境的功能是什么。例如:某一建设项目拟建在河流附近,那么就要分析河流的功能,河流的一般功能有灌溉田地、发展渔业、水源(生产和生活)、航运、防洪、观赏和娱乐等。同样,森林的一般功能有固结土壤、涵蓄水分、调节气候、保护动植物资源、提供木材和林业产品等。环境功能的不同内容和大小强弱是因地而异的,需要实地测量,进行分析评价,如草原的载畜能力,正常草原为 1.05 头羊/hm²。

3. 环境质量影响分析

进行环境质量影响分析,就是要调查分析活动所处地域的环境质量状况,分析确定活动对环境质量所能产生的影响和程度。环境被污染或破坏了,环境质量就受到影响,环境功能就受到损害。确定环境污染和破坏与环境功能受到的相应损害之间的定量关系,是进行环境质量影响分析的关键,这种关系称为剂量-反应关系(Dose-Response Relationship)。

环境污染物对人体及其他生物危害的程度,与机体反应强弱和环境污染物量的大小密切相关。人们通常交替地运用效应和反应来说明个体或群体对一定剂量的有害物质的反应。引起个体生物学的变化称为效应,引起群体的变化称为反应。环境污染物进入机体的剂量,一般用机体的吸收量来表示,单位常用毫克数表示。污染物对机体所起的作用主要取决于机体对污染物的吸收量。

多数的剂量-反应关系曲线呈 S 形,剂量开始增加时,反应变化不明显,随着剂量的继续增加,反应趋于明显,到一定程度后,反应变化又不明显。也有一些剂量-反应关系表现为直线或抛物线。具有明显剂量-反应关系的污染物,易于定量评定它们的危害性。对机体产生不良或有害生物学变化的最小剂量称为阈剂量-阈值。低于阈剂量,没有观察到对机体产生不良效应的最大剂量称为无作用剂量。阈剂量或无作用剂量是制定卫生标准和环境质量标准的主要依据,阈剂量的研究,可为制定标准提供科学依据。

剂量-反应关系通常可以利用科学实验或调查统计分析得到。在实际工作中多采用通过进行污染地区与未被污染地区(对照区),或本地区污染前后进行比较分析确定环境质量变化造成的影响。例如,大气中 SO_2 浓度大于 $0.06mg/m^3$ 对农作物有减产影响,其部分剂量-反应关系见表6-1。如,SO_2 对农作物减产系数可参考:当 $SO_2 > 0.06\mu g/m^3$ 时,农作物减产如下:蔬菜,减产 15%;粮食,重度污染减产 15%,中度污染减产 10%,轻度减产 5%,平均减产 10%;果树,减产 15%;桑蚕叶,减产 5%。

SO_2 对农作物减产影响 表6-1

农作物类型	减产幅度(%)	SO_2 浓度(mg/m^3)
抗性农作物(水稻)	5.0	0.09 ~ 0.16
	10 ~ 15	0.16 ~ 0.19
	20 ~ 25	0.20 ~ 0.32
中等抗性农作物(大麦、小麦等)	5.0	0.07 ~ 0.10
	10 ~ 15	0.08 ~ 0.17
	20 ~ 25	0.19 ~ 0.28
敏感农作物(芋类、蔬菜等)	5.0	0.03 ~ 0.05
	10 ~ 15	0.057 ~ 0.50
	20 ~ 25	0.12 ~ 0.16

关于剂量-反应关系还缺乏比较完整的资料,所以应大力开展这方面的研究工作,特别是一些重要剂量的反应关系,否则环境效益费用分析就缺乏必要的科学依据。

4. 制订环境保护方案

根据活动对环境污染和破坏的程度,以及环境质量受影响的程度等,制订拟采取环境保护措施的方案。环保方案改善环境功能的效益主要取决于环境保护措施改善环境的程度。例如:一个降噪方案可以使声环境质量得到改善,降低噪声 25dB,而另一方案可降低 20dB,显然第一个方案的效果好于第二个方案,这是方案对比的一个主要依据,同时环保方案的制订还要考虑成本费用等因素。所以,环境保护方案要制订出可行的多方案,通过分析、比较、评价,选择最优方案。

5. 确定费用与效益

确定费用首先要确定环境损害在经济方面的损失。也就是要计算出环境污染和破坏的货币损失值,这是环境效益费用分析中十分困难但又是核心的工作。要根据具体环境损害的状况,选择合适的、针对性强的计算模型和方法进行分析估算。至于将环境损害的经济损失计入费用,还是负效益,应视具体要求和所选择的计算方法和指标而定。确定费用,还要计算不同环境保护方案的费用,环保方案的费用主要包括投资和运行费用。投资和运行费用的计算相对清楚,具有较好的操作性和较高的准确性,在具体计算中,要按有关规定和要求进行。

确定效益,就是计算环境保护方案的效益。根据方案可以确定改善环境质量的程度和由此使环境功能改善的状况,计算不同方案对环境改善的效益,这种效益也要货币量化。除此之外,还要计算采用某种环保方案可能引起的新污染而产生的经济损失,并纳入环境效益费用分析中。

最后还应对计算结果进行分析,对部分结果进行必要的修正,对一些难以进行货币量化的因素予以说明。

6. 效益与费用的比较分析

把计算确定出的效益和费用,根据各自形成的具体时间,考虑资金的时间价值,统一折算成现值进行分析,计算出评价指标,如净效益或效益费用比,再根据评价标准进行分析,最后选择最优的环保方案,或根据不同的目的进行分析评价。

(四)环境经济损失估算主要过程

环境经济损失计量是根据环境污染与破坏状态进行环境损失的实物量化与货币化,并对货币化的环境损失按照要求进行确认与计量的过程。环境经济损失计量一般包括四类变量:环境状态变量、环境污染与破坏导致的实物型损失变量、实物型损失的货币化变量、货币化损失的确认与计量变量。以这四类变量为基础,形成三个主要的估算过程。

1. 由环境状态计算实物型损失

环境状态分为环境污染状态和生态破坏状态。环境污染状态一般用污染物浓度反映,生态破坏状态一般用生态资源的累积破坏量反映。该计算过程的关键是科学地建立环境状态与其导致的各种实物型损失之间的函数关系。

对于环境污染状态来说,由于每种环境污染的影响是不确定的,有的可能只产生一种影响,有的也可能产生多方面的影响,有的影响还可能相互作用,分清这些影响的关系,有利于函数关系式建立的合理性。环境污染状况与各种实物型损失之间的函数关系式可如式(6-4)所示:

$$F_{ij} = f(D_i, S_i, T_j, P_{ij}) \tag{6-4}$$

式中:F_{ij}——第 i 类环境污染引起的第 j 类实物型损失;

D_i——第 i 类环境污染状态的量值;

S_i——第 i 类环境标准;

T_j——第 j 类实物状态存量;

P_{ij}——第i类环境污染引起的第j类实物的损失的计算参数。

其中，D_i、S_i、T_j是已知量，P_{ij}是未知量，P_{ij}量值的科学确定是构造实物型损失函数的关键。P_{ij}的量值主要取决于三个因素。一是P_{ij}取决于各环境状态量影响的可分离性，例如：大气污染和水污染都可以造成人体呼吸系统疾病发病率和死亡率的增加，这两种污染对人体健康造成的影响是可分离的。二是P_{ij}取决于上述被分离出来的特定环境污染状态量影响的可测性，可测性越明显，则P_{ij}越容易确定。三是P_{ij}取决于由所测数据经过统计处理所构造的实物型损失函数的类型。显然，以线性函数、指数函数、幂指数函数等表达的实物型损失，其各自P_{ij}的意义和量值是不一样的。

为了构造表征环境污染的实物型损失函数，必须经由三个步骤，即将这一环境污染状态量的实物型影响分离出来；使这一影响具有相当充分的可测性；对可测性数据进行恰当的统计学处理。由此可以看出，P_{ij}这一参数的确定，是环境污染经济损失计算的关键所在，同时也是一个难点。

2. 实物型损失的货币化

实物型损失的合理货币化是保证环境经济分析可靠性的又一个重要环节。这个计算过程应考虑的主要因素有：

（1）一类实物型损失可能造成多项价值损失，如毁林造成的林木损失、水土流失、生物多样性损失等。

（2）环境污染破坏与生态破坏可能交互地造成价值损失，如水污染会造成农田污染损失，农田污染又会加剧水污染损失等。

（3）实物型损失的价值类型可能是直接价值、间接价值、选择价值或存在价值等，其货币化途径各不相同。

所以，实物型损失是多方面的，这些损失的价值类型也各不相同，它们各自的货币化途径也不同。实物型损失货币化函数可用式(6-5)来表示：

$$M_{jk} = g(F_j, q_{jk}) \tag{6-5}$$

式中：M_{jk}——第j类实物损失所体现的第k类价值；

F_j——第j类实物损失；

q_{jk}——第j类实物的第k类价值的价格。

由式(6-5)可见，q_{jk}的确定是货币化函数建立的核心，这也是造成环境污染经济损失计算困难的另一个原因。在环境效益费用分析中，直接价值损失可以用市场价格来计算，间接价值损失可以用影子价格或替代价格来计算，选择价值和存在价值可由调查评价法得到的意愿型价格来体现。可以看到，影子价格、替代价格、意愿价格越来越受主观意愿的影响，q_{jk}确定的科学性在很大程度上取决于主观意愿的合理程度。

在实物型损失货币化中，不同的价值计算方法将产生不同程度的误差。一般认为，采用市场价格，受客观条件的影响较多，产生的误差与争议也相对较小；而采用影子价格和替代价格，产生的误差和争议则稍大；采用意愿型价格，受人主观认识的影响最大，因此产生的误差和争议也最大，有时这种误差往往是数量级的。因此，有时为了较为精确地对实物型损失货币化，对结果的表述可以不仅是一个简单的数值，而还要给出这一结果可能的取值范围。

3.货币化损失的确认与计量

对货币化损失进行再确认时,须对各种环境污染损失、生态破坏损失进行分解与加总。但有些环境损失不可分解,有些环境损失又不具有可加性,这就要求遵循一定的原则进行处理:

(1)以某类环境损失的分解形式或加总形式表示的环境成本,其含义应与各自对应的环境收益相一致。

(2)确保不重复计算,如环境污染同时造成部分生态破坏,则在计算生态破坏损失时应扣除因污染所导致的损失部分。

(3)在分解与加总环境损失时,应保证时空区间选择的同一性。

第二节　环境效益费用分析方法

由于环境与环境问题十分广泛、错综复杂,不可能找出一个通用的方法来分析每一个具体环境问题的经济量化,所以,人们就针对一个个具体环境问题所产生的各种影响,设计出相对应的具体分析方法。这些具体的环境效益费用方法有一些比较有效,而有一些则存在不足,这些不足表现在一些方法的具体思路和计算结果比较牵强等。这也充分说明了环境问题及其影响的复杂性,以及环境损失与环境效益货币量化的困难性。所以环境效益费用分析的理论和方法还需要逐步完善,使分析方法更加科学,分析过程更加符合逻辑,分析结果更客观。

目前用于环境经济损益分析估算的环境效益费用分析基本方法主要有直接市场法、替代市场法和调查评估法三种,如图6-3所示。每种基本方法又包括一些具体的分析方法和模型参数,其中,防护费用法、恢复费用法和影子工程法可以归为环境保护投入费用法;恢复费用法和防护费用法又称工程费用法。这些方法各有其不同的适用范围,主要是针对各种不同类型的环境污染和破坏引起的经济损失,在进行经济损失量化估算时参考应用。

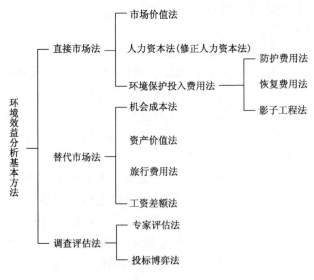

图6-3　环境效益费用分析的基本方法

一、直接市场法

直接市场法是可以基于市场价格来估算环境质量变化所产生的环境损益货币量化的分析方法。直接市场法通过环境质量的变化对自然系统或人工系统生产率的影响,以及产品与服务的市场价格来估算环境质量影响的经济价值。直接市场法有一些具体的分析方法,以适应不同情况和要求的环境损益分析。

(一)市场价值法

市场价值法(Market Value Method)又称生产率法。它是把环境要素作为一种生产要素,利用因环境要素改变而引起产品的产值和利润变化,依据可利用的市场价格,可计算出环境质量变化的经济损失或经济效益的货币量化值。

例如:在工程建设中,加强了水土保持措施,防止或减少了水土流失量,保护了农田,从而保证了农作物的正常产量。那么工程建设中水土保持措施的一部分经济效益,可以用避免了的农作物损失量乘以该农作物价格得出。反之,工程建设中没有采取水保措施,因水土流失而使农作物减产,同样可以计算出水土流失造成的经济损失。

市场价值法适用于水土流失、耕地破坏、森林生产能力降低、水体污染以及空气污染等引起的种植业污染与破坏的经济分析。

市场价值法的基本公式如式(6-6)所示:

$$L_{市} = \sum_{i=1}^{n} P_i \Delta R_i \qquad (6\text{-}6)$$

式中:$L_{市}$——环境质量变化引起的经济损失或经济效益的价值;

P_i——某种产品的市场价格;

ΔR_i——某种产品因环境质量变化而增加或减少的产量。

【例6-1】 某地大气环境中 SO_2 浓度超过对农作物影响的阈值为 $0.06mg/m^3$,会引起农作物减产。设某种农作物被污染的程度为中度污染,该中度污染农作物的亩产 g 为 350kg,其减产百分数 a 为 10%,污染农田面积 S 为 1000 亩,该农作物市场价格 P 为 2.00 元/千克,则大气 SO_2 超标引起的该农作物损失为多少?

解: 设该农作物污染前每亩的产量为 m,污染后每亩的减产量为 x,则 $m = x + g$,那么该农作物减产的百分数 a 为:

$$a = \frac{x}{x + g}$$

则:

$$x = g \times \frac{a}{1 - a}$$

所以:

$$L_1 = P \cdot S \cdot g \cdot \frac{a}{1 - a}$$

$$= 2.00 \times 1000 \times 350 \times \frac{10\%}{1 - 10\%}$$

$$= 77778(元)$$

77778 元是大气 SO_2 超标引起的农作物损失。反过来说,如果采取某种大气污染控制措施,使 SO_2 不超过其阈值,则农作物不减产,则该大气污染控制措施产生的经济效益至少为77778 元。需要说明的是,因污染而导致农作物质量下降的经济损失,以及其他方面的经济损失还没有考虑。

(二)人力资本法

1.人力资本法概述

人力资本法(Human Capital Approach)也称工资损失法或收入损失法,是指用收入的损失估算由于污染引起人的健康损害成本的方法。关于环境状况对人的健康、痛苦以及生命评价问题,还没有一个科学合理的评价方法。有一些学者从经济学的角度出发,提出了用人力资本法评价一个人的经济生命价值。1699 年,威廉·佩第发表的《政治算术》就论及了这个思想,美国经济学家里德克是最早将传统人力资本法加以应用的人。人力资本法可以评估环境污染对健康损害的价值,也可以评估由于采取污染治理与控制措施而对健康有利的效益。

传统人力资本法认为一个人的生命价值等于他所创造的价值,就是说一个人的工资收入减去他的消费开支,剩下的就是这个人留给社会的财富。这就意味着当一个人的消耗大于他的产出时,从经济角度来说,他的存在对社会是无益的。这种把人的生命价值经济数量化的分析在伦理道德上是不恰当的。但在实际工作和事务中,人们常常给人的生命、健康、疾病等确定了经济价值。

传统人力资本法认为,人得病或过早死亡的社会损失是由社会劳务的部分或全部损失带来的,它等于一个人丧失工作时间的劳动价值和预期的收入现值,如式(6-7)所示:

$$L_人 = \sum_{n=x}^{\infty} \frac{(P_x^n)_1 (P_x^n)_2 (P_x^n)_3}{(1+i)^{n-x}} \cdot F_{n-x} \tag{6-7}$$

式中:$L_人$——人力资本法的损益值;

$(P_x^n)_1$——年龄 x 的人活到年龄 n 的概率;

$(P_x^n)_2$——年龄 x 的人活到年龄 n 并具有劳动能力的概率;

$(P_x^n)_3$——年龄 x 的人活到年龄 n 并具有劳动能力,仍然在工作的概率;

i——贴现率;

F_{n-x}——年龄 x 的人活到年龄 n 的未来预期收入。

由式(6-7)对某特定区域的成员进行分析时,成员中的家庭主妇、退休的人、丧失劳动能力的人等,所计算的收入现值为负值,人力资本法认为这些人的存在,对社会总效益只能产生负值。这种分析结论显然从伦理上是不能接受的,因此这种计算只能作为针对具体分析事项进行相对比较时的参考。

实质上传统人力资本法是想通过市场价格和工资率来确定个人对社会的潜在贡献,并以此估算环境对人体健康的损益。所以,以不同环境质量条件下人因生病、死亡或其他原因而造成对社会贡献的改变量作为衡量环境污染对人体健康影响所造成的经济损失是一种分析思路。在实际应用中,通常对传统人力资本法进行改进或修正,改进或修正的人力资本法称为改进人力资本法或修正人力资本法。1982 年,改进的人力资本法在美欧疾病控制中心应用于流行病学中, 用以衡量疾病负担的潜在寿命损失。

2. 修正人力资本法

修正人力资本法是一种实用简单估算方法。修正人力资本法认为,作为生产要素之一的劳动者,在被污染的环境中工作或生活,会诱发疾病或过早死亡,从而耽误工作或完全失去劳动能力,这样不仅不能为社会创造财富,还要负担医疗费、伤葬费等,并需要亲友的陪同、护理,也耽误了他人的工作时间。所谓"两少一多"是指,因污染过早死亡、疾病或病休等造成的劳动者经济收入减少,非医护护理人员收入的减少,以及医疗费用的增多。

修正人力资本法中的经济损失包括直接经济损失和间接经济损失。直接经济损失包括预防和医疗费用、死亡丧葬费用等;间接经济损失包括病人耽误工作造成的经济损失、非医务人员因护理影响工作造成的经济损失等。而对于病人和非医护护理人员在心理上和精神上造成的损失,则很难用货币进行度量。

修正人力资本法是对人体健康损失 $L_人$ 的估算,如式(6-8)所示:

$$L_人 = L_{人1} + L_{人2} + L_{人3}$$
$$= P\sum_{i=1}^{n}(a_i \cdot S \cdot t_i) + P\sum_{i=1}^{n}(b_i \cdot S \cdot T_i) + \sum_{i=1}^{n}(a_i \cdot S \cdot C_i) \tag{6-8}$$

式中:a_i——污染区某种疾病高于对照区的发病率;

b_i——污染区某种疾病高于对照区的死亡率;

S——污染区覆盖人口;

t_i——某种疾病人均失去劳动时间(含非医务人员护理时间);

T_i——某种疾病死亡人均丧失劳动时间;

P——污染区人均国民收入;

C_i——某种疾病人均医疗费。

式(6-8)中的 a_i 与 b_i 称为归因百分比 α,即 α 表示环境污染在发病或死亡发生原因中所占的百分数,是一个基本分析参数。

式(6-8)包括三部分:第一部分 $L_{人1}$ 为受污染患病者的收入损失;第二部分 $L_{人2}$ 为受污染死亡者的收入损失;第三部分 $L_{人3}$ 为支出的医疗费。

【例6-2】 某污染区覆盖人口10000人,环境未污染前,该区域人口中得某种病的比例为10%,环境污染后比例为40%,若得此病,人均失去劳动时间为100工日,非医务人员护理折算到病人人均失去劳动时间为80工日,污染区的人均国民收入为10000元,求第一种经济损失 $L_{人1}$。

解:根据问题可知:

$a_i = 30\%$,$t_i = 180$ 工日,$S = 10000$ 人,$P = 10000$ 元/人·年,

则:$L_{人1} = 10000$ 元/人·年 × 30% × 10000 人 × 180 工日

$= 10000$ 元/人·年 × 3000 人 × 0.5 年

$= 5000$ 元 × 3000

$= 1500$ 万元。

(三)环境保护投入费用法

在许多情况下,对环境质量变化造成的环境损益做出经济价值的评估是困难的。但是环境保护措施费用的计算相对有据可依,较易实施,由此可以根据环境保护设施的投入费用来估

算环境质量下降带来的基本经济损失和由于采取环保措施环境质量得到改善的经济效益。环境保护投入费用法一般包括防护费用法、恢复费用法、影子工程法等,而恢复费用法和防护费用法又称工程费用法。

1. 防护费用法

防护费用是人们为了减少和消除环境污染或生态恶化的影响而支付的防护措施费用。防护费用法(Preventive Expenditure Method)是指为消除或减少环境有害影响而采取防护措施,对其所支付的相关费用进行的经济分析方法。防护费用法的实质是将防护费用作为环境效益或环境损失的最低估价值。例如:在道路两侧的建筑物,人们为减少交通噪声对其生活和工作的影响而采取的降噪措施(如声屏障、双层窗等)的费用,可以作为由于噪声影响而产生的最低经济损失值,该费用也反映了宁静环境的隐含价值。由于防护设施的费用是所需要的人工、材料、机械等费用,所以有计算规范规则,比较容易精确计算。又因防护设施的效益与防护费用具有统一性,因此,可用防护费用来度量环保措施所得到的环境效益。防护费用法适用于各种污染与破坏的评价,如对水体污染、噪声干扰的治理等,也可用于农田等保护的经济分析。

防护费用法包括预防性支出法,预防性支出法是指将人们为了避免环境危害而做出的预防性支出,作为环境实施的最小成本进行计量的方法。例如,由于水资源被污染,很多人不得不购买纯净水作为饮用水,则购买纯净水的支出就可以用来作为估计人们对水资源污染危害的经济评价。

2. 恢复费用法

恢复费用法是通过计算恢复被污染的环境所需要的费用来评价环境污染造成经济损失的环境价值评估方法。为恢复因污染或破坏而降低的环境质量,需采取一定的治理措施,由此引起的费用可以作为该环境质量的最低价值,或污染损失的最低估计。

恢复费用法(Recovery Cost Method)是指因环境污染或环境破坏而使生产性资产和其他财产受到损害,为使其恢复或更新所需费用的经济分析方法。一般对受到环境污染和破坏的资产、财产等进行恢复或更新所需的费用称为恢复费用。恢复费用法可用来估量环境污染或环境破坏所造成的最低损失。例如:工程建设需要在农田取土,同时要采取措施恢复耕地,恢复耕地所需的投资就是恢复费用,它是因取土造成耕地破坏而引起的经济损失的最低估计,也是恢复耕地所取得的经济效益的最低估算。因此,恢复费用法也称重置成本法。

3. 影子工程法

影子工程法(Shadow Engineering Method)是恢复费用法的一种特殊形式。影子工程法是指某环境遭到污染或破坏的经济损失,可根据拟用人工建造另一个环境来替代遭到污染破坏的环境,而用这个人工环境所需的费用来估算所分析对象经济损失的方法。例如:对地下水受到污染使水源遭到污染破坏的经济损失的估算,可通过假设另找一个水源,如打深井或安装自来水系统等进行替代,那么原水源污染的经济损失至少是新水源工程投资费用。

影子工程法将难以计算的生态价值转换为可计算的经济价值,从而将不可量化的问题转化为可量化的问题,简化了环境资源的估价。如森林具有涵养水分的功能,它所带来的经济收益也很难计算出来。如果森林受到破坏,其破坏作用之一是土地涵水能力的破坏,利用影子工程法可以假设如果森林并不存在,用蓄积和森林涵养水量同等水量的水库建造、运行和管理费用,作为森林涵养水分的经济收益。当环境资源或劳务很难进行估价时,就采用能够提供替代物的影子工程的费用来估算其货币量。

在实际运用时,为了尽可能地减少偏差,可以考虑采用几种替代影子工程,然后选取最符合实际的替代工程或者取各替代工程的平均值进行估算。

二、替代市场法

替代市场法是间接利用市场价格评估环境影响的一种分析方法,是基于影响替代物或补充物的方法。环境质量的变化,有时可能影响其他替代物或补充物和劳务的市场价格和数量,这样就可以利用市场信息,找到某种有市场价格的替代物或补充物来间接衡量没有市场价格的环境物品的价值,间接估算环境质量的价值和效益的改变。一般可根据环境的质量、功能和能量等特性,将其货币化后代替市场价格,借以评估环境影响的损益。

(一)机会成本法

1. 机会成本的概念

机会成本(Opportunity Cost),又称择一成本,是指因采用某一行动方案而失去的来自其他可供选择的行动方案的最大潜在效益。例如,把一定的资源用于生产某种产品时所放弃的生产其他产品的最大产值,是生产这种产品的机会成本。机会成本是与选择联系在一起的,只有一种选择时就谈不上机会成本。

大多数情况下,做一件事往往存在若干种可供选择的行动方案,而人们只能从中选择一种加以实行。那么没被采用的行动方案当然不会产生现实的效益,但假如采用这些方案又确实能产生所预测分析的效益,那么未采用方案的潜在效益就成为衡量所采用方案是否合理的尺度。当诸方案中效益最大的最优方案得到采用时,未被采用的次优方案的潜在效益成为其机会成本,而当其他某一方案得到采用时,则未被采用的最优方案的潜在效益成为其机会成本。所以,除了最优方案的效益大于其机会成本以外,其他方案的效益必然小于其机会成本。

例如,某城市有一水源,每天可提供 1 万 t 水,该水可作为工业用水、居民生活用水和城郊农田用水。如果根据综合考虑,每天这 1 万 t 水用于居民生活,那么就意味着放弃用于工业和农田水的方案,而在这两个方案中,如果用于工业用水的方案取得的经济效益最大,则它就是此水用于居民生活方案的机会成本。如果这 1 万 t 水被污染了,其经济损失可用这 1 万 t 水用于工业所取得的经济效益的货币值来计量。

又如,在工程建设中,固体废弃物堆放占用农田而造成农业损失,其损失量可根据堆放固体废物占用耕地面积与每亩耕地的机会成本的乘积求得。同样因采取了有效措施,避免或减少了固体废弃物占用农田,其产生的经济效益也可由计算机会成本得出。

在环境经济学中,任何一种环境资源的使用,都存在许多相互排斥的可选方案,为了做出最有效的经济选择,就需找出经济效益最大的方案。由于环境资源是有限的,选择了这种使用机会就等于放弃了其他使用机会。从经济角度来说,放弃的其他使用机会中可能获得的最佳经济效益,称为所选择的这种使用机会的机会成本。

机会成本是经济分析中的一个重要概念,它有助于我们做出理性的决策,就是说,当作出一项决策时,不仅要考虑得到了什么,而且还要考虑放弃了什么。如果你计划投入一笔资金建设一个环保项目,那么就意味着你必须放弃这笔资金的其他投资机会,或者说放弃其他取得效益的机会,在其他投资机会中,可能取得的最大经济效益称为这笔资金用于这个环保项目的机会成本。

理解机会成本概念要明确以下几点：一是机会成本可以用货币表示，但并不是实际货币的损失或效益，而是一种观念上的损失或效益；二是当一种资源有多种用途时，在可能放弃的用途中，收入最大的是机会成本；三是如果资源没有多种用途，就不存在机会成本；四是其他人的活动也会给你带来机会成本。

2. 机会成本法

在环境经济学中，机会成本法(Opportunity Cost Approach)是指在无市场价格的情况下，环境资源使用的成本可以用所牺牲的替代用途的收入来估算的方法。例如，保护土地资源，不是直接用保护土地资源的收益来测量，是用为保护土地资源而放弃的最大的效益来衡量其价值。

机会成本法是在方案之一的费用或效益无法确定的前提下，运用机会成本概念来分析这一方案的可行性。如保护某地的自然资源项目方案所产生的效益可能很难计量，但其机会成本可能是开发此处自然资源的效益的现值，而这是可以计算出来的。在这种情况下，尽管人们还是无法确定保护自然资源方案的自身效益(包括环境效益、经济效益和社会效益)的大小，但至少可以知道作为其替代物的其他方案效益的大小。在此基础上，人们可以在一个较为确定的限度内进行决策。

在环境经济分析中，在决定某一环境资源开发、利用方案过程中，当该方案的经济损益不能或不容易直接估算时，机会成本法就是一种很有用的评价技术。机会成本法适用于水资源短缺、占用农田等环境资源使用方面的经济分析，也常用于环境污染和破坏带来的经济损失的货币估值。机会成本的计算公式如式(6-9)所示：

$$L_{机} = \sum_{i=1}^{n} S_i W_i \tag{6-9}$$

式中：$L_{机}$——环境损益机会成本值；

S_i——i 资源的单位机会成本；

W_i——因环境质量变化(或用途变化)，i 资源变化的数量。

【例6-3】 某建设工程，其固体废弃物的弃放场地为农田，该废弃物占地 100 亩，每亩地的机会成本为 3000 元，则其造成的农业损失为多少？

解：已知：$S = 3000$，$W = 100$，

则：$L_2 = 3000 \times 100 = 300000$(元)。

(二)资产价值法

这里的资产价值主要是指固定资产的价值，如土地、房屋等的价值。资产价值法(Assets Value Method)也称为舒适性价格法，舒适性是这类固定资产的主要使用特性，其价格就是资产价值的反映。

资产价值法原是通过房地产价格的变动来评价政府规划效益的一种方法。当这种方法被应用于环境评估时，其基本假设是，房地产周围环境质量的变化会影响到个人的支付意愿，进而影响到房地产的售价。因此，假定影响房地产价格的其他因素不变，人们就可以用房地产价格的变动来衡量环境质量的效益。

在环境经济分析中，资产价值法是指把环境质量看作是影响资产价值的一个因素，当影响

资产价值的其他因素不变时,以环境质量变化引起资产价值的变化来估算环境污染与破坏所造成的经济损失的方法。也可用资产价值法估算资产价值因环境质量改善所取得的经济效益。运用资产价值法进行分析时,主要进行三个方面的工作:一是建立固定资产的价值方程;二是进行住户收入分析;三是建立支付愿望方式。

(1)固定资产价值方程(舒适性价值方程)如式(6-10)所示:

$$P = f(b, n, g\cdots) \tag{6-10}$$

式中:P——固定资产价值或舒适性价格;

b——固定资产特征及内在要素,如房屋结构类型、面积大小、新旧程度等;

n——自然环境要素,如空气质量水平等;

g——社会环境要素,如距工作地及商店、医院等的距离,当地学校的优劣、当地的治安情况等。

式(6-10)称为资产价值或舒适性价格函数。如果能得到有关资料,可用多变量分析法建立函数关系,求得资产使用特性的隐价格。

(2)资产的价值方程确定以后,要进行住户收入分析,同时建立支付愿望方式,确定对环境质量的支付愿望。

例如,某地因建设项目或其他各项活动引起周围环境质量的变化,附近的房产价格受到影响,由此使人们对房产的支付愿望或房产的效益发生变化,房产效益变化按式(6-11)计算:

$$\Delta B = \sum_{i=1}^{n} P(q_1 - q_2) \tag{6-11}$$

式中:ΔB——环境质量变化引起房产损益的变化;

P——房产价格或边际支付愿望;

q_1、q_2——分别为各项活动前后的环境质量水平。

资产价值法多用于环境质量变化对土地、房屋等固定资产价值的影响评估,以及美学、景观等环境资源的评价。

资产价值法的应用在理论上有三个基本假设:一是环境质量的改善可利用个人的支付愿望来说明;二是整个区域可看作是一个单独的房屋市场,所有人都掌握选择方案的资料,并可自由选定任何位置的房屋;三是房屋市场是处于或接近于平衡状态,并在给定的条件下,选购房子都可获得最大的效用。这些假设中有些是不现实的,加之需要的数据很多,所以在使用中受到一定限制。因此,有关资产价值法的应用还有待进一步研究。

(三)旅行费用法

1. 旅行费用法概述

旅游费用法由美国经济学家霍特陵提出,其核心思想是人们去某一旅游景点的费用由可变的旅行费用和基本不变的门票价格所构成。旅行费用受距离长短的影响,不同距离的游客所负担的总费用不同,从而到旅游景点参观的人数也不同。哈罗德根据总费用变化所对应的旅游人数变化,得到一条需求曲线,并以此来估算该景点的经济价值。

旅行费用法(Travel Cost Method,TCM)是一种评价无价格商品的方法,主要用来评价那些没有市场价格的自然和人文景观的环境资源价值。旅行费用法是根据消费者为了获得对自然景观和人文景观的娱乐享受,通过消费这些环境资源所花费的旅行费用,来评价旅游资源和娱乐性环境产品效益的分析方法。

旅行费用法利用旅行费用估算环境质量发生变化后给旅游场所带来效益上的变化,从而估算出环境质量变化造成的经济损失或收益。运用该方法,可以通过人们的旅游消费行为对非市场环境产品或服务进行价值评估,并把消费环境服务的旅行费用与消费者剩余之和当成该环境产品的价格。

2. 旅行费用法的基本思路

环境旅游资源这类物品通常是免费提供的,或者仅仅收取某种名义上的费用,所以这些环境旅游资源和景观场所的收益不能反映消费者的支付意愿,因而可以把旅行费用看作另一种形式的入场费,旅行费用主要包括交通费、与旅游有关的直接花费及时间费用等。来得最远的消费者旅行费用最高。

旅行费用法的基本思路是为了确定消费者对旅游资源隐含价值的评价,假定环境旅游资源的入场(门票)费和使用费均可暂不考虑,并且是一个良好的环境资源,消费者从各地到这里来消费观光,对该环境资源产品的需求只受到来旅行所需费用的限制,也就是说,这种环境资源的效益可以通过旅行费用进行评价。旅行费用法要评价的是旅游者通过消费这些环境产品或服务所获得的效益,或者说是旅游者对这些旅游资源的支付意愿。

一般来说,旅游者从一个环境景观中获得的利益或效用的价值通常远远大于旅游者付出的费用,其中的差值就是消费者剩余。旅行费用法假设所有旅游者消费该环境物品或服务所获得的总效益是相等的,它等于边际旅游者(距离评价地点最远的旅游者)的旅行费用。离评价地点最远的用户,其消费者剩余最小;而离评价地点最近的用户,其消费者剩余最大。消费者剩余是消费者消费一定数量的某种商品愿意支付的最高价格与这些商品的实际价格之间的差额,所以支付意愿等于消费者的实际支付与其消费某一商品或服务所获得的消费者剩余之和。假设我们可以获得旅游者的实际开支,要确定旅游者的支付意愿大小的关键就在于要估算出旅游者的消费者剩余。

旅行费用法适用于评价的环境资源有各种适于观赏、娱乐、休闲的自然景观与人文景观,如自然保护区、山岭、森林、草原、湿地,以及公园、博物馆、遗址、水库等。旅游者对这些环境资源物品或服务的需求并不是无限的,要受到从出发地到环境资源的旅行费用等因素的制约。

3. 旅行费用法的基本分析步骤

应用旅行费用法的关键,是推断出对所评估环境资源的旅游需求曲线,主要包括以下步骤:

(1)确定旅游者的出发区域。

以所要评估的旅游资源为中心,把其四周的地区按距离远近分成若干个区域。距离的不断增大意味着旅行费用的不断增加。

(2)调查收集旅游者相关信息。

在所评估的旅游资源处对旅游者进行抽样调查,了解旅游者的出发地点、旅行费用和其他相关的社会经济特征。

(3)计算旅游率。

旅游率是每一区域内到该环境资源旅游的人次。

(4)分析旅行费用对旅游率的影响。

一般来说,潜在的消费者离旅游资源越远,他们对该环境商品的预期用途或需求越小。在不考虑其他因素时,由旅游者的单位时间人数和旅游费用建立起一定的需求函数,由此计算出的总费用即代表旅游环境物品与服务的效益。

根据抽样调查方法,建立旅游率与旅行费用需求函数,如式(6-12)所示:

$$Q = f(C, X_1, \cdots, X_n) \tag{6-12}$$

式中:Q——旅游率(或总旅游人数);$Q = V/P$,其中,V 为根据调查结果推算出的总旅游人数,P 为旅游人数所在区域的人口总数;

C——旅游费用(一般包括交通费用、住宿费用和比不旅游时多消耗的食品费用等);

X_n——各种社会经济变量(包括年龄、收入、教育水平、交通条件、旅游兴趣等)。

根据对旅游者调查的样本资料,用分析出的数据,对不同区域的旅游率和旅行费用以及各种社会经济变量进行回归,求得的需求曲线,即旅行费用对旅游率的影响。旅游率与旅行费用的回归方程可表示为:

$$Q = a_0 + a_1 C + a_2 X_i + \cdots + a_n X_{n-1} \tag{6-13}$$

通过回归方程式(6-13)确定一个旅游需求曲线,它是基于旅游率而不是基于在该场所的实际旅游者数目。利用这条需求曲线来估算不同区域中的旅游者的实际数量,以及这个数量将如何随着入场(门票)费的增加而发生的变化情况,来获得一条实际的需求曲线,从而进一步根据具体情况分析每个区域旅游率与旅行费用的关系。

(5)计算消费者剩余和支付愿望。

假设旅游景点的门票(入场费)不计,则旅游者的实际支付就是他的旅行费用。再通过门票不断增加的影响来确定旅游人数的变化,就可以求得来自不同区域的旅游者的消费者剩余。这样将每个区域的旅游费用加上消费者剩余,得出总的支付愿望,即为该环境资源的价值。

通过旅游费用法所计算出的数值仅仅是对该环境资源总体价值中所涉及适于观赏、娱乐、休闲的这部分价值作出的最小估算值,主要体现在环境资源的娱乐收益。旅行费用法虽存在一些限定和不足,但这种方法是一种可行有用的估算环境物品价值或保护环境资源收益的方法。

(四)工资差额法

工资差额法(Wage Difference Method)是利用不同环境质量条件下劳动者工资水平的差异来衡量估算环境质量变化造成的经济损失或经济收益的方法。影响工资水平差异的因素很多,如工作性质、技术水平、风险程度、环境质量(工作条件、生活条件)等,这些因素一般都可以识别。

环境质量是影响工资水平的因素之一,当工资水平的其他影响因素一定时,环境质量的差异就表现在工资水平差异上。如化工厂由于存在化学污染的危害,化工厂的员工与普通企业员工相比,其工资水平较高,采用提高工资的方法来补偿在污染环境中工作的劳动者所可能承受的损失。

环境质量状况对个人收入的影响很难估算,但可以用工资水平的差额来估算环境质量变化所产生的经济损失或收益。工资差额法也就是根据工资水平的不同来估算不同环境质量的隐含价值。

运用工资差额法进行分析评估的基本思路是根据工资水平、环境质量和其他影响因素的数据,利用多元回归分析的统计学方法分离出工资水平与环境质量之间的关系,从而得出避免污染的支付意愿,即为该环境质量的价值。

需要说明的是,在理论上,运用工资差额法应具备一个基本条件,即存在一个完全竞争的劳动力市场,也就是劳动者可以自由地选择职业,选择他认为对他收益最大的职业和工作。这个完全竞争平衡的条件,在实际中还很难实现,同时如何确定劳动者工资与其工作周围的环境质量之间的关系,也需进一步研究。所以,工资差额法的理论和实际应用方法还需进一步完善。

三、调查评估法

调查评估法是在缺乏市场价格数据,也不易采用替换等间接方法时,为了得到有关信息,而经常采用的一类方法。在环境效益费用分析中,可以应用此方法。调查评估法的主要对象有两类:一是有关专家,二是涉及相关环境资源的使用者。通过对他们所做的调查,来拟定所分析环境资源的价格,从而取得评估环境损失与效益的经济数据。调查评估法是一种主观定量与主观定性综合评估的方法。调查评估法的具体方法也有多种,需要根据实际情况确定采用合适的方法。下面介绍两种常用的方法,即专家评估法和投标博弈法。

(一)专家评估法

专家评估法是以专家作为收集环境资源价格信息的对象,依靠专家的知识、经验和判断能力对某项活动的环境损失与效益进行预测和评估。专家评估法可分为专家会议法、专家个人咨询法、德尔菲法等。

1.专家会议法

专家会议法是指根据确定的活动,既定的内容与目的,按照规定的原则,召集有关方面的专家对某一事项进行评估的方法。专家会议的与会专家围绕一个主题,如某建设项目环境影响的损益分析,各自发表意见,并进行讨论,最后达成共识,取得比较一致的预测结果和分析结论。专家会议法有利于交换信息,互相启发、集思广益,发挥专家集体的智慧。但专家会议参加者受到的心理影响比较大,容易受多数人意见和权威人士意见的影响,而忽视少数人的正确的意见。

2.专家咨询法

专家咨询法是针对所分析的问题,背靠背地征询相关专家个人意见和判断评估的方法。在环境经济分析中,专家咨询法是利用专家的专业知识、经验和分析判断能力对活动的环境损益进行分析评估的方法。专家个人判断法能充分发挥专家个人的专长和作用,受别人的影响小,是一种简单易行、应用方便的方法。但专家咨询法难免有片面性,选择的专家是否合适是决定评估结论质量的关键。

3.德尔菲法

德尔菲法(Delphi Method)是在20世纪40年代由美国赫尔姆和达尔克首创,经过戈尔登和兰德公司进一步发展而成的。1946年,兰德公司首次用这种方法进行预测,后来该方法被迅速广泛采用,几乎可以用于任何领域的预测。德尔菲是古希腊的一个地名,当地有一座阿波罗神殿,是众神占卜未来的地方,德尔菲法以此冠名。

德尔菲法本质上是一种反馈函询法,即利用函询形式进行专家集体思想交流的方法。德尔菲法一般采用匿名专家个人发表意见的方式,即专家之间不互相讨论,不发生横向联系,只与组织调查人员发生联系。德尔菲法的基本做法是在对所要预测的问题征得专家的意见之后,进行整理、归纳、统计,再反馈给各专家,再次征求意见,再集中,再反馈,直至取得专家们较为一致的结论。作为预测的结果,这种方法具有比较广泛的代表性,较为可靠。在德尔菲法应用过程中,始终有两方面的人在活动:一是预测的组织调查者,二是被选出来的专家。

德尔菲法的具体实施步骤如下:

(1)按照预测问题所需要的知识业务范围,确定专家。专家人数的多少,可根据预测问题的大小和涉及面的宽窄而定,一般不超过 20 人,但不可过少。

(2)向所函询专家提出所要预测的问题及有关要求,并附上有关这个问题的所有背景材料,同时补充专家所需要的其他相关材料。

(3)各个专家根据他们所收到的材料和要求,提出自己的预测意见,并说明自己是怎样利用这些材料并提出预测值的,形成书面答复。

(4)组织者将各位专家填好的调查表进行汇总整理,进行归类对比,再分发给各位专家,让专家参考比较自己同他人的不同意见,修改自己的意见和判断。

(5)组织者收到第二轮专家意见后,对专家意见做统计整理,并将信息再反馈给专家,请专家再次权衡和评估,作出新的预测并反馈。

(6)收集专家意见和信息反馈一般要经过三、四轮,经过多次反复,专家们的意见逐步趋于一致,即可作为预测评估的结果。

逐轮收集意见并为专家反馈信息,请专家再次评估和权衡,作出新的预测是德尔菲法的主要环节。德尔菲法同常见的专家会议法和单纯的专家个人判断法既有联系又有区别。德尔菲法能较好地运用专家们的智慧,发挥专家会议法和专家个人判断法的优点,同时又能避免其不足,它是专家们交流思想进行预测的一个很好工具。德尔菲法的主要缺点是过程比较复杂,花费时间较长。在对环境经济分析中,环境损益的经济量化比较困难,运用好专家评估法,对于科学的主观定量分析很有帮助。

(二)投标博弈法

1. 投标博弈法的概念

投标博弈法是在缺乏市场价格数据时,为了得到有关信息,而经常采用的一类调查评估方法。它通过对消费者的直接调查,了解消费者的支付意愿或他们对环境产品与服务的选择愿望。支付意愿的概念表明,人们是否愿意投资于环境保护,取决于他们对环境问题的认识,较强的支付意愿会促使人们自觉地增加环境方面的投资。

投标博弈法通过对消费者的直接调查,了解消费者的支付意愿或他们对商品或劳务的选择愿望。在环境经济学中,它常被用来对舒适性环境资源或没有市场价格的环境物品的价值进行估算。

投标博弈法对环境公共物品价值的评估主要是运用条件价值评价法,即 CVM(Contingent Valuation Method),获取环境使用者对环境支付愿望或接受赔偿意愿的一种调查方法。条件价值评价法也称为意愿评价法,是通过询问人们对于环境质量改善的支付意愿 WTP(Willingness To Pay)或忍受环境损失的受偿意愿 WTA(Willingness To Accept)来估算出环境物品的价值。它是通过对环境污染受害者和环境资源使用者的调查访问,反复应用投标方式,获取个人对环境的支付愿望,即得到为改善环境质量使用者愿意支付的最大金额,以及环境质量下降使用者愿意接受赔偿的最小金额。以愿意支付的最大金额,或同意接受的最小赔偿金额,作为评估环境资源或环境质量的货币度量值。

2. 投标博弈法的基本做法

投标博弈法基本做法可以分成两类:第一类直接询问消费者的支付意愿或接受赔偿的意愿(接受赔偿的意愿可以视为负值的支付意愿);第二类则询问消费者对某种商品或劳务购买的选择,从中推断出消费者的支付意愿或接受赔偿的意愿。

投标博弈法的基本步骤是:访问者向环境使用者详细地介绍环境资源的数量、质量、使用时期和权限等情况后,提出一个起点标价,询问使用者是否愿意支付,如果回答是肯定的,则逐渐提高标价直到使用者回答为否定时为止;或者假定环境资源受到损失破坏,环境质量下降,询问他们为避免这种损失愿意支付的最大金额或接受赔偿的最小金额。在实际的应用中,因为补偿接受意愿的上限很难确定,所以一般用愿意支付的最大金额作为评价的依据。环境使用者的最大支付意愿通常受其个人收入水平、个人对环境状况的敏感性等多种因素限制或影响,所以,在实际工作中要认真分析。

如在某区域拟建一建设项目,该建设项目的建设和使用对环境产生污染,对附近居民产生不良影响,居民有意见。如果采用投标博弈法确定这种损失的货币数量,就要对受影响的居民进行调查和询问,调查询问的基本过程和内容如下:

(1)该建设项目对环境有影响,如果每年给你 10000 元作为赔偿金,你是否同意这一建设项目在此建设? 如果回答肯定,则此问题结束;如果回答否定,则赔偿金额逐步上升,一直到同意为止。

(2)该建设项目对环境有影响,给你付多少线,你愿意搬出这个区域? 一直询问到肯定时为止。

(3)为了避免和减少该建设项目的不良影响,你是否愿意采取一些保护措施,并支付这些措施的费用? 询问至肯定为止。

由上述可见,通过调查污染赔偿金、居民为避免环境影响而寻求到环境质量较好的地方的支付愿望、采取防护措施的费用等来评估环境损害的经济损失具有很大的可行性和科学性。

例如:由于噪声影响,根据居民期望到较为安静的地方的支付愿望进行分析。如何分析研究人们是愿意采取防护措施并支付相应的费用,还是迁居到他们认为合适的安静地方,要根据多种因素综合分析。

假定:

N——住户对噪声影响的主观评价;

S——消费者剩余,即支付愿望超过实际市场价格的部分,如实际房租超过房屋市场价格的金额部分;

D——由噪声引起的房地产价格的降低值;

R——搬迁费,包括车辆费等。

一般来说,如果 $N > S + D + R$,则住户将搬迁到其他地点去居住;如果 $N < S + D + R$,住户则会留在噪声环境中居住,但都愿意接受安装隔声设施相应的费用。

调查评价法的主要困难是它对环境损益的度量不是依据实物的计量及市场的价格,而是依靠人们的主观评估。所以,评估出的价格可能出现某种偏差。采用调查评价法时,要特别注意调查的方式、调查的内容恰到好处,以及资料的完整性与被调查人反映意见的真实性等问题。

第三节　环境费用效果分析

在环境经济分析方法中,效益费用分析是一种重要的方法。但效益费用分析要求对各种环境质量变化带来的损益进行货币量化,然后根据效益的币值量和费用的币值量对环境质量变化带来的损益进行经济评价。所以,实施效益费用分析的关键在于如何用货币的形式来衡量这种损益。在对实际的环境问题进行经济分析中,对于一些难以用货币量化的损益,采用费用效果分析方法则有较大的实用价值。费用效果分析适用于性质相同或目标相同的活动的经济选择问题。

一、费用效果分析基本原理

(一)费用效果分析的概念

费用效果分析也称作费用有效性分析,是效益费用分析方法的特殊形式。它是用一些特定的目标或某种物理参数来表示效果,如污染物的排放量、环境质量标准等。这样就可以把注意力集中到如何以最小控制费用,或如何在相同费用前提下寻求最佳的污染控制效果上,而不需着重寻求控制效果的货币量化。费用效果分析是研究如何以最小费用使污染物达标排放,或在相同费用的条件下,寻求污染治理效果最佳的方案的方法。费用效果分析避开了效益费用分析中环境效益进行币值量化的困难,从而在环境经济分析中有较大的灵活性和实用性,是一种有效的环境经济分析决策手段。

(二)费用效果分析条件

运用费用效果分析方法,应符合以下条件:
(1)有共同的、明确的并可达到的目的或目标。共同的目的或目标是进行环保措施和方案比较的基础。如要求将某种环境污染量降到国家规定的污染物排放标准以下等。
(2)有达到这些目的或目标的多种措施和方案。如在公路建设中,对公路沿线附近的学校、住户、单位等采取防治噪声的各种措施,如声屏障、高围墙、双层窗等。
(3)对问题有一个限制的范围。对问题的界限应有所限制,如费用、时间和要求达到的功能等,使考虑的措施和方案限制在一定的范围内。

二、费用效果分析类别

费用效果分析的基本方法有三种。

(一)最佳效果法

最佳效果法也称为固定费用法,它是在费用相同的条件下比较治理环境的方案,从中选出效果最佳方案的方法。运用此法时应注意,方案的效果并不是越优越好,只需达到有关治理目标或满足有关标准,使费用更为合理。

(二)最小费用法

最小费用法也称为固定效果法,它是指在达到规定效果的条件下比较各个方案的费用大小,从中选出费用最小方案的方法。运用最小费用法时应对费用与效果做充分分析,如果某一方案的费用比另一方案稍高,而它的环境效果更为明显,这时两者之间的选择就应慎重,也可结合其他因素如施工条件等加以比较。

(三)费用效果比法

最佳效果法和最小费用法的前提是"费用相同"和"效果相同"。但在实际中,很难同时满足两种条件,所以往往采用费用效果比作为优选方案的准则。如图 6-4 和表 6-2 所示的费用效果分析问题。

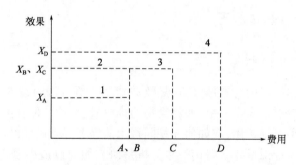

图 6-4 环境费用效果分析

环境费用效果分析 表 6-2

环 保 方 案	费 用	效 果
1	A	X_A
2	B	X_B
3	C	X_C
4	D	X_D

方案 1 与方案 2 的费用相同,即 $A = B$,但方案 2 的效果比方案 1 的好,即 $X_B > X_A$,显然应选择方案 2;对于方案 2 和方案 3,其效果相同,即 $X_B = X_C$,但方案 2 的费用比方案 3 的小,显然方案 2 为优;对于方案 2 和方案 4,要做进一步分析,如果方案 2 和方案 4 的效果都达到要求(如两种环保措施都可以将某种排污量降到国家环境标准以下),可选择方案 2,因为它所需要的费用少;但如果方案 4 的费用稍大于方案 2 的费用,而其产生的环保效果明显大于方案 2,则可考虑选择方案 4,因为方案 4 与方案 2 的效果增量显著高于其费用增量,它所产生的环境经济效果更加良好。

环保措施的效果确定可从两个方面综合考虑:一是处理排污量的多少和保护环境空间的大小;二是采取的环保措施能够达到或符合国家环境标准的程度。

三、费用效果分析方法

(一)搜索法费用效果分析

搜索法费用效果分析,是指对防治环境污染的多个方案,按最小费用、最佳效果,或最优费用效果比进行搜索分析,找出最合理的方案。在环境污染控制规划中,最终目标是满足特定环境的环境质量标准。如何寻求最优的污染控制方案,可通过搜索法费用效果分析,对各种污染治理方案进行对比分析,找出一个经济合理、效果良好、技术可行的方案。

【例6-4】 噪声污染是一种物理污染,它对周围环境的影响直接、快速和明显,人们对噪声污染治理效果通常难以用货币值来衡量,用费用效果分析法进行治理方案选择则较为方便。西安某制药厂的空压机车间紧邻厂区围墙,致使厂区外环境噪声级严重超标,群众反映强烈。为进行其噪声治理,设计了三个方案,各方案的降噪量与费用见表6-3。

噪声治理方案及费用效果分析　　　　　　　　　　　　　　　　表6-3

编　号	备 选 方 案	费用 (万元)	降 噪 效 果	费用效果比 (万元/dB)
1	车间内吸声与车间外墙隔声窗	20.5	达标,12dB	1.71
2	车间外建隔间墙与车间外墙隔声窗	19.8	达标,10dB	1.98
3	住户居室隔声窗与安装空调	24.5	达标,14dB	1.75

解:由表6-3可见,考虑降噪费用,方案2费用最小;考虑降噪效果,方案3最好。由于各方案费用相差不大,尤其是方案1、方案2的费用相差更小,故可用费用效果比作为方案比选依据。同时方案1由于车间内有吸声措施,可以大大改善工人的工作条件,提高工作效率。因此,采用方案1作为该车间噪声治理工程的实施方案。

(二)多目标费用效果分析

进行环境污染控制,在最终决策时,不能只寻求经济最优,还要对环境影响、技术和经济可行性等方面进行多目标分析。只有这样,才能做到经济效益、社会效益和环境效益的统一。多目标费用效果分析是建立环保费用与环境目标的函数关系,并与实际的环保技术水平和投资能力对比分析,分析评价实际的技术水平和投资能力等对环境质量最低要求的保证程度。

例如,对噪声防治的分析。厂界噪声测量值在60dB以上的企业占到多数,而在这一等级之上,对人们的工作和生活将产生不利影响,需要对其进行治理。而道路交通噪声所产生的不良影响范围很广,其损失也很大。特别是交通线两侧的单位和住户是交通噪声的直接受害者,对交通噪声的防治也日趋重视。但是,对噪声污染的防治需要治理到什么程度,不仅要考虑到人们对环境质量的耐受度和舒适度的要求,还要考虑到其他因素的影响。首先要考虑经过对噪声治理达到标准允许强度所需的治理费用。根据噪声防治的特点,噪声超标值越高,则治理达标的难度越大,污染治理的费用越高,噪声治理费用与超标噪声值之间近似呈幂指数关系,其关系如式(6-14)所示:

$$C = f(x) = a(X_m - X)^b \tag{6-14}$$

式中:C——每户降噪的平均费用;

    x——降噪消减量,dB;

    X_m——未治理时的噪声级,dB;

    X——治理后的噪声级,dB;

a、b——参数,根据对具体问题分析时考虑其他影响因素确定。

    一般情况下,噪声污染对住户影响的噪声治理费用与超标分贝数之间的关系可用噪声治理费用函数曲线表示,如图6-5所示。由噪声治理费用函数曲线可知,当超标数为14dB左右时,治理费用快速增长。为此,可根据此曲线适当调整原来的噪声控制标准,从而可以使噪声治理费用降低并能取得较好的使用效果。但要根据不同的噪声源对不同对象的影响采取控制措施,在大量的调查噪声治理费用的基础上,求出噪声治理的平均费用,然后才能根据此曲线对噪声标准进行适当的调整。同时要分析可投入噪声治理的投资以及能够采取的技术措施等。在主要的几个方面都可行时,才能对噪声污染进行有效治理,从而改善工作、生产和生活的环境。

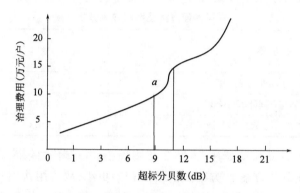

图6-5　噪声治理费用函数曲线

(三)费用效果灵敏度分析

    灵敏度分析是指对一个多变量的函数式,在其他因素不变的情况下,提高或降低其中某一个或几个变量的数值,依次分析其对函数式计算量的影响。费用效果灵敏度分析是研究环保措施主要因素发生变化时,其环保效果发生的相应变化,以判断这些因素对环保措施的效果目标的影响程度。对环境污染控制来说,某项污染控制措施的效果如何,一般受到多个因素的影响,特别是污染控制费用影响最为明显。因此,需要对其进行灵敏度分析,以便在多种污染控制方案中,寻求一种既达到目标又使污染控制费用最少的方案。

    例如,对于噪声超标费用这一强制性政策,应税噪声的应纳税额为超过国家规定标准分贝数对应的具体适用税额。如何才能在不太影响企业生产的前提下,更好地发挥噪声应纳税的效用,促进生产和生活环境的改善,对于保证我国经济保持可持续发展具有重要意义。合适的噪声应纳税标准,是在促进企业进行噪声治理的同时,又不使其因交纳环境税而影响生产。

    按照图6-5中的噪声治理费用曲线,可以取曲线斜率较小段作为治理需达标段。对该段终点所对应的治理费用,在考虑噪声应纳税略高于治理费用的情况下,制定标准。当噪声超标量处在图中a点附近时,其治理费用的灵敏度很大,则噪声应纳税将对刺激企业进行噪声治理起到很大的促进作用。制定合适的噪声应纳税标准,能够有效地促进企业减少排污量,更经济地使环境质量得到较大的提高。

对于环境保护的宏观决策分析也可采用费用效果分析方法,如目标逼近环保费用决策分析。对环保投资进行多目标决策分析,不但要考虑国民经济的支付能力、环境质量保护目标、人们对环境质量的起码要求,还要考虑到实际具备的工程技术力量和材料、设备等条件,这对环境保护宏观决策分析具有现实意义。

费用效果分析本身不是一种费用估值技术,但它含有对费用估值的要求,费用效果分析避开了费用效益分析的难点,即效益或损失的货币量化,因而操作较为简便,符合实际工作的要求。

第四节　实例分析:城市环境经济损失分析

随着城市化进程的加快,城市的各种环境问题也日益突显。在城市污染中,空气污染、水域污染、固体废物污染、噪声污染等都有明显的体现。城市环境污染产生的不良后果是多方面的,包括对工业、农业、服务业、交通业、房地产业等行业的影响,对城市景观的影响,对市民健康与舒适感的影响等。本实例是针对 2002 年西安城市环境经济损失进行的分析研究。

西安市的环境污染也反映在水污染、大气污染、固体废弃物污染、噪声污染等方面。由于数据资料搜集存在困难、环境污染波及影响较复杂,污染经济量化困难等,一些隐性污染很难进行货币量化。所以本实例所估算的污染损失主要是针对显形要素的可计算部分,并考虑分析计算的可行性和合理性方面的要求,对 2002 年西安市的水、大气、固体废弃物污染造成的经济损失进行分析估算,同时忽略了各种影响的交互作用以及间接影响。

城市污染造成的经济损失,其计算公式如式(6-15)所示:

$$TL = WL + AL + SL \tag{6-15}$$

式中:TL——环境污染造成的总经济损失;

WL——水污染造成的经济损失;

AL——大气污染造成的经济损失;

SL——固体废弃物造成的经济损失。

一、水污染引起的经济损失

根据所搜集的资料,对西安市水污染引起的经济损失从四方面进行估算,如式(6-16)所示:

$$WL = WL_1 + WL_2 + WL_3 + WL_4 \tag{6-16}$$

式中:WL——水污染引起的经济损失;

WL_1——水污染引起城市供水成本的增加;

WL_2——水污染引起的农业经济损失;

WL_3——水污染引起的景观损失;

WL_4——水污染引起的水利生态治理成本的增加。

(一)水污染引起城市供水成本的增加

水污染引起水资源短缺,城市供水紧张。水污染引起城市供水成本的增加可以根据用水工程的增加,参考新建水源投资费用作为主要参数,利用工程费用法进行估算。

西安市是资源性缺水地区,仅为全省、全国人均水资源占有量的 1/3 和 1/6,水资源总量严重不足,再加上水污染问题严重,使得原本缺乏的水资源更为紧张,急需增加供水工程缓解供水压力。1998 年西安市投资兴建的黑河引水工程,使西安市缺水状况得到缓解。黑河饮水工程由水库、自流引水暗渠 86km,日净水 60 万 t 的曲江水厂、城市配水管网 56km 的配套设施等组成,通过修建黑河引水工程,可替代城市的部分地下水供给量。2003 年黑河引水工程全面竣工,黑河向西安日供水 110 万 t,水质可达到国家饮用水标准。

根据水污染引起的城市供水成本增加,可采用工程费用法计算,黑河引水工程总投资13.12亿元,工程设计寿命 n 为 50 年,采用 2002 年的金融市场的年利率 R 为 10% ,则运用等额支付公式计算出投资年费用因子:

$$\frac{R(1+R)^n}{(1+R)^n - 1} = \frac{0.10 \times (1+0.10)^{50}}{(1+0.10)^{50} - 1} = 0.1009$$

因此,2002 年西安市城市供水成本增加为:

$$13.12 \times 0.1009 = 1.324(亿元)$$

参考《温州市环境污染和生态破坏经济损失研究报告》的研究结果可知,因污染而增加的引水量占 40% ,即水污染造成的供水成本占工程成本的 40% 。所以水污染造成的供水成本 WL_1 为:

$$WL_1 = 1.324 \times 40\% = 0.530(亿元)$$

(二)水污染引起的农业经济损失

水污染对农业的影响主要是使粮食和蔬菜减产及质量下降,从而导致其市场价格降低。水污染对农业造成的经济损失可通过污水灌溉区面积、农作物产量和价格下降的百分数、农作物的市场价格等采用市场价值法进行估算。

西安市污水灌溉区大部分位于西安市北郊未央区境内,灌溉方式以清污混灌为主,零星区域采用纯污水灌溉。由《西安市环境质量报告书(2002 年)》可知,2002 年西安市灌溉污水量约 3832.5 万 t,平均每公顷灌水量为 5250t,可推算出西安市污水灌溉面积约为 10.95 万亩。根据农业环境保护研究所 20 世纪 80 年代中期对我国 37 个污水灌溉区 38 万 hm^2 污灌农田的调查,污灌农田与清灌农田相比,减产粮食 0.8 亿 kg,平均减产量为 210kg/hm^2,即每亩减产14kg。由此推算西安市由于污水灌溉使得粮食减产造成的经济损失(2002 年粮食平均价格为0.97 元/kg)为:

$$10.95 \times 0.97 \times 14 = 148.701(万元)$$

同时,污水灌溉使粮食质量下降,从而导致市场价格降低,参考郑易生《中国环境污染的经济损失:1993 年》的研究成果,粮食价格下降的百分数为 10% ,则污灌使得粮食质量下降引起的经济损失(西安市 2002 年粮食平均产量 4402kg/hm^2)为:

$$0.97 \times 4402/15 \times 10.95 \times 10\% = 311.706(万元)$$

因此,水污染引起的农业经济损失 WL_2 为这两部分之和,即:

$$WL_2 = 148.701 + 311.706$$
$$=460.407(万元)$$
$$=0.046(亿元)$$

(三)水污染引起的景观损失

水污染影响人们的生活和健康,还会影响城市景观,造成其旅游价值的损失。西安市是我国重要的旅游城市,水污染引起的景观损失不容忽视。

本研究仅对水污染对护城河景观产生的损失进行计算,根据《西安市环境质量报告书(1996—2000 年)》,"九五"期间,西安市政府投资 4.97 亿元对护城河进行了清淤和整治,但由于治理得不彻底,护城河的水再次变黑、变臭,西安市政府决定在"十五"期间对护城河清淤,总投资为 2.87 亿元。西安市水污染引起的景观损失也可采用工程费用法,工程寿命按 5 年计算,由于时间较短,则不考虑资金的时间因素,2002 年西安市水污染引起的景观损失 WL_3 为:

$$WL_3 = \frac{4.97}{10} + \frac{2.87}{5}$$
$$= 1.071(亿元)$$

(四)水污染引起的水利生态治理成本的增加

由于没有西安市水污染引起的生态治理成本增加的统计和相关说明,故这部分经济损失 WL_4 没有列入分析。

综上分析,2002 年西安市水污染引起的经济损失为:

$$WL = WL_1 + WL_2 + WL_3 + WL_4$$
$$= 0.530 + 0.046 + 1.071 + 0$$
$$= 1.647(亿元)$$

2002 年西安市市区 GDP 为 748.08 亿元,则 2002 年西安市水污染引起经济损失占 GDP 的比例为:

$$\frac{1.647}{748.08} \times 100\% = 0.22\%$$

此外,水污染对人体健康的影响也是明显的,水污染对人体健康的经济损失可通过污染区域与对照区(相对清洁区)某些疾病发病率的对比,采用修正的人力资本法计算。由于缺乏一些基础资料,且水污染与发病率增加的剂量-反应关系难以确定,本研究没有对水污染引起人体健康的经济损失进行计算。

总之,水污染的危害是多方面的,水污染造成的经济损失也是多方面的。以上估算的数值比实际水污染造成的环境经济损失要小。

二、大气污染引起的经济损失

西安市大气主要污染物状况见表 6-4,从表 6-4 中可以看出,影响西安市大气环境质量的主要污染物是可吸入颗粒物(PM_{10})和降尘。

2000—2002 年西安市环境空气主要污染物日平均浓度　　　　表 6-4

指　标	年份(年)			国家二级标准
	2000	2001	2002	
SO_2 年日平均(mg/m³)	0.041	0.028	0.024	0.06
NO_2 年日平均(mg/m³)	0.040	0.020	0.019	0.08

续上表

指　标	年份(年)			国家二级标准
	2000	2001	2002	
PM$_{10}$年日平均(mg/m³)	0.351	0.262	0.165	0.1
降尘[t/(km²·m)]	27.83	25.52	28.58	18

数据来源:《西安市环境质量报告书(2000—2002年)》。

注:1.2002年未对TSP作常规监测,为可吸入颗粒物(PM$_{10}$)的年日均值。

2.2002年以前大气环境质量监测中采用的指标是TSP,将TSP转换为PM$_{10}$的转换关系为:1.0mg/m³TSP相当于0.55mg/m³PM$_{10}$。

根据掌握的资料,对西安市大气污染引起的经济损失从人体健康、农业经济、清洗费用三方面进行估算,如式(6-17)所示,其中忽略了各种影响的交互作用以及间接影响。

$$AL = AL_1 + AL_2 + AL_3 \qquad (6\text{-}17)$$

式中:AL——大气污染引起的经济损失;

AL$_1$——大气污染引起的人体健康损失;

AL$_2$——大气污染引起的农业经济损失;

AL$_3$——大气污染增加的清洗费用。

(一)大气污染引起的人体健康损失的估算

大气污染对人体健康的影响,主要是使呼吸系统疾病的患病率和死亡率上升。根据世界卫生组织的资料,认为长期接触年平均浓度超过0.1mg/m³的烟尘和二氧化硫,或短期接触日平均浓度超过0.25mg/m³的烟尘和二氧化硫,会使呼吸系统疾病加重,相应的剂量-反应关系见表6-5。

大气中烟尘和二氧化硫在居民中的影响　　　　　　　　表6-5

项　目	二氧化硫(mg/m³)	烟尘(mg/m³)	有　害　影　响
日平均浓度	0.5	0.5	死亡率与住院率增加
日平均浓度	0.25~0.5	0.25	呼吸系统疾病加重
日平均浓度	0.1	0.1	有呼吸道疾病症状

由表6-5可知,西安市2002年大气中二氧化硫日平均浓度为0.024mg/m³,低于二氧化硫对人体健康产生影响的浓度限值。此外,西安市二氧化氮年日平均浓度也低于国家二级标准,因此西安市2002年二氧化硫、二氧化氮对人体健康影响的经济损失可忽略不计。

据研究证明,大气中的颗粒物不仅可引起上呼吸道炎症、肺炎、肺癌,还可以引起皮肤病、角膜浑浊、结膜炎等疾病。世界银行《可持续发展指标体系研究》课题组,1999年研究估计,大气中可吸入颗粒物造成的死亡率和发病率影响的剂量-反应函数关系(PM$_{10}$浓度每增加1μg/m³,每100万人每年的额外死亡人数、病例数、受限制活动天数)见表6-6。

PM$_{10}$的剂量-效应关系　　　　　　　　表6-6

对健康的影响	单　位	额外增加数量
死亡率增加	人/百万人	6

续上表

对健康的影响	单 位	额外增加数量
呼吸道疾病门诊率上升	例/百万人	12
急救病例增加	例/百万人	235
受限制活动天数增加	天/百万人	57500
下呼吸道感染/儿童气喘病例增加	例/百万人	23
气喘病例增加	例/百万人	2068
慢性支气管炎病例增加	例/百万人	61

由于我国尚未开展大气污染造成人体健康影响的剂量-反应函数研究,故可采用表6-6的结果进行估算。

参考韩贵峰在《西安市大气 TSP 污染的健康损失初步分析》中的研究结果,对因 PM_{10} 污染的平均剩余寿命(平均预期寿命减去平均死亡年龄)取值为 5 年。又据《西安市统计年鉴》(2003),2002 年西安市市区人口为 497.38 万人,劳动人口率为 51.82%,人均职工年工资为10709 元,即人均日工资为 40.26 元(法定劳动天数为 266 天)。

PM_{10} 引起人体健康的经济损失由三部分组成,即过早死亡的工资损失、因病造成的医疗费用支出和因误工造成的工资损失。

1. 因死亡造成的工资损失

受 PM_{10} 污染增加的死亡人数 = 与国家二级标准浓度差 × 额外死亡率 × 大气污染人数

$$= (0.165 - 0.100) \times 1000 \times \frac{6}{10^6} \times 497.38 \times 10^4$$

$$= 1940 (人)$$

其中,PM_{10} 浓度需换算成 $\mu g/m^3$,大气污染人数以百万计。

因死亡造成的工资损失 = 增加的死亡人数 × 平均剩余寿命 × 人均年工资

$$= 1940 \times 5 \times 10709$$

$$= 10387.73 (万元)$$

2. 因病造成的医疗费用支出

参考韩贵锋《西安市大气 TSP 污染的健康损失初步分析》的研究成果,1995 年西安市市民患气喘、呼吸道感染、慢性支气管炎的医疗费用分别是 50 元、150 元、200 元,根据《陕西省统计年鉴》(2003)可知,陕西省 2002 年居民消费价格指数为 1995 年的 132%,则医疗费用相应调整为 66 元、198 元、264 元。

因病造成的医疗费支出 = 增加的患病人数 × 人均医疗费

$$= 与国家二级标准浓度差 × 额外发病率 × 大气污染人数 × 人均医疗费$$

$$= (0.165 - 0.100) \times 1000 \times \frac{23 \times 198 + 2068 \times 66 + 61 \times 264}{10^6} \times 497.38 \times 10^4$$

$$= 5080.48 (万元)$$

3. 因误工造成的工资损失

根据蔡宏道的《现代环境卫生学》,当人体患呼吸系统疾病时,工作效率下降,但不一定缺勤,即受限制活动天数,1个受限制活动天数相当于 $\frac{1}{4}$ 个因病缺勤天数。

因误工造成的工资损失 = 额外缺勤天数 × 人均日工资

$$= 与国家二级标准浓度差 × 额外受限制活动天数 × \frac{1}{4} ×$$

受污染人数 × 劳动人口率 × 人均日工资

$$= (0.165 - 0.100) × 1000 × 57500 × \frac{1}{4} × 4.9738 ×$$

$$0.5182 × 40.26$$

$$= 9695.73(万元)$$

因此,大气污染引起的人体健康损失为:

$$AL_1 = 10387.73 + 5080.48 + 9695.73$$
$$= 25163.94(万元)$$
$$= 2.516(亿元)$$

(二)大气污染引起的农业经济损失

大气污染对农业的影响主要表现在使蔬菜和粮食质量和产量下降。根据农作物污染面积、质量和产量下降的百分数,利用市场价值法可估算出大气污染对农作物造成的经济损失。

参考表6-1所示的 SO_2 对部分农作物的减产影响,由表6-4可知,西安市2002年大气中二氧化硫日平均浓度为 $0.024mg/m^3$,低于表6-1中引起敏感作物减产的浓度值,因此,可认为2002年西安市大气中的二氧化硫不会造成农作物的减产,大气污染造成的农业经济损失 AL_2 为零,即:

$$AL_2 = 0$$

(三)大气污染引起清洗费用的增加

大气污染引起的清洗费用包括家庭清洗费用、车辆清洗费用和建筑物清洗费用等。本研究主要考虑家庭清洗费用和车辆清洗费用两部分。

1. 家庭清洗费用的增加

大气污染能通过降尘,使家庭清洗工作量增加。大气污染引起家庭清洗费用的增加可用人力资本法,按多支出的劳动工价值进行计算。因此,只需要知道受大气污染的程度、受污染的人数、受污染地区居民的平均收入水平,即可估算出大气污染对家庭清洗费用造成的经济损失。目前家庭清洗有的是通过雇佣工完成,并支付清洁费用;大部分则是自己清洗,不需要直接支付工资。但鉴于目前人们对休闲价值认识的提高,因此,这种清洗的劳动价值也应该纳入计算。

根据对北京市的调查,北京市区居民每人每年家庭清洁时间比远郊对照区平均多9d。重庆抽样调查表明,重庆市区每人每年清洗时间为19.2d,远郊农村为7.6d,市区居民每人每年家庭清洗时间比远郊农村约多11d。西安市未开展过类似的调查,可参考北京和重庆的调查结果。由于降尘是造成家庭清洗费用增加的主要原因,而西安市年均降尘浓度高于北京、重庆,所以选择其中的大值11d作为西安市区与对照区居民家庭清洗时间增加的天数。

生活常识告诉我们,家庭清洗一般安排在下班之后,这在过去其机会成本很低。但随着市场经济的发展,人们从事第二职业的比例增加,采用第二职业的平均工资水平 7.46 元/d(根据《中国统计年鉴(2003)》)来代表其机会成本,城市劳动人口率为 51.82%,则:

$$增加的家庭清洗费用 = 受大气污染人数 × 劳动人口率 × 第二职业平均工资 ×$$
$$清洗次数增加的天数$$
$$= 497.38 × 10^4 × 0.5182 × 7.46 × 9$$
$$= 1.730(亿元)$$

2. 车辆清洗费用的增加

降尘不仅使家庭清洗费用增加,还使车辆更容易变脏,清洗的周期缩短,需要花费更多的人力、物力,增加了清洗费用,车辆清洗费用的增加可用市场价值法进行估算。

在《烟台市大气环境污染经济损失估算及环境保护对策费用效益分析》的研究中,对车辆清洗费用与污染引起的清洗次数之间的关系进行了社会调查,得到了一系列参数:降尘使得车辆清洗次数较对照区增加 41 次,自行车每年 9 次。通过对西安市洗车行业的调查,机动车平均每次每辆清洗费为 15 元。考虑到西安市的大气污染水平,将烟台的调查结果用于计算西安市降尘带来的经济损失需进行修正,修正系数取为 1.1。根据《西安市统计年鉴》(2003),西安市 2002 年有机动车 206653 辆。则:

$$大气污染使得车辆清洗费用增加 = 增加的清洗次数 × 平均清洗费用 × 机动车数量 × 修正系数$$
$$= 41 × 15 × 206653 × 1.1$$
$$= 1.398(亿元)$$

所以大气污染引起的清洗费用的增加值为:

$$AL_3 = 1.730 + 1.398$$
$$= 3.128(亿元)$$

综上分析,2002 年西安市大气污染引起的经济损失为:

$$AL = AL_1 + AL_2 + AL_3$$
$$= 2.516 + 0 + 3.128$$
$$= 5.644(亿元)$$

2002 年西安市市区 GDP 为 748.08 亿元,则 2002 年西安市大气污染引起经济损失占 GDP 的比例为:

$$\frac{5.644}{748.08} × 100\% = 0.75\%$$

三、固体废弃物引起的经济损失

根据《西安市统计年鉴》(2003),2002 年底西安市工业固体废弃物历年堆存总量为 422.77 万 t,累计占地面积 156 万 m^2。已知 2002 年西安市粮食产量为 4402kg/hm^2,平均市场价格为 0.97 元,则 2002 年西安市工业固体废弃物占地造成的农业损失按种粮食计为:

$$SL = 粮食亩产量 × 粮食市场价格 × 受污染农田面积$$

$$= \frac{4402}{15} \times 0.97 \times 156 \times \frac{3}{2000}$$

$$= 66.611(万元)$$

其中,换算关系为 1 公顷 = 15 亩,1 亩 = $2000/3m^2$。

因此,西安市 2002 年固体废弃物引起的经济损失为 66.611 万元,占 GDP 的比例很小。

四、噪声引起的经济损失

噪声污染与大气污染、水污染等有所不同,其损失主要表现在对人身体健康和生活质量的影响方面。噪声对人体健康的影响主要是形成不良的生活和工作环境,影响人们的睡眠,但是严重的噪声可引起人们身体上和精神上的失调、疲倦和心理压力,还可引起血压升高和心血管疾病的发生。

噪声污染的环境经济损失计量比较困难,由于噪声的特点,与水污染、大气污染相比,一般造成的经济损失相对较少,但随着人们物质生活水平的提高,人们对于居住区、商业区等噪声环境的要求也越来越高,对于噪声控制的"支付愿望"也随之越来越高,因此,今后噪声污染造成的经济损失将有所增加。由于西安市未进行这方面的调查,缺乏这方面的数据,因此,西安市噪声污染引起的环境经济损失没有计算。

五、环境污染经济损失结论

对 2002 年西安市水污染、大气污染和固体废弃物污染所造成的经济损失进行估算的结果见表 6-7。

2002 年西安市环境污染经济损失估算结果汇总　　　　表 6-7

损失项目	损失分类		损失数值 （亿元）	占 GDP 比重 （%）	人均损失 （元）	环境代价 （元/万元 GDP）
WL	供水成本增加		0.530	0.22		
	农业经济损失		0.046			
	景观损失		1.071			
AL	人体健康经济损失		2.516	0.76	146.77	97.58
	清洗费用 增加	家庭	1.730			
		车辆	1.398			
SL	固体废弃物 引起的损失		0.0067	—		
TL	环境污染经济损失		7.30	0.98		

综合计算结果,2002 年西安市仅水污染、大气污染、固体废弃物三项造成的经济损失为 7.30 亿元,占同期 GDP 的 0.98%。其中,大气污染和水污染的经济损失最大,分别占 GDP 的 0.76% 和 0.22%。人均损失为 146.77 元,为发展经济所付出的环境代价(每万元 GDP 总损失)为 97.58 元。

环境污染损失涉及面较广,由于基础数据的缺乏和一些剂量-反应关系难以确定,诸如,水污染造成人体健康的损失、水污染造成渔业的损失,大气污染对林业、畜牧业的损失和农药造成土壤污染等的经济损失未进行计算,所以上述计算值是在已有的不全面的数据基础上得出的计算结果,其计算结果低于2002年西安市环境污染造成的实际损失值。

复习思考题

1. 名词解释

效益费用分析　公共工程项目　直接效益　间接效益　直接费用　间接费用
效益费用比　净效益　环境退化成本　虚拟治理成本　剂量-反应关系　机会成本
资产价值　费用效果分析

2. 选择题

(1)关于效益费用分析的说法错误的是( )。

　A. 效益比的特点是单位费用所取得的效益

　B. 效益比$[B/C] \geqslant 1$,项目可接受

　C. 净效益的特点间接表示出损益状况

　D. 净效益$[B-C] < 0$,项目不可接受

选择说明:

(2)对一污染水域进行治理,使得该水域的渔业得到了恢复并有了更大发展,因渔业发展而建立了水产品加工厂,对于污染水域进行治理这一问题进行效益费用分析时,不正确的概念是( )。

　A. 水产品加工厂建设和运转费用是对该水域进行污染治理的间接费用

　B. 水产品加工厂的生产收益是对该水域污染治理的直接效益

　C. 水污染治理项目的建设投资和运转费用是对该水域污染治理的直接费用

　D. 该水域环境得到改善,水体可用于灌溉是对该水域污染治理的直接效益

选择说明:

(3)固体废弃物堆放在一片农田上,下列哪项属于其产生的直接损失? ( )

　A. 雨水淋溶引起地下水污染

　B. 生产、生活用水处理费用增加

　C. 此片农田不能再种植农作物

　D. 周围居民因呼吸其散发的废气引起呼吸道疾病

选择说明:

(4)以下不属于效益的表现形式的有( )。

　A. 正效益和负效益

　B. 无形效益和质化效益

　C. 环境保护措施的效益

　D. 直接效益和间接效益

选择说明:

(5)进行环境效益费用分析必须具备效益费用分析的基本要求,即( )。

　　A.能找出环境质量变化产生的损失和效益

　　B.能找出货币化计量环境损益的途径

　　C.能找到环境资源的替代

　　D.环境效益费用分析的具体方法针对性要强

选择说明:

(6)把环境要素作为一种生产要素,利用因环境要素改变而引起产品的产值和利润变化来计量环境质量的变化的环境效益分析方法称为( )。

　　A.资产价值法　　　　　　　　　　B.市场价值法

　　C.机会成本法　　　　　　　　　　D.工资差额法

选择说明:

(7)某处地下水受到污染使水源遭到破坏,其损失可以通过假设另找水源进行替代来进行环境效益费用分析的方法属于( )。

　　A.市场价值法　　　　　　　　　　B.防护费用法

　　C.影子工程法　　　　　　　　　　D.机会成本法

选择说明:

(8)下列哪一项是旅行费用法的基本步骤? ( )

　　①计算消费者剩余和支付愿望

　　②调查收集旅游者相关信息

　　③计算旅游率和旅行费用对旅游率的影响

　　④确定旅游者的出发区域

　　A.②④③①　　　B.②④①③　　　C.④②③①　　　D.④②①③

选择说明:

(9)下列哪种方法属于环境效益分析基本方法中的直接市场法? ( )哪种方法属于替代市场法? ( )哪种方法属于调查评价法? ( )

　　A.资产价值法　　　　　　　　　　B.专家评估法

　　C.工资差额法　　　　　　　　　　D.投标博弈法

　　E.市场价值法　　　　　　　　　　F.机会成本法

　　G.环境保护投入费用法　　　　　　H.修正人力资本法

　　I.旅行费用法

选择说明:

(10)下列不属于环境费用效果分析基本方法的是( )。

　　A.最佳效果法　　　　　　　　　　B.最小费用法

　　C.费用效果比法　　　　　　　　　D.综合比较法

选择说明:

3.计算分析题

(1)某地大气中SO_2浓度超标,引起该地农作物减产,该地区5000亩农田受到中度污染,农作物亩产为200kg,农作物减产系数为10%,该农作物的市场价格为3.6元/kg,求因SO_2超标引起的该农作物的经济损失。

(2)现有三个方案(1、2、3),各方案所需费用与对应效果见表6-8。已知 $A>B>C,c>a>b$,如何从环境费用效果分析角度对三个方案进行比选?对三个方案进行排序,作图并说明理由。

环境费用效果分析　　　　　　　　　　　　　　　　　表6-8

环保方案	费　用	效　果
1	A	a
2	B	b
3	C	c

4. 论述题

(1)简述效益费用分析的研究对象。

(2)试举例说明效益费用分析中直接效益、间接效益、直接费用、间接费用的概念和关系。

(3)你认为实施效益费用分析的关键是什么?为什么?

(4)简述实施环境效益费用分析的条件。

(5)简述环境效益费用分析程序。

(6)简述环境效益费用分析的基本方法。

(7)简述工程费用法的特点,并分析在实际工程中运用该法的可行性和合理性。

(8)简述环境费用效果分析的基本方法。

(9)试运用环境效益费用分析方法分析一个实际问题。

第七章
环境经济系统分析

环境经济系统分析是把经济与环境及其组成部分作为一个统一的有机整体进行综合分析的科学方法。环境经济系统有大有小，一个国家、一个大区域的环境经济系统是一个大系统，而一个企业、部门以及单项的环境经济活动构成了层次和规模不同的小系统。环境经济系统分析方法以研究环境经济系统发展过程中数量分析和处理方法为主。环境经济系统分析与系统分析方法的发展密切相关，对于联系复杂、变化迅速的环境经济系统，要根据所分析环境经济系统的特点，在调查搜集基础资料与数据的基础上，在多种系统分析方法和分析模型中，根据分析对象的特征与分析的要求，选择合适的、有针对性的分析方法进行环境经济系统分析。本章在对环境系统污染物排放总量与排放浓度联合分析的基础上，主要针对宏观环境经济系统，重点介绍库兹涅茨曲线和脱钩分析方法及其在环境经济系统分析中的应用。

第一节　污染物排放总量与排放浓度联合分析

对于环境系统，分析其污染程度应综合考虑污染物的排放总量和污染物浓度。排放总量与污染物浓度的联合分析对于环境质量状况的反映更加客观，有助于提出更具有针对性的防治和改善措施。本节论述了环境系统分析中进行污染物排放总量与排放浓度联合分析的重要性及其有关分析方法,主要基于 z-score 标准化法和聚类分析对污染物排放总量和污染物浓度进行联合分析。

一、污染物排放总量与浓度

(一)总量和浓度的内涵

污染物排放总量的内涵可以概括为在一定时段、一定区域内各单位污染物排放的总体数量。国家环境统计公报在水污染方面统计了废水排放总量和废水中具体污染物排放量的数据。显而易见,这两类数据不能用同一个概念来阐述。对于具体污染物排放量而言,其内涵为在一定时间段、一定区域内排污单位排放某种污染物的总体数量,简称为污染物纯排放量,如:废水中的化学需氧量排放量、氨氮排放量。

对于某种(些)污染物溶于某种物质载体的排放总量,其含义可定义为在一定时段、一定区域内排污单位排放含有某种或某几种超标污染物所负荷载体的物质总体数量,简称污染物排放总量,如:废水排放总量、废气排放总量。

污染物排放浓度的内涵可定义为在一定时段、一定区域内排污单位排放的单位负荷污染物载体中所含有某种或某几种污染物质的量。如:在废水中,污染物排放浓度指单位废水溶液所含的某种污染物质的量;在废气中,污染物排放浓度指单位废气中所含某种污染物质的摩尔数;在固体废物中,污染物排放浓度指单位体积所含某种污染物质的量。

在环境统计工作中,对废水而言,废水排放总量是指含有某种(些)超标污染物的污水总量(通常用吨表示),污染物排放量是指某种污水中排放的某种污染物的质量(通常用吨表示),而污染物浓度是指这种废水所含某种污染物的量。

(二)总量和浓度控制的特征分析

明确排放总量和污染物浓度的概念内涵,是进行排放总量和污染物浓度分析,以及在实际工作中进行"双控"的基础。排污单位依法申领排污许可证(也就是"一证"),按证排污,自证守法。"双控"是指排污单位按排污许可证确定许可排放的污染物种类、浓度,以及排放量进行控制排污。

排放总量控制是指以控制一定时间段、一定区域内排污单位排放污染物总量为核心的环境管理方法体系。它包含了三个方面的内容:一是排放污染物的总量(包括污染物所附载体物质的总量和污染物纯排放量);二是排放污染物总量的地域范围;三是排放污染物的时间跨度。

污染物排放浓度控制是指以控制污染源排放口排出污染物的浓度数值为重点的环境管理的方法体系。其依据是国家污染物排放标准,以及不同行业污染物排放标准和地方污染物排放标准。

(三)总量和浓度联合分析的意义

1. 总量和浓度单一分析的不足

对于排放总量而言,其是以一个区域为研究对象,当总量目标控制在消减或者"冻结"污染物排放总量的前提下,不能保证区域内任意地点环境质量都达标;同时总量分析一般以年为周期,其核心内容是在固定时间段内控制污染物排放总量,因此,不易监测出在这个固定时间段内的某个时刻污染物纯排放量的多少,进而不能确切掌握哪个时间段的哪个污染源的污染物排放严重,导致无法提出具有针对性的整治和改善措施。

浓度分析则主要就污染源为研究对象,因此缺乏对整个区域的分析和管控能力。同时浓度分析的真实数据是瞬间态,其数据值瞬息万变。而且污染源排污行为在地理位置和排放方式上存在明显差异,不同的地理位置、气象条件和生物群体等对污染物降解和沉积的能力有所不同,因此浓度分析不易反映真实的环境质量。更重要的是,在排放总量达标的情况下,高浓度的污染物质在短时间内连续排放,同样会对环境产生很大的冲击力。

2. 总量和浓度联合分析的作用

排放总量与污染物浓度联合分析有助于将面数据和点数据结合起来,将常态数据和瞬态数据融合起来,对于环境质量现状有更加客观、明确的掌控。

联合分析有利于企业明确其区域内任何时空点环境质量是否真正达标,确切反映真实的环境质量,从而增强政府和社会对整个区域环境状况的分析和管控能力。联合分析有利于提出科学有效、切实可行的管控措施,为改善环境质量提供全面、客观的依据。

二、基于 z-score 标准化法的联合分析

(一)数据指标的选取

以废水排放总量和废水中相关污染物排放浓度为研究对象。废水排放总量、化学需氧量和氨氮的数据在环境统计公报中已给出,污染物浓度可以用污染物质量占全部溶液质量的百万分比来表示,其单位为 ppm(百万分比)。即 $1ppm = 1mg/kg = 1$ 百吨/亿吨,污染物浓度表达式为:

$$污染物浓度 = \frac{污染物排放量}{污染物所属溶液排放总量} \qquad (7\text{-}1)$$

选取全国 2010—2014 年废水排放总量、废水中化学需氧量排放量、废水中氨氮排放量的数据,运用式(7-1),分别计算出化学需氧量浓度和氨氮浓度,具体数据见表 7-1。

2010—2014 年全国废水排放总量与污染物平均浓度 表 7-1

年份 (年)	废水排放总量 (亿 t)	废水中化学需氧量 排放量 (万 t)	废水中化学需氧量 排放平均浓度 (百吨/亿吨)	废水中氨氮 排放量 (万 t)	废水中氨氮排放 平均浓度 (百吨/亿吨)
2010	617.3	1238.1	200.57	120.3	19.49
2011	659.2	2499.9	379.23	260.4	39.50
2012	684.8	2423.7	353.93	253.6	37.03
2013	695.4	2352.7	338.32	245.7	35.33
2014	716.2	2294.6	320.39	238.5	33.30

注:1. 数据来源:2010—2014 年全国环境统计公报。
    2. 化学需氧量和氨氮排放的平均浓度是由式(7-1)计算所得。

需要说明的是,污染物浓度包括瞬时浓度和平均浓度。瞬时浓度是不同时间排出的污染物的浓度;平均浓度是在单位时间(如:年)内污染物浓度的平均值。因此所计算出的浓度数

据,是一年中的平均浓度值,所以表 7-1 中所计算出的相关污染物浓度数据是一年中的平均浓度值。

(二)数据标准化处理与综合计量

由表 7-1 可以看出,废水排放总量和污染物排放平均浓度的数据水平相差很大,如:2010 年废水排放总量为 617.3 亿 t,化学需氧量排放平均浓度为 200.57 百吨/亿吨。对两者现在的指标值直接进行分析,会突出数值较高的指标(废水排放总量)在联合分析中的作用,相对削弱数值水平较低指标(污染物排放平均浓度)的作用。因此,为了保证结果的科学性、准确性,需要对现有的指标数据进行标准化处理。

数据标准化处理主要包含数据同趋化处理和无量纲化处理两个方式。对废水排放总量和污染物平均浓度进行联合分析,由于两者的单位不同,需先将两者处理为无量纲数据。根据上述分析,选取 z-score 标准化法,具体见式(7-2),对原始数据进行标准化处理,以消除不同数据水平和变量单位对结果的影响。

$$x'_{ij} = \frac{x_{ij} - \bar{x}_j}{S_j} \qquad (7-2)$$

式中:x_{ij}——第 i 年的 j 个变量的值;

$\bar{x}_j$——第 j 个变量的算数平均值;

S_j——第 j 个变量的标准差;

x'_{ij}——标准化后的值。

对表 7-1 中 2010—2014 年废水排放总量、废水中化学需氧量排放平均浓度和氨氮排放平均浓度数据运用式(7-2)进行标准化处理后,形成表 7-2。其中废水排放总量标准化数据为总量污染程度系数,污染物排放平均浓度标准化数据为浓度污染程度系数。将总量污染程度系数和浓度污染程度系数按一定权重求和,可以得到总量与浓度的污染程度系数。

2010—2014 年全国废水排放总量与污染物平均浓度标准化结果及污染程度 表 7-2

年份 (年)	废水排放总量 标准化数据	废水中化学需氧量排放 平均浓度标准化数据	废水中氨氮排放 平均浓度标准化数据	总量与浓度联合分析 所得污染程度系数
2010	-0.75	-0.85	-0.86	-0.792
2011	-0.20	0.44	0.42	0.052
2012	0.13	0.26	0.26	0.182
2013	0.27	0.14	0.15	0.220
2014	0.55	0.01	0.02	0.336

目前控制污染物排放的主要措施是总量控制,但对于污染物排放的控制和监测,既要重视总量,还要兼顾浓度。因此,在确定总量与浓度联合分析的污染程度系数时,其总量赋予权重为 0.6,浓度权重为 0.4。由于表 7-2 中涉及化学需氧量和氨氮两个平均浓度,因此,化学需氧量和氨氮平均浓度的权重分别为 0.2。

将表 7-2 中总量和浓度的标准化数据乘以相应的权重,具体如式(7-3)所示,相乘后所得数相加,即得出当前年份的污染程度系数,具体数据见表 7-2 最后一列。

$$x''_{ij} = x'_{ij} \times n_j \qquad (7-3)$$

式中: x'_{ij}——标准化后的值;

n_j——第 j 个变量的权重;

x''_{ij}——赋予权重后第 i 年的第 j 个变量的标准化值。

由表 7-2 可以看出,总体而言,2010—2014 年水环境污染日趋严重。

三、废水排放总量和污染物浓度的联合聚类分析

(一)聚类分析概述

聚类分析是研究分类的一种多元统计方法,主要用来对大量的样品或变量进行分类,又称群分析、点群分析。聚类分析法是根据研究对象特征对研究对象进行分类的一种多元分析技术,是初步数据分析的重要工具之一,是理想实用的多变量统计技术。从统计学的观点看,聚类分析是通过数据建模简化数据的一种方法。从实际应用的角度看,聚类分析是数据挖掘的主要任务之一。聚类分析与回归分析、判断分析被称为多元分析的三大实用分析方法。

聚类分析的基本思想是根据已知数据把性质相近的个体归为一类,使得同一类中的个体都具有高度的同质性,不同类之间的个体具有高度的异质性。其分析思路是计算各观察个体或变量之间亲疏关系的统计量(距离或相关系数),根据某种准则(最短距离法、最长距离法、中间距离法、重心法),使同一类内的差别较小,而类与类之间的差别较大,最终将观察个体或变量分为若干类。分类过程是一个逐步减少同类类内差异,增加不同类类间差异的过程。评价聚类效果的指标一般是方差,距离小的样品所组成的类方差较小。

根据分类对象的不同,聚类分析分为样品聚类和变量聚类两类;样品聚类是聚类对样品所做的分类,即 Q-型聚类;变量聚类是对变量所做的分类,即 R-型聚类。

由于简洁和效率得到广泛使用的 K 均值聚类法属于 Q-型聚类,是很有效的一种划分聚类算法,是 SPSS 软件中最常用的一种聚类分析方法。K 均值聚类法表示以空间中 k 个点为中心进行聚类,对最靠近它们的对象归类。其基本思想是计算每个样品到各个中心的距离(欧氏距离),离哪个近就将这个样品归为哪一类。欧氏距离是一个通常采用的距离定义,它是在 m 维空间中两个点之间的真实距离。

从实际应用的角度看,聚类分析能够作为一个独立的工具获得数据的分布状况,观察每一簇数据的特征,集中对特定的聚簇集合做进一步分析。聚类分析应用领域广、研究问题种类多,如不同地区城镇居民收入和消费状况的分类研究、区域经济及社会发展水平的综合评价等。聚类分析也可用于环境保护领域的分析评价,本节运用 SPSS 软件 K 均值聚类法对废水排放总量与污染物浓度进行联合聚类分析。

(二)基于聚类分析的联合分析模型构建

1. 数据指标的选取

以 2014 年全国各省(自治区、直辖市)废水排放总量、废水中化学需氧量和氨氮排放量为研究对象,其数据来自 2014 年各省(自治区、直辖市)环境状况公报、2014 年全国环境统计年报等。化学需氧量和氨氮的浓度取平均浓度,运用式(7-1),分别计算出平均浓度 COD 和平均浓度氨氮,见表 7-3。

2014 年各省(自治区、直辖市)废水排放总量与污染物平均浓度 表 7-3

序 号	省(自治区、直辖市)	废水排放总量 (亿 t)	废水中化学需氧量排放量 (万 t)	废水中化学需氧量排放平均浓度 (百吨/亿吨)	废水中氨氮排放量 (万 t)	废水中氨氮排放平均浓度 (百吨/亿吨)
1	北京	15.07	16.88	112.03	1.90	12.57
2	上海	22.12	22.44	101.45	4.46	20.16
3	天津	9.20	21.43	231.93	2.45	26.52
4	重庆	14.46	38.64	267.22	5.13	35.48
5	安徽	27.60	88.56	321.10	10.05	36.44
6	黑龙江	14.97	142.39	951.17	8.49	56.71
7	江西	20.83	72.01	345.70	8.60	41.28
8	广西	21.93	74.40	339.26	7.93	36.16
9	辽宁	26.80	121.70	453.60	10.01	37.31
10	山东	51.24	178.04	347.46	15.50	30.25
11	云南	15.75	53.38	338.84	5.65	35.85
12	宁夏	3.50	21.98	619.15	1.66	46.76
13	甘肃	6.60	37.32	565.69	3.81	57.75
14	福建	26.06	62.98	241.67	8.93	34.27
15	广东	90.55	167.06	184.49	20.82	22.99
16	贵州	11.09	32.67	294.59	3.80	34.27
17	海南	3.94	19.60	498.08	2.30	58.45
18	河北	30.98	126.85	409.46	10.27	33.15
19	河南	42.28	131.87	311.90	13.90	32.88
20	湖北	30.17	103.31	342.42	12.04	39.91
21	湖南	31.20	122.90	393.91	15.44	49.49
22	吉林	11.89	74.30	624.89	5.31	44.66
23	江苏	60.12	110.00	182.97	14.25	23.70
24	青海	2.30	10.50	456.50	0.98	42.63
25	山西	11.58	44.13	381.04	5.37	46.37
26	陕西	14.49	50.49	348.52	5.82	40.17
27	四川	33.13	121.63	367.13	13.47	40.66
28	浙江	41.83	72.54	173.42	10.32	24.671
29	内蒙古	11.19	84.77	757.44	4.93	44.05
30	西藏	0.80	2.79	372.00	0.34	45.33
31	新疆	10.10	57.21	565.32	4.07	40.22

2. 分析模型的建立

选取 K 均值聚类分析,对 2014 年各省(自治区、直辖市)废水排放总量和污染物排放量进行分类联合分析。根据各省(自治区、直辖市)废水样品和变量数据总量和浓度的不同特征指标值的差异程度大小,将研究对象废水分为相对同质的群组。对于如何定量分析废水个体间的差异程度,需要通过计算它们间的距离来实现。根据计算得出的距离,将所有废水个体进行归类,差距越小的个体越有条件合为一类,差距越大的个体则被归为不同类。同一聚类个体中,计算得出的距离越小,个体之间的差异就越小,反之则越大。

(1)数据标准化。由于废水排放总量和污染物浓度的量纲不同,进行分类前需采用式(7-2)对原始数据进行标准化,以消除不同变量单位对聚类结果的影响。

(2)采用欧氏距离法。

欧氏距离法具体表达式见式(7-4),进一步可以计算出全国废水中各污染物排放总量和浓度的相似性系数,并按一定阈值标准,以相似性系数最大化为原则将污染物排放浓度和总量最为相似的年份归为一个类型区。相似性系数的计算见式(7-5):

$$d_{ij} = \sqrt{\sum_{m-1}(x_{im} - x_{jm})^2} \qquad (7-4)$$

$$R_{ij} = \frac{\sum_{m-1}(x_{im} - \bar{x}_i)(x_{jm} - \bar{x}_j)}{\sqrt{[\sum_{m-1}(x_{im} - \bar{x}_i)^2][\sum_{m-1}(x_{im} - \bar{x}_j)^2]}} \qquad (7-5)$$

式中:d_{ij}——第 i 个废水样品与第 j 个废水样品间的距离;

x_{im}——第 i 个变量的值;

x_{jm}——第 j 个变量的值;

R_{ij}——变量 x_{im} 与变量 x_{jm} 的相关性系数,即用来表示废水对象分类单位间相似程度的指标。

3.聚类分析的过程

运用 SPSS 软件对研究数据进行分析,其分析过程主要分为两个部分,具体如下:

(1)有效性检验。为确保所选择的数据正确、合理,对已经进行标准化的样本数据进行有效性检验。经检验,31 个样本全部有效。

(2)聚类分析。确定 4 个聚类后,对所有样本进行 K 均值聚类分析,经过 3 次迭代,得出各样本所属的类别,并对每个聚类中样本的个数进行汇总。其中第一类表示环境污染较轻,第二类表示环境污染中等,第三类表示环境污染较重,第四类表示环境污染严重。将废水排放总量和化学需氧量、氨氮的排放浓度应用聚类分析法进行联合分析后的所属类别见表7-4。

废水排放总量及化学需氧量、氨氮排放浓度联合分析后各样本的所属类别与距离　　表 7-4

所属类别(样本数)	样本序号	样　　本	距　　离
第一类(17 个)	1	重庆	91.48541
	2	安徽	37.55432
	3	江西	12.98008
	4	广西	19.19746
	5	辽宁	95.42404
	6	山东	31.62725
	7	云南	20.84617
	8	贵州	64.89077
	9	河北	52.1399
	10	河南	50.65551
	11	湖北	17.55088
	12	湖南	38.18752
	13	青海	100.4083

续上表

所属类别(样本数)	样本序号	样 本	距 离
第一类(17个)	14	山西	26.49422
	15	陕西	12.86124
	16	四川	13.79424
	17	西藏	26.76135
第二类(7个)	18	北京	68.25321
	19	上海	75.70415
	20	天津	63.40908
	21	福建	68.13697
	22	广东	53.47167
	23	江苏	23.50913
	24	浙江	4.58837
第三类(6个)	25	宁夏	14.82809
	26	甘肃	40.46279
	27	海南	107.5352
	28	吉林	20.58678
	29	内蒙古	152.45028
	30	新疆	40.71974
第四类(1个)	31	黑龙江	0

(三)计量结果分析

1.排放总量分析

由于目前我国对于环境质量的控制与改善,主要以总量的控制为着力点,因此按照废水排放总量由小到大的顺序对表7-3相关内容进行重新排序,结果见表7-5。

废水排放总量升序排列表(单位:万t)   表7-5

序号	省(自治区、直辖市)	废水排放总量	序号	省(自治区、直辖市)	废水排放总量	序号	省(自治区、直辖市)	废水排放总量
1	西藏	0.80	12	重庆	14.46	23	湖北	30.17
2	青海	2.30	13	陕西	14.49	24	河北	30.98
3	宁夏	3.60	14	黑龙江	14.97	25	湖南	31.20
4	海南	3.94	15	北京	15.07	26	四川	33.13
5	甘肃	6.60	16	云南	15.75	27	浙江	41.83
6	天津	9.20	17	江西	20.83	28	河南	42.28
7	新疆	10.10	18	广西	21.03	29	山东	51.24
8	贵州	11.09	19	上海	22.12	30	江苏	60.12
9	内蒙古	11.19	20	福建	26.06	31	广东	90.55
10	山西	11.58	21	辽宁	26.80			
11	吉林	11.89	22	安徽	27.60			

由表7-5可以看出,我国各地区因所处的自然环境、人文条件、社会经济发展程度,以及资源布局和产业结构等方面的差异,废水排放总量差异相当大。因此,应将我国各省(自治区、

直辖市)废水排放量多少与上述因素的关联性进行分析。

2.污染物浓度分析

按照废水中污染物排放平均浓度由小到大的顺序对表7-3相关内容进行重新排序,结果见表7-6和表7-7。

废水中化学需氧量排放平均浓度升序排列表(单位:百吨/亿吨)　　表7-6

序号	省(自治区、直辖市)	COD平均浓度	序号	省(自治区、直辖市)	COD平均浓度	序号	省(自治区、直辖市)	COD平均浓度
1	上海	101.45	12	云南	338.84	23	辽宁	453.6
2	北京	112.03	13	广西	339.26	24	青海	456.5
3	浙江	173.42	14	湖北	342.42	25	海南	498.08
4	江苏	182.97	15	江西	345.7	26	新疆	565.32
5	广东	184.49	16	山东	347.46	27	甘肃	565.69
6	天津	231.93	17	陕西	348.52	28	宁夏	619.15
7	福建	241.67	18	四川	367.13	29	吉林	624.89
8	重庆	267.22	19	西藏	372	30	内蒙古	757.44
9	贵州	294.59	20	山西	381.04	31	黑龙江	951.17
10	河南	311.9	21	湖南	393.91			
11	安徽	321.1	22	河北	409.46			

废水中氨氮排放平均浓度升序排列表(单位:百吨/亿吨)　　表7-7

序号	省(自治区、直辖市)	氨氮平均浓度	序号	省(自治区、直辖市)	氨氮平均浓度	序号	省(自治区、直辖市)	氨氮平均浓度
1	北京	12.57	12	重庆	35.48	23	内蒙古	44.05
2	上海	20.16	13	云南	35.85	24	吉林	44.66
3	广东	22.99	14	广西	36.16	25	西藏	45.33
4	江苏	23.7	15	安徽	36.44	26	山西	46.37
5	浙江	24.671	16	辽宁	37.31	27	宁夏	46.76
6	天津	26.52	17	湖北	39.91	28	湖南	49.49
7	山东	30.25	18	陕西	40.17	29	黑龙江	56.71
8	河南	32.88	19	新疆	40.22	30	甘肃	57.75
9	河北	33.15	20	四川	40.66	31	海南	58.45
10	福建	34.27	21	江西	41.28			
11	贵州	34.27	22	青海	42.63			

为了对废水中化学需氧量和氨氮进行浓度分析,需要相关的环境质量标准数据。根据中华人民共和国国家标准《地表水环境质量标准》(GB 3838—2002)有关数据,形成表7-8。

地表水环境质量标准项目标准限值(单位:mg/L) 表 7-8

分　类	项　目				
	Ⅰ类	Ⅱ类	Ⅲ类	Ⅳ类	Ⅴ类
	标准值				
化学需氧量	15	15	20	30	40
氨氮	0.15	0.5	1.0	1.5	2.0

注:Ⅰ类,主要适用于源头水、国家自然保护区。
　　Ⅱ类,主要适用于集中式生活饮用水、地表水源地一级保护区、珍稀水生生物栖息地、鱼虾类产场、仔稚幼鱼的索饵场等。
　　Ⅲ类,主要适用于集中式生活饮用水地表水源地二级保护区、鱼虾类越冬场、洄游通道、水产养殖区等渔业水域及游泳区。
　　Ⅳ类,主要适用于一般工业用水区及人体非直接接触的娱乐用水区。
　　Ⅴ类,主要适用于农业用水区及一般景观要求水域。

将表 7-8 中的浓度数据和表 7-6、表 7-7 相应数据进行比对,需根据式(7-6)将表 7-8 的单位 mg/L 转化为百吨/亿吨,转化后的数据,见表 7-9。

$$1mg/L = 10 \text{ 百吨/亿吨} \tag{7-6}$$

地表水环境质量标准项目标准转化后限值(单位:百吨/亿吨) 表 7-9

分　类	项　目				
	Ⅰ类	Ⅱ类	Ⅲ类	Ⅳ类	Ⅴ类
	标准值				
化学需氧量	150	150	200	300	400
氨氮	1.5	5	10	15	20

由表 7-6 和表 7-9 可知,2014 年全国各省(自治区、直辖市)废水中化学需氧量排放浓度情况为北京、上海两市废水中化学需氧量排放平均浓度小于 150 百吨/亿吨,达到国家地表水环境质量Ⅱ类标准;3 个省废水的平均浓度超过 150 百吨/亿吨且小于 200 百吨/亿吨,达到国家地表水环境质量Ⅲ类标准;4 个省(自治区、直辖市)的平均浓度达Ⅳ类标准;12 个省(自治区、直辖市)的平均浓度达Ⅴ类标准;10 个省(自治区、直辖市)的平均浓度超过 400 百吨/亿吨,废水中化学需氧量含量严重超标。

同样,由表 7-7 和表 7-9 可知,2014 年全国各省(自治区、直辖市)废水中氨氮排放浓度情况为除北京市废水中氨氮排放平均浓度达标Ⅳ类标准,其他 30 个省(自治区、直辖市)废水中氨氮排放平均浓度均超过 20 百吨/亿吨,废水中氨氮含量超标严重。

3.联合分析

由表 7-4 可以看出,根据 2014 年全国各省(自治区、直辖市)废水排放总量和污染物浓度的数据值,可以将 2014 年各省(自治区、直辖市)的水环境污染程度分为四类。由此可以看出我国水环境状况不容乐观,一些省(自治区、直辖市)的环境状况亟待改善。

同时,可以看出表 7-4 和表 7-5、表 7-9 所得的结论不完全一致。如对 2014 年吉林省相关数据进行分析,得出的结果是:单就排放总量分析,吉林省废水排放量较少,表明环境污染较轻;单就污染物浓度分析,吉林省环境污染较为严重;而联合分析表明,吉林省环境污染相对较为严重。这说明,单就排放总量或者单就污染物排放浓度作为环境污染程度的判据是不合适的,而排放总量与污染物浓度联合分析的结果则更为科学、客观。

第二节　环境经济系统的库兹涅茨曲线分析

环境库兹涅茨曲线是库兹涅茨曲线在环境经济领域分析中的应用。本节介绍库兹涅茨曲线与环境库兹涅茨曲线的基本概念,结合大气环境污染程度与经济发展的关系论述环境库兹涅茨曲线的分析应用。

一、库兹涅茨曲线与环境库兹涅茨曲线

(一)库兹涅茨曲线概述

库兹涅茨曲线(Kuznets Curve)也称"倒 U 形曲线"(Inverted U Curve),是由美国著名经济学家、诺贝尔经济学奖获得者库兹涅茨于 1955 年提出的关于收入分配状况随经济发展过程而变化的一种假说。库兹涅茨曲线是发展经济学中重要的概念,库兹涅茨认为:在经济未充分发展的阶段,收入分配将随着经济发展而趋于不平等,其后,经历收入分配暂时无大变化的时期,到达经济充分发展的阶段,收入分配将趋于平等。库兹涅茨经过对 18 个国家经济增长与收入差距实证资料的分析,得出了收入分配的长期变动轨迹是"先恶化,后改进"。如图7-1 所示,横轴表示经济发展的指标(通常为人均收入),纵轴表示收入分配不平等程度的指标,倒 U 形曲线关系用以解释经济发展过程中收入差距的变化,即收入不均现象随着经济增长先升后降。

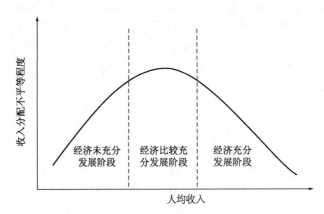

图 7-1　库兹涅茨曲线

库兹涅茨倒 U 形曲线假说提出后,一些学者就有关倒 U 形曲线形成的过程、导致倒 U 形曲线的原因以及收入差距、平等化过程等进行了许多讨论。一些研究者经过计算分析,得出许多国家的国别横断面资料都支持倒 U 形曲线假说,也有一些国家是倒 U 形曲线假说的反例,有分析指出对于倒 U 形曲线形状最有力的反例就是,作为世界上经济发展水平最高的美国,其贫富差距在世界上也是最高的几个国家之一。

关于库兹涅茨倒 U 形曲线假说的适用性问题,人们还在不断研究中。其中一个基本问题是,运用库兹涅茨倒 U 形曲线进行分析时,其经济周期的合理确定。

经济周期一般是指经济活动沿着经济发展的总体趋势所经历的有规律的扩张和收缩,是国民收入或总体经济活动扩张与紧缩的交替或周期性波动变化。经济周期分为繁荣、衰退、萧条和复苏四个阶段,也称为衰退、谷底、扩张和顶峰,这在图形上也更为形象。

经济周期从时间上可分为短周期、中周期、长周期。库兹涅茨曲线是以长周期经济周期为基础的。库兹涅茨在经济周期研究中提出了一种为期 15～25 年,平均长度为 20 年左右的经济周期,被称为"库兹涅茨周期"。关于其他经济周期理论对长周期经济周期的确定还有几种,如俄国经济学家康德拉季耶夫提出的为期 50～60 年的经济周期等。

库兹涅茨曲线研究的是收入分配状况随经济发展过程而变化的理论,库兹涅茨特别指出:经济增长与收入差距的长期变动轨迹是"先恶化,后改进",所以,在运用库兹涅茨曲线进行分析时,这个"长期变动轨迹"的时间长度在 20 年以上较为合适,可以基本反映出实际分析对象的库兹涅茨曲线态势。

在收入分配库兹涅茨曲线的基础上,人们还将其引申到经济与社会发展的许多领域,如第二产业中相关倒 U 形曲线、区域经济发展的倒 U 形曲线、环境污染的倒 U 形曲线及其他领域的库兹涅茨曲线等。

(二)环境库兹涅茨曲线概述

1. 环境库兹涅茨曲线

库兹涅茨曲线提出后,被应用于许多领域用以解释经济发展过程中某些问题先恶化后改善的过程,环境库兹涅茨曲线 EKC(Environmental Kuznets Curve)就是其应用之一。EKC 表示在经济发展过程中,环境状况先是恶化而后得到逐步改善。

环境库兹涅茨曲线假说描述的是,环境质量最初随着人均收入增加而退化,人均收入水平上升到一定程度后随收入增加而改善,即环境质量与经济发展为倒 U 形关系,如图 7-2 所示。

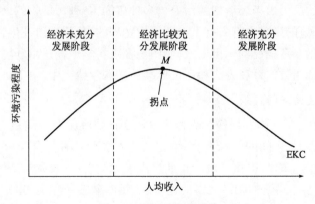

图 7-2 环境库兹涅茨曲线

图 7-2 中的横坐标为经济发展阶段,表示经济发展的指标有多种,在库兹涅茨曲线中,采用"人均收入"指标主要是针对收入分配不平等程度进行分析。在环境库兹涅茨曲线中,表示经济发展程度的可以采用"人均收入"指标,也可以采用"人均 GDP"指标,以及其他与分析环境污染程度相关的经济指标。但是采用不同经济指标建立的环境库兹涅茨曲线分析结果可能会存在差异性,结合相关多个经济指标进行环境库兹涅茨曲线分析,会减少这种差异性。

图 7-2 中的纵坐标为环境污染程度,环境污染程度是指人类活动向环境中排放的污染物

超过环境自净能力而产生危害的程度。环境污染的种类很多,按环境要素分为大气污染,水体污染、土壤污染等,所以需要分析对应的环境库兹涅茨曲线的环境污染要素就比较多,这也可能出现分析结果的差异性。这就需要根据具体的分析对象,确定具体污染物的污染程度,以进行环境库兹涅茨曲线分析,从而体现针对性要求。实际情况中,若环境因子与环境污染类别多,可以针对几种主要污染物与经济发展的环境库兹涅茨曲线分析,再进行深入对比分析。

环境库兹涅茨曲线认为,在经济未充分发展的阶段,工业化和城市化大量消耗自然资源,环境污染日趋严重,经济增长和污染程度是正向相关的;在经济较充分发展的阶段,随着经济的不断发展,科学技术的进步,产品与服务范围扩大及质量要求的提高,人类环保意识有所提高,污染程度开始降低;在经济充分发展的阶段,收入水平提高,人类的环境意识、文明意识提高,环境保护在经济发展中具有非常重要的地位,这个阶段的人均收入、人均 GDP 有很大的增加,环境质量有很大改善并进一步发展。图 7-2 中的 M 点为环境库兹涅茨曲线拐点,它表示污染程度随人均收入增长而增加转变为随人均收入增长而减少的拐点。也就是说,经济发展初期阶段的污染程度随着人均收入的增加而增加,经济充分发展阶段的污染程度随人均收入增加而减少。

由于环境污染常常是以复合状态存在,且人类活动产生的污染物也是以复合状态存在,所以单一的环境因子参数不能反映真实的环境污染综合状况,因此,采用环境污染指数这一综合指标作为综合环境污染程度的指标进行环境库兹涅茨曲线分析比较客观。应注意的是,各种环境参数主要是监测得来的指标值,而环境污染指数是由用各种环境参数以某种方法计算归纳出来的一种综合抽象值。所以对某一区域经济发展与环境污染的关系进行环境库兹涅茨曲线分析,结合使用单一环境指标与环境污染指数进行综合分析比较全面。

这里要进一步说明的是:环境污染综合指数(Comprehensive Index of Environmental Pollution)是反映环境质量综合状况的指标,是将大气、水、土壤、噪声等污染状况综合起来对环境质量进行评价的指数。但由于环境中的污染物多种多样,各种污染物的含量有高有低,它们的毒性有强有弱,对环境的影响也有大有小。即使把物理的、化学的以及生物学的方法测定的污染物及其他环境质量参数一一罗列出来,仍然不易客观科学地描述出环境污染的综合程度,所以关于环境污染综合指数的计算方法和评价标准还在探索研究中。

2. 环境库兹涅茨曲线的发展

1991 年,美国经济学家格罗斯曼和克鲁格首次实证研究了空气质量与人均收入之间的关系,指出了污染与人均收入间的关系为"污染在低收入水平上随人均 GDP 增加而上升,高收入水平上随 GDP 增长而下降",提出经济增长通过规模效应、技术效应与结构效应三种途径影响环境质量;1996 年,塞浦路斯的帕纳尤多应用 1955 年库兹涅茨界定的人均收入与收入不均等之间的倒 U 形曲线,首次将环境质量与人均收入间的关系称为环境库兹涅茨曲线(EKC)。

EKC 假说的提出引起了许多研究者的注意,因为这意味着更高、更好、更充分的经济增长不仅会改善我们的生活条件,还会降低环境污染程度。一些学者起初用最基本的模型检验人均收入与污染水平之间的关系,然而 EKC 的概念不能适用于所有的环境指标。一些学者对传统的 EKC 模型进行改进,引入了不同的经济发展指标和环境指标并对其适用性进行了分析。

EKC 曲线也有一些局限性。首先,EKC 曲线的研究局限在污染物与经济发展之间的关系,而不是整体环境质量与经济发展的关系;其次,EKC 曲线在大气污染物(如 CO_2)的验证上比较符合,对于具有一定积累性的污染物(如土壤污染)与经济发展之间的关系并不适用;最后,倒 U 形曲线只是污染程度与经济发展关系的一种基本形态,实际中还存在着其他形状的曲线。

二、数据分析概述

(一)数据准备

以环境经济系统为对象进行数据分析,与对其他研究对象进行分析一样,首先需要采集、搜集满足分析所需的数据。

数据是进行各种统计、计算、分析、研究所依据的数值。我们对某一对象进行定量分析的基础之一是收集所需的数据,基础数据一般通过调查、观察、实验等得到,部分数据可以在相关数据库或资料文献中共享取得。

对收集的数据进行处理是进行数据分析的基础。数据处理(Data Processing)是对所采集的各种形式的数据进行加工整理,从大量的原始数据抽取出满足分析要求的、有价值的信息的过程。这个过程包含对数据的收集、存储、加工、分类、归并、计算、排序、转换、检索等环节。

数据分析(Data Analysis)是指用适当的数学统计分析方法对收集来的大量数据进行分析,对数据加以详细研究和概括总结的过程。在实用中,数据分析可帮助人们做出判断,以便采取适当的行动。现在的数据处理、数据管理、数据分析以及各种数据处理方法的应用都离不开软件的支持。

(二)数据拟合

对于纳入分析的众多数据,需要根据分析对象的特点和要求,分析数据的特点和规律等,对数据进行必要的规整,以与所选择的分析模型较好地关联,这个过程称为拟合(Fitting)。

数据拟合又称曲线拟合,俗称拉曲线,形象地说,拟合就是把平面上一系列的点,用一条光滑的曲线连接起来,因为这条曲线有许多种可能,从而就有多种拟合方法。数据拟合是一种把现有数据通过数学方法来代入一条式子的表示方式,希望得到一个连续的函数,与已知数据相吻合。

一般拟合的曲线可以用函数表示,根据这个函数的不同,就有不同的拟合名字。如果待定函数是线性,就叫线性拟合或者线性回归,否则叫作非线性拟合或者非线性回归。有些分析对象的数据呈现出不同函数趋势,其待定表达式也可以是分段函数,这种情况下叫作样条拟合。现在利用 SPSS、Eviews、Matlab、Orign 及 States 等软件都可以实现相关指标的拟合分析。

反映模型拟合优度的重要统计量是决定系数 R^2(Coefficient of Determination),R^2 为回归平方和与总平方和之比。R^2 取值在 0 到 1 之间,无单位,其数值大小反映了回归贡献的相对程度。R^2 越大(接近于 1),说明模型的拟合效果越好,拟合度越优。

在环境经济系统的数值分析中,也多用拟合进行相关的分析工作。除了拟合以外,还有插值和逼近,它们是数值分析的三大基础工具。它们的区别在于:拟合是已知点列,从整体上靠近它们;插值是已知点列并且完全经过点列;逼近是已知曲线,或者点列,通过逼近使得构造的函数无限靠近它们。

(三)平稳性检验

单一变量按时间的先后次序产生的数据称为时间序列数据(Time-Series Data)。假定时间序列的基本特性取值,如均值、方差、协(自)方差等是与时间无关的常数,即不随时间发生变化,则称该时间序列是平稳的,反之,我们便称这样的时间序列是非平稳的。检验时间序列是否平稳的过程称为平稳性检验。

平稳分为严平稳和宽平稳。宽平稳也称弱平稳;严平稳是一种条件比较苛刻的平稳性定义,它认为只有当序列所有的基本特性都不会随着时间的推移而发生变化时,该序列才能被认为平稳。宽平稳是使用序列的特征统计量来定义的一种平稳性,它认为只要序列的一阶矩(期望)与二阶矩(方差)是随时间平移不变的,就能保证序列的主要性质近似稳定。严平稳条件比宽平稳条件苛刻,通常情况下,低阶矩存在的严平稳能推出宽平稳成立,而宽平稳序列不能反推严平稳成立。

用现有的时间序列数据来推测未来的发展变化,所用时间序列数据必须能在历史、当期以及未来阶段的一个长时期里维持不变,否则,基于历史和现状来预测未来的思路便是错误的。在环境经济系统分析的过程中,我们所用的数据均为时间序列数据,在进行拟合分析之前要先对其进行平稳性检验。利用 SPSS、Eviews 及 States 等软件均可进行数据的平稳性检验。

(四)模型选择

为分析环境污染程度与经济增长之间的相关性,可将环境污染、经济增长等项目用合适的定量指标表示,用合适的函数关系式反映环境指标与经济指标之间的数学关系。常用的函数关系式较多,如一次函数、二次函数、多次函数、指数函数、对数函数、幂函数等。无论采用哪个函数表达式,都需要统计一定时期内环境指标、经济指标的大量数据资料,经过数理统计、推算、检验后确定。

针对环境库兹涅茨曲线主要是倒 U 形曲线的特征,与其他函数表达式相比,在环境库兹涅茨曲线分析中,EKC 基本模型一般是基于式(7-7)。式(7-7)比较客观、合适地反映出环境与经济增长的相互关系,因而应用较广泛。

$$\ln E = \mu + \beta_1 \ln X + \beta_2 (\ln X)^2 + \beta_3 (\ln X)^3 \tag{7-7}$$

式中:E——环境污染程度;

X——经济发展指标,通常为人均收入或人均 GDP;

μ——误差项。

EKC 曲线的基本特征由参数 β_1、β_2、β_3 的值来确定。

(1)当 $\beta_1 = \beta_2 = \beta_3 = 0$ 时,环境污染程度与经济增长之间没有关系。

(2)当 $\beta_1 < 0$,$\beta_2 = \beta_3 = 0$ 时,环境污染程度与经济增长之间呈单调递减关系,环境污染程度随着经济的发展而降低,环境质量得到改善。

(3)当 $\beta_1 > 0$,$\beta_2 = \beta_3 = 0$ 时,环境污染程度与经济增长之间呈单调上升关系,环境污染程度随经济的发展而加重。

(4)当 $\beta_1 < 0$,$\beta_2 > 0$,$\beta_3 = 0$ 时,环境污染程度与经济增长之间呈二次曲线关系,曲线形状呈 U 形,即经济发展程度较低时,环境污染程度随着经济的增长而降低,环境质量得到改善;当经济发展程度处于较高水平时,环境污染程度随着经济的增长而加重。

（5）当 $\beta_1 > 0$, $\beta_2 < 0$, $\beta_3 = 0$ 时,环境污染程度与经济增长之间呈二次曲线关系,曲线形状呈倒 U 形,即经济发展程度较低时,环境污染程度随着经济的增长而加重恶化,当经济发展达到一定水平后即拐点处,环境污染程度随着经济的增长而降低改善。

（6）当 $\beta_1 > 0$, $\beta_2 < 0$, $\beta_3 > 0$ 时,环境污染程度与经济增长之间呈三次曲线关系,曲线形状呈 N 形,环境污染程度随着经济的增长先加重后降低改善,再陷入加重境地。

（7）当 $\beta_1 < 0$, $\beta_2 > 0$, $\beta_3 < 0$ 时,环境污染程度与经济增长之间呈三次曲线关系,曲线形状呈倒 N 形,环境污染程度随着经济的增长先降低后加重,后又降低。

三、环境库兹涅茨曲线应用分析

在本节应用分析中,根据环境库兹涅茨曲线的主要特点,以我国大气环境与经济增长之间的关系为实例,分析环境库兹涅茨曲线的应用。

（一）分析指标与数据

1. 指标选取

环境库兹涅茨曲线认为,环境污染程度最初随着人均收入增加而加大,人均收入水平上升到一定程度后,环境污染程度随收入增加而改善。

环境污染程度是一个综合性指标,它包括水环境污染程度、大气环境污染程度等二级环境污染程度指标。而二级环境污染程度指标又包括了许多具体的污染因子的污染程度指标。由于环境污染的类别很多,所以对应在环境库兹涅茨曲线分析中的环境污染因子也比较多,应用环境库兹涅茨曲线时就需要根据具体的分析对象来确定具体的污染程度指标,以体现其针对性要求。对于环境污染程度综合性指标的体现,可以在进行所需的主要污染物的污染程度与经济发展的环境库兹涅茨曲线分析的基础上,再进行进一步的综合分析。

由图 7-3 所示的 2011—2016 年大气环境中各污染物排放量可知, SO_2 排放量与氮氧化物排放量在大气环境污染物中占很大比重。2011 年之后的 SO_2 排放量与氮氧化物排放量变化趋势基本一致,本实例选取废气中的 SO_2 排放量作为大气环境污染程度指标进行分析。

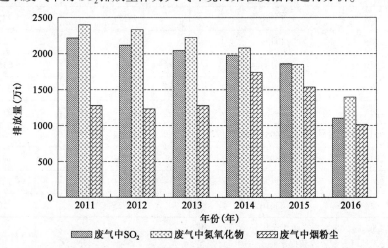

图 7-3　2011—2016 年大气环境中主要污染物排放量

注:各污染物排放量数据来源于全国环境统计公报。

衡量经济发展的指标有多种,在库兹涅茨曲线中,横轴表示的经济发展指标一般为"人均收入"。本实例分别采用"城镇居民人均可支配收入"和"人均GDP"指标作为经济指标,进行大气环境污染水平与经济增长的关系分析,以减小采用不同经济指标进行环境库兹涅茨曲线分析的差异性。

2. 数据选取

环境库兹涅茨曲线探究的是环境经济之间的长期变动轨迹,时间长度在20年以上较为合适,可以基本反映出实际分析对象的态势。本实例数据选取1997—2016年间废气中的SO_2排放量、城镇居民人均可支配收入(以下简称人均收入)及人均GDP,分别对废气中的SO_2排放量与人均收入,及废气中的SO_2排放量与人均GDP进行环境库兹涅茨曲线拟合分析,所涉及的具体数据见表7-10。

近20年全国城镇居民人均可支配收入、人均GDP、废气中SO_2排放量统计　　　表7-10

序　号	年份 (年)	城镇居民人均可支配收入 (元)	人均GDP (元)	废气中SO_2排放量 (万t)
1	1997	5160.3	6481	2346
2	1998	5425.1	6860	2090
3	1999	5854	7229	1857.5
4	2000	6280	7942	1995.1
5	2001	6859.6	8717	1948
6	2002	7702.8	9506	1927
7	2003	8472.2	10666	2158.7
8	2004	9421.6	12487	2254.90
9	2005	10493	14368	2549.40
10	2006	11759.5	16738	2588.80
11	2007	13785.8	20505	2468.00
12	2008	15780.8	24121	2321.00
13	2009	17174.7	26222	2214.00
14	2010	19109.4	30876	2185.00
15	2011	21809.8	36403	2217.91
16	2012	24564.7	40007	2117.60
17	2013	26955.1	43852	2043.90
18	2014	28843.9	47203	1974.40
19	2015	31194.8	50251	1859.10
20	2016	33616.2	53935	1102.86

注:1. 废气中的SO_2排放量数据来源于全国环境统计公报。

　　2. 城镇居民人均可支配收入数据来源于中国统计年鉴。

　　3. 人均GDP数据来源于国家统计局。

（二）实例分析的 EKC 模型构建

本实例应用环境库兹涅茨曲线分析的基本步骤如下：

（1）确定大气环境指标（因变量）、经济增长指标（自变量）。

（2）指标数据检验。

（3）建立大气环境指标与经济增长指标的回归方程。

（4）进行回归分析，进行模型拟合度检验，求解拐点值。

（5）预测分析环境质量随经济水平的发展趋势。

本实例选取 Orign 软件系统对数据进行曲线回归分析，分别选取人均收入及人均 GDP 指标为自变量、SO_2 排放量指标为因变量进行回归模拟，根据拟合结果参数值（β_1、β_2、β_3）构建 EKC 模型公式，分析曲线特征。

为了避免非平稳数据可能出现伪回归或伪相关，本实例先对所涉及的自变量及因变量的平稳性进行检验。本次平稳性检验选择在 Eviews7.0 中进行，依据表 7-10 中人均收入、人均 GDP 及 SO_2 排放量等指标建立三个时间序列数据，分别选择 ADF 单位根检验，结果显示三个时间序列数据均为二阶平稳，可以进行回归分析，SO_2 排放量与人均收入、SO_2 排放量与人均 GDP 的 EKC 拟合结果分别如图 7-4、图 7-5 所示。

（三）SO_2 排放量与经济增长的 EKC 曲线特征分析

由图 7-4、图 7-5 可知，1997—2016 年人均收入及人均 GDP 指标与 SO_2 排放量指标拟合方程决定系数 R^2 值分别为 0.65147 及 0.64703，模型的拟合效果均比较好，对环境库兹涅茨曲线有比较合理的验证意义，可以进一步对 EKC 曲线特征进行分析。

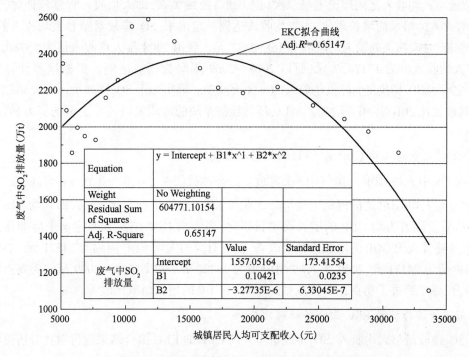

图 7-4　人均收入与废气中 SO_2 排放量 EKC 拟合曲线

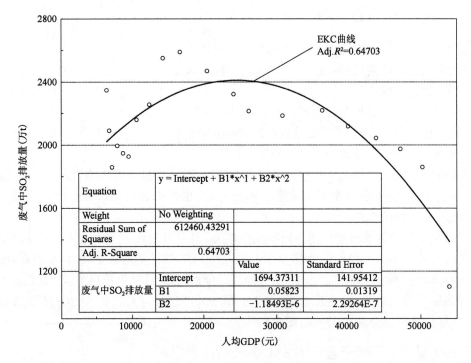

图7-5　人均GDP与废气中SO₂排放量EKC拟合曲线

1. SO₂排放量与人均收入的EKC曲线特征分析

由图7-4的人均收入与SO₂排放量拟合结果参数值$\beta_1>0,\beta_2<0,\beta_3=0$可知,废气中的SO₂排放量与人均收入之间理论上呈二次(倒U形)曲线关系,即人均收入程度较低时,SO₂排放量随着收入的增长而增长恶化,当人均收入达到一定水平,SO₂排放量随着人均收入的增长而减少改善,对应拐点处的人均收入为15898.37元。我国2008年人均收入值为15780.8元,2009年人均收入值为17174.7元,所以2008—2009年间为拐点区间。根据模型计算结果,2009年之后的SO₂排放量会随人均收入的增加而减少。但实际上SO₂排放量还有波动,2011年的SO₂排放量比2010年稍有增加。所以,环境经济系统的协调发展还需更多的努力和各方面的投入。

2. SO₂排放量与人均GDP的EKC曲线特征分析

由图7-5中人均GDP与废气中SO₂排放量拟合参数值$\beta_1>0,\beta_2<0,\beta_3=0$可知,废气中的SO₂排放量与人均GDP之间理论上也呈二次曲线关系,曲线形状呈倒U形,即人均GDP较低时,SO₂排放量随着人均GDP的增长而增长恶化,当人均GDP值达到一定水平后即拐点处,SO₂排放量随着人均GDP的增长而减少改善,拐点对应的人均GDP值约为24571元。2008年人均GDP值为24121元,2009年人均GDP值为26222元,所以2008—2009年间为拐点区间,在2009年EKC跨过了拐点,SO₂排放量随着人均GDP的增长而减缓改善。

3. 不同经济指标的EKC曲线特征对比分析

将SO₂排放量与人均收入、SO₂排放量与人均GDP的EKC拟合结果进行对比分析可知:二者分析结果相同之处在于其均得出2008—2009年间为拐点区间,我国在2008—2009年间进入了 EKC 拐点,此后大气中 SO_2 排放量随着经济的发展逐渐减缓,环境污染程度随着经济发展得到降低改善。同时,图 7-4 和图 7-5 所示的环境库兹涅茨曲线也表明,人均收入与人均 GDP 具有重要的关联度,都是衡量经济发展状况的重要指标。在 EKC 分析中,人均收入与人均 GDP 是了解和把握一个地区的宏观环境经济系统运行状况的有效经济指标。

另外,本实例只是针对 SO_2 排放量与经济增长的关系进行的 EKC 分析。前面我们论述了由于环境污染的种类很多,所以在环境库兹涅茨曲线中环境污染程度是一个综合性指标。在进行某一主要污染物的污染程度与经济增长的环境库兹涅茨曲线分析的基础上,需要再进一步进行综合环境污染程度的全面分析。一些研究机构和学者分别针对大气、水体和土壤环境等,设计出对应环境的综合污染指数,以表示该环境的综合污染程度或环境质量。这些综合污染指数可以应用于在环境库兹涅茨曲线中,以体现 EKC 的特点及要求。

第三节 环境经济系统脱钩分析

脱钩分析是指将经济和环境污染的相对变化关系进行比较,研究污染物及碳排放是否与经济发展相联系及其联系程度。脱钩分析作为众多环境经济关系分析方法中的一种方法,其评价方式比较规范,评价结果解释力较强,因此应用比较广泛。本节主要介绍脱钩分析的概念、类型及原理,并基于 2013—2015 年相关数据,对经济与污染物排放总量和增量指标进行脱钩分析。

一、脱钩理论概述

(一)脱钩理论的发展

脱钩(Decoupling)指的是在经济发展进程的起始阶段,物质能耗总量随经济总量的增长而增长,但在以后某个特定的发展阶段出现反向变化,从而在经济增长的同时,实现物质能耗下降,以脱钩这一术语表示两者关系的阻断。脱钩概念的提出最早在 20 世纪 60 年代。在 20 世纪 90 年代初,英国政府在一份关于可持续生产和消费的报告中针对可持续生产和消费提出了第一套脱钩指标。2002 年经济合作与发展组织(OECD)给出了基于驱动力-压力-状态-影响-反应(DPSIR)的脱钩评价指标,并给出了评价模型来衡量经济增长与环境的脱钩关系。2005 年芬兰期货研究中心的塔皮奥在对芬兰的城市交通研究中,分析了经济增长、二氧化碳排放与交通运输量直接的脱钩关系,提出了脱钩弹性的概念,并将脱钩类型加以细化,将脱钩状态分为八种类型。塔皮奥对脱钩状态的划分使得分析对象的各种可能的组合状况都可以得到合理界定,也使得脱钩理论体系化。脱钩理论的应用领域广泛,环境经济系统是脱钩理论应用的主要领域之一,形成了分析经济增长与资源消耗、环境污染之间联系的环境经济脱钩基本理论。国内对脱钩理论的研究与应用起步较晚,主要集中在分析碳排放、污染物排放、能源与经济的脱钩状态分析。

(二)脱钩模型

运用于环境经济领域的脱钩理论是指经济增长和环境污染的相对变化关系,对环境污染与经济增长的相对关系进行分析所构建的脱钩弹性模型为:

$$e = \frac{\Delta d_i}{D_i} \bigg/ \frac{\Delta g_i}{G_i} \qquad (7-8)$$

式中：e——脱钩弹性系数；

Δd_i——第 i 种污染物的增加值，$\Delta d = D_t - D_{t-1}$，t 为当期，$t-1$ 为基期；

D_i——第 i 种污染物排放量；

$\Delta d/D$——污染物变化率；

Δg_i——GDP 增加值，$\Delta g = G_t - G_{t-1}$，G 为 GDP 值；$\Delta g/G$ 为经济变化率。

式(7-8)中的脱钩弹性系数是一定时间范围内污染物排放增长率与经济增长率变化情况的比值，是单位污染物排放增量与单位经济增长量的比值，其大小与正负分别反映了污染物排放与经济增长变化的相对大小关系及变化方向的同异。一般在环境经济系统中，可以利用该公式对环境经济的协调性进行计算和分析。

（三）脱钩类型

脱钩类型可以分为两类，即相对脱钩和绝对脱钩。相对脱钩是指在经济发展过程中，对环境的压力以及对资源利用以一种相对较低的比率增长，也就是说，经济较快发展，环境压力和资源利用增加的相对较少。绝对脱钩是在经济发展的过程中对环境压力以及对资源利用的增长率在减小。在以环境经济协调发展理念指导下的环境经济系统运行中，相对脱钩最先发生，最终转变为绝对脱钩。

环境压力在下降一段时间后再次上升，称为出现了"复钩"状态。脱钩-复钩-脱钩是一个反复出现的过程。实现稳定的绝对脱钩需要一个长期的过程。在脱钩-复钩-脱钩的过程中，脱钩状态可以分为三类八种状态，即脱钩状态可以分为负脱钩、脱钩和联结三类。其中，负脱钩划分为扩张性负脱钩、强负脱钩、弱负脱钩三种；脱钩划分为弱脱钩、强脱钩和衰退性脱钩三种；联结可以划分为增长联结和衰退联结两种。其中强脱钩是实现环境经济系统发展的最理想状态，而强负脱钩为最不利状态。当经济总量保持持续增长（$\Delta\text{GDP} > 0$）时，污染物排放的 GDP 弹性越小，脱钩越显著，即脱钩程度越高。

（四）脱钩八种状态

根据 Tapio 对脱钩状态的划分，基于 Δd, Δg 和 e 值不同，脱钩可以分为三类八种状态，见表 7-11。

Tapio 对脱钩状态的划分　　　　　　　　　　　　　　表 7-11

脱　钩　状　态		污染物排放	经济增长	e 脱钩弹性值
负脱钩	扩张负脱钩	>0	>0	$e > 1.2$
	强负脱钩	>0	<0	$e < 0$
	弱负脱钩	<0	<0	$0 < e < 0.8$
脱钩	弱脱钩	>0	>0	$0 < e < 0.8$
	强脱钩	<0	>0	$e < 0$
	衰退脱钩	<0	<0	$e > 1.2$
联结	增长联结	>0	>0	$0.8 < e < 1.2$
	衰退联结	<0	<0	$0.8 < e < 1.2$

1. 负脱钩-扩张负脱钩

污染物排放增量与经济增长增量均为正,两者增速比值 e 大于 1.2,即污染物排放增量远大于经济增长增量。说明虽然经济发展呈上升趋势,但其发展依然在很大程度上依赖于能源消耗,或以环境污染为代价。

2. 负脱钩-强负脱钩

污染物排放增量为正,经济增长增量为负,两者增速比值小于 0。该状况下的经济发展与污染物排放均呈不良态势,即使以大幅能源消耗或环境污染为代价仍未达到经济增长的目的。

3. 负脱钩-弱负脱钩

污染物排放增量与经济增长增量均为负,两者增速比值介于 0 与 0.8 之间。该状况下的经济发展呈不良态势,即虽然在能源消耗或环境污染方面的治理得到了较显著的效果,但与此同时,经济增长也受到了一定程度的影响,造成了经济的负增长。

4. 脱钩-弱脱钩

污染物排放增量与经济增长增量均为正,两者增速比值介于 0 与 0.8 之间,即污染物排放增量略大于经济增长增量。说明虽然经济发展呈上升趋势,但其发展依然在一定程度上依赖于能源消耗或以环境污染为代价。

5. 脱钩-强脱钩

污染物排放增量为负,经济增长增量为正,两者增速比值小于 0。该状况与强负脱钩完全相反,经济发展与污染物排放均呈良性发展态势,即暂时摆脱了以大幅能源消耗(或以环境污染)为代价以达到经济增长的目的。

6. 脱钩-衰退脱钩

污染物排放增量与经济增长增量均为负,两者增速比值大于 1.2。该状况下的经济发展呈不良态势,即虽然在能源消耗或环境污染方面的治理得到了显著的效果,但与此同时,经济增长也受到了较大程度的影响,造成了经济的负增长。

7. 联结-增长联结

污染物排放增量与经济增长增量均为正,两者增速比值介于 0.8 ~ 1.2 之间,即污染物排放增量略大于经济增长增量。说明虽然经济发展呈上升趋势,但其发展依然在一定程度上依赖于能源消耗或以环境污染为代价。

8. 联结-衰退联结

污染物排放增量与经济增长增量均为负,两者增速比值介于 0.8 ~ 1.2 之间。该状况下的经济发展呈不良态势,即虽然在能源消耗或环境污染方面的治理得到了显著的效果,但与此同时,经济增长也受到了较大程度的影响,造成了经济的负增长。

二、总量与增量数据及分析

(一)总量数据与总量分析

总量即总的数量,一般指未经处理的原始数据。在进行环境经济系统分析时,总量一般为统计值,如各省份的环境统计公报及全国统计年鉴中的统计数据均为总量数据。对于经济与环境问题的研究大多数都是基于总量数据进行分析的。总量分析是指对某一研究对象的总量指标、数据及其变动规律进行分析。总量分析主要是对研究对象总体结构及总体状况的分析,其分析结果对把握全局具有重要作用。但总量分析也有局限性,主要是往往忽视个量对总量的影响。个量研究主要以单个活动主体为研究对象,在假定其他条件不变的前提下研究个体的行为和活动,其特点是把一些复杂的外在因素排除掉,突出个体的现状和特征。如在利用环境统计公报中的统计值数据(总量数据)进行分析时,由于各地区经济发展基础和规模不同,以及环境状况的特点和质量的不同,使得各地区环境经济结构存在一定差异,造成各地区不具有完全可比性,所以不易通过大区域总量分析来体现,从而可能导致分析上的不全面和指导上的偏差。

(二)增量数据与增量分析

增量即数据增加量,增量数据是指总量数据通过差值处理后得到的数据。增量分析是通过对某一研究对象不同时期的数据作差,根据差值分析其变化情况的一种方法,即通过增量数据进行的分析。这种方法将各研究对象发展的差异性考虑其中,通过增量分析研究对象动态变化的情况。基于增量数据的分析可以体现出各研究主体的发展情况,通过自身纵向比较,及与其他研究主体的横向比较,客观反映自身发展协调性程度与差距。增量分析是分析环境经济系统的一个重要方面。增量分析具有总量分析所不具有的特点,其不足在于从宏观上把握样本的整体情况,具有一定的局限性。

(三)总量分析与增量分析的关系

总量分析与增量分析各有优势与不足,两者是互为补充的关系。以环境经济系统分析为例,无论是采用总量分析还是增量分析,其目的都是为了通过对于不同地区污染物指标以及经济发展指标数据的分析,达到对于各地区发展情况协调性进行分析比较的目的。总量分析是增量分析的基础,而增量分析则是总量分析的补充和完善,是总量分析的动态性体现。总量分析与增量分析两者相辅相成,都是进行环境经济分析的重要基础。

三、基于总量与增量的脱钩分析模型

脱钩分析的数据模型包括基于总量的数据模型与基于增量的数据模型。

其中,基于总量数据的模型见式(7-8),利用其可以在环境经济系统中构建经济增长与环境污染的相对关系脱钩弹性模型,从而对环境经济协调性进行分析。

基于增量数据的脱钩模型与基于总量数据的脱钩模型对应如下:

$$Ie = \frac{\Delta Id_i}{ID_i} \bigg/ \frac{|\Delta Ig_i|}{|IG_i|} \tag{7-9}$$

式(7-9)由式(7-8)演化而来。式中:Ie 为增量脱钩弹性系数;ΔId_i 为第 i 种污染物增量的增加值,$\Delta Id = ID_t - ID_{t-1}$,$t$ 为当期,$t-1$ 为基期,ID_i 为第 i 种污染物排放增量,$\Delta Id/ID$ 为污染物排放增量变化率,$|\Delta Ig_i|$ 为 GDP 增加值变动量的绝对值,$\Delta Ig = IG_t - IG_{t-1}$,$|IG|$ 为 GDP 增加值的绝对值,$\Delta Ig/IG$ 为经济增值变化率。

基于增量数据的判别标准与基于总量数据的判别标准一致。

四、应用分析

（一）数据分析与处理

以污染物排放和国内生产总值的脱钩分析为例，对比分析基于总量数据与增量数据的脱钩分析过程及结果差异。选取 2015 年、2014 年及 2013 年全国 31 个省（自治区、直辖市）的废水中化学需氧量（COD）排放量、废气中二氧化硫（SO_2）排放量、工业固体废弃物产生量（ISW）以及国内生产总值（GDP）的数据进行分析。各指标的原始统计值数据见表 7-12，数据来源于 2014—2016 年《中国统计年鉴》。

各省（自治区、直辖市）国内生产总值与污染物排放量统计值数据 表 7-12

样 本	GDP（亿元）			COD（t）		
	2015 年	2014 年	2013 年	2015 年	2014 年	2013 年
北京	23014.59	21330.83	19800.81	161536	168840	178475
天津	16538.19	15726.93	14442.01	209099	214328	221515
河北	29806.11	29421.15	28442.95	1208059	1268548	1309947
山西	12766.49	12761.49	12665.25	405058	441324	461311
内蒙古	17831.51	17770.19	16916.5	835604	847660	863212
辽宁	28669.02	28626.58	27213.22	1167466	1216980	1252627
吉林	14063.13	13803.14	13046.4	724226	742999	761206
黑龙江	15083.67	15039.38	14454.91	1392704	1423852	1447318
上海	25123.45	23567.7	21818.15	198812	224361	235624
江苏	70116.38	65088.32	59753.37	1054591	1100043	1148888
浙江	42886.49	40173.03	37756.59	683197	725367	755113
安徽	22005.63	20848.75	19229.34	871056	885604	902684
福建	25979.82	24055.76	21868.49	609439	629822	638996
江西	16723.78	15714.63	14410.19	715583	720057	734470
山东	63002.33	59426.59	55230.32	1757630	1780422	1845706
河南	37002.16	34938.24	32191.3	1287209	1318692	1354232
湖北	29550.19	27379.22	24791.83	986096	1033126	1058215
湖南	28902.21	27037.32	24621.67	1207703	1228989	1249012
广东	72812.55	67809.85	62474.79	1606860	1670626	1733870
广西	16803.12	15672.89	14449.9	711167	743985	759383
海南	3702.76	3500.72	3177.56	187938	196001	194380
重庆	15717.27	14262.6	12783.26	379791	386394	391813
四川	30053.1	28536.66	26392.07	1186426	1216275	1231965
贵州	10502.56	9266.39	8086.86	318323	326668	328155
云南	13619.17	12814.59	11832.31	510264	533824	547227
西藏	1023.39	920.83	815.67	28836	27917	25773

样　本	GDP(亿元)			COD(t)		
	2015 年	2014 年	2013 年	2015 年	2014 年	2013 年
陕西	18021.86	17689.94	16205.45	489112	504916	519261
甘肃	6790.32	6836.82	6330.69	365671	373230	379126
青海	2417.05	2303.32	2122.06	104299	105011	103390
宁夏	2911.77	2752.1	2577.57	210997	219807	221925
新疆	9324.8	9273.46	8443.84	660255	670247	672383

样　本	SO_2(t)			ISW(万 t)		
	2015 年	2014 年	2013 年	2015 年	2014 年	2013 年
北京	71172	78906	87042	710	1021	1044
天津	71172	78906	87042	710	1021	1044
河北	185900	209200	216832	1546	1735	1592
山西	1108371	1189903	1284697	35372	41928	43289
内蒙古	1120643	1208225	1255427	31794	30199	30520
辽宁	1230946	1312436	1358692	26669	23191	20081
吉林	968767	994597	1027044	32434	28666	26759
黑龙江	362928	372256	381453	5385	4944	4591
上海	170844	188149	215848	1868	1925	2054
江苏	835059	904741	941679	10701	10925	10856
浙江	537826	574012	593364	4486	4542	4300
安徽	480073	492966	501349	13059	12000	11937
福建	337882	355957	361003	4956	4835	8535
江西	528065	534415	557704	10777	10821	11518
山东	1525670	1590237	1644967	19798	19199	18172
河南	1144252	1198182	1253984	14722	15917	16270
湖北	551358	583759	599353	7750	8006	8181
湖南	595473	623689	641321	7126	6934	7806
广东	678341	730147	761896	5609	5665	5912
广西	421199	466589	471987	6977	8038	7676
海南	32300	32564	32414	422	515	415
重庆	495802	526944	547686	2828	3068	3162
四川	717584	796402	816706	12316	14246	14007
贵州	852964	925787	986423	7055	7394	8194
云南	583739	636683	663091	14109	14481	16040
西藏	5373	4250	4192	400	383	362
陕西	735017	780954	806152	9330	8682	7491
甘肃	570621	575649	561981	5824	6141	5907

续上表

样　　本	SO₂(t)			ISW(万 t)		
	2015 年	2014 年	2013 年	2015 年	2014 年	2013 年
青海	150766	154276	156694	14868	12423	12377
宁夏	357596	377056	389712	3430	3694	3277
新疆	778330	852981	829431	7263	7790	9283

注:1. 表 7-12 中 GDP 表示各地区年度生产总值,来自国家统计局公布的各地区年度生产总值。

　2. 表 7-12 中 COD、SO₂、ISW 数据来自 2014—2016 年的《中国环境统计年鉴》。

在总量数据基础上,对数据进行做差处理,得到各指标不同时间区间的增量数据值,见表 7-13。

各省(自治区、直辖市)国内生产总值与污染物排放量增量数据　　　　表 7-13

样本	ΔGDP(亿元)		ΔCOD(t)		ΔSO₂(t)		ΔISW(万 t)	
	2015 – 2014	2014 – 2013	2015 – 2014	2014 – 2013	2015 – 2014	2014 – 2013	2015 – 2014	2014 – 2013
北京	1683.76	1530.02	− 7304	− 9635	− 7734	− 8136	− 311	− 23
天津	811.26	1284.92	− 5229	− 7187	− 23300	− 7632	− 189	143
河北	384.96	978.2	− 60489	− 41399	− 81532	− 94794	− 6556	− 1361
山西	5	96.24	− 36266	− 19987	− 87582	− 47202	1595	− 321
内蒙古	61.32	853.69	− 12056	− 15552	− 81490	− 46256	3478	3110
辽宁	42.44	1413.36	− 49514	− 35647	− 25830	− 32447	3768	1907
吉林	259.99	756.74	− 18773	− 18207	− 9328	− 9197	441	353
黑龙江	44.29	584.47	− 31148	− 23466	− 15917	− 16846	1183	218
上海	1555.75	1749.55	− 25549	− 11263	− 17305	− 27699	− 57	− 129
江苏	5028.06	5334.95	− 45452	− 48845	− 69682	− 36938	− 224	69
浙江	2713.46	2416.44	− 42170	− 29746	− 36186	− 19352	− 56	242
安徽	1156.88	1619.41	− 14548	− 17080	− 12893	− 8383	1059	63
福建	1924.06	2187.27	− 20383	− 9174	− 18075	− 5046	121	− 3700
江西	1009.15	1304.44	− 4474	− 14413	− 6350	− 23289	− 44	− 697
山东	3575.74	4196.27	− 22792	− 65284	− 64567	− 54730	599	1027
河南	2063.92	2746.94	− 31483	− 35540	− 53930	− 55802	− 1195	− 353
湖北	2170.97	2587.39	− 47030	− 25089	− 32401	− 15594	− 256	− 175
湖南	1864.89	2415.65	− 21286	− 20023	− 28216	− 17632	192	− 872
广东	5002.7	5335.06	− 63766	− 63244	− 51806	− 31749	− 56	− 247
广西	1130.23	1222.99	− 32818	− 15398	− 45390	− 5398	− 1061	362
海南	202.04	323.16	− 8063	1621	− 264	150	− 93	100
重庆	1454.67	1479.34	− 6603	− 5419	− 31142	− 20742	− 240	− 94
四川	1516.44	2144.59	− 29849	− 15690	− 78818	− 20304	− 1930	239
贵州	1236.17	1179.53	− 8345	− 1487	− 72823	− 60636	− 339	− 800
云南	804.58	982.28	− 23560	− 13403	− 52944	− 26408	− 372	− 1559
西藏	102.56	105.16	919	2144	1123	58	17	21

续上表

样本	ΔGDP(亿元)		ΔCOD(t)		ΔSO₂(t)		ΔISW(万t)	
	2015 - 2014	2014 - 2013	2015 - 2014	2014 - 2013	2015 - 2014	2014 - 2013	2015 - 2014	2014 - 2013
陕西	331.92	1484.49	-15804	-14345	-45937	-25198	648	1191
甘肃	-46.5	506.13	-7559	-5896	-5028	13668	-317	234
青海	113.73	181.26	-712	1621	-3510	-2418	2445	46
宁夏	159.67	174.53	-8810	-2118	-19460	-12656	-264	417
新疆	51.34	829.62	-9992	-2136	-74651	23550	-527	-1493

注:表7-13中数据均为增量,即两年数据之差。

根据表7-12、表7-13数据,以2015年的GDP与SO₂为例进行初步分析,按照总量增序做出图7-6、图7-7。图7-6、图7-7为2015年各地区GDP和SO₂的总量与增量的对比分析图。

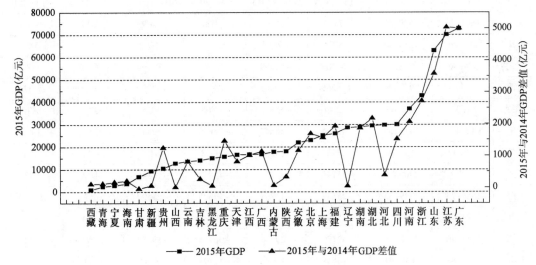

图7-6 2015年各地区GDP总量与增量分布

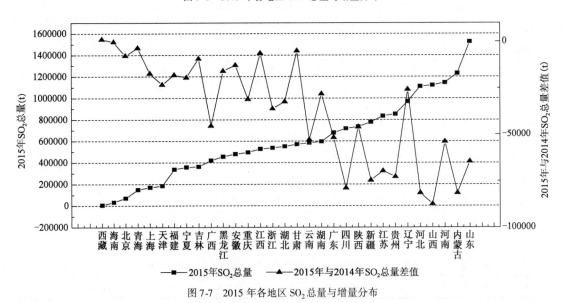

图7-7 2015年各地区SO₂总量与增量分布

由图 7-6、图 7-7 可以看出,不同指标在图中的变化是不一样的。由图 7-6 可知,各地区经济指标 GDP 的总量与增量变化总体上呈正相关,说明各地区的经济增长为稳中向上的趋势。由图 7-7 可知,各地区污染物指标 SO_2 的总量与增量变化呈现明显的负相关,说明各地区的 SO_2 的增量基本呈降低的趋势,而经济增长为稳中向上的趋势。从全国的总体情况来看,各个地区的环境经济协调性呈现出一定的地域差异,浙江、江苏、广东的经济总量较大而污染物排放量的增量较低,说明这些地区在经济发展和环境治理方面领先于全国其他地区。从以上分析可以看出,总量分析只是绝对量分析,可以看出不同指标在不同地区的同一时间节点的大小,而增量分析反映出不同指标在一段时间内的发展趋势,可以弥补总量分析的不足,从而对环境经济的整体性做出更加客观科学地分析判断。

(二)脱钩类别分析

对各地区 2015 年经济增长与污染物排放的数据指标进行计算分析,计算 2015 年总量 e 值及 2015 年增量 e 值。其中,在对污染物指标的数据处理时,对废水中化学需氧量增速,废气中二氧化硫排放量增速以及工业固体废弃物产生量增速分别赋予 0.4,0.4,0.2 的权重,相关结果见表 7-14。

2015 年各地区经济增长与环境污染脱钩状态分析   表 7-14

样本	污 染 物		经 济		e 值		发 展 评 价	
	总量增速	增量增速	总量增速	增量增速	总量脱钩弹性	增量脱钩弹性	基于总量	基于增量
北京	-0.117	-2.388	0.079	0.100	-1.488	-23.763	强脱钩	强脱钩
天津	-0.076	-1.177	0.052	-0.369	-1.475	3.192	强脱钩	衰退脱钩
河北	-0.078	-0.892	0.013	-0.606	-5.942	1.471	强脱钩	衰退脱钩
山西	-0.051	0.526	0.000	-0.948	-130.938	-0.555	强脱钩	强负脱钩
内蒙古	-0.001	-0.191	0.003	-0.928	-0.154	0.206	强脱钩	弱负脱钩
辽宁	0.000	0.121	0.001	-0.970	-0.252	-0.125	强脱钩	强负脱钩
吉林	-0.002	0.032	0.019	-0.656	-0.122	-0.048	强脱钩	强负脱钩
黑龙江	0.015	0.776	0.003	-0.924	5.179	-0.840	扩张负脱钩	强负脱钩
上海	-0.088	-0.246	0.066	-0.111	-1.337	2.217	强脱钩	衰退脱钩
江苏	-0.051	-1.176	0.077	-0.058	-0.666	20.445	强脱钩	衰退脱钩
浙江	-0.051	-0.761	0.068	0.123	-0.754	-6.194	强脱钩	强脱钩
安徽	0.001	3.006	0.055	-0.286	0.011	-10.525	弱脱钩	强负脱钩
福建	-0.028	-1.315	0.080	-0.120	-0.353	10.928	强脱钩	衰退脱钩
江西	-0.008	0.754	0.064	-0.226	-0.125	-3.331	强脱钩	强负脱钩
山东	-0.015	0.105	0.060	-0.148	-0.251	-0.711	强脱钩	强负脱钩
河南	-0.043	-0.418	0.059	-0.249	-0.721	1.681	强脱钩	衰退脱钩
湖北	-0.047	-0.873	0.079	-0.161	-0.590	5.427	强脱钩	衰退脱钩
湖南	-0.019	-0.021	0.069	-0.228	-0.283	0.093	强脱钩	弱负脱钩
广东	-0.046	-0.101	0.074	-0.062	-0.618	1.627	强脱钩	衰退脱钩
广西	-0.083	-4.202	0.072	-0.076	-1.150	55.403	强脱钩	衰退脱钩
海南	-0.056	-3.880	0.058	-0.375	-0.967	10.351	强脱钩	衰退脱钩
重庆	-0.046	-0.599	0.102	-0.017	-0.452	35.895	强脱钩	衰退脱钩
四川	-0.076	-3.329	0.053	-0.293	-1.440	11.365	强脱钩	衰退脱钩

样本	污 染 物		经 济		e 值		发 展 评 价	
	总量增速	增量增速	总量增速	增量增速	总量脱钩弹性	增量脱钩弹性	基于总量	基于增量
贵州	-0.051	-1.810	0.133	0.048	-0.381	-37.692	强脱钩	强脱钩
云南	-0.056	-0.553	0.063	-0.181	-0.893	3.056	强脱钩	衰退脱钩
西藏	0.128	7.078	0.111	-0.025	1.147	-286.285	增长联结	强负脱钩
陕西	-0.021	-0.461	0.019	-0.776	-1.126	0.594	强脱钩	弱负脱钩
甘肃	-0.022	-1.131	-0.007	-1.092	3.223	1.036	衰退脱钩	弱负脱钩
青海	0.028	9.674	0.049	-0.373	0.558	-25.967	弱脱钩	强负脱钩
宁夏	-0.051	-1.805	0.058	-0.085	-0.879	21.205	强脱钩	衰退脱钩
新疆	-0.055	-3.010	0.006	-0.938	-9.844	3.208	强脱钩	衰退脱钩

(三)基于总量与增量的脱钩分析

从全国总体情况来看,大部分地区在2014—2015年间的环境经济发展基本实现了脱钩,说明近年来各地区发展的环境经济协调性状态整体较好。如北京、天津等多数地区,其2015年脱钩状态为强脱钩,基本摆脱经济增长以环境污染为代价的发展模式,向绿色发展模式迈进;与此同时还存在一些未脱钩地区,如黑龙江、安徽、西藏等。

结合增量脱钩弹性系数分析,各地的发展趋势不容乐观。如天津市发展状态,基于2015年统计数据分析的结果为强脱钩,但基于增量数据分析的结果为衰退脱钩,说明其2015年环境经济协调性较好但发展趋势不佳;湖南省发展状态,基于2015年统计数据分析的结果为强脱钩,但基于增量数据分析的结果为弱负脱钩,说明该地区的环境经济协调性模式还未稳定性地建立。各地区发展仍存在差异性和不稳定性。

各地区2015年脱钩弹性及增量脱钩弹性如图7-8所示,由图7-8可结合2015年脱钩弹性及增量脱钩弹性对各地区发展质量做进一步分析。

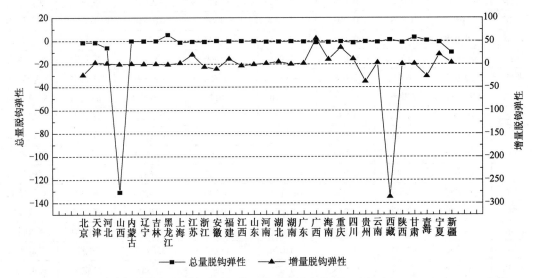

图7-8　2015年各地区总量脱钩弹性及增量脱钩弹性对比

全国各地区在2014—2015年间的脱钩弹性系数值总体保持稳定,但也存在数值水平在全国较突出的地区,如山西省,其脱钩弹性值最小,且为强脱钩,分析其原因,该省在 2014—2015 时间段内的污染物排放开始初步得到有效控制,但同时其经济增长速度在全国处于较低水平, 其"强脱钩"是"相对脱钩"。故在分析脱钩状态时,不仅应简单只注重脱钩弹性数值及评价结 果,还应综合结合其污染物排放增量及经济增长增量,对各地区发展情况及环境经济的协调性 做出客观系统的评价。2015 年增量脱钩弹性系数值差异性比 2015 年脱钩弹性系数较显著。

(四)脱钩分区与分类

2015 年各地区的脱钩状态按两个脱钩弹性值指标进行分类,结果如图 7-9 所示。

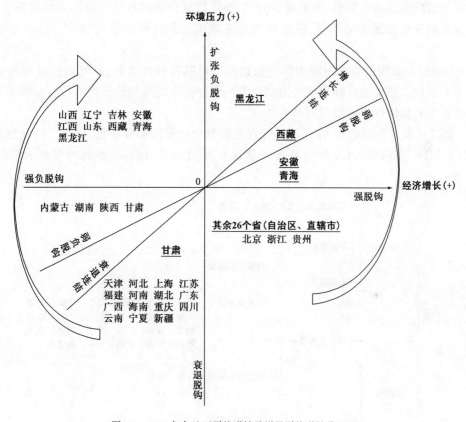

图 7-9 2015 年各地区脱钩弹性及增量脱钩弹性分区图

注:加下画线黑体字体表示 2015 年各地统计值脱钩状态分类,宋体字体表示 2015 年各地增量脱钩状态分类。

图 7-9 反映了全国 31 个地区的脱钩分区情况。总体脱钩状态优劣为:处于纵轴(环境压 力)右侧的四区域均优于左侧四区域,而左右两侧的协调性依据箭头方向依次减弱。经过脱 钩分析可以看出,依据各省(自治区、直辖市)的相关环境污染数据和经济增长数据,全国各地 区发展状态已经基本摆脱了负脱钩以及脱钩联结阶段,说明各地区的环境和经济增长已基本 协调,发展经济已基本摆脱以大幅的环境污染为代价的模式;但在各地区达到环境经济基本协 调性基础上,根据增量脱钩弹性系数,各地区发展趋势仍存在一定的差异性。

综合脱钩弹性系数及增量脱钩弹性系数,全国 31 个省(自治区、直辖市)共可分以下三种 类型:

(1)双脱型。双脱型指根据脱钩弹性系数和增量脱钩弹性系数,经济增长与污染物排放属于脱钩的状态。根据脱钩程度大小,双脱型又可进一步分为双强脱型、单强脱型及双弱脱型,其中的单强脱型又可进一步分为状态单强脱型和增量单强脱型等。根据2015年统计数据及增量数据分析,属于双脱型地区的环境经济协调性状态较好,且其增量脱钩弹性系数值大于脱钩弹性系数值,说明其发展的协调性有继续保持的趋势。

(2)单脱型。单脱型指根据脱钩弹性系数和增量脱钩弹性系数,环境经济增长与污染物排放状态及发展趋势中有一者脱钩,一者未脱钩。根据脱钩程度大小,单脱型又可进一步分为状态单脱型和增量单脱型,其中状态单脱型又可进一步分为状态强单脱型和状态弱单脱型,增量单脱型又可进一步分为增量强单脱型和增量弱单脱型。2015年我国大部分地区大都集中在单脱型中的状态单脱型类型,即根据2015年统计数据分析的环境经济协调性状态较好,但根据增量数据分析发展趋势不佳,说明环境经济系统协调性和发展趋势有待进一步稳定及提高。

(3)未脱型。未脱型指根据脱钩弹性系数和增量脱钩弹性系数,环境经济系统状态及发展趋势均未脱钩。该类地区环境经济协调性及环境经济系统发展趋势均不佳。说明该类地区环境经济系统的整体性发展亟待提高和加强。

结合图7-9及其分析论述,按照脱钩弹性系数及增量脱钩弹性系数,按照三种类型对全国31个省(自治区、直辖市)环境经济系统的状况及其发展进行归类,脱钩类型细分后结果如图7-10所示。

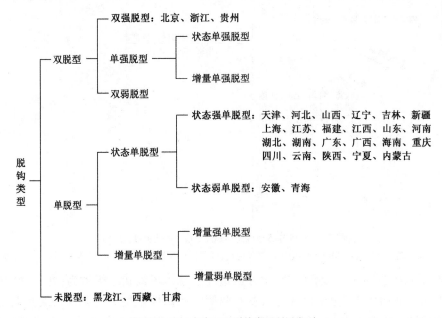

图7-10　2015年各地区脱钩类型所属类别

通过分析可得,地区所在地理位置、产业类型等是影响分析结果的重要因素。全国大部分地区集中属于"状态强单脱型"及"状态弱单脱型"类别,基于增量的分析均未脱钩,说明大部分地区在分析时间段内,环境经济发展状态较好但趋势不佳。"未脱型"省份比较集中在西北地区,东北的黑龙江及西南的西藏地区,这些地区经济增长动力还不充分。北京、浙江等属于"双强脱钩型"地区,在经济增长已经达到较高层次的基础上,走绿色发展道路,环境经济发展趋势已经处于强脱钩范围。在新时代的发展过程中,我们应以绿色发展理念为指导,实现经济增长动力的多元化,大力发展低碳低污染产业,推进发展方式向质量效益型、环保节约型转变,走绿色发展道路,稳定地实现经济增长与环境污染的脱钩。

复习思考题

1.名词解释

环境经济系统分析 污染物排放总量 污染物排放浓度 聚类分析 库兹涅茨曲线 环境库兹涅茨曲线 经济发展指标 脱钩 总量分析 增量分析

2.选择题

(1)多元分析的三大实用分析方法不包括以下哪一个?(   )

    A.聚类分析　　　　B.回归分析　　　　C.判断分析　　　　D.计量分析

选择说明:

(2)聚类分析可以应用于以下哪些领域?(   )

    A.不同地区城镇居民收入和消费状况的分类研究

    B.区域经济及社会发展水平的综合评价

    C.某地区房价与轨道交通的相关关系研究

    D.环境保护领域的分析评价

选择说明:

(3)环境库兹涅茨曲线反映了经济发展与环境污染程度关系的变化。请根据图 7-2 说明,发达国家环境污染水平于 M 点以后发生转变的原因可能是(   )。

    A.经济发展快速减慢　　　　　　B.工业技术进步

    C.增加环保投入　　　　　　　　D.产业结构调整

选择说明:

(4)脱钩包括以下哪些类型?(   )

    A.负脱钩　　　　B.强脱钩　　　　C.脱钩联结　　　　D.弱脱钩

选择说明:

(5)以下不属于关于总量分析与增量分析关系描述的是(   )。

    A.目的都是为了通过对于不同地区指标数据的分析,达到对于各地区发展情况分析比较的目的

    B.总量分析与增量分析各有优势与不足,两者是互为补充的关系

    C.增量分析是总量分析的基础,而总量分析则是增量分析的补充和完善,是增量分析的动态性体现

    D.总量分析与增量分析两者相辅相成,都是进行环境经济分析的重要基础

选择说明:

3.计算分析题

(1)根据表 7-15 中的数据,作出工业废气中 SO_2 排放量与人均 GDP 的散点图,并进行 EKC 曲线拟合,根据散点图与拟合曲线进行分析。

近 20 年人均 GDP 及工业废气中 SO₂排放量统计　　　　　　　　表 7-15

序号	年份(年)	人均 GDP(元)	工业废气中 SO₂排放量(万 t)	序号	年份(年)	人均 GDP(元)	工业废气中 SO₂排放量(万 t)
1	1995	5091	1405	12	2006	16738	2234.8
2	1996	5898	1397	13	2007	20505	2140
3	1997	6481	1852	14	2008	24121	1991.3
4	1998	6860	1593	15	2009	26222	1865.9
5	1999	7229	1460.1	16	2010	30876	1864.4
6	2000	7942	1612.5	17	2011	36403	2017.2
7	2001	8717	1567	18	2012	40007	1911.7
8	2002	9506	1562	19	2013	43852	1835.2
9	2003	10666	1791.4	20	2014	47203	1740.4
10	2004	12487	1891.4	21	2015	50251	1556.7
11	2005	14368	2168.4				

注:表中人均 GDP 数据来自国家统计局,污染物排放数据来自全国环境统计公报。

(2)表 7-16 为我国某市 2012—2014 年有关经济指标及污染物排放指标,试根据所给数据计算该市 2014 年总量脱钩弹性及增量脱钩弹性,并分析该市有关经济指标及污染物排放指标属于哪种脱钩类别。

各省(自治区、直辖市)国内生产总值与污染物排放量统计值数据　　　表 7-16

年份(年)	GDP(亿元)	COD(t)	SO₂(t)	ISW(万 t)
2012	4366.1	24381	83063	258.22
2013	4884.13	21615	69103	254.85
2014	5492.64	20137	62604	249.37

4. 论述题

(1)在进行环境经济系统分析时,如何选择系统分析方法?

(2)为什么要对污染物排放进行总量和浓度的联合分析?

(3)简述环境库兹涅茨曲线假说。

(4)简述对环境库兹涅茨曲线所涉及的经济发展指标及环境污染程度指标的理论。

(5)脱钩可以分为哪两大类?分别阐述各自的含义。

第八章

环境经济政策

面临资源约束趋紧、环境污染严重、生态系统退化、环境资源处于承载力上限居高不下的新挑战,环境经济政策已成为环境政策的重要组成部分之一。环境经济政策是充分发挥市场机制有效作用的重要抓手,也是破解资源环境约束,推进环境管理转型,解决社会经济新常态对环境保护提出新要求的重要支撑。

第一节 环 境 政 策

环境政策是体现国家环境战略思想和内容,将环境战略与对策、将环境保护理论与实践连接为一个有机整体的桥梁,是实现一定历史时期环境保护任务和目标的行动准则和指南,是推动和指导经济与环境可持续协调发展的重要依据和措施。环境政策作为一项重要的公共政策,其实施对一个国家和地方的社会经济发展将产生重要且深远的影响。

一、环境政策概述

(一)概念

环境政策是公共政策体系中的一个重要组成部分,在政策总体框架下,针对环境保护制定的政策统称为环境政策。具体来说,环境政策是一个国家在环境保护方面确定的具有政策形式和政策规范性的大政方针,直接关系到国家的环境立法和环境管理,也直接关系到国家的环境整体状况改善的一个政策体系。

我国的环境政策是指由国务院制定并公布或由国务院有关主管部门,省、自治区、直辖市制定的,经国务院批准发布,为保护和改善环境,防治环境污染和生态破坏等,而决定并实施的战略、方针、行动、计划、原则、措施和其他各种对策的环境保护规范性文件。

环境政策实施是环境保护的重要组成部分,是为了确保在各种社会、经济活动中实现环境政策目标,保护生态环境,树立尊重自然、顺应自然、保护自然的生态文明理念,实践绿色发展战略的保障,也是构建生态文明制度体系必不可少的重要组成部分。2015年5月,国务院在《关于加快推进生态文明建设的意见》中,明确坚持节约资源和保护环境的基本国策,把生态文明建设放在突出的战略位置,融入经济建设、政治建设、文化建设、社会建设各方面和全过程,全面促进资源节约利用,加大自然生态系统和环境保护力度。在国家对环境保护不断提出新要求的背景下,需要不断地丰富和完善环境政策的组成和内容。

(二)环境政策的特点

环境政策除具备公共政策的一般特点外,还具有以下特征。

1. 调整对象的特殊性

环境政策的制定在于调整人与人之间的关系,并最终调整人与自然的关系,注重保护人与自然和谐共生的关系和秩序。环境政策的根本目的和宗旨,是保护人类赖以生存发展的环境,协调人与环境的关系。

2. 综合性

环境政策调整对象的特殊性,决定了环境政策必须具有很强的综合性或广泛性。主要表现在三个方面:第一,环境政策调整的关系涉及经济关系、社会关系、行政管理关系、技术关系等;第二,环境政策主体广泛,客体丰富,责任涉及环境与经济社会发展各个领域;第三,环境政策的实施形式和措施多样化,为取得良好环境效果,需综合使用不同的环境政策。

3. 科学技术性

环境政策的制定需要依据社会经济规律和自然生态规律,还需要依据人与自然相互作用规律,需要利用科学技术促进人类可持续发展。环境政策中的许多规定措施来自环境科学研究和实践成果,并通过技术性规范和技术性政策予以确立。

4. 公益性

环境政策最根本的目的在于维护人类的可持续发展,其出发点和目的是为了人类共同利益。环境政策公益性的表现形式和实施结果,是环境政策的共同性的必然体现,与其他政策相比,各国环境政策有许多共同的、可以相互借鉴的内容。

(三)环境政策的主要类型

随着人类对环境问题认识的不断深入,以及社会经济的发展变化,越来越多的环境政策被制定并应用于环境保护领域,环境政策在不断地丰富和完善。

国内外相关机构和学者从不同的角度对环境政策进行了分类:如经济合作与发展组织

(OECD)将环境政策分为直接管制类(如市场准入、环境标准等)、经济激励类(如税收等)和相互沟通类(如信息披露等)三大类型;世界银行将环境政策划分为利用市场、创建市场、环境管制和公众参与四种类型;根据所使用的主要手段和方法,环境政策可分为环境行政管理政策、环境经济政策、环境社会政策、环境技术政策、环境信息政策、国际环境政策等;根据对管理对象的约束性,环境政策可以分为命令控制型、经济激励型和自愿型三类政策,这种分类目前被普遍适用于环境政策及其效应的研究方面。环境政策的分类是为了满足在不同社会政治、经济条件下,对各种环境政策进行选择或组合,以达到减少环境污染、促进环境资源合理利用和有效配置的目的。

1. 命令控制型环境政策

命令控制型环境政策主要是指利用法律和行政管理的手段和方法,直接对环境经济系统中的各种活动进行管理和调控的环境政策。这种类型的环境政策的主要内容是由国家立法机构制定相关的法律法规(如环境保护法、各类环境保护单行法、环境保护行政法规、环境保护部门规章等)、行政管理部门颁布有关环境制度(环境影响评价制度、"三同时"制度、许可证制度、污染物排放总量控制制度等)和环境标准(环境质量标准、污染物排放标准等)为基础开展的直接管制的环境政策。命令控制型政策具有对活动者行为进行直接控制,并且在环境效果方面存在较大确定性的突出优点,但也存在着信息量巨大,运行成本高,缺乏激励性、公平性和灵活性等缺点。

2. 经济激励型环境政策

经济激励型环境政策是指为了达到环境保护和经济发展相协调的目标,利用生态规律和经济利益关系,根据价值规律,运用价格、税收、信贷、成本和利润等经济杠杆,影响或调节有关当事人经济活动的环境政策。与命令控制型政策相比,经济激励型环境政策的手段具有经济效果良好,灵活性和激励性较高等优点,但同时也存在环境效果不明确,易受技术水平限制等缺点。虽然经济刺激型环境政策具有以上优点,但必须注意的是,经济刺激型环境政策是建立在命令控制型政策实施的基础上的,是强制性手段的有效补充,也是环境政策的必要组成。

3. 自愿型环境政策

自愿型环境政策是指由环境行政管理部门、行业管理部门或行业协会,以及各类国际组织发起,通过不受法律法规强制性约束的各种自愿型环境保护行为准则和环境管理标准来推动活动者改善行为的一类环境政策。在实践过程中,自愿型环境政策显示出良好的自我环境管理效果,越来越多的国家将其作为命令控制型和经济激励型环境政策的良好补充,典型的自愿型政策有信息公开、自愿协议和环境教育等政策。

这类政策虽然没有命令控制型政策的强制性特点,但是通过对公众开展环境教育,对活动者相关的环境信息进行公开,在公众环境意识逐渐增强的条件下,外部压力会直接影响活动者的决策和实际行为,使其自行采取环境友好型的行为,以塑造良好的社会和市场形象。所以,自愿型环境政策具有自我激励性、较好的灵活性、环境目标明确性等优点,但也存在环境效果不确定的缺点。同时,自愿型环境政策的实施需要法律法规体系的不断完善、社会公众和活动者自身的环境意识提高、环境监督机制的建立健全作为保障。

综上,以上三类环境政策各具优缺点,在解决复杂的环境问题时,没有哪一类环境政策能够独立应对,所以,环境政策的发展和应用应形成不同类型的环境政策的组合和优化组合,共同规范环境经济系统中的各种活动的发生。

二、我国环境政策的发展

(一)发展历程

1. 起步构建(20 世纪 70 年代)

1973 年我国召开了第一次全国环境保护会议,通过了《关于保护和改善环境的若干规定(试行草案)》;1979 年《环境保护法(试行)》确定了"32 字方针"和"谁污染、谁治理"的环境政策。这一阶段我国环境政策开始起步,逐步开始制定环境保护的法律法规,并强调工业"三废"的治理和综合利用。

2. 形成框架(20 世纪 80 年代)

1981 年和 1983 年,国务院先后做出《关于国民经济调整时期加强环境保护工作的决定》和《关于结合技术改造防治工业污染的几项规定》;1983 年召开了第二次全国环境保护会议,明确了环境保护是我国的一项基本国策,提出了"三建设、三同步、三统一"的方针;1984 年国务院做出《关于环境保护工作的决定》。这一阶段,根据国情确定了环境保护的"预防为主、防治结合""谁污染、谁治理"和强化环境管理的三大基本政策。

3. 实施战略转变(20 世纪 90 年代)

1992 年国务院批准了《中国环境与发展十大对策》,明确实施可持续发展战略;1994 年国务院批准《中国 21 世纪议程》,将可持续发展贯穿到我国环境与发展的各个领域;1996 年,国务院发布《关于环境保护若干问题的决定》,强调了污染物的总量控制目标。这一阶段我国的环境政策仍然侧重于污染治理,确定了污染防治的"三个转变"。

4. 全面综合决策(21 世纪初至今)

这一阶段,环境政策实施的有效性得到重视,2005 年国务院提出环境政策要从转变发展观念做起,从建设资源节约型、环境友好型社会,推进清洁生产、循环经济,运用环境经济手段等多方面入手;2006 年第六次全国环境保护会议提出,环境保护工作要加快实现"三个转变",以推动环境与经济发展转型的战略部署;2012 年党的十八大提出推进生态文明建设;2017 年党的十九大提出着力推进绿色发展、循环发展、低碳发展是生态文明建设的途径方式。这一阶段,我国环境政策从污染防治转变为全面综合保护,推进生态文明建设和绿色发展模式,围绕这一主题,制定了数量多、内容覆盖面广的一系列环境政策。

(二)主要特征

我国的环境政策在环境保护领域发挥着越来越重要的引导和指挥作用,我国环境政策在发展过程中的主要特征体现在以下方面。

1. 发展理念不断完善与深化

1983 年,国务院召开了第二次全国环境保护会议,明确提出环境保护是现代化建设中的一项战略任务,是我国的基本国策之一;1992 年,发布了《中国环境与发展十大对策》,提出实施可持续发展的战略;1994 年,国务院通过《中国 21 世纪议程》,明确从各方面推动可持续发展战略的实施,自 1996 年起,从国家各部门到地方省市县,以可持续发展为目标编制发展规划;2015 年 5 月中共中央国务院印发《关于加快推进生态文明建设的意见》,首次将生态文明建设写入国家五年规划。2018 年,十三届全国人大一次会议第三次全体会议通过了《中华人民共和国宪法修正案》,将生态文明写入宪法。

2. 污染控制与生态保护并重

1973 年起,我国环境保护从治理工业"三废"开始,至 20 世纪 90 年代前期,污染控制和治理一直是环境保护的重点。而生态环境是具有长期性、艰巨性和复杂性的问题,也是环境保护工作中的短板。20 世纪 90 年代中期后,国家制定并实施了退耕还林(草)、封山绿化、建立自然保护区、切实加强生物多样性保护等一系列生态保护政策。环境保护从偏重污染控制发展到污染控制与生态保护并重。2018 年全国生态环境保护大会提出加快建立健全生态文化体系、生态经济体系、目标责任体系、生态文明制度体系和生态安全体系的生态文明体系,这是从根本上解决生态环境问题的对策体系。

3. 从末端治理到源头控制

20 世纪 90 年代初,我国污染防治开始实行"三个转变"(从末端治理向全过程控制转变,从单独浓度控制向浓度与总量控制相结合转变,从分散治理向分散与集中治理相结合转变),环境政策的制定与实施限制资源消耗大、污染重、技术落后产业的发展,开始试点清洁生产,并结合经济结构调整,关停 15 种重污染小企业,从源头上开始减少资源破坏和环境污染,同时推动高新技术产业和环保产业的发展。

4. 从点源治理到流域和区域的环境治理

在推行"谁污染、谁治理"政策的初期,主要着力于点源控制与浓度控制。1996—2005 年,我国实施《跨世纪绿色工程规划》,重点是对"三河""三湖""两区""一市"和"一海"采取综合性措施,加大治理力度,包括实施总量控制政策、排污收费政策和"以气代煤、以电代煤"的能源政策,推动企业达标排放和加快城市环境基础设施的建设,努力使这些重点地区的环境恶化状况逐步改善。自此,环境政策的调控从点源逐步转变为流域、区域的综合治理和环境保护。

5. 以行政管理为主导逐步转变为多种手段综合协同

在法制方面,20 世纪 90 年代以来,我国环境法治建设也在不断加强,逐步完善的环境法律法规体系为环境保护工作提供了有力的法律保障;在经济方面,积极推动经济激励性政策的实施,在基本建设、综合利用、财政税收、金融信贷以及引进外资等方面,制定并完善有利于环保的经济政策措施;在教育方面,环境保护教育被列入中小学教育大纲,重视提高全民环境意识,引导公民成为生态文明的践行者和美丽中国的建设者。全国第六次环境保护会议强调指出:从主要用行政办法保护环境转变为综合运用法律、经济、技术和必要的行政办法解决问题。在保证国家环境保护职能的同时,更加注重市场经济激励引导企业的生产行为和公众的消费行为,更加注重社会公众参与环境保护发挥的重要作用,更加注重各种环境政策的有效组合,以保证环境效果实现并提高管理者管理工作的灵活性和管理效率。

(三)我国环境政策的组成

由于环境保护和环境问题涉及社会、经济等各个领域,所以环境政策的种类、内容和表现形式多种多样,我国的环境政策主要有以下内容。

1. 环境保护基本国策、基本政策和综合性政策

基本国策的确立为制定其他各种环境政策提供了依据和指导。"预防为主、防治结合、综合治理""谁污染、谁治理"和"强化环境管理"的三项政策是以我国基本国情为出发点,以解决环境问题为基本前提而制定的具有我国特色的三项环境保护基本政策。环境保护的综合性政策是指跨领域、跨部门,具有整体性、全局性和综合性的一系列有助于推动环境保护的政策,例如,十八大做出大力推进生态文明建设的战略决策;十九大提出,要建设的现代化是人与自然和谐共生的现代化,必须坚持节约优先、保护优先、自然恢复为主的方针,形成节约资源和保护环境的空间格局、产业结构、生产方式、生活方式,要推进绿色发展,着力解决突出环境问题,加大生态环境保护力度,改革生态环境监管体制。环境保护基本国策、基本政策和综合政策为我国环境保护事业指明了前进方向、实现路径和行动举措。

2. 根据防治对象和保护对象划分的环境政策

(1)防治环境污染的政策。

在环境污染防治方面,制定了有关水污染、大气污染、土壤污染、固体废弃物污染、噪声污染、放射性污染防治等的相关政策。

(2)防治生态环境破坏的政策。

在生态环境保护方面,制定了防治水土流失、防治水源枯竭、防治滥开发利用自然资源以及防治外来物种入侵等方面的环境政策。考虑到自然灾害带来的生态环境问题,也制定了防治洪涝旱灾、防治台风、防治地质灾害等方面的环境政策。

(3)保护环境要素和自然资源的政策。

在保护自然资源方面,制定了保护海洋、保护水资源、保护湿地、保护土地资源、保护野生动植物资源,以及自然保护区等方面的环境政策。

3. 根据环境保护要素划分的环境政策

(1)环境保护法律、行政政策。

通过采用法律、行政的强制性调控机制实施和手段实施的一类环境政策,如:我国的各项环境法律法规、环境行政管理体制政策、区域和流域环境管理政策、环境行政管理制度等。

(2)环境保护社会政策。

通过采用社会调整机制、治理机制实施的一类环境政策,如:环境人口政策、环境宣传教育政策、环境纠纷处理政策等。

(3)环境保护技术政策。

对环境保护涉及的科学技术手段和方法进行规范、推广的一类环境政策,如:防治环境污染的技术政策、推动生态建设的技术政策。发展循环经济和清洁生产的技术政策。可持续开发利用和节约资源能源的技术政策等。

(4)环境产业政策。

通过调整产业结构的手段和方法,优化提升现有产业结构,促进环保产业发展的一类环境政策,如:鼓励发展环保产业相关政策,现有产业结构向资源利用合理化、废物产生最小化、生产过程无害化改变,优化的产业政策等。

（5）环境保护行业政策。

通过对特定行业的生产规模、特点、生产工艺水平以及环境污染的情况进行分析，对不同行业制定不同的行业发展政策，从而促进行业发展的一类政策，如：鼓励发展的行业政策，限制发展的行业政策和禁制发展的行业政策等。

（6）环境经济政策。

通过利用经济手段、市场调整机制和手段实施的一类环境政策，如：环境税费政策、环境投资政策、环境保险政策、生态补偿政策、绿色信贷政策等。

（7）环境保护的能源政策。

通过利用提高能源利用率，调整和改善能源结构组成的手段和方法实施的一类环境政策，如：调整能源结构政策、实行集中供热政策、发展清洁能源政策等。

4. 国际环境政策

国际环境政策涉及我国签订和参加的多边或国际环境保护事务的政策，如：国际环境合作、交流政策，国际环境要素保护政策，国际环境贸易政策，国际环境安全的政策等。

第二节　环境经济政策

环境问题的本质是高资源消耗、高污染排放的经济发展方式问题，因此，环境问题的解决也应从环境经济复合系统中探求合适的路径和方式，这也是在社会、经济发展的同时，协调经济发展与环境保护关系的重要途径。环境经济政策要把环境费用与环境成本纳入生产和消费决策过程，要利用环境经济政策来促成可持续发展的实现。

一、环境经济政策的概述

经济政策与环境政策不可分割，两者的结合是产生更大经济效益和环境效益的重要途径。1989 年 6 月，在 OECD 部长级会议上发表的联合公报中要求，在"决定价格和其他机制如何用于达到环境目标时"，应开辟"新领域"，即"环境经济政策"。

（一）环境经济政策的概念

环境经济政策是为了达到环境保护和经济发展相协调的目标，利用经济利益关系，对环境经济活动进行调节的一类政策。环境经济政策属于经济激励型的环境政策，是在传统的命令控制型政策不能满足环保工作需要的前提下逐渐发展起来的一类政策。环境经济政策的概念有广义和狭义之分。

广义的环境经济政策，是指可以纳入经济范畴的环境政策，既具有环境政策的性质，又具有经济政策的性质，是环境保护工作与经济工作、环保政策、经济政策相互交叉、渗透和结合的产物，可以协调环境保护与经济发展的关系。

狭义的环境经济政策，是指根据价值规律的要求，运用价格、税收、信贷、投资、微观刺激和宏观经济调节等经济杠杆，调整或影响市场主体使其产生消除污染行为、主动采取保护环境行为的一类政策，如利用税收政策改革，逐步实施环境税；利用资本市场创新，引入绿色信贷、环境保险、绿色债券等；建立和发展绿色资本市场，等等。相对于命令控制型政策，环境经济政策以内化环境成本为原则,从影响成本效益入手,对市场主体进行基于环境资源的利益调整,引导市场主体进行选择,形成保护环境的激励和约束的长效机制。

(二)环境经济政策特点

环境经济政策强调遵循客观经济规律、以环境保护与经济发展协调为原则,合理运用经济手段和经济杠杆来调控经济主体的行为,力求以最小的劳动消耗和投资取得最佳的经济效益、社会效益和环境效益。环境经济政策主要具有以下特点。

1.经济效果较好

环境经济政策是以市场为基础,直接或间接地向政策控制对象传递市场信号,影响其经济活动决策和效益,从而使其改变不利于环境保护的行为。这种宏观管理模式不需要全面监控政策对象的微观活动,因此不需要像命令控制型政策的实施,需要建立庞大的执行管理机构并需要高额的执行成本来支持。所以,相对于命令控制型环境政策,环境经济政策能以较低的成本来实现相同或更高的环境目标。

2.灵活性和动态效果较高

环境经济政策把有效地保护和改善环境的责任,从政府转交给环境责任者。在传递信息的过程中,把具有一定行为选择余地的决策权交给他们,从而使环境管理更加灵活,可以适用于具有不同条件、能力和发展水平的政策对象。同时,环境管理要求污染者必须为其造成的污染支付费用。环境经济政策的实施,使其在政策的规定和引导下去追求利润最大化。环境经济政策刺激污染者不断进行技术革新,在兼顾环境效益的同时,寻求经济发展。

3.有利于筹集环保资金

环境经济政策的实施,不但可以刺激政策对象调整自己的行为,而且还可以筹集并有效地配置保护环境所需要的资金。这些资金不仅可以用于环境保护,也可以用于纠正其他不利于可持续发展的经济行为。同时,还可以借助环境经济政策,把一些具有经济效益的环保产业推向市场,以减轻政府的财政负担。

(三)环境经济政策基本功能

1.刺激作用

环境经济政策作为一种调控环境行为、促进行为人理性选择的政策工具,借助市场机制的作用,注重内生调控等特点,有利于激发经济主体实施环境行为的积极性和主动性,建立环境保护的长效机制。例如,建立适应环境保护和可持续发展要求的税收政策,当人们的行为符合环境保护、可持续发展的要求时,就会享受到相应的减税、免税的优惠,反之则会增加税收。

2.筹集资金

通过实施环境经济政策,可以筹集一定的资金用于环境保护和可持续发展建设。一般筹集的资金用于重点污染源防治项目、区域性污染防治项目、污染防治新技术、新工艺的推广应用项目及其他污染防治项目的拨款补助和贷款贴息。2018年《中华人民共和国环境保护税法》的实施,提升了资金筹集的刚性。

3.协调作用

环境经济政策可以有效地引导政策对象将环境保护行为与自身经济效益结合起来,从而协调微观和宏观的经济发展与环境保护的关系。同时环境经济政策的实施,还可以兼顾环境社会关系调控过程中的公平与效率。如排污权交易的实施,给生产规模不同、污染处理水平不同的行为主体提供了调整生产规模、改进技术及买卖排污权的多种选择,他们可以制定和实施更有效率的决策。

(四)环境经济政策实施条件及影响因素

1. 实施条件

实施环境经济政策须具备以下几个条件:

(1)比较完备的市场体系。

环境经济政策的实施是否有效,取决于市场的完备程度。如果市场功能不健全,政府就失去了传递信号的中介,或者导致市场信号失真;而被管理对象在这种情况下则有可能对市场信号反应迟缓,甚至对这些经济刺激根本不产生反应。如果是这样,环境经济政策的实施也就失去了意义。

(2)相关的法律保障。

市场经济是法制经济,参与市场运行的环境经济政策只有在相关的法律保障下,才具有合法性和权威性。因此,必须不断建立和完善相关政策法规,为实施环境经济政策提供法律保障。同时,还要授权政府主管部门制定政策的实施细节和管理规定。

(3)实施能力。

环境经济政策的有效实施还需要有配套的具体实施规章、实施机构的人力资源和财力支持。例如,排污权交易制度的实施,需要建立交易市场,制定具体的实施细则,建立负责资金使用和管理的环境监督管理机构,等等。

(4)必要的数据和信息。

必要的数据信息是环境经济政策制定和实施的重要条件。管理者要想最有效率地开展环境保护,就必须尽可能多地掌握关于污染控制成本及环境损害等方面的数据信息。

(5)宽松的经济环境。

宽松的经济环境是环境经济政策实施的充分条件。如果一个国家或地区的大部分企业都面临严重的经济困难、生产不足、通货膨胀等问题,实施环境经济政策往往起不到应有的效果。

2. 影响因素

环境经济政策涉及社会经济生活的众多部门和群体,其实施的影响因素错综复杂。从总体来看,影响环境经济政策实施的因素主要有以下几个方面:

(1)政策可接受性。

环境经济政策实施后,会对政策涉及的利益集团产生不同的影响。各利益集团将从自身利益角度出发,反对或支持政策的实施,最后的结果将取决于两方面力量的对比以及它们对决策过程的影响。当反对的力量大到足以影响决策过程时,该项环境经济政策就会被修改或放弃。因此,考虑一项环境经济政策能否实施,政策的可接受程度是需要评估的。

(2)相关政策的制约。

现行的法规框架,为环境经济政策的选择划定了有限的空间,在这个范围内,环境经济政策与其他经济政策之间只能是配合而不能是冲突,否则其实施就不具备现实的可行性。

（3）公平性的考虑。

由于环境经济政策涉及经济利益的再分配，缴纳环境税者并不一定是税赋的最终承担者，因此，必须全面衡量环境经济政策对不同对象以及不同收入水平阶层的影响。考虑到一些低收入群体受影响最大，因此，为了提高政策的可实施性，有必要采取一些实施前的减缓措施和实施后的补偿措施。

（4）体制问题。

环境经济政策是一种克服市场失灵和政策失灵的手段，因此它的实施必然会引起现行管理体制的一些变革。所以，通常需要对现行体制做一些调整，从而为环境经济政策的实施提供支持。

（5）管理上的可行性。

管理的可行性不仅会影响环境经济政策的选择，而且还会影响具体政策的执行。例如，我国推行的排污权交易制度，由于其技术含量较高，许多地区针对某些污染物的排污权交易难以操作，这在一定程度上限制了此项制度的应用推广。

（6）产业政策。

各级政府为实现特定时期的经济目标而制定了一些产业政策，这些政策有时也会影响环境经济政策的实施。例如，为扶持和保护国内某些产业提供财政补贴和征收高额关税，为鼓励出口而对有关产业或企业提供补贴等，都会影响环境经济政策的实施及效果。

此外，一些部门和地方政府担心，实施环境经济政策会给企业造成经济负担，影响经济效益的提高，所以可能对某些环境经济政策的实施持消极或抵触的态度，干扰环境经济政策的实施。

二、我国环境经济政策发展历程

我国在构建环境保护长效机制的背景下，需要制定和完善环境经济政策，不断发挥环境经济政策在环保事业中的作用。

1. 发展起步（20 世纪 70—80 年代）

我国环境保护事业起步初期，突出以行政手段治理工业"三废"的环境污染。国家制定了"谁污染、谁治理"的政策，规定了污染者必须承担治理的责任和费用，形成了排污收费制度。20 世纪 80 年代中后期，探索制定了财政补贴、银行贷款、差别税收等环境经济政策，并在全国或部分地区开始实行。这一阶段环境经济政策开始起步，实施范围和效果有限。20 世纪 70—80 年代我国环境经济政策概况见表 8-1。

20 世纪 70—80 年代我国环境经济政策概况　　　　　　　　　　　表 8-1

环境经济政策类型	实施部门	开始时间	实施范围
排污收费	环保	1982 年	全国
排污许可证交易（试点）	环保	1985 年	上海、沈阳、济南、太原等城市
生态补偿费（试点）	土地管理、财政和环保	1989 年	广西、福建、江苏等地
资源税、矿产资源补偿费	矿产、财政	1986 年	全国
差别税收	税收	1984 年	全国
环保投资	计划、财政、环保、金融	1984 年	全国
财政补贴	财政、环保	1982 年	全国

2. 战略转变(20 世纪 90 年代)

《中国环境与发展十大对策》中的第七大政策指出,各级政府应更多地运用经济手段来达到保护环境的目的,按照资源有偿使用的原则,要逐步开征资源利用补偿费,并开展对环境税的研究;研究并试行把自然资源和环境纳入国民经济核算体系,使市场价格准确反映经济活动造成的环境代价;制定不同行业污染物排放的时限标准,逐步提高排污收费的标准,促进企业污染治理达到国家和地方规定的要求;对环境污染治理、废物综合利用和自然保护等社会公益性明显的项目,要给予必要的税收、信贷和价格优惠;在吸收和利用外资时,要把环境保护工作作为同时安排的内容,引进项目时,要切实把住关口,防止污染向我国转移。

1994 年,《中国 21 世纪议程》提出要"有效利用经济手段和市场机制"促进可持续发展。具体目标是"将环境成本纳入各项经济分析和决策过程,改变过去无偿使用环境并将环境污染和破坏转嫁给社会的做法";"有效利用经济手段和其他面向市场的方法来促进可持续发展。"

1999 年,我国在污染物总量控制的基础上确立了排污权交易制度,进行了排污交易试点,开展了运用市场机制减少二氧化硫排放的研究。20 世纪 90 年代我国环境经济政策见表 8-2。

20 世纪 90 年代我国环境经济政策概况   表 8-2

环境经济政策类型	实 施 部 门	开 始 时 间	实 施 范 围
二氧化硫排污收费(试点)	环保、物价和财政	1992 年	"两控区"
污水排放费	物价、财政和环保	1993 年	全国
银行贷款	金融	1995 年	全国
废物回收押金制度	物资部门	不详	全国
污染责任保险制度	金融、环保	1991 年	大连、沈阳
城市生活污水处理费	城建、环保	1994 年	上海、淮河流域城市
停止生产与销售含铅汽油	地方政府	1998 年	全国
城市生活垃圾处理收费	城建、环保	1999 年	北京、上海、西安等部分城市

这一阶段国家开始重视环境经济政策在环境保护事业中的作用,积极探索采用经济手段解决大气、水体污染等问题,有些环境经济政策虽然有政策性规定,但由于没有配套的措施,所起到的作用有限。例如,我国虽然已经建立了差别税收政策,但差别税收政策种类较少、应用领域较窄、经济激励性弱。

3. 快速全面发展(21 世纪初至今)

2001 年 12 月国务院批准的《国家环境保护"十五"计划》在保障措施中提出,"政府要综合运用经济、行政和法律手段,逐步增加投入,强化监管,发挥环保投入主体的作用。积极运用债券和证券市场,扩大环保筹资渠道。发挥信贷政策的作用,鼓励商业银行在确保信贷安全的前提下,积极支持污染治理和生态保护项目;积极稳妥地推进环境保护方面的税费改革。研究对生产和使用过程中污染环境或破坏生态的产品征收环境税,或利用现有税种增强税收对节约资源和保护环境的宏观调控功能,完善有利于废物回收利用的优惠政策。"

2005 年 12 月国务院发布的《国务院关于落实科学发展观加强环境保护的决定》中指出,加强环境保护必须"建立和完善环境保护的长效机制",其中的一项重要工作就是"推行有利于环境保护的经济政策,建立健全有利于环境保护的价格、税收、信贷、贸易、土地和政府采购等政策体系。"

2006年4月,第六次全国环境保护会议强调:做好新形势下的环保工作,从主要用行政办法保护环境转变为综合运用法律、经济、技术和必要的行政办法解决环境问题,自觉遵循经济规律和自然规律,提高环境保护工作水平。

2007年5月,国家环保总局与有关部门共同启动了国家环境经济政策研究与试点工作。提出在建立和完善环境保护机制方面,建立绿色税收、环境收费、绿色资本市场、生态补偿、排污权交易、绿色贸易、绿色保险等七项环境经济政策,形成我国环境经济政策的架构,并制定了路线图。《国家环境保护"十一五"规划》提出规划实施的保障措施之一,是完善环境经济政策。

2009年,国家推动绿色信贷、绿色保险、绿色贸易和绿色税收等一系列环境经济政策的实施和深化,进一步丰富了国家宏观调控手段。如:环境保护部联合人民银行印发的《关于全面落实绿色信贷政策进一步完善信息共享工作的通知》;国家出台了《环境保护、节能节水项目企业所得税优惠项目(试行)》,对企业从事符合条件的公共污水处理、公共垃圾处理、沼气综合开发利用、节能减排技术改造、海水淡化等五类环保项目的所得采取税收优惠政策。

2010年,环境保护部制定了《环境经济政策配套综合名录》,该名录含有349种"双高"产品、29种环境友好工艺、15种污染减排重点环保设备,为国家制定和调整出口退税、贸易、信贷和保险等环境经济政策提供基础依据。

2012年,十八大提出,大力推进生态文明建设,提出深化资源性产品价格和税费改革,建立反映市场供求和资源稀缺程度、体现生态价值和代际补偿的资源有偿使用制度和生态补偿制度。

2014年,环境保护部联合商务部、工信部发布了《企业绿色采购指南(试行)》,引导企业实行全流程的绿色采购,包括包装、物流、使用、回收利用等各环节的环境保护。相关部门已发布23期节能产品政府采购清单、20期环境标志产品政府采购清单。

2015年,《国民经济和社会发展第十三个五年规划纲要》明确提出要保护自然资源资产所有者权益,公平分享自然资源资产收益;建立健全生态环境权益交易制度和平台;完善居民阶梯电价,全面推动居民阶梯水价、气价;加快建立多元化生态补偿机制,完善财政支持与生态保护成效挂钩机制;建立健全生态环境损害评估和赔偿制度,落实损害责任终身追究制度,从促进实现国家绿色发展出发,明确了"十三五"时期环境经济政策建设的方向。《生态文明体制改革总体方案》提出了要加强自然资源资产产权制度、资源有偿使用和生态补偿制度、环境治理和生态保护市场体系、生态文明绩效评价考核和责任追究制度等八项制度建设,并明确了制度建设的具体目标和主要任务。

2017年,十九大明确了我国环境管理制度和环境治理体系建设的方向,提出要大力发展绿色金融、建立市场化、多元化生态补偿机制等环境经济政策改革任务要求。环境经济政策改革处于快速推进期,仅这一年出台了42个国家层面的环境经济政策相关文件。由生态环境部牵头编制的《"十三五"环境政策法规建设规划纲要》,明确了到2020年环境经济政策体系建设的目标、主要任务和实施路线图;中国证监会发布了《关于支持绿色债券发展的指导意见》,为绿色债券的发展提供了有力的政策支持;财政部下发了《关于印发节能环保产品政府采购清单数据规范的通知》;财政部、国家税务总局、水利部印发了《扩大水资源税改革试点实施办法》等。

2018 年,《中华人民共和国环境保护税法》正式实施,实现了从办法到法律的效力提升,提升了污染付费的法律强制性。同年 5 月召开的全国生态环境保护工作会议强调,建立健全包括生态经济体系在内的五大生态文明体系。在生态文明制度体系中,环境经济政策的杠杆作用越来越大,通过激发节能减排的内生动力,有力推动生态环境保护和高质量发展。

这一时期,环境经济政策发展迅速,国家层面的相关政策、条例、办法颁布了百余项,内容覆盖污染治理、生态补偿、绿色税收、绿色金融、绿色消费、环境保险等诸多领域,随着各项环境经济政策的出台,相关配套措施办法也抓紧制定。

综上,我国环境经济政策从无到有,逐渐发展演化,迄今已形成内容较丰富、强调市场、注重配合的一类环境政策体系。

三、我国环境经济政策实施的意义

与传统的行政手段和法律手段的强制性"外部约束"相比,环境经济政策是一种"内在约束"力量,具有促进环保技术创新、增强市场竞争力、降低环境治理与行政监控成本等优点。在我国的环境保护实践中,环境经济政策在环境政策体系中的作用日益受到重视,因为这一政策体系是最能形成长效机制的途径,与其他手段进行组合应用,能有效地促进人与自然和谐共生发展。

(一)环境经济政策发展的必然性

(1)在市场经济体制下,主要依靠市场机制来调控各种行为。但是,在环境保护领域,市场失灵更为明显,这就需要政府干预。环保实践证明,建立并实施环境经济政策是政府干预环境保护的有效途径。通过实施环境经济政策可以很好地将经济发展与环境保护结合起来,以实现社会经济的可持续发展。

(2)环境保护涉及社会经济的各个方面,环境保护工作需要运用行政、法律、经济、技术、教育等多种手段,其中经济手段在环境保护工作中起着十分重要的作用。解决环境问题,必须从环境问题的根源入手,环境经济政策是将外部不经济性内部化的有效途径。

(3)环境保护需要投入大量的环境保护投资,我国环境保护投资还不能满足环境保护的需要。环境经济政策、绿色金融政策的资金筹集功能拓宽了环保资金的来源渠道。

(4)我国各地自然条件和经济发展水平不尽相同,在运用各种环境政策,取得环境效果的同时,也要兼顾经济效率和社会公平。环境经济政策留给政策调控对象较大的自主决策空间,可以很好地兼顾地区之间、发展之间的差异,有利于具体环境问题的具体分析和解决。

(二)环境经济政策发展的重要意义

(1)环境经济政策发展是协调环境保护与经济发展的重要措施。环境保护与经济发展既有相互促进、互为条件的一面,也存在相互制约、互相矛盾的一面。因此,从客观上就要求在制定环境政策时考虑经济条件和经济政策,在制定经济政策时要考虑环境状况和环境保护,从而产生协调这两者间关系的环境经济政策。

(2)环境经济政策是预防与治理环境污染与破坏的重要手段。在一定程度上,环境污染与环境破坏主要是由于利益获取不公正、不合理的结果。环境经济政策协调国家、集体和个人之间、污染者与被污染者之间,以及其他方面的各种经济关系,运用经济手段促使市场主体采取环保措施,限制那些对环境有害的开发活动,强化对污染环境、破坏生态行为的处罚与管理。

(3)环境经济政策是调节环境经济系统的产物。环境经济政策着眼于运用经济手段来调控人们的行为,力求采用灵活多样的方式来协调经济发展与环境保护间的关系,以最小的劳动消耗和投资获取最佳的社会、经济、环境效益,促进社会经济永续发展。

(4)环境经济政策是强化环境管理、做好环保工作的保障。用经济杠杆来调节环境保护方面的财力、物力及其流向,调整产业结构和生产力布局,实施"责、权、利"相结合,从而使环境管理落到实处,推动经济发展方式的转型,将可持续发展提升到绿色发展高度。

四、我国环境经济政策的组成

我国大力推进生态文明建设,推进绿色发展,环境经济政策必须适应经济社会新时代的要求,不断创新完善。目前,我国正在实施的主要环境经济政策主要有以下九个方面。

(一)环境资源价值核算政策

实施绿色发展必须建立完善的环境资源价值核算政策,以全面客观评价绿色发展程度。"十三五"规划纲要明确提出研究建立生态价值评估制度,探索编制自然资源资产负债表,建立实物量核算账户。国家统计局会同国家发展改革委、财政部等部门联合制定了《编制自然资源资产负债表试点方案》和《自然资源资产负债表试编指南》;环境保护部重启绿色 GDP 研究 2.0 版计划,试点内容包括环境成本与环境效益核算、环境容量核算、生态系统生产总值核算以及经济绿色转型政策试点。

(二)环境财政政策

环境财政政策是以政府为主体的环境经济政策。我国环境财政政策主要涉及环境保护预算支出、环境保护专项基金、环境保护转移支付以及环境保护税收四个方面的财政政策,目的是为了保障环境保护的财政支持。我国环境财政政策在内容方面涉及环保投资计划、专项资金管理、生态功能区转移支付、中央财政奖励、财政补贴等多个方面,比如,《中央农村环境保护专项资金管理暂行办法》《国家重点生态功能区转移支付办法》《中央预算内投资补助和贴息项目管理办法》等。

(三)环境资源价格政策

环境资源价格政策,是通过建立健全反映市场供求、资源稀缺程度、体现生态价值和环境损害成本的环境资源价格机制,特别是基于环境容量的污染物排放资源有偿使用价格机制。通过价格机制把生态环境成本纳入经济运行成本,促进绿色发展。2018 年国家发展和改革委员会公布了《关于创新和完善促进绿色发展价格机制的意见》指出:加快建立健全能够充分反映市场供求和资源稀缺程度、体现生态价值和环境损害成本的资源环境价格机制,完善有利于绿色发展的价格政策,将生态环境成本纳入经济运行成本,从完善污水处理收费、健全固体废物处理收费、建立有利于节约用水的价格、健全促进节能环保的电价机制、探索新能源价格等方面,积极推进资源环境价格改革。

(四)环境税收政策

环境税是指对环境保护有积极影响的相关税种。我国正在实施的环境税政策主要有清除不利于环保的相关补贴和税收优惠政策。如:按照国务院关于限制"两高一资"(高能耗、高污染、资源性)产品出口的原则,取消或降低这类产品的出口退税(率);研究融入型环境税改革方案,提出有利于环境保护的企业所得税、消费税和资源税改革方案;研究独立型的环境税方案。如:对产生重污染的产品征收环境污染税,对向环境中排放污染物的行为征收环境税等。

(五)环境权益交易政策

环境权益交易政策主要是用来引导和调控市场主体集约使用好排污权、水权、碳排放权、用能权等稀缺环境权益,使之发挥最大效益。排污权交易是利用市场实现环境保护目标和优化环境容量资源配置的一种环境权益交易政策。2007年,在构建的七项环境经济政策中提出应加强对排污权政策的研究和实践。2014年和2015年分别出台了《关于进一步推进排污权有偿使用和交易试点工作的指导意见》和《排污权出让收入管理暂行办法》两个国家层面的规章,旨在推进排污权交易政策的实施,以及资金管理的配套措施;2017年,国务院提出,应积极探索建立排污权、水权、碳排放权、用能权等环境权益交易市场。

(六)生态补偿政策

生态补偿既包括对生态系统和自然资源保护所获得效益的奖励或破坏生态系统和自然资源所造成损失的赔偿,也包括对造成环境污染的主体进行收费,是以改善或恢复生态功能为目的,以调整保护或破坏环境的相关利益者的利益分配关系为对象,具有经济激励作用的一种制度。在我国环境经济政策体系中,建立生态补偿政策以解决生态环境保护过程中资金投入问题、相关者的利益分配问题和生态破坏的损失赔偿问题,是形成一个有效的生态补偿机制,达到合理配置环境资源、有效刺激经济主体参与生态环境保护的目的的保障。2016年,国务院办公厅发布的《关于健全生态保护补偿机制的意见》提出,到2020年,实现森林、草原、湿地、荒漠、海洋、水流、耕地等重点领域和禁止开发区域、重点生态功能区等重要区域生态保护补偿全覆盖。

(七)绿色金融政策

绿色金融政策是引导金融机构增强对环保、节能、低碳行业的投入,减少对于高污染、高能耗等行业投入,以推动经济增长方式由粗放型向节约型转型的一类环境经济政策。2015年9月,国务院发布的《生态文明体制改革总体方案》第四十五条提出,要"建立我国绿色金融体系"。2016年中国人民银行等七部委联合印发了《关于构建绿色金融体系的指导意见》,绿色金融的内涵十分宽泛,包含绿色信贷、绿色证券、绿色基金、绿色保险、绿色融资等内容。

(八)绿色消费政策

绿色消费是从满足生态需要出发,是指以节约资源和保护环境为特征的消费行为,主要表现为崇尚勤俭节约,减少损失浪费,选择高效、环保的产品和服务,降低消费过程中的资源消耗和污染排放。绿色消费的内容非常宽泛,不仅包括绿色产品,还包括物资的回收利用、能源的有效使用、对生存环境和物种的保护等,涵盖生产行为、消费行为的诸多方面。2016 年由国家发展改革委等 10 部委联合发布了《关于促进绿色消费的指导意见》,旨在促进绿色消费,加快生态文明建设,推动经济社会绿色发展。近几年,国务院相关部门印发了《关于促进绿色消费的指导意见》《促进绿色建材生产和应用行动方案》《关于加快推动生活方式绿色化的实施意见》《关于鼓励和规范互联网租赁自行车发展的指导意见》等文件,对强化绿色健康消费理念、促进绿色产品供给和消费发挥了重要作用。在促进绿色消费有关政策措施推动下,绿色消费品种不断丰富。

(九)绿色贸易政策

20 世纪 80 年代后,在国际贸易中,西方国家开始普遍设立绿色贸易壁垒对国外商品进行准入限制。它主要通过技术标准、卫生检疫标准、商品包装和标签等规定来强制性实施,其内容涉及产品研制、开发、生产、包装、运输、使用、循环再利用等整个过程有无采取有效的环境保护措施。我国加入世贸组织后,对我国的贸易政策做出了相应调整,平衡好进出口贸易与国内外环保的利益关系。严格限制能源产品、低附加值矿产品和野生生物资源的出口,并对此开征环境补偿费,逐步取消高耗能、高污染、资源性的"两高一资"产品的出口退税政策。另外,应强化废物进口监管,在保证环境安全的前提下,鼓励低环境污染的废旧钢铁和废旧有色金属进口;征收大排气量汽车进口的环境税费;积极推进国内的绿色标识认证。建立跨部门的工作机制,加强各部门联合执法,实施国际通用的遗传资源获取与惠益分享的机制,保护好我国的遗传资源,对走私野生动植物、木材与木制品、废旧物资、破坏臭氧层物质等违法行为进行严惩。

复习思考题

1. 名词解释

环境政策　命令控制型环境政策　经济激励型环境政策　自愿型环境政策　环境经济政策
广义环境经济政策　狭义环境经济政策　环境财政政策　环境资源价格政策
绿色金融政策

2. 选择题

(1)环境政策的主要特点是(　　　)。

　　A. 调整对象的特殊性　　　　　　　　　　B. 综合性

　　C. 科学技术性　　　　　　　　　　　　　　D. 公益性

选择说明:

(2)具有我国特色的环境保护基本政策主要有(　　　)。

　　A. 污染者负担原则

　　B. 谁污染谁治理

C. 预防为主、防治结合、综合治理

D. 强化环境管理

选择说明：

(3) 下列选项中,不属于环境经济政策特点的是( )。

A. 经济效果较好

B. 有利于筹集环保资金

C. 具有强制性

D. 具有较高的灵活性和动态的效果

选择说明：

(4) 下列选项中,关于环境经济政策说法正确的是( )。

A. 环境经济政策属于经济保守型的环境政策,对经济活动进行调节

B. 广义环境政策是指根据价值规律的要求,运用价格、税收、信贷等影响市场主体

C. 狭义经济政策是指根据价值规律的要求,运用价格、税收、信贷投资和微观经济调节等经济杠杆调整市场主体的政策

D. 在市场经济体制下环境经济政策是实施可持续发展战略的关键措施

选择说明：

(5) 环境经济政策实施的影响因素不包括( )。

A. 政策可接受性

B. 产业政策

C. 宽松的经济环境

D. 体制问题

选择说明：

(6) 我国在环境保护事业中采用环境经济政策具有其发展的必然性,主要原因有( )。

A. 通过环境经济政策可以很好地将经济发展与环境保护结合起来,实现两者的协调,以实现经济、社会的可持续发展

B. 根据经济学理论,环境问题是外部不经济性的产物,为解决环境问题,必须从环境问题的根源入手,通过一系列政策、措施,将外部不经济性内部化

C. 我国的环境保护投资一直受到资金供给和投资体制的双重制约,不能满足环境保护的需要

D. 环境经济政策留给政策调控对象较大的自主决策空间,可以兼顾地区之间的差异,有利于具体环境问题的具体分析和具体解决

选择说明：

(7) 下列属于利用保险工具来参与环境污染事故处理的优点的是( )。

A. 有利于分散企业经营风险,促使其快速恢复正常生产

B. 有利于使受害人获得经济补偿,事故责任人加受惩罚,稳定社会秩序

C. 有利于发挥保险机制的社会管理功能,使企业加强环境风险管理

D. 有利于减轻政府负担,促进政府职能转变

选择说明：

(8)构建绿色金融市场的主要途径有哪些?(　　　)

　　A. 绿色保险　　　　　B. 绿色贸易　　　　　C. 绿色信贷　　　　　D. 绿色证券

选择说明:

3. 论述题

(1)结合各类环境政策的特点,谈谈在解决环境问题时,为什么要对不同类型的环境政策进行组合和优化。

(2)试分析环境经济政策的基本功能。

(3)如何理解环境经济政策实施所具有的协调作用和公平作用。

(4)简述我国现阶段构建并实施的主要环境经济政策。

第九章

环境保护的经济手段

环境污染和破坏的根源在于外部不经济性,解决这一问题的重要途径是利用经济手段使外部不经济性内部化,通过调整和完善各种环境与经济政策,运用多种经济手段治理环境污染,保护生态环境,促进可持续发展。在实践过程中,环境保护经济手段的重要作用可以通过环境税、补偿、排污权交易,以及绿色金融、使用者收费、环境补贴、绿色采购等不同方式来实现,本章主要对环境保护的一些经济手段进行阐述。

第一节 环 境 税

作为一项重要的宏观经济调控手段,税收的主要功能是组织收入和经济调节。根据污染所造成的危害程度对排污者征税的税收手段可以解决排污者的私人净收益和社会净收益之间的不匹配问题,从而达到解决环境问题的目的。环境税基于英国经济学家庇古提出的庇古税理论,庇古税对建立和实施环境税收制度和政策具有基础性的指导意义。

一、环境税概述

(一)环境税

税收是国家为满足社会公众需要,由政府按照法律规定,强制地、无偿地参与社会剩余产品价值分配,以取得财政收入的一种规范形式。随着可持续发展战略的实施,税收作为政府用以调节经济活动的一种重要工具和手段,被许多国家用于环境保护,并将其作为税制改革的一个重要政策目标。环境税也被称为绿色税收,主要是指对环境保护有积极影响的相关税收。根据税收手段在环境保护领域的应用,环境税有广义和狭义之分。

广义的环境税是指在税收体系中与环境保护和资源保护利用有关的税收和政策的总称,包括独立型环境税、与环境相关的资源能源税和税收优惠政策(融入性环境税),以及那些政策目标虽非环境保护但实施中能够起到环境保护目的的税收。

狭义的环境税主要是指根据污染者付费原则,对开发、保护和使用环境资源的单位和个人,按其对环境资源的开发利用、污染、破坏和保护程度进行征收或减免的一种税收,即独立型环境税。

各国环境税收制度的内容不尽相同,但基本内容通常由两部分构成:一是以保护环境为目的,针对污染、破坏环境的特定行为课征专门性税种,即独立型环境税,如部分经济合作与发展组织(OECD)成员国课征的二氧化碳税以及噪声税,等等;二是其他一般性税种中为保护环境,引导调控主体行为而采取的税收调节措施,包括为激励纳税人治理污染保护环境所采取的各种税收优惠措施和对污染、破坏环境的行为所采取的某些增加其税收负担的措施,以及消除税收体制中不利于环境保护的税种。在环境税收制度中,后者通常是作为必要的辅助内容,配合独立性环境税共同发挥环境保护作用。

(二)我国税收体制的绿色化

2005年起的新一轮税制改革,提出税收优化资源配置并实施费改税。环境税由此进入我国的政策议程。经过10多年的酝酿和努力,2016年12月正式通过了以税负平移为原则、以污染排放税为实质的《中华人民共和国环境保护税法》(以下简称《环境保护税法》)。2018年1月1日《环境保护税法》实施后,我国税收体制分为六类18个税种。

在对税收手段增加宏观调控、保护环境的职能后,就形成了广义环境税的概念。在18个税种中,除一项独立型环境税外,与环境相关的税种还包括资源税、消费税等,同时在其他一些税种中也制定有与环境保护相关的税收规定,如增值税、企业所得税、车辆购置税、关税等。

在不断完善和提高税收调控作用的客观要求下,我国现行的税制框架的绿色化特征越来越明显,绿色化程度不断加强。我国税收体制绿色化的推进主要表现在:

(1)对现有税收政策进行绿色化改进:一是利用税收调节方式来实施调控,通过在现有税制中增设相关政策达到调控行为的目的,如设置增值税税收优惠政策、企业所得税减免优惠政策等鼓励引导环境保护行为;消除不利于环境的税收优惠和补贴,如对"两高一资"(高能耗、高污染、资源性)产品加征出口关税,以影响企业的生产决策减少对环境的影响;二是在现有的税收体制中,将环境因素融入现有税种,从征税环节着手,在资源开采(或投入品)、生产、排放、消费等多个环节,进行环境与生态保护的税收调控,如在资源税、城镇土地使用税、耕地占用税、城市维护建设税、消费税、车辆购置税、关税中考虑环境因素,提高税收在环境保护方面的调控作用。

(2)推进独立型环境税的发展。2018年实施的环境保护税是典型的独立型环境税,实质是污染排放税。独立型环境税以污染者付费为原则设计征税对象和计税标准,以筹措环保资金为目的,有利于体现明确的环保目标和价格信号。推进独立型环境税的进一步发展还需要综合考虑和整合现有消费税、资源税以及碳排放交易制度等相关政策,除了设立污染排放税以外,还需考虑对污染产品、生态保护、碳排放这三个方面设置独立型税目。因此,设置一般环境税、污染产品税、碳排放税等环境税税目需要进行深入研究,选择合适时机开征。

二、环境税的效应分析

(一)环境税对污染排放水平的影响

以独立型环境税中的污染税为例,从外部性的角度看,污染是一种公共成本大于私人成本的外部不经济性的表现。使用税收这一经济手段,根据污染者付费原则确定环境税的税费,在一定程度上体现了环境价值,并且通过税收的调控作用使环境资源的使用者改变其排污行为,减少污染物的排放,有效地利用越来越稀缺的环境资源。通过税收这种强制性征收手段,使生产者在制定决策的时候,必须考虑环境因素,使环境问题外部不经济性内部化得以实现。

1. 最优污染水平

最优污染水平如图 9-1 所示。图 9-1 中,横轴 Q 代表污染物排放量,纵轴代表污染成本。曲线 MAC 代表污染物的边际治理成本曲线,其向右下方倾斜,意味着随着污染物排放量的不断增加,每单位量污染物的治理成本减少,即边际治理成本逐步减少;曲线 MEC 为边际损害成本,其向右上方倾斜,意味着随着污染物排放量的不断增加,每单位量污染物所造成的损害成本不断增加,即边际损害成本逐步增加。治理成本与损害成本之和为社会总成本。环境管理的目的不是仅仅考虑如何将污染控制在最低水平,而是要将环境污染造成的社会总成本控制到最低。

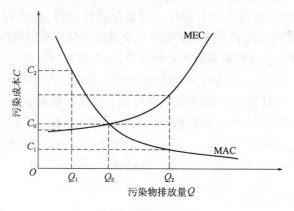

图 9-1　最优污染水平

企业生产产品追求其利润最大化,即只要边际私人纯收益大于 0,厂商扩大生产规模就会有利可图。在环境管理不严的情况下,厂商出于利润最大化的动机,会提高排放水平(例如 Q_2 点),降低边际治理成本。同时,厂商扩大生产产生的环境污染,迫使社会为此支付外部成本。随着污染物排放量的增加,边际损害成本不断增加,出现较高的社会总成本;在环境管理过于严格的情况下,厂商迫于压力会缩小生产规模,从而减少污染物的排放量(例如 Q_1 点),但这时边际治理成本增加,也会造成较高的社会总成本。根据以上分析,在环境管理不严或者过于严格的情况下,都会造成较高的社会总成本的支出。

从图 9-1 中可以看出,当污染物排放量达到 Q_E 时,边际治理成本等于边际损害成本,此时社会总成本最小,所以该点被称为污染物的最优污染水平。需要注意的是,最优污染水平是一定的社会经济技术发展的产物,并随发展水平的变化而变化。

2. 环境税与最优污染水平

征收环境税对污染物排放量的影响,如图 9-2 所示。图中 MNPB 代表边际私人纯收益,MEC 代表边际外部成本,这两条曲线相交于 E 点,在与 E 点对应的污染物排放 Q_E 水平下,边际私人纯收益与边际外部成本相等,所以,Q_E 为最优污染水平。

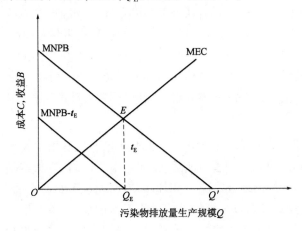

图 9-2　环境税与最优污染水平

生产者为了追求最大限度的私人纯收益,希望将生产规模扩大到 MNPB 线与横轴的交点 Q' 处。如果政府强制性向排污生产者征收一定数额的环境税,生产者的私人纯收益就会减少,MNPB 线的位置、形状以及它与横轴的交点也会发生变化。假定政府根据生产者的污染物排放量,对每一单位排放量征收特定数额 t_E 的环境税,使得 MNPB 线向左平移到 MNPB-t_E 线位置,与横轴恰好相交于 Q_E 点。这说明,在政府的干预以及生产者追求利益最大化的条件下,最有效率的情况是将生产规模和污染物的排放量控制在最优污染水平上。

实际中,对最优污染水平和达到最优污染水平时的边际私人纯收益的估计,都会存在误差,有时误差还相当大。但只要环境税的征收有助于使污染物排放接近最优污染水平,这种经济手段就可以促进污染物减排,并促使外部不经济性内部化的实现。

(二)环境税与污染治理成本

1. 几何分析模型

图 9-2 有一个隐含前提,就是当政府征收环境税时,生产者只能在缴纳环境税和缩小生产规模这两种方案中选择。但事实上,在考虑自身经济利益的情况下,生产者还可能做出购买和使用污染物处理设施,在扩大生产规模的同时将污染物的排放量控制在最优污染水平附近的选择,这也是政府实施环境税的目的之一。所以,当政府征收环境税时,生产者面临着三种选择:缴纳环境税、减产或者追加投资购买和使用污染物处理设备。生产者面对这三种可能性的最优选择,可以用图 9-3 表示。

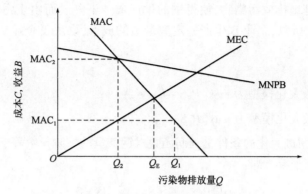

图 9-3　不同污染控制水平对生产者决策的影响

在采用环保设备进行污染治理时,图 9-3 横轴中的 Q 仅代表污染物的排放量。MEC 线代表边际外部成本曲线,MNPB 线代表着生产者没有安装环保设备,其污染物排放量随生产规模的扩大而同比例增加的条件下,生产者的边际私人纯收益曲线。MAC 代表污染治理的边际成本曲线。MAC_1 和 MAC_2 则代表污染物排放量为 Q_1 和 Q_2 条件下的边际治理成本。

由于存在通过治理污染来减少污染物排放的可能性,生产者的决策和环境税的征收标准都会发生变化。在图 9-3 中 Q_2 点的右侧,生产者的边际私人纯收益高于边际治理成本,在这一区间,生产者在利润最大化的促使下会治理污染,而不是缩小生产规模;而在原点到 Q_2 这一区间,生产者的边际治理成本高于边际私人纯收益,从自身经济利益考虑,生产者宁愿选择减产。

当存在购买和安装环保设备的第三种选择时,最优污染水平以及环境税的征收标准,可以根据 MAC 与 MEC 两条曲线的交点来决定。从图 9-3 中可以看出,为了防止生产者为追求最大限度的利润而将污染物的排放量增加到超过 Q_E 的程度,从而带来社会成本的增加,根据 Q_E 对应的边际治理成本来确定环境税的征收标准,可以促使生产者从自身利益考虑,将污染物排放量控制在 Q_E 的水平上。

与根据 MNPB 线与 MEC 线的交点来确定环境税的征收标准相比,根据 MAC 线和 MEC 线的交点来确定环境税的征收标准有一个显著的优点,私人纯收益属于生产者的营业秘密,政府在这方面所掌握的信息远远少于生产者;而从事生产和安装环保设备的生产者乐于向社会公布有关设备的性能和经济效益等方面的资料。这样一来,大大减少了政府和生产者在掌握信息方面的差距,从而减小了非对称信息对政府做出有关环境税征收标准决策所造成的误差,使得决策更具可操作性。

2.数理模型

美国经济学家范里安以上游的钢厂和下游的渔场为例,构建了如下环境税的数理模型。

(1)假设条件。

假设企业 A 生产某一数量的钢 S,同时产生一定数量的污染物 X 倒入一条河中。企业 B 为一个位于河流下游的渔场,因而受到企业 A 排出的污染物的不利影响。

假设企业 A 的成本函数由 $C_S(S, X)$ 给出,其中 S 是其生产钢的数量,X 是伴随着钢的生产所产生的污染物的数量;企业 A 的销售函数为 $P_S S$,P_S 是钢的单位价格。

假设企业 B 的成本函数由 $C_F(F, X)$ 给出,其中 F 表示鱼的产量,X 表示污染物的数量;企业 B 的销售函数为 $P_F F$,P_F 是鱼的单位价格。

企业 A 不加治理地排放污染物,使得钢的生产成本下降。而由于污染物排入河中,使得鱼的生产成本增加。所以,企业 B 生产一定数量鱼的成本,取决于企业 A 所排放的污染物的数量。

(2)最优化问题。

钢厂 A 的利润最大化模型为 $\max\limits_{S,X}[P_S S - C_S(S,X)]$;

渔场 B 的利润最大化模型为 $\max\limits_{F,X}[P_F S - C_F(F,X)]$。

对钢厂而言,利润最大化的条件是利润函数对钢产量的一阶导数等于零,且利润函数对污染产出的一阶导数等于零。即:

$$\begin{cases} d[P_S S - C_S(S,X)]/dS = 0 \\ d[P_S S - C_S(S,X)]/dX = 0 \end{cases}$$

$$\Rightarrow \begin{cases} P_S = dC_S(S,X)/dS \\ 0 = dC_S(S,X)/dX \end{cases}$$

对渔场而言,利润最大化的条件是鱼的利润函数对鱼的产量的一阶导数等于零,即:

$$d[P_F F - C_F(F,X)]/dF = 0$$

$$\Rightarrow P_F = d[C_F(F,X)]/dF$$

以上条件说明,利润最大化时,增加每种物品产量的价格,等于其边际成本。对钢厂来说,污染也是它的产品,但根据上面分析,企业的污染成本为一常数,且为零。确定使利润达到最大化的污染供给量的条件说明,在新增的单位污染成本为零时,污染还会继续产生。钢厂在作利润最大化计算时,只考虑了产钢的成本,而未计入污染治理的成本,这样一来,就产生了钢厂的外部不经济性。随着污染增加而增加的渔场的成本就是钢厂生产的一部分社会成本。

(3)税率的确定。

为了使钢厂减少污染排放,一种有效的办法就是对其征税。假设对钢厂排放的每单位污染征收 t 数量的税金,钢厂的利润最大化模型就变成:

$$\max\limits_{S,X}[P_S S - C_S(S,X) - tX]$$

利润最大化条件将是:

$$\begin{cases} P_S - dC_S(S,X)/dS = 0 \\ -dC_S(S,X)/dX - t = 0 \end{cases}$$

结合上面的分析,环境税征收额按式(9-1)计算:

$$t = d[C_S(S,X)]/dX \qquad (9\text{-}1)$$

(三)环境税的实施对不同主体的影响

环境税的实施对不同经济主体(如生产者、消费者和政府)的经济效果影响是不同的,具体如图9-4所示。

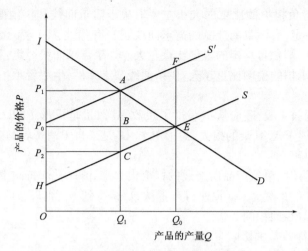

图 9-4　环境税的实施对不同主体的影响

如图 9-4 所示的几何模型,横轴代表某种产品的市场需求量,纵轴表示其价格。假如对代表性生产者征收的税 t 等于它所造成的边际损害成本,则对于整个行业的征税额就是所有生产者单位产品征税额的总额。由于征税,使得行业的供给曲线由 S 移动到 S'。产品出售到市场后,税收由生产者和消费者共同分担。

为了分析税收手段对不同经济主体的效应,需要使用消费者剩余和生产者剩余这两个概念。

(1)对生产者的影响。

征税前生产者剩余是价格线 $P = P_0$ 以下、供给曲线 S 以上的三角形的面积,即三角形 P_0EH 的面积。征税以后,产品的总产量由原来的 Q_0 下降到 Q_1,生产者剩余为三角形 P_2CH 的面积,则生产者剩余的增量为梯形 P_0P_2CE 的面积。这个梯形面积包括两部分:一是矩形 P_0P_2CB 的面积,这是生产者对政府税收的贡献;二是三角形 BCE 的面积,这是生产者为减少有污染的产出的损失。这里用 $\triangle$PS 表示生产者剩余的增量,生产者剩余的增量可以按式(9-2)计算。

$$\triangle PS = -(\square P_0P_2CB + \triangle BCE) \tag{9-2}$$

式中:$\triangle$PS——生产者剩余的增量;

$\square P_0P_2CB$——矩形 P_0P_2CB 的面积;

$\triangle BCE$——三角形 BCE 的面积。

(2)对消费者的影响。

征税前消费者剩余是价格线 $P = P_0$ 以上、需求曲线 D 以下的三角形的面积,即三角形 P_0EI 的面积。征税以后,产品的总产量由原来的 Q_0 下降到 Q_1,消费者剩余为三角形 P_1AI 的面积,则消费者剩余的增量为梯形 P_0P_1AE 的面积。这个梯形面积包括两部分:一是矩形 P_0P_1AB 的面积,这是消费者对政府税收的贡献;二是三角形 ABE 的面积,这是消费者为减少有污染的产出付出的代价。这里用 $\triangle$CS 表示消费者剩余的增量,消费者剩余的增量可以按式(9-3)计算。

$$\triangle CS = -(\square P_0P_2AB + \triangle ABE) \tag{9-3}$$

式中:$\triangle$CS——消费者剩余的增量;

$\square P_0P_2AB$——矩形 P_0P_2AB 的面积;

$\triangle ABE$——三角形 ABE 的面积。

生产者和消费者负担税额比重的大小主要取决于需求曲线和供给曲线的价格弹性的大小。如果供给曲线一定,有污染的产品的需求曲线越富有弹性,生产者承担的税额比重越大;需求曲线越缺乏弹性,消费者承担的税额比重越大。如果需求曲线一定,有污染的产品的供给越富有弹性,消费者承担的税额比重越大;供给曲线缺乏弹性,生产者承担的税额比重越大。

(3)对政府的影响。

通过强制性的税收手段,政府从中获得了税收,其数量是矩形 P_1P_2CA 的面积。其中,矩形 P_0P_2CB 是来自于生产者剩余的损失,矩形 P_0P_1AE 是来自于消费者剩余的损失。

(4)对环境的影响。

因为征税税率是按照单位产品所造成的社会损失来计算的,即每减少一个单位的产出,就可以带来相当于 t 的环境收益。征税使得产量从 Q_0 减少到 Q_1,则环境收益就等于菱形 $AFEC$ 的面积,且恰好为 $\triangle AEC$ 面积的 2 倍。

(5)对整个社会净收益的影响。

以上四个方面的总和即为税收手段对整个社会的净收益,以 $\triangle WS$ 来代表社会净收益,则社会净收益可以按式(9-4)计算:

$$\begin{aligned}
\triangle WS &= \square P_1P_2CA + 2\triangle AEC - (\square P_0P_2CB + \triangle BEC) - (\square P_1P_2AE + \triangle ABE) \\
&= 2\triangle AEC - (\triangle BEC + \triangle ABE) \\
&= \triangle AEC
\end{aligned} \tag{9-4}$$

式中:$\triangle WS$——社会净收益;

  $\square P_1P_2CA$——矩形 P_1P_2CA 的面积;

    $\triangle AEC$——三角形 AEC 的面积;

  $\square P_0P_2CB$——矩形 P_0P_2CB 的面积;

    $\triangle BEC$——三角形 BEC 的面积;

  $\square P_1P_2AE$——矩形 P_1P_2AE 的面积;

    $\triangle ABE$——三角形 ABE 的面积。

$\triangle AEC$ 的面积就是对产生外部不经济性的企业实施征税的社会净收益。由此分析可以看出,对产生污染的企业征收环境税,不仅可以使社会获得正的净效益,而且还能兼顾到有污染产品和无污染产品的社会公平性。如果对无污染的产品也进行征税,那么从社会净效益来看,其表现为一种损失,损失的数量是三角形 AEC 的面积。主要原因在于,对有污染产品征税和对无污染产品征税所得到的社会净收益中存在着环境收益的差异。对有污染产品征税可以产生两个三角形 AEC 面积的环境收益,而对无污染产品征税则不产生环境收益。所以,征收环境税,不仅可以得到效率上的提高,而且可以促进社会公平,既保证了无污染产品的价格优势,又使有污染产品的生产者和消费者共同来分担税收,间接地刺激他们选择生产或消费"环境友好"的产品。

三、环境税的功能

环境税的功能是指作为一项环境经济手段所发挥的作用。环境税在实现外部不经济性内部化、环境行为激励、筹集环保资金、改进效率等方面都发挥着重要作用。

(一)有利于增强降低污染的经济刺激性

通过征收环境税,给排污者施加了一定的经济刺激,这将促使排污者积极治理污染,排污费的作用如图9-5所示。

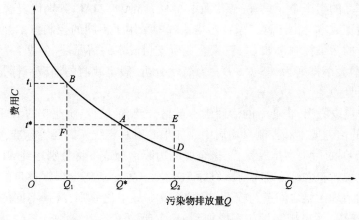

图 9-5 环境税的作用

在图 9-5 中,曲线代表排污者的边际污染治理费用。污染治理的目的就是在达到环境和经济目标前提下,使污染治理的费用与缴纳环境税之和最小。图中 t^* 为最优的环境税收标准,Q^* 为与之相对应的污染物排放量。此时,排污者缴纳的环境税(图中 Ot^*AQ^* 的面积)与污染治理费用(图中 AQ^*Q 的面积)之和最小。

从图 9-5 中还可以看出,环境税的标准越高,其刺激污染者降低污染排放水平的作用越大,同时产生强大的市场竞争力,推动企业开发和提升环保设备和技术的应用。若把环境税征收标准从 t^* 提高到 t_1,则对于同一污染源,污染排放量会降低到 Q_1。一定的环境税收标准会刺激排污者去实施一个最优的污染治理水平。治理水平过高或过低,都将使排污者支付的环境费用增加。与最优治理水平 Q^* 相比,当治理水平过高,即 $Q_1 < Q^*$ 时,排污者将多支付的费用为图中 ABF 的面积;当治理水平过低,即 $Q_2 > Q^*$ 时,排污者将多支付的费用为图中 ADE 的面积。

(二)有利于提高经济有效性

相对于执行统一的排污标准管理手段,环境税能以较少的费用达到排放标准,如图 9-6 所示。

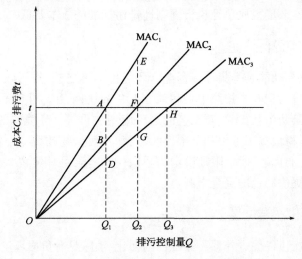

图 9-6 环境税与统一的强制排污标准效率比较

假定某一产品的生产企业只有三家,图中 MAC_1、MAC_2、MAC_3 分别代表这三家企业生产这种产品的边际治理成本。由于这三家在污染治理中采用了不同的控制技术,所以三家的 MAC 不同。对于同样的污染控制量如 Q_1,三家企业所支付成本的情况是:企业 1 为 A,企业 2 为 B,企业 3 为 D,成本大小排列为 $A > B > D$。为简化分析,假定政府的消减目标是 $3Q_2$,并假设线段 $Q_1Q_2 = Q_2Q_3$,且 $Q_1 + Q_2 + Q_3 = 3Q_2$。

从图 9-6 中可以看出,企业 1 的治理成本最高,控制量最少;企业 3 的治理成本最低,控制量最多;企业 2 的治理成本和控制量均居中。如果政府制定统一的环境标准,强制所有的企业分别消减相当于 Q_2 的污染物排放量,三家企业的边际治理成本将分别达到 E、F、G。但如果政府通过设定环境税 t 来达到污染物消减目标 $3Q_2$,则三家企业将会根据各自的治理费用,在缴纳环境税和主动治理污染之间进行权衡,根据总成本最小化原则,选择不同的污染控制水平。例如,对企业 1 来说,污染控制量从零增加到 Q_1,治理污染要比缴纳环境税便宜,而当污染控制量超过 Q_1 时,环境税则比较合算。为了比较统一执行标准和环境税情况下的总成本,需要计算 MAC 曲线以下的面积。

执行排污标准:

$$总治理成本 = OEQ_2 + OFQ_2 + OGQ_2$$

其中,OEQ_2 为三角形 OEQ_2 的面积,代表企业 1 未被征收环境税时的污染治理成本;OFQ_2 为三角形 OFQ_2 的面积,代表企业 2 未被征收环境税时的污染治理成本;OGQ_2 的面积,代表企业 3 未被征收环境税时的污染治理成本。

执行环境税:

$$总治理成本 = OAQ_1 + OFQ_2 + OHQ_3$$

其中,OAQ_1 为三角形 OAQ_1 的面积,代表企业 1 被征收环境税后的污染治理成本;OFQ_2 为三角形 OFQ_2 的面积,代表企业 2 被征收环境税后的污染治理成本;OHQ_3 为三角形 OHQ_3 的面积,代表企业 3 被征收环境税后的污染治理成本。

两者之差:

$$(OEQ_2 + OFQ_2 + OGQ_2) - (OAQ_1 + OFQ_2 + OHQ_3) = Q_1AEQ_2 - Q_2GHQ_3$$

Q_1AEQ_2、Q_2GHQ_3 分别为四边形 Q_1AEQ_2、Q_2GHQ_3 的面积,因为 $Q_1AEQ_2 > Q_2GHQ_3$,所以,达到同样的排污控制量,环境税比单纯执行强制性排污标准的成本要低。

(三)有利于筹集环保资金

环境税的一项重要功能是筹集环保资金。环境税实施之前,排污收费制度是筹措环保资金的一个重要渠道,排污费收入按照中央和地方 1:9 的比例,用于重点污染源防治项目,区域性污染防治项目,污染防治新技术、新工艺的推广应用项目等。环境税的实施,提升了环保资金筹集的刚性。环保税设置了上限和下限,如大气和水污染物的税额下限为排污费每污染物当量 1.2 元和 1.4 元的标准,而上限则设定为下限的 10 倍,且环境税将全部纳入地方财税收入,从而为环境保护提供稳定的资金来源。

(四)有利于优化资源配置

通过征收环境税,可以促进外部不经济性内部化,消减具有负面环境和经济影响的补贴和税收。通过引进恰当的税种,可以矫正环境资源配置中的市场失灵,控制并引导资源的合理配置,加快淘汰严重污染行业,促进环境友好型行业的发展,逐步实现产业转型及经济结构调整,进而优化环境资源的配置。

四、环境税在我国的实施

(一)《中华人民共和国环境保护税法》

1979 年颁布的《中华人民共和国环境保护法(试行)》确立了排污费制度。2003 年国务院公布的《排污费征收使用管理条例》对排污费征收、使用、管理做了规定。十八届三中全会通过的《中共中央关于全面深化改革若干重大问题的决定》明确提出"推动环境保护费改税"。经全国人大常委会两次审议,《中华人民共和国环境保护税法》于 2016 年 12 月 25 日通过,自 2018 年 1 月 1 日起实施。国务院相应制定了实施条例并于 2017 年 12 月 25 日公布,与环境保护税法同步实施。环境保护税的立法有利于解决排污费制度存在的执法刚性不足等问题,有利于提高纳税人环保意识和强化企业治污减排责任。

1. 纳税人和征税对象

根据《中华人民共和国环境保护税法》,在我国领域和我国管辖的其他海域,直接向环境排放应税污染物的企业事业单位和其他生产经营者为环境保护税的纳税人,应当依照本法规定缴纳环境保护税。

根据《环境保护税法》所附"环境保护税税目税额表""应税污染物和当量值"规定的大气污染物、水污染物、固体废物和噪声四类污染物按月计算,季度征收环境保护税。

2. 应税污染物的计税依据与应纳税额的确定

(1)应税大气污染物的计税依据,按应税大气污染物排放量折合的污染当量数确定。无论是有组织排放还是无组织排放的应税大气污染物,均应按规定计算征收环境保护税。对有组织排放的大气污染物,以每一排放口为计算单位。对于有组织排放或无组织排放的应税大气污染物,均按照污染当量数从大到小排序,对前三项的应税大气污染物征收环境保护税。应税大气污染物的应纳税额,为大气污染物的污染当量数乘以具体适用税额。

(2)应税水污染物的计税依据,按应税水污染物排放量折合的污染当量数确定。应税水污染物以每一排放口为计算单位。对每一排放口的应税水污染物,按照《环境保护税法》附表"应税污染物和当量值表"规定,区分第一类水污染物和其他类水污染物分别进行计算,按应税水污染物污染当量数从大到小进行排序,对第一类应税水污染物,按照前五项计算征收环境保护税;对其他类应税水污染物,按照前三项计算征收环境保护税。应税水污染物的应纳税额,为水污染物的污染当量数乘以具体适用税额。

(3)应税固体废物按照固体废物的排放量确定计税依据。固体废物的排放量为纳税人当期应税固体废物的产生量减去当期应税固体废物的合规储存量、合规处置量、合规综合利用量后的余额。应税固体废物的应纳税额为固体废物的排放量乘以对应税目的具体适用税额,即煤矸石 5 元/t,尾矿 15 元/t,危险废物 1000 元/t,冶炼渣、粉煤灰、炉渣、其他固体废物(含半固态、液态废物)25 元/t。

(4)应税噪声按照超过国家规定标准的分贝数确定计税依据。应税噪声的应纳税额为超过国家规定标准分贝数所对应的具体适用税额标准,即超标 1~3dB,每月 350 元;超标 4~

6dB,每月700元;超标7~9dB,每月1400元;超标10~12dB,每月2800元;超标13~15dB,每月5600元;超标16dB以上,每月11200元。

3.环境税征收的有关概念

(1)污染当量。污染当量是根据各种污染物或污染排放活动对环境的有害程度、对生物体的毒性以及处理的技术经济性,规定的有关污染物或污染排放活动的一种相对数量关系。为了简化和统一征税计算方法,引入了污染当量的概念,并应用于水污染和大气污染征税计算中。

(2)污染当量值。污染当量值即表征不同污染物或污染排放量之间的污染危害和处理费用相对关系的具体值,单位以千克(kg)计。

以水污染为例,将污水中1kg最主要污染物化学需氧量(COD)视为基准,对其他污染物的有害程度、对生物体的毒性以及处理的费用等进行研究和测算,结果是0.5g汞、1kgCOD或10m³生活污水排放所产生的污染危害和相应的处理费用是基本相等的,即污水中汞的污染当量值是0.0005kg、COD的污染当量值是1kg。

而废气则是以大气中主要污染物烟尘、二氧化硫为基准,按照上述类似的方法得出其他污染物的污染当量值。

(3)污染当量数。

污染当量数就是污染当量的数量,无量纲。对于某种污染物,其污染当量数可以按照式(9-5)计算:

$$污染当量数 = \frac{排放量}{污染当量值} \tag{9-5}$$

其中:

$$排放量 = 排放浓度 \times 介质的体积 \tag{9-6}$$

4.应税污染物排放量的计算方法

《环境保护税法》第十条规定,计算应税大气污染物、水污染物、固体废物的排放量和噪声的分贝数的方法主要有:

(1)自动监测。纳税人安装使用符合国家规定和监测规范的污染物自动监测设备的,按照污染物自动监测数据计算。

(2)监测机构监测。纳税人未安装使用污染物自动监测设备的,按照监测机构出具的符合国家有关规定和监测规范的监测数据计算。

(3)排污系数和物料衡算方法计算。因排放污染物种类多等原因不具备监测条件的,按照国务院环境保护主管部门规定的排污系数、物料衡算方法计算。

(4)核定计算。不能按照第十条第(1)项至第(3)项规定的方法计算的,按照省、自治区、直辖市人民政府环境保护主管部门规定的抽样测算的方法核定计算。

《环境保护税法》还对环境税收减免做出了规定,对环境税的征收管理部门、纳税义务发生时间和申报期限、申报资料、征收地点等做出了明确规定。

(二)我国环境税的发展与完善

2008年,财政部、国家税务总局和环境保护部提出了环境税收制度设计方案及配套改革措施。2009年5月,国务院批转国家发改委《关于2009年深化经济体制改革工作意见的通知》提出,加快理顺环境税费制度,研究开征环境税。2011 年 10 月国务院发布《国务院关于加强环境保护重点工作意见》,明确了实施环境保护的经济政策,积极推进环境税费改革,适时开征环境税。2013 年 12 月环境税方案上报至国务院。2016 年 5 月,财政部联合国家税务总局发布《关于全面推进资源税改革的通知》,自 7 月 1 日起资源税改革在全国全面推行。

经全国人大常委会两次审议,《中华人民共和国环境保护税法》于 2016 年 12 月 25 日通过,于 2018 年 1 月 1 日起实施。同时,我国在其他方面也在积极推进环境税的发展。

2017 年 11 月,财政部、国家税务总局、水利部印发《扩大水资源税改革试点实施办法》,自 2017 年 12 月 1 日起,在北京等 9 个省(自治区、直辖市)扩大水资源税改革试点。2018 年 1 月 1 日至 2020 年 12 月 31 日,对购置的新能源汽车免征车辆购置税。车辆购置税优惠政策的调整反映了市场的变化,新能源汽车是未来发展趋势。

近几年,由于消费税、资源税的政策调整,我国环境相关税收总额及占税收总额的比重呈上升趋势,见表 9-1。

我国环境税相关税种收入变化(单位:亿元)　　　　　　　　　　　表 9-1

环境税相关税种	2008 年	2009 年	2010 年	2011 年	2012 年	2013 年	2014 年
消费税	2568.27	4761.22	6071.55	6936.21	7875.58	8231.32	8907.0
资源税	301.76	338.24	417.57	595.87	904.37	1005.65	1083.8
城市维护建设税	1344.09	1544.11	1887.11	2779.29	3125.63	3419.90	3644.64
城镇土地使用税	816.90	920.98	1004.01	1222.26	1541.72	1718.77	1992.62
车船税	144.21	186.51	241.62	302.00	393.02	473.96	541.00
车辆购置税	989.89	1163.92	1792.59	2044.89	2228.91	2596.34	2885.00
耕地占用税	314.41	633.07	888.61	1075.46	1620.71	1808.23	2059.05
以上税种合计	6479.53	9548.05	12303.09	14955.98	17689.94	19254.17	21113.11
当年税收合计	61330.3	68518.3	83101.5	103874.4	117253.5	110530.7	119175.3
比重(%)	10.56	13.94	14.80	14.40	15.09	17.42	17.7

注:数据来源为国家统计局年度数据和国家税务总局统计数据。

五、环境税在国外的实施

许多国家在环境保护实践中已经开征环保税,但因各国国情、经济发展水平、环境状况不同,环保税政策也存在较大差异。

(一)欧盟国家

欧盟国家制定了对能源及其产品实行多重征税和差别征税的政策,拥有较全面的环保税体系。

丹麦于 1992 年首先对家庭征收碳税,1993 年沿用到工业部门;芬兰于 1990 年率先宣布对各种燃料及电力征收碳税,这是全球第一个通过开征碳税来控制二氧化碳排放的国家;瑞典于 1991 年开征二氧化硫税,目标是将二氧化硫的排放量在 1980 年的基础上削减 80%,其对工业用电不收税,而对家庭用电要征收能税和碳税;法国与环保相关的税种涉及石油产品消费税、碳税、能源税、运输税、污染税和资源税等;荷兰是征收环保税比较早的国家,目前,仅以环境保护为目标的税就已经细化为噪声污染税、垃圾污染税、水污染税、大气污染税、排污税、燃料税、钓鱼税等;波兰从 1970 年开始设立环境税与资源税,其后又进行相应改革。

(二)美国

1971 年,美国国会引入一个关于在全国范围内向环境排放硫化物征税的议案,并在 1987 年建议对一氧化硫和一氧化氮的排放征税。自此以后,美国政府逐步把税收手段引进环保领域,至今已形成了一套比较完善的环境税收制度,也是唯一一个在其税收法典中提出"环境税"的国家。

(三)加拿大

在加拿大的税收体系中,基于环境的税费主要分为碳税、特定消费税、特定产品税、排污收费。如在销售饮料时,加拿大向消费者征收环保费并收取一定的押金。每个瓶子的征税额度从 0.05~0.30 加元不等,到归还空瓶时退还押金,环保费留存,用于对一次性饮料容器的处理。

(四)日本

日本环境税主要是根据对环境造成的负荷(化石能源中的碳含量)进行纳税,从 2012 年 10 月 1 日起,日本开始对石油、天然气等化石燃料征收"地球温暖化对策税",即环境税。所征环境税将主要用于节能环保产品补助、可再生能源普及等。

第二节 生 态 补 偿

生态环境是人类生存与发展的基础和条件,生态环境制度是人类社会发展的重中之重。生态文明要高度重视生态环境建设的制度创新,利用经济手段建立长效的生态补偿机制是生态环境保护的重要保障。本节对我国生态补偿机制的主要内容进行阐述。

一、生态补偿概述

(一)生态补偿的含义

生态补偿(Eco-Compensation)是以保护和可持续利用生态系统服务为目的,以经济手段为主调节相关者利益关系,促进补偿活动、调动生态保护积极性的各种规则和制度安排。

生态补偿有狭义和广义之分。广义的生态补偿既包括对生态系统和自然资源保护所获得效益的奖励或破坏生态系统和自然资源所造成损失的赔偿,也包括对造成环境污染者的收费。狭义的生态补偿则主要是指对生态系统和自然资源保护所获得效益的奖励或破坏生态系统和自然资源所造成损失的赔偿。本节主要是对狭义的生态补偿进行阐述。

(二)生态补偿的主要内容

生态补偿主要包括四方面内容:一是对生态系统本身保护(恢复)或破坏的成本进行补偿;二是通过经济手段将经济效益的外部性内部化;三是对个人或区域保护生态系统和环境的

投入或放弃发展机会的损失的经济补偿;四是对具有重大生态价值的区域或对象进行保护性投入。

在我国生态保护与管理中,生态补偿主要进行了以下几个方面的工作:

(1)对生态环境本身的补偿,如国家环保总局2001年颁发的《关于在西部大开发中加强建设项目环境保护管理的若干意见》规定,对重要生态用地要求"占一补一"。

(2)生态补偿费的概念,即利用经济手段对破坏生态的行为予以控制,将经济活动的外部成本内部化。

(3)对保护生态或放弃发展机会的行为予以补偿。

(4)对具有重大生态价值的区域或对象进行保护性投入等,包括重要类型(如森林)和重要区域(如西部)的生态补偿等。

生态补偿机制的建立是以内化外部成本为原则,对保护行为的外部经济性的补偿依据是保护者为改善生态服务功能所付出的额外的保护与相关建设成本和为此而牺牲的发展机会成本;对破坏行为的外部不经济性的补偿依据是恢复生态服务功能的成本和因破坏行为造成的被补偿者发展机会成本的损失。

(三)生态补偿机制建立的必要性

我国在生态保护方面存在着结构性的政策缺位,特别是有关生态建设的经济政策短缺。这种状况使得生态效益及相关的经济效益在保护者与受益者,破坏者与受害者之间不公平分配,导致了受益者无偿占有生态效益,保护者未得到应有的经济激励;破坏者未能承担破坏生态的责任和成本,受害者得不到应有的经济赔偿。这种生态保护与经济利益关系的扭曲,使我国的生态保护面临许多困难,也影响了地区之间以及利益相关者之间的和谐。党的十八大报告提出,"加强生态文明制度建设""建立反映市场供求和资源稀缺程度、体现生态价值和代际补偿的资源有偿使用制度和生态补偿制度"。所以要解决这类问题,必须建立生态补偿机制,以调整相关利益各方生态及其经济利益的分配关系,促进生态和环境保护,促进城乡间、地区间和群体间的公平性和社会的协调发展。

二、生态补偿的基本原则

(一)破坏者付费与保护者受益原则

破坏生态环境,会产生外部不经济性,破坏者应该支付相应的费用;保护生态环境,会产生外部经济性(外部效益),保护者应该得到相应的补偿。

(二)受益者补偿原则

在生态建设与环境保护中,将会有更多的人受益。因此,生态环境质量改善的受益者必须支付相应的费用,作为环境生态建设和环境保护者的补偿,使他们的环境保护效益转变为经济效益,以激励人们更好地保护环境。

(三)公平性原则

环境资源是大自然赐予人类的共有财富,所有人都有平等的利用环境资源的机会。公平性既包括代内公平,也包括代际公平。

(四)政府主导与市场推进原则

生态补偿涉及面广,需要发挥政府和市场两方面的作用。政府在生态补偿中要发挥主导作用,如制定生态补偿政策、提供补偿资金、加强对生态补偿政策的监督管理等。在市场经济体制下,实施生态补偿还需要发挥市场的力量,通过市场的力量来推进生态补偿制度。

三、中国生态补偿机制

(一)中国生态补偿的发展

根据我国"谁开发、谁保护;谁破坏、谁付费;谁受益、谁补偿"的生态环境管理原则,从20世纪80年代以来,我国在生态保护、恢复与建设工作中,进行了有关生态补偿的诸多实践,但总体而言,还存在生态补偿机制不完善、融资渠道单一和缺乏必要的法规政策支持等问题。

我国在"三北"及长江流域等防护林体系建设中,进行了生态补偿实践;在实施天然林保护工程中,为生态补偿制定了标准;在"退耕还林还草工程"中首次较为规范地提出了生态补偿政策;在耕地占用方面建立了补偿制度,从而有效的开展土地资源的管理;通过制定草原法及配套法规,加强了草原资源的生态补偿;对自然保护区实施了生态补偿,从而提高了保护区建设规模与管理质量。

1998年通过的《森林修正案》中规定"国家建立森林生态效益补偿基金,用于提供生态效益的防护林和特种用途林的森林资源、林木的营造、抚育、保护和管理"。2001年财政部、国家林业局决定开展森林生态效益补助资金试点工作。

2005年中国环境与发展国际合作委员会组建了我国生态补偿机制与政策课题组,旨在就建立生态补偿的国家战略和重要领域的补偿政策等问题进行研究。

2007年,国家环保总局公布了《关于开展生态补偿试点工作的指导意见》,在自然保护区、重要生态功能区、矿产资源开发和流域水环境保护四个领域开展生态补偿试点。

2008年财政部出台《国家重点生态功能区转移支付(试点)办法》;2008年1月江苏省实施《江苏省太湖流域环境资源区域补偿试点方案》,建立环境资源污染损害补偿机制,在江苏省太湖流域部分主要入湖河流及其上游支流开展试点。

2013年党的十八届三中全会对深化生态文明体制改革做出了明确部署:加快构建系统完整的生态文明制度体系,健全自然资源资产产权制度和用途管制制度,划定生态保护红线,实行资源有偿使用制度和生态补偿制度,改革生态环境保护管理体制。

2014年,中央财政将河北环京津生态屏障、西藏珠穆朗玛峰等区域内的20个县纳入国家重点生态功能区转移支付范围,享受转移支付的县市已达512个。2008—2014年,中央财政累计下拨国家重点生态功能区转移支付2004亿元。

2014年,财政部会同农业部制定了《中央财政农业资源及生态保护补助资金管理办法》,该办法明确草原禁牧补助的中央财政测算标准,中央财政拨付奖励资金20亿元作为草原生态保护绩效奖励资金。

2016年国务院办公厅出台《关于健全生态保护补偿机制的意见》,要求不断完善转移支付制度,探索建立多元化生态保护补偿机制,逐步扩大补偿范围,合理提高补偿标准,有效调动全社会参与生态环境保护的积极性。提出到2020年,基本建立符合我国国情的生态保护补偿制度体系,促进形成绿色生产方式和生活方式。

2016年12月,财政部、环境保护部、国家发改委等出台了《关于加快建立流域上下游横向生态保护补偿机制的指导意见》,明确了流域上下游横向生态补偿的指导思想、基本原则和工作目标。

2017年10月,党的十九大报告提出要"严格保护耕地,扩大轮作休耕试点,健全耕地草原森林河流湖泊休养生息制度,建立市场化、多元化生态补偿机制"。

2018年12月,国家发改委、财政部、自然资源部等9部门联合印发《建立市场化、多元化生态保护补偿机制行动计划》,明确提出市场化、多元化生态保护补偿机制建设要牢固树立和践行"绿水青山就是金山银山"的理念,按照高质量发展的要求,坚持"谁受益谁补偿、稳中求进"的原则,加强顶层设计,创新体制机制,实现生态保护者和受益者良性互动,让生态保护者得到实实在在的利益。

(二)我国实施生态补偿政策的方式

根据《关于健全生态保护补偿机制的意见》,我国目前主要在森林、草原、湿地、海洋、流域、耕地等重点领域开展生态补偿,补偿的方式主要有以下几种。

1. 国家财政补偿

在我国当前的财政体制中,财政转移支付制度和专项基金对建立生态补偿机制具有重要作用。财政部制定的《2003年政府预算收支科目》中,与生态环境保护相关的支出项目约30项,其中具有显著生态补偿特色的支出项目,如退耕还林、沙漠化防治、治沙贷款贴息占支出项目的1/3。专项基金是政府各部门开展生态补偿的重要形式,国土、林业、水利、农业、环保等部门制定和实施了一系列计划,建立专项资金,对有利于生态保护和建设的行为进行资金补贴和技术扶助,如农村新能源建设、生态公益林补偿、水土保持补贴和农田保护等。林业部门建立了森林生态效益补偿基金。

2. 国家重大生态建设工程支持

政府通过直接实施重大生态建设工程,不仅直接改变项目区的生态环境状况,而且为项目区的政府和民众提供资金、物资和技术的补偿,这是一种最直接的方式。当前我国政府主导实施的重大生态建设工程包括退耕还林(草)、天然林保护、退牧还草、"三北防护林"建设和京津风沙源治理等。这些项目主要投资来源是中央财政资金和国债资金。

3. 生态补偿费

通过经济手段将生态破坏的外部不经济性内部化,同时对个人或区域保护生态系统和环境的投入或放弃发展机会的损失进行经济补偿。如广东省向水电部门以每度电增收一厘钱作为对粤北山区农民进行山林保护的生态补偿金;广州市从1998年开始,每年投入数千万元用于生态公益林生态效益补偿,以流溪河流域水质保护作为试点,从生态保护成本的分担出发,建立了上下游的生态补偿机制,下游区域所在地政府每年要从地方财政总支出中安排一定数量的资金,用于补偿上游保护区在造林、育林、护林、涵养水源以及产业转型中的费用。

4. 市场交易模式

水资源的质和量与区域生态环境保护状况有直接关系,通过水权交易不仅可以促进资源的优化配置,提高资源利用效率,而且有助于实现保护生态环境的目标,所以交易模式也是生态补偿的一种市场手段。浙江省东阳市与义乌市成功地开展了水资源使用权交易,经过协商,东阳市将横锦水库 5000 万 m³ 水资源的永久使用权通过交易转让给下游义乌市,这样一来,义乌市降低了获取水资源的成本,而东阳市则获得比节水成本更高的经济效益。在宁夏回族自治区、内蒙古自治区也有类似的水资源交易的案例,上游灌溉区通过节水改造,将多余的水卖给下游的水电站使用。

5. 建立"异地开发生态补偿实验区"

在浙江、广东等地的生态补偿实践中,还探索出了"异地开发"的生态补偿模式。为了避免流域上游地区发展工业造成严重的污染问题,并弥补上游经济发展的损失,浙江省金华市建立了"金磐扶贫经济开发区"作为该市水源涵养区磐安县的生产用地,并在政策与基础设施方面给予支持。2003 年,该区工业产值 5 亿元,实现利税 5000 万元,占磐安县财政收入的 40%。

6. 环境空气质量生态补偿试点

2015 年起,山东、四川、河北等地探索实施空气质量生态补偿,主要做法是建立激励地方开展空气环境质量改善的财政资金机制,如山东省实施了奖惩双向结合的环境空气质量改善生态补偿机制,当空气质量改善时,省里向各市发放的补偿资金金额将翻倍,当空气质量恶化时,各市向省里缴纳的资金金额也将翻倍。2015 年第三季度山东省有 16 个市的环境空气质量同比有所改善,获得省级空气质量生态补偿资金 3078 万元。

第三节 排污权交易

排污权交易也被称为"买卖许可证制度",是一项重要的环境保护经济手段。排污权交易通过为排污者确立排污权(这种权利通常以排污许可证的形式表现),建立排污权市场,利用价格机制引导排污者的决策,实现污染治理责任以及相应的环境容量的高效率配置。

一、排污权交易概述

(一)排污权

排污权(Pollution Rights),也称排放权,即排放污染物的权利,是指排污者通过环境保护监督管理部门分配或拍卖的方式获取一定的污染物排放权,并在确保该权利的行使不损害其他公众环境权益的前提下,依法享有的向环境排放污染物的权利。

"排污权"这个概念是美国经济学家戴尔斯(John Dales)于 1968 年提出的。戴尔斯认为,外部性的存在导致了市场机制的失效,造成了生态破坏和环境污染。单独依靠政府干预或者单独依靠市场机制,都不能起到令人满意的效果。必须将两者结合起来才能有效地解决外部性,把污染控制在令人满意的水平。政府可以在专家的帮助下,把污染物分割成一些标准单位,然后在市场上公开标价出售一定数量的"排污权"。购买者购买一份"排污权",则被允许排放一个单位的废物。一定区域出售"排污权"的总量要以充分保证区域环境质量能够被人们接受为限。如果一时难以达到,可以将"排污权"的出售数量逐年减少,直到达到可接受限值。政府有效地运用其对环境这一商品的产权,可使市场机制在环境资源的配置和外部性内部化的问题上发挥最佳作用。

(二)排污权交易

排污权交易(Pollution Rights Trading)是指在一定区域内,在污染物排放总量不超过允许排放量的前提下,区域内的各污染源之间可以进行排污权的买卖,从而在区域内实现排污权的再分配,逐步促进排污权的优化分配,进而达到减少排污量、保护环境的目的。

排污权交易的思想来源于科斯定理。科斯定理在环境问题上最典型的应用就是排污权交易。排污权交易是在满足环境要求的前提下,设立合法的污染物排放权即排污权,并允许拥有排污权的经济主体在市场中进行排污权的买卖,通过市场手段进行污染权的重新配置。市场中的部分企业通过技术改造和加装环境保护设备节约下来的污染排放权利,成为一种可以用于交易的有价资源,既可以在不同的排污主体之间进行市场交易,也可以储存起来以满足自身扩大发展的需求,同时,市场中新增污染源和无力减排的主体将不得不按照市场价格,在市场中购买排污权利。

由此可见,排污权交易手段不仅体现"总量控制"的污染物控制策略,并且依靠市场手段使排污主体主动实现"总量控制"的目标。在这一手段的实施过程中,环境管理部门根据环境质量目标,通过建立合法的污染物排污权,运用各种分配方式和市场交易机制,促使排污企业从其利益出发,自主决定其污染治理程度,把被动治理变为主动治理,使得这一手段相对其他经济手段的最大优点是治理效率高。

排污权交易的实质体现在以下几方面:首先,排污权交易是环境资源商品化的体现。排污权是排污企业向环境排放污染物的一种许可资格,交易使环境资源商品化,交易活动的结果是将全社会的环境资源重新配置;其次,排污权交易是排污许可证制度的市场化形式,排污者依照法律、法规的有关规定从环境保护主管部门获得的从事排污活动资格的一种制度。排污许可证制度要求未获得许可证者不得排污,拥有许可证者不得违反规定排污,这就为许可证交易提供了客观前提;最后,排污权交易是环境总量控制的一种措施,排污权的发放量根据区域环境现状都有一个限额,环境主管部门根据不同的环境保护目标制定某一污染物的排放总量,该区域内的所有企业排放的污染物不能超过这一目标。

排污权交易的实施包括以下几个要点。

1.排污权的出售总量要受到环境容量的限制

一定区域到底能出售多少排污权要建立在环境监测部门和环境保护部门认真研究、论证的基础之上。最大限度不能超过环境容量,最佳数量是使公众感到满意。

2.排污权的初次交易发生在政府与各经济主体之间

这里的经济主体可以是排污企业,也可以是投资者,还可以是环境保护组织。排污企业购买排污权的动机是,在技术水平保持不变和保护环境的前提下,维持原来产品的生产。投资者购买排污权的动机是,希望通过排污权现期价格与未来价格之间的差价来牟取利润。而环保组织购买排污权则是为了保证环境质量的不断改善和提高。

3.排污权的交易可发生在更广泛的领域

排污权的多次交易可以发生在排污企业之间,有的企业因生产规模扩大了,需要拥有更多的排污权,而有的企业通过技术创新,使排污权还有剩余,只要两企业之间的交易使双方都能获利,排污权交易就会发生;排污权的多次交易可以发生在排污企业与环境保护组织之间,随着经济发展和生活水平的提高,环保组织认为环境质量也应有相应水平的提高,因而出资竞购排污权,从而迫使污染企业减少污染排放;排污权的多次交易可以发生在污染企业和投资者之间,投资者意识到污染权是一种稀缺资源,在买进卖出中可以获利;排污权的多次交易还可以发生在政府和各经济主体之间,随着环境质量要求的日益提高以及政府财力的不断增强,政府可以回购一些排污权,以进一步减少污染排放。

(三)排污交易市场

1.基于公平目标的排污配额指标分配一级市场

排污指标分配为排污交易机制的一级市场,其政策目标是落实总量指标,合理设定"增量",公平地分配初始排污权,建立政府主导的一级市场。由于环境资源产权属于国家,从国家角度讲,初始排污权的出让应该体现权益,应该获得资源权益金或者出让金,对企业来说,初始排污权的获得则应该缴纳资源租金。这也就是污染物排放指标有偿分配的一级市场。

2.基于效率目标的环境容量资源配置二级市场

排污配额的自由贸易和流通是排污交易的二级市场,是提高污染物排污权(有偿)取得一级市场分配效率的重要措施。二级市场并不是一级市场建立的前提条件,二级市场旨在提高减排效率,降低污染减排的全社会成本。

从二级市场的运行模式来看,二级市场的政策主体主要是污染物减排企事业单位和政府;在交易方式上,允许企事业单位在符合交易规范的前提下基于市场原则自由贸易,新入企业排污指标的获取,可从二级市场中的排污配额"流量"或者从政府预留的"存量"指标有偿取得;为了防止出现交易价格垄断,交易价格通常采用政府指导下的市场自我调节机制。

二、排污权交易的特点

排污权交易是运用市场机制控制污染的有效手段,能够促进环境保护和经济发展的"双赢"。相对于强制性环境管理手段,排污权交易具有以下特点。

(一)有利于污染治理成本最小化

排污权交易充分利用市场机制的调节作用,使价格信号在生态建设和环境保护中发挥基础性作用,以实现对环境容量资源的合理利用。在政府没有增加排污权的供给,总的环境状况没有恶化的前提下,企业比较各自的边际治理成本和排污权的市场价格来决定是买进排污权,还是卖出排污权。排污权交易的结果是使全社会总的污染治理成本最小化,同时也使各经济主体的利益达到最大化。

(二)有利于政府宏观调控

实施排污权交易有利于政府宏观调控,主要表现在三个方面:一是有利于政府调控污染物的排放总量,政府可以通过排污权的核定、发放、拍卖以及买入或卖出排污权来控制一定区域内污染物排放总量,从而对环境质量变化作出及时反馈;二是必要时可以通过增发或回购排污权来调节排污权的价格,进而刺激不同治理成本的经济主体作出相应决策;三是可以减少政府在制定、调整环境标准方面的投入。

如图9-7所示,当新的排污者进入交易市场,将会使排污权的需求曲线从D_0移到D_1。为了保证环境质量,政府不会增加排污权总量,排污权供给曲线仍为S,此时,排污权供小于求,其价格从P_0上升到P_2。新的排污者或购买排污权,或安装使用污染处理设备控制污染,成本最小化仍然得以实现。如果政府认为由于新排污者的进入,有必要增加排污权总量,便可以发放更多的排污权,排污权供给曲线右移至S_2。此时排污权供大于求,价格下降到P_1。如果政府认为需要严格控制排污总量,那么他们也可以进入市场买进若干排污权,使市场中可供交易的排污权总量减少,供给曲线左移至S_1,排污权价格上升到P_3。这样一来,政府就可以通过市场操作来调节排污权的价格,从而影响各经济主体的行为。

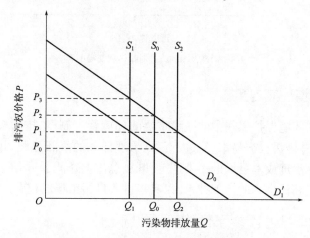

图9-7　排污权的供求变化与其价格关系

(三)有利于促进企业的技术进步

排污权交易提供给排污企业一种机会,即通过技术改革、工艺创新来减少污染物的排放量,将剩余的排污权拿到市场上交易,或储存起来以备今后企业发展使用。而那些技术水平低、经济效益差、边际成本高的排污企业自然会被市场所淘汰。同时技术进步可以进一步降低边际治理成本,如图9-8所示。在实施了污染总量控制和排污权交易手段,排污权价格为P时,排污企业在外部管理压力和经济刺激下,要考虑自身生产决策和成本构成,改进减污技术,以消减治理成本。由于技术进步,边际治理成本降低,由MAC调整为MAC′,同时,使污染物的消减量从OQ_1增加到OQ_2。所以,排污权交易能够促使排污企业积极地进行技术改革,采用先进工艺来减少污染物的排放量。

(四)具有更好的公平性、有效性和灵活性

排污权交易所面临的任务是在一定区域最大污染负荷已确定的情况下,如何在现在或将来的污染者之间建立兼顾公平性和有效性的分配系统,合理有效地进行排污总量的分配。排污权交易的实施使得在分配允许排放量时,不能有效去除污染的企业可以获得更大的环境容量,而能够较经济地去除污染的企业,可以将其拥有的剩余排污权出售给污染处理费用高的企业,以卖方多处理来补偿买方少处理,从而使区域的污染治理更加经济有效。此外,排污权交

易直接控制的是污染物的排放总量而非价格,当经济增长或污染治理技术提高时,排污权的价格会按市场机制自动调节到所需水平,具有很大的灵活性。

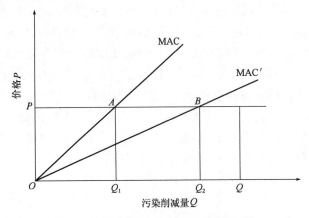

图9-8 治理技术的改进对排污权交易的影响

(五)有利于总量控制的实施

总量控制是我国环境保护工作中的一项重要的环境管理制度,排污权交易能够在既定的总量控制目标下,通过排污权交易市场,进行污染治理任务的重新分配,并最终促使污染治理行动主动发生在边际治理成本最低的污染源上,既从总体上降低了污染物的治理成本,同时又促进新污染源积极提高污染物的治理技术,以获得进入排污市场的权利。

(六)有利于为非排污者参与环境管理提供平台

绝大多数环境管理手段的运作过程通常是政府与排污企业发生某种关系,其他经济主体难以介入。而排污权交易则允许环保组织和公众参与到排污权交易市场中,从他们自身利益出发,买入排污权,但不排污也不卖出,从而表明他们希望提高环境标准的意愿。

三、排污权交易的效应分析

(一)微观效应

假设每个污染源都有一定的排污初始授权(q_i^0),那么所有污染源初始授权的总和在数量上等于或小于允许的排污总量。设第i个污染源未进行任何污染治理时的污染排放量为$\overline{Q_i}$,选择的治理水平为l_i,根据企业追求的费用最小化原则,可建立该污染源决策的目标函数,见式(9-7):

$$(C_{Ti})_{\min} = C_i(l_i)_{\min} + P(\overline{Q_i} - l_i - q_i^0) \tag{9-7}$$

式中:$(C_{Ti})_{\min}$——治理水平为l_i时的总治理费用;

$\quad\ \ C_i(l_i)_{\min}$——治理水平为l_i时的最小治理成本;

$\quad\quad\quad P$——代表污染源为得到一个排污权愿意支付的价格,或是以这个价格可以将一个排污权出售给其他污染源;

$\quad\quad\quad \overline{Q_i}$——第$i$个污染源未进行任何污染治理时的污染排放量;

l_i——企业选择的治理水平；

q_i^0——企业的排污初始授权。

对式(9-7)求导，令 $\mathrm{d}C_{Ti}/\mathrm{d}l_i = 0$，可以得到第 i 个污染源目标函数的解，如式(9-8)所示。

$$\frac{\mathrm{d}C_i(l_i)}{\mathrm{d}l_i} - P = 0 \tag{9-8}$$

式(9-8)表明，只有当排污权的市场价格与企业的边际治理成本相等时，企业的费用才会最小。在企业自身利益的驱动下，排污权交易市场将自动产生这样的排污权价格，该价格等于企业的边际治理费用。市场交易的最终结果是污染源通过调节污染治理水平，达到所有企业的边际治理费用都相等，并等于排污权的市场价格。从而满足有效控制污染的边际条件，以最低治理费用实现环境质量目标。

排污权交易产生的微观效应如图9-9所示。图9-9中 $\Delta_1 + \Delta_2 = \Delta_3$。分析时假设：

（1）整个市场由污染源甲、乙、丙构成，交易只能在三者之间进行；

（2）污染源甲、乙、丙的边际治理成本曲线分别为 MAC_1，MAC_2，MAC_3；

（3）根据环境质量标准，要求共削减排污量 $3Q$，政府按等量原则将排污权初始分配给三个污染源。削减任务使得甲、乙、丙三家排污单位持有的排污许可证比他们现有的污染排放量减少了 Q。

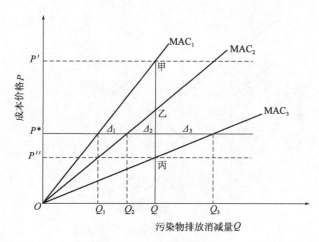

图9-9 排污权交易微观效应图

情况一：排污权的市场价格是 P'，由于 P' 高于乙、丙两企业将污染物排放量削减 Q 时的边际治理成本，因而乙、丙两企业都愿意多治理，少排污，从而出售一定的排污权获益。但价格 P' 相当于甲企业将污染物排放量削减 Q 时的边际治理成本，对甲来说，既然现有的排污许可证只要求它削减 Q 数量的污染物排放量，而这一部分污染物的边际治理成本又低于 P'，那么甲企业就没有必要去购买更多的排污权。这样一来，市场中就只有卖方而没有买方，排污交易无法进行。

情况二：排污权的市场价格是 P''，由于 P'' 低于甲、乙两企业将污染物排放量削减 Q 时的边际治理成本，因而甲、乙两企业都愿意购买一定数量的排污权。但价格 P'' 等于丙企业将污染物排放量削减 Q 数量时的边际治理成本，对于丙企业来说，进一步削减自己的污染物排放量，并将相应的排污以 P'' 的价格出售是不合算的，因此丙企业不会出售排污权。这样一来，市场中就只有买方而没有卖方,排污交易也无法进行。

情况三:排污权的市场价格是 P^*,由于 P^* 低于甲、乙两企业将污染物排放消减量分别从 Q_1、Q_2 进一步增加的边际治理成本,所以对两家企业来说,将自己的污染物排放削减量从 Q 减少到 Q_1、Q_2,并从市场上购买 Δ_1、Δ_2 数量的排污权是有利可图的;对于丙企业,P^* 相当于它将污染物排放量削减到 Q_3 数量时的边际治理成本($Q_3 > Q$),所以丙企业愿意出售 Δ_3 数量的排污权。由于 $\Delta_1 + \Delta_2 = \Delta_3$,排污权供求平衡,交易得以进行。

而排污权交易市场最常见的情况是,排污权的市场价格位于 P'、P^* 或 P^*、P'' 之间,这时排污权的买方和卖方都存在,但排污权市场需求量 $\Delta_1 + \Delta_2$ 小于或大于 Δ_3,则排污权的市场价格将下降或上升直至达到 P^*。

从对图 9-9 的分析中可看出排污权市场价格的产生过程,同时还证明了前面导出的一个重要结论,只有在所有污染源的边际治理成本相等的情况下,减少指定排污量的社会总费用才会最小。

(二)宏观效应

通过排污权交易产生的宏观效应如图 9-10 所示。图中 S 曲线和 D 曲线分别代表排污权供给曲线和需求曲线;MAC 曲线和 MEC 曲线分别代表边际治理成本和边际外部成本。

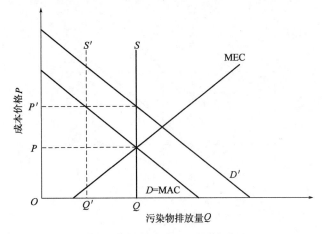

图 9-10　排污权交易宏观效应示意图

从图 9-10 中可以看出排污权供给曲线和需求曲线的特点:由于政府发放排污许可证的目的是保护环境而非盈利,所以排污权的总供给曲线 S 是一条垂直于横轴的直线,表示排污许可证的发放数量不会随着价格的变化而变化。由于污染者对排污权的需求取决于其边际治理成本,所以可以将图中的边际治理成本曲线 MAC 看成排污权的总需求曲线 D。

当市场主体发生变化时,通过市场调节作用可以使排污权的总供求重新达到平衡。污染源的破产,使得排污权市场的需求量减少,需求曲线左移,排污权市场价格下降,其他排污者则将多购买排污权,少消减污染物的排放量,在保证总排放量不变的前提下,尽量减少过度治理,节省了控制环境质量的总费用。新污染源的加入使得排污权的市场需求增加,需求曲线 D 向右移到 D',总供给曲线保持不变,因而每单位排污权的市场价格就上升至 P'。如果新排污者的经济效益高,边际治理成本低,只需要购买少量排污权就可以使其生产规模达到合理水平并盈利,那么该排污者就会以 P' 的价格购买排污权,而那些感到不合算的排污者则不会购买。

显然,这对于优化资源配置是有利的。

四、排污权交易的实施条件

(一)法律保障

排污权交易的有效实施,必须有一个强有力的法律保障体系。一方面需要通过法律法规定义和明晰相关环境资源有偿使用的权益,同时需要对法律法规不断完善,从而建立环境资源有关权益分配机制、交易市场规则的法律保障,使得这一经济手段具有法律权威,以减少交易过程中的任意性、非规范性。

(二)技术条件

实施排污权交易需要有相应的技术手段的支持,如:如何来计算和确定环境容量和排污权总量,如何在遵守"污染者负担"原则的前提下,合理分配排污权等。

(三)有效的监督管理

进行有效的排污监督管理,一是政府必须对排污者的排污行为进行有效的监督和管理;二是政府必须对公务人员的行为进行有效的监督管理。政府必须建立并实施有效的制约机制,防止人为因素对交易市场产生不良影响。

(四)完善的市场条件

只有具有竞争性的市场,存在大量潜在的排污许可证的买者和卖者,才能使排污许可证交易正常运行。另外,由于排污权的价格由市场决定,且从长远角度来看其价格呈上升趋势,所以要采取措施,防止出现垄断排污权市场的现象。

五、我国排污权交易的实施

(一)排污权交易的产生及发展

1.排污权交易

我国于1987年开始试行水污染物总量控制,1990年试行大气污染物总量控制。根据总量控制的要求,环保部门给排污单位颁发排污许可证,排污单位必须按排污许可证的要求排放。随着经济的不断发展,排污单位及其排污情况会发生变化,从而对排污许可证的需求发生变化。在这种情况下,我国逐步开始试行排污权交易。

我国污染物排放许可证制度的试点工作开始于1988年。首先考虑控制的是水污染物。1988年,国家环境保护局发布的《水污染物排放许可证管理暂行办法》规定:"水污染排放总量控制指标,可以在本地区的排污单位间互相调剂";1988年6月,国家环境保护局确定在上海等18个市县进行水污染物排放许可证的试点工作。

1991年,国家环保局在16个城市进行了排放大气污染物许可证制度的试点。1994年开始在所有城市推行排污许可证制度。1996年,全国地级以上城市普遍实行了水污染物排放许可证制度。在实施总量控制和排污许可证制度的过程中,排污许可证交易成为一项有效的总量控制计划达标的环境管理经济手段。

2001 年,亚洲开发银行和山西省政府启动了"SO_2 排污权交易机制"项目,以太原市为例,在国内首次制定了比较完整的 SO_2 排污许可交易方案。2002 年,环境环保总局下发了《关于开展"推动中国二氧化硫排放总量控制及排污交易政策实施的研究项目"示范工作的通知》,在山西等 7 省市,开展二氧化硫排放总量控制及排污权交易试点工作。

2007 年,财政部和国家环保总局选择电力行业和太湖流域开展排污权交易试点。2007 年 3 月,湖北省审批通过《湖北省主要污染物排污权交易办法(试行)》。武汉光谷产权交易所建立排污权交易平台,首次尝试把排污权交易引入产权交易市场;2007 年 9 月,嘉兴市排污权储备交易中心成立;2008 年 8 月,北京建立北京环境交易所;2008 年 8 月,上海建立上海环境能源交易所;2008 年 9 月,天津建立天津排放权交易所。2008 年,长沙市拍卖行进行了化学需氧量的拍卖活动,通过拍卖行,长沙矿冶研究院以每吨 2240 元、总价 11.6480 万元的价格从长沙造纸厂购买了 52t 化学需氧量的排污权。

2014 年,国家出台《排污权有偿使用与交易试点指导意见》,明确排污权有偿使用与交易政策改革方向,规定试点地区应于 2015 年年底前全面完成现有排污单位排污权的初次核定,以后原则上每 5 年核定一次;排污权有偿取得,试点地区实行排污权有偿使用制度,排污单位在缴纳使用费后获得排污权,或通过交易获得排污权;规范排污权出让方式,试点地区可以采取定额出让、公开拍卖方式出让排污权,并对排污权出让收入管理、交易行为、交易范围、交易市场和交易管理做出规定。2015 年,财政部、国家发改委、环境保护部联合发布了《排污权出让收入管理暂行办法》。

2017 年,全国已有 30 个省(区、市)开展排污权有偿使用和交易试点。各地区一般采用排污权有偿使用这一政府出让方式(一级市场)或排污权交易(二级市场)这一市场方式开展排污权有偿使用和交易。截至 2017 年 8 月,国家批复试点地区共征收有偿使用费总金额约 73.1 亿元,相比 2015 年增加了近 50%。排污权交易方面,国家批复的试点地区总交易金额约 61.7 亿元,自行开展交易试点的地区总交易金额约 5 亿元。

2. 碳排放权交易

碳排放权交易成为我国排污权交易机制中的一个重要内容。碳排放权交易,是指运用市场机制,把二氧化碳排放权作为一种商品,允许企业在碳排放交易规定的排放总量不突破的前提下,进行二氧化碳排放权的交易,以促进环境保护的一种重要环境经济手段。

2011 年,国家发展和改革委批准了北京等 7 个省市开展碳排放权交易试点。试点地区出台了有关政策文件,启动了各自的碳市场,成立了碳排放权交易所,全面启动碳排放权交易。2015 年 7 省市碳交易量大幅增加,7 个试点省市总计成交量 3263.9 万 t,成交额 8.36 亿元。

2016 年,国家发展和改革委办公厅印发了《关于切实做好全国碳排放权交易市场启动重点工作的通知》,部署全国协同推进碳市场建设工作。2017 年,以发电行业为突破口,国家发改委印发了《全国碳排放权交易市场建设方案(发电行业)》,启动了全国碳排放权交易工作,参与主体是发电行业年度排放达到 2.6 万 t 二氧化碳当量及以上的企业或者其他经济组织,包括其他行业自备电厂。首批纳入碳交易的企业 1700 余家,排放总量超过 30 亿 t 二氧化碳当量。

3. 水权交易

为了解决水资源日益加剧的供需矛盾,我国在水资源配置方面也引入交易手段。在我国推行水权交易的主要目的有三个:一是实现有限的水资源实现优化配置,有效缓解水资源时空分布不均的问题,包括地区间、行业间和用水户间;二是有效促进水资源节约保护和高效利用,如农业用水向工业用水转让,提高了水资源的利用效率;三是对水资源有偿出让进行有益探索,维护水资源所有权人的权益。

2014年7月,国家水利部在宁夏等7个省(自治区)启动水权交易试点。2016年4月,水利部发布了《水权交易管理暂行办法》,规定了可交易水权的范围和类型、交易主体和期限、交易价格形成机制、交易平台运作规则等,填补了我国水权交易的制度空白。

2016年6月,由水利部和北京市政府联合发起设立的国家水权交易平台中国水权交易所正式揭牌运营,旨在为水权交易提供规范高效的支撑平台,有利于推动水权交易有序开展,充分发挥市场在水资源配置中的决定性作用。

2017年11月,宁夏率先成为通过验收的全国水权试点,全国7个水权试点地区初步探索形成了流域间、流域上下游、区域间、行业间和用水户间等多种水权交易模式。同时,各地也积极推进水权确权工作,如《陕西省水权确权登记办法》《陕西省水权改革试点方案》和《陕西省水权交易管理办法》等,分别明确了水权确权登记的形式、可分配水量的类型、区域水权交易、取水权交易、农业用水权交易、对违规行为的管理要求等做出了规定。

4.用能权有偿使用和交易试点

由于交易手段的突出特点是能够促进资源的优化配置,因此,我国部分省市研究将交易手段应用于各种用能权的分配以及交易领域。

2017年2月,四川省政府办公厅印发《关于成立四川省用能权有偿使用和交易试点工作领导小组的通知》。2017年,福建省经济和信息化委员会印发《福建省用能权交易能源消费量审核指南(试行)》《福建省用能权有偿使用和交易试点实施方案》,在水泥、火电等行业开展用能权交易试点。2017年6月,浙江省平湖市政府印发《平湖市用能权有偿使用和交易操作办法》,规定单耗超过0.53t标煤的,年综合能耗在100t标煤及以上的企业需要新增用能项目时,都需要有偿购买。

为了推动各类环境权交易的实施,我国相继建立一批排污权交易试点平台,具体见表9-2。

国内主要排污权交易平台概况 表9-2

交易平台名称	成立时间	业 务 范 围
嘉兴市排污权储备交易中心	2007年	我国首家排污权储备交易机构,为COD和SO_2排污权的地区性二级市场交易提供服务
北京环境交易所	2008年	为节能减排环保技术、节能指标、COD和SO_2等排污权益的二级市场交易提供服务,并为温室气体减排提供信息服务,是全国性的CDM服务平台
上海环境能源交易所	2008年	通过环境能源权益交通管理系统,为COD和SO_2等环境能源领域权益的二级市场交易提供服务
天津排放权交易所	2008年	由中油资产管理有限公司、天津产权交易中心和芝加哥气候交易所三方出资设立,为COD和SO_2等主要污染物交易和能源效率交易提供服务
长沙环境资源交易所	2008年	主要从事污染物排污权交易、环境污染治理技术交易以及生态环境资源的交易

交易平台名称	成立时间	业 务 范 围
杭州产权交易所	2009 年	完全市场化的区域性平台。企业可在产权交易所将排污权挂牌,需求方和转让方自主协商交易
湖北环境资源交易中心	2008 年	COD、SO_2、C 排放等,面向华中地区的区域性交易平台
广州碳排放权交易所	2010 年	作为全国第一家以"碳排放权"命名的交易机构,依法开展碳排放权、自愿减排量、碳汇、节能减排技术和节能量交易;提供二氧化硫、化学需氧量和氮氧化物等主要污染物排放权交易服务及相关的投融资、咨询、培训等配套服务
深圳排放权交易所	2010 年	主要开展主要污染物排污权交易、总量控制下的碳排放权交易试点和自愿减排交易、低碳金融创新服务,开发合同能源管理基金、碳减排投资基金和新能源汽车基金等低碳金融产品,以及低碳咨询综合服务
重庆碳排放权交易中心	2014 年	主要开展碳排放权的配额交易、核证自愿减排交易和碳中和综合服务咨询业务
四川联合环境交易所	2011 年	主要开展碳交易、用能权交易、排污权交易、水权交易、矿业及资源服务以及绿色金融服务
国家水权交易平台中国水权交易所	2016 年	由水利部和北京市政府联合发起设立的国家级水权交易平台,主要开展区域水权交易、取水权交易、灌溉用水户水权交易三类。目前,交易方式主要包括协议转让、公开交易两种

(二)我国排污权的交易方式

从交易双方的关系看,我国排污许可证的交易方式有以下几种类型。

1. 点源与点源间的排污权交易

点源间的排污权交易是指排污指标富余的排污单位将一部分排污指标有偿转让给需要排污指标的排污单位。这是我国排污权交易的主要方式,如 2002 年,江苏省太仓环保发电邮箱公司需扩建 $2 \times 300MW$ 发电供热机组,以每年 170 万元的费用,向采取脱硫工艺后 SO_2 排放配额有富余的南京下关电厂购买了 2003—2005 年每年 1700t 的 SO_2 排污权。

2. 点源与面源间的排污权补偿

点源与面源间的排污权交易是指某一排污单位(点源)与某一区域(面源)之间的排污交易。如 1997 年,天津市拟建两个电厂,但已没有污染物排放指标,两电厂分别拿出 1200 万元向政府购买排污权,所缴款额用于城市综合治理。

3. 点源与环保部门间的排污权交易

点源与环保部门间的排污权交易是排污权交易的一种特殊形式,即排污单位向环保部门购买所需的排污许可证。

六、国外排污权交易的实施

(一)美国的排污权交易政策

美国的排污权交易始于 20 世纪 70 年代,在美国,排污许可证主要包括空气污染许可证、汽油铅含量许可证和向水体排放污染物的许可证。1990 年通过的《清洁空气法》修正案允许进行排污权交易,并逐步建立起包括气泡政策(Bubble)、补偿政策(Offer)、容量节余政策(Netting)和排污银行政策(Banking)为核心内容的排污权交易政策体系,并由排放消减信用(Emission Reduction Credit,ERC)来连接。所谓排放消减信用(ERC)是指,如果污染源将其排放量控制在法定排放量以下,排污单位就可以向负责污染控制的官方管理机构申请将其超额治理的排放量证明作为排污减排信用,且减排信用必须是可以实施的、长期消减的、可以定量计算的。在整个交易过程中,排污消减信用是用来在各污染源之间进行交易的"货币",而气泡、补偿、银行储存和容量节余则是决定这些"货币"如何使用的。

1. 气泡政策(Bubble Policy)

气泡概念最早是在美国国家环保局(EPA)1975 年 12 月颁布的《新固定污染源的执行标准》中提出的,指出如果不增加总排污量,可同意改建厂不执行新的污染源标准。1979 年 12 月制定了"气泡政策"并开始试点执行,用于达标区和未达标区的老污染源。"气泡政策"是把一个多污染源的工厂当作一个"气泡",只要该"气泡"向外界排出的污染物总量符合政府按照环境要求计算出的排污量,并保持不变,不危害周围的大气质量,则允许"气泡"内各个污染源自行调整。这一政策有两大优点:第一,能使工厂以最经济的代价来达到最佳的有效净化程度;第二,可以充分发挥工厂的积极性和创造性,促使工厂研究新的污染控制技术来节省资金和发展生产。

2. 补偿政策(Offset Policy)

为解决新污染源和老污染源的扩建问题,1976 年 12 月,EPA 颁布了《排污补偿解释规则》,创立了补偿政策,即如果新污染源安装了污染控制设备,达到了最低可达到的排放率标准,并通过该地区其他污染源的超额削减(比该污染源规定削减的量削减更多的排污量)来补偿新污染源排放量的增加,那么就允许新污染源的发展。该政策在 1977 年的《清洁空气法》修正案中得到法律认可。补偿政策允许新建或扩建污染源在未达标地区投产运营,条件是他们要向现有的污染源购买足够的排污权。通过这项政策,满足了经济发展的要求,同时又保证了空气环境质量的达标进程。

3. 排污银行(Banking)

1979 年 EPA 通过了排污银行计划。按照这一计划,各污染源可存入某一时期富余的排污权,以便在将来合适的时间出售或使用。EPA 授权了不少于 24 家银行受理排污权储存业务,一些银行规定排污权的储存只有 5 年有效期。这些银行大多提供登记服务以帮助排污权的购买者和销售者进行交易。

4. 容量节余政策(Netting Policy)

容量节余政策是排污交易政策中最后一个组成部分,1980 年开始在 PSD(Prevention of Significant Deterioration)地区和未达标地区启用。这项政策允许污染源在能够证明其厂区排污量没有明显增加的前提下进行改建和扩建,以避免污染源承担通常更严格的污染治理责任。容量节余政策是排污权交易政策中应用最广的一项。

1982 年,美国联邦环保局将气泡、补偿、银行和容量节余政策合同为统一的"排污权交易政策",允许在美国各州建立"排污权交易系统",在这个交易系统中,同类工业部门和同一区域中各工业部门可进行排污消减信用的交易。

(二)其他国家排污权交易实践

1. 澳大利亚

澳大利亚的新南威尔士、维克多及南澳洲加入了由 Murray-Darling 流域委员会执行的 Murray-Darling 流域盐化和排水战略。对进入河流系统的盐水进行管理或改善整个流域的管理工程,产生"盐信用",这些信用可以在各州间进行转让。

2. 加拿大

加拿大没有正式的可交易许可证制度,但是在酸雨和 CFC 控制计划中含有相关内容。安大略省的电力公用事业公司在其发电站之间可以转让排污量。此外,安大略省也允许 SO_2 和 NO_x 排放的转让。

3. 新加坡

在新加坡,为了实行消耗臭氧层物质消费许可证的交易,引入了一套拍卖机制。每季度,全国的消耗臭氧层物质配额要在进口商和用户之间分配,其中的一半以消费历史记录为基础进行分配,另一半以拍卖方式分配。进口商和用户必须登记参加一个不公开标底的投标过程,每家买主标明各自想要购买的消耗臭氧层物质的数量和为此愿意支付的价格,然后按照投标价对消耗臭氧层物质配额进行定价,并制订各标的底价,作为各种消耗臭氧层物质的配额价格。

4. 碳排放交易

(1)日本与澳大利亚的 CO_2 排污权交易。

2001 年 3 月,日本富圆公司和丘部电力公司向澳大利亚最大的发电厂麦夸里公司购买了 2000t CO_2 的"排放权"。这是全球工业界首例 CO_2 排放份额的国际交易。这次交易额总量为 2000t,交易价格仅为 2 ~ 3 美元/t。

(2)美国与加拿大的 CO_2 排污权交易。

2012 年,美国西部的 7 个州连同加拿大的 4 个省共同宣布"西部气候计划",即火电厂、工业企业和机动车行业减排温室气体的综合计划。"西部气候计划"将建立区域性的二氧化碳减排市场,并做到用最低的成本控制温室气体排放。该计划的目标是在 2020 年将温室气体的排放降低到 2005 年的排放水平之下,排放温室气体的工业企业可以购买或出售他们所拥有的排放指标,不能减少温室气体排放的企业,可以通过购买其他企业的剩余指标完成减排任务。每个参与计划的州和省都建立自己的区域性交易机制,当计划完全实施以后,交易市场将能覆盖整个区域 90% 的排放。

第四节　其他经济手段

前面章节论述了运用经济手段保护环境的几种主要方式,在环境保护的实践探索和理论研究中,运用更多的经济手段,对于防治环境污染和破坏,保护生态环境很有效的。运用经济手段保护环境的原则也为越来越多的国家在环境立法中所采用。

一、绿色金融

(一)绿色信贷

信贷手段是我国应用较早的一类环境经济手段,在环境保护领域的应用途径主要是,对不同的信贷对象实行不同的信贷政策,即对有利于环境保护和可持续发展的项目实行优惠的信贷政策,反之,则实施严格的信贷政策。

2007 年 7 月,环境保护总局、人民银行、银监会联合发布了《关于落实环保政策法规防范信贷风险的意见》。国家环保总局定期向中国人民银行征信系统报送企业环境违法信息,工商银行、建设银行、兴业银行等银行在审核企业贷款过程中实施了"环保一票否决"。中国工商银行于 2007 年 9 月率先出台了《关于推进"绿色信贷"建设的意见》,提出要建立信贷的"环保一票否决制",对不符合环保政策的项目不发放贷款,对列入"区域限批""流域限批"地区的企业和项目,解限前暂停一切形式的信贷支持等要求。自 2008 年底至 2009 年 9 月末,我国主要商业银行对钢铁、电解铝、平板玻璃等高耗能产业的贷款增速分别为 13%、19%、-45%,均大大低于同期 31% 的贷款平均增速。

江苏、西安等 20 多个省市的环保部门与所在地的金融监管机构,联合出台了有关绿色信贷的实施方案和具体细则。2007 年,江苏省江阴市对污染严重企业否决申请贷款超过 10 亿元,并收回向这些企业已发放的银行贷款超过 2 亿元。

在执行绿色信贷的过程中,我国一方面严格控制向"两高"等污染型企业的贷款,另一方面建立了"节能减排专项贷款"。如国家开发银行建立"节能减排专项贷款",着重支持水污染治理工程、燃煤电厂二氧化硫治理工程等 8 个方面,环保贷款发放额年均增长 35.6%。截至 2007 年底,国家开发银行的 15 家分行已经支持的环保项目贷款达 300 亿元。

2013 年 12 月,环境保护部、国家发展和改革委、中国人民银行、银监会四部委联合发布了《企业环境信用评价办法(试行)》,指导各地开展企业环境信用评价,帮助银行等市场主体了解企业的环境信用和环境风险,作为其审查信贷等商业决策的重要参考。全国已有 27 个省、自治区及直辖市的环境保护部门与所在地的银监部门和人民银行分支机构等联合出台了地方性的绿色信贷政策。

2014 年银监会发布《绿色信贷统计制度》以及《绿色信贷实施情况关键评价指标》,明确了 12 类节能环保项目和服务的绿色信贷统计范畴,并对其形成的年节能减排能力进行统计,将包括标准煤、二氧化碳减排当量、节水等 7 项指标考核评价结果作为银行业金融机构准入、工作人员履职评价和业务发展的重要依据。

截至 2017 年 6 月,国内 21 家主要银行绿色信贷余额 8.22 万亿,在各项贷款余额中占比近 10%,成为我国银行业金融机构的主要业务之一。

(二)绿色债券

2015 年,中国人民银行发行绿色金融债券公告以及绿色债券界定标准,支持开发性银行、政策性银行、商业银行、企业集团财务公司以其他依法设立的金融机构申请发行绿色金融债券。国家发改委发布的《绿色债券指引》明确了节能减排技术改造项目、绿色城镇化项目、能源清洁高效利用项目等 12 类项目为重点支持项目,为绿色债券发展提供了方向。中国人民银行还发行了《绿色债券支持项目目录(2015 版)》,为绿色债券的界定提供了标准指引。

我国绿色债券发行品种覆盖了金融债、公司债、中期票据、资产支持证券、熊猫债、非公开定向债务融资工具等多种产品类型。2015 年 1 月,兴业银行发行专项金融债券 300 亿元,资金由环境金融事业部用于节能环保项目并定期报告披露。截至 2016 年底,我国债券市场上的贴标绿色债券发行规模达 2052.31 亿元,包括 33 个发行主体发行的金融债、公司债、中期票据、国际机构债和资产支持证券等各类债券 53 只,成为全球最大的绿色债券发行市场。

2017 年,中国在境内和境外发行绿色债券 123 只,规模达 2486.797 亿元,同比增长 7.55%,约占同期全球绿色债券发行规模的 25%。

(三)绿色证券

在直接融资方面,我国提出了"绿色证券"的政策。从企业的直接融资渠道方面对其生产决策和环境行为进行引导:针对"双高"企业采取包括资本市场初始准入限制、后续资金限制和惩罚性退市等内容的审核监管制度,对没有严格执行环评和"三同时"制度、环保设施不配套、不能稳定达标排放、环境事故多、环境影响风险大的企业,在上市融资和上市后的再融资等环节进行严格限制;而对环境友好型企业的上市融资应提供各种便利条件。

近几年来,我国在推行"绿色证券"政策方面进行了很多有益的尝试,2001 年,国家环保总局发布了《关于做好上市公司环保情况核查工作的通知》,2003 年发布的《关于企业环境信息公开的公告》(环发[2003]156),明确了列入名单的企业必须定期披露的环境信息,包括企业环境保护方针、污染物排放总量、企业环境污染治理、环保守法及环境管理等,并鼓励企业披露资源消耗、减少污染物排放并提高资源利用效率的行动和实际效果,以及企业环境的关注程度、当年致力于社区环境改善的主要活动、获得的环境保护荣誉。

2014 年,环境保护部发布《关于改革调整上市环保核查工作制度的通知》,明确原环境保护部不再受理及开展上市环保核查,各级环保部门应加强对上市公司的日常环保监管,加大监察力度,发现上市公司存在环境违法问题的,应依法处理并督促整改,督促上市公司切实承担环境保护社会责任,上市公司应按照有关法律要求及时、完整、真实、准确地公开环境信息,并按《企业环境报告书编制导则》(HJ 617—2011)定期发布企业环境报告书。各级环保部门应参照国控重点污染源环境监管信息公开要求,加大对上市公司环境信息公开力度,方便公众查询和监督。

(四)绿色基金

绿色基金是指针对节能减排战略,低碳经济发展,环境优化改造项目而建立的专项投资基金,其目的旨在通过资本投入促进节能减排事业发展。国家"十三五"规划纲要将"设立绿色发展基金"写入其中,从宏观战略规划层面为绿色发展基金的建立提供了保障。

绿色发展基金还处于研究初探阶段,与之相关的资金渠道、投资方向、配套设施、运营管理模式等还在建立之中。部分地方开始进行试点,例如,2017 年 11 月,上海中国华信能源有限公司与夷陵区政府签订协议,由华信能源投资 30 亿元设立三峡库区(夷陵)绿色发展基金,基金首期募集 10 亿元,将投向夷陵区水环境治理、垃圾处理等项目。北京环境交易所和中美绿色基金签订协议,发起成立"北京环交所 - 中美绿色低碳基金",基金总规模为 100 亿元,基金将落户雄安新区。该基金将重点投资国内外低碳节能环保领域的优质项目,有助于加快绿色能源和节能环保技术推广应用、加速绿色智慧城市建设,协助各类绿色发展基金实现碳资产的量化、收集和商业化。

(五)绿色保险

近些年,我国已经进入环境污染事故高发期。全国 7555 个大型重化工业项目中,81% 布设在江河水域、人口密集区等环境敏感区域;45% 为重大风险源,相应的防范机制还存在缺陷。仅 2007 年,国家环保总局处置的突发环境事件达 108 起。污染事故发生后,污染受害人不能及时获得补偿,从而引发很多社会矛盾。2008 年 2 月,由国家环保总局和原中国保险监督管理委员会联合制定的《关于环境污染责任保险工作的指导意见》提出,今后企业就可能发生的环境事故风险可在保险公司投保,若发生污染事件,保险公司将对污染受害者进行赔偿。受害者得到赔偿,投保企业避免了破产,政府也减轻了财政负担。

绿色保险也被称为环境生态保险,是在市场经济条件下,进行环境风险管理的一项基本手段。其中以环境污染责任保险最具代表性,它是由保险公司为被保险人因投保责任范围内的污染环境行为而造成他人人身伤害、财产损毁等民事损害赔偿责任提供保障的一种手段。

实行环境污染责任保险主要有三方面的作用,即为企业提供一种经济保障,有利于保障公民的合法权益,有利于促进企业加强环境管理。1991 年大连市率先推出污染责任保险这项新业务,此后一些城市也开始开展这项保险业务。

在操作层面,环境污染责任险分四步实施:一是确定环境污染责任保险的法律地位,在国家和各省、市、自治区环保法律法规中增加"环境污染责任保险"条款,条件成熟的时候还将出台"环境责任保险"专门法规;二是明确现阶段环境污染责任保险的承保标的以突发、意外事故所造成的环境污染直接损失为主;三是环保部门、保险监管部门和保险机构各司其职,环保部门提出企业投保目录以及损害赔偿标准,保险公司开发环境责任险产品,合理确定责任范围,分类厘定费率,保险监管部门制定行业规范,进行市场监管;四是环保部门与保险监管部门将建立环境事故勘查与责任认定机制、规范的理赔程序和信息公开制度,在条件完备时,需研究第三方进行责任认定的机制。

一些省市在此方面进行了积极的实践工作。湖南株洲某农药公司 2008 年 9 月初购买了平安公司环境责任保险产品,2008 年 9 月底发生了氯化氢泄漏事故,污染了附近村民的菜田。平安保险公司依据"污染事故"保险条款,及时向 120 多户村民赔偿损失,避免了矛盾纠纷,维护了社会稳定。

2013 年 1 月,环境保护部和保监会联合发布《关于开展环境污染强制责任保险试点工作的指导意见》,明确在涉重金属等高环境风险企业率先推进强制性的责任保险试点工作。

2014 年 12 月,环境保护部公布了一批投保环境污染责任保险企业名单,共包括全国 22 个省(自治区、直辖市)近 5000 家企业,涉及重金属、石化、危险化学品、危险废物处置、医药、电力、印染等行业。

新修订的《环境保护法》首次将环境污染责任保险写进环境基本法中,为环境污染责任保险的有序推进奠定了法律基础。截至 2017 年底,环境污染责任保险为 1.6 万余家企业提供风险保障 306 亿元。

二、使用者收费

使用者收费指在使用环境资源或污染物集中处理设施时,向环境资源的使用者,污染物的收集、治理设施的使用者收取一定费用。使用者收费是 OECD 国家普遍采用的经济手段,主要用于城市固体废弃物和污水收集、处理方面,我国将这种手段也逐步应用于居民用水用电收费中。通过收费手段一方面反映环境与资源的价值,同时引导公众实施环境保护与节约资源的行为。

(一)城市污水收费

1.收费方式

对污水实行使用者收费一般是用来解决污水处理厂和泵站管网等的运行费。各国在执行时收费方式和费率不尽相同,主要有以下两种方式:

(1)按水量收费,主要适用于生活污水。如新加坡污水处理厂的建设由政府拨款,而日常运行费用则由收取下水费来获得。生活污水收费额为 0.1 新元/m^3,工业污水为 0.22 新元/m^3。美国纽约则把污水费用纳入自来水费中,水费为 2.51 美元/立方英尺,其中污水处理费为 1.51 美元/立方英尺。政府将征收的污水处理费的 40% 用于还贷,60% 用于污水处理厂的运行。

(2)按水质水量收费,综合考虑污水的体积和污染强度来确定不同类型污水的收费标准,一般是针对工业污水所采用。例如,OECD 成员国污水排放收费情况见表 9-3。

OECD 成员国污水排放收费情况 表 9-3

国　　家	收 费 计 算	收 费 对 象	国　　家	收 费 计 算	收 费 对 象
澳大利亚	统一收费率	家庭、公司	意大利	体积十污染负荷	家庭、公司
比利时	统一收费率	家庭	荷兰	统一收费率	家庭、公司
加拿大	统一收费率 + 用水	家庭、公司	挪威	统一收费率	家庭、公司
丹麦	统一收费率 废水体积	家庭 公司	瑞典	统一收费率 + 用水	家庭、公司
芬兰	统一收费 + 用水 统一收费 + 污染负荷	家庭 公司	英国	用水体积 + 污染负荷	家庭、公司
法国	用水	家庭、公司	美国	统一收费率 + 污染负荷 统一收费率 + 用水	公司 家庭、公司
德国	废水体积	家庭、公司			

2.我国污水收费的实施

1997 年 6 月我国财政部等四部门联合印发了《关于城市污水处理收费试点有关问题的通知》,规定从 1997 年开始征收污水处理费。在全国范围开征城市生活污水处理费。其主要内容包括:①在供水价格上加收污水处理费,建立城市污水排放和集中处理良性运行机制;②污水处理费应按照补偿排污管网和污水处理设施的运行维护成本,并合理盈利的原则核定;③建立健全对污水处理费的征收管理和污水处理厂运行情况的监督制约机制;④切实做好征收污水处理费的各项工作。

截至 2005 年底,全国有 475 个城市开征污水处理费,但收费标准低,一般为 0.1～0.5 元/m^3 污水。

根据环境经济学理论,污水处理成本是制定污水处理费收费标准的基础。一般来说,污水处理收费应能够补偿排污管网和污水处理设施的运行成本,加上合理盈利。根据国务院节能减排综合性工作方案,应全面开征城市污水处理费并提高标准,收费标准原则上不低于0.8 元/t。部分省市进行了相应的实践改革,如 2009 年广州市城市污水处理费中居民生活污水收费为 0.9 元/t。2009 年嘉兴污水处理费达到 1.85 元/m³。

2014 年 12 月,财政部等印发《污水处理费征收使用管理办法》,统一全国对污水处理费的征收,推进"污染者付费 + 财政补贴"的模式保障污水处理费来源,对征收标准予以明确规定,明确了污水处理收费标准要覆盖污水处理的全成本。

2015 年 1 月,国家发改委、财政部、住建部联合发布《关于制定和调整污水处理收费标准等有关问题的通知》,明确污水处理收费标准应按照"污染付费、公平负担、补偿成本、合理盈利"的原则,综合考虑本地区水污染防治形势和经济社会承受能力等因素制定和调整。2016 年底前,城市污水处理收费标准原则上每吨应调整至居民不低于 0.95 元,非居民不低于1.4 元。收费标准要补偿污水处理和污泥处置设施的运营成本并合理盈利,各地可制定差别化的收费标准。

2015 年 10 月,国务院发布了《关于推进价格机制改革的若干意见》,进一步明确并指出,要探索建立政府向污水处理企业拨付的处理服务费用与污水处理效果挂钩调整机制。从各地实践来看,逐步上调、差别收费、第三方治理、完善定价机制是污水处理收费的发展趋势。截至2016 年 6 月底,全国 36 个大中城市中,居民污水处理收费标准在 0.5 ~ 1.7 元/m³ 之间,平均为 0.88 元/m³,其中上海、南京和北京收费排前三,分别为 1.7 元/m³、1.42 元/m³ 和 1.36 元/m³;非居民收费标准在 0.5 ~ 3 元/m³ 之间,平均为 1.17 元/m³。

(二)城市垃圾收费

城市垃圾的处理需要一定的费用,垃圾总量的不断增长,给政府带来越来越大的财政压力。根据污染者负担原则,所有产生垃圾者都应承担相应的费用。因此,对垃圾处理也应实行使用者收费,其费率根据收集与处理成本来确定。

1. 收费方式

国内外对此项收费主要采取两种方式:一是根据废弃物的实际体积,采用统一的收费率收费,如加拿大、瑞典、荷兰等;二是根据废弃物的体积、类型收费,如芬兰、法国等。国外城市垃圾收费情况见表 9-4。

OECD 成员国城市垃圾收费情况

表 9-4

国　　家	收　费　计　算	收费对象	国　　家	收　费　计　算	收费对象
澳大利亚	统一收费率	家庭 公司	比利时	体积的统一 收费率	家庭
意大利	居住面积	家庭	荷兰	统一收费率	家庭、公司
加拿大	统一收费率 统一收费率 + 超过限定体积	家庭 公司	丹麦	统一收费率 废弃物体积	家庭 公司
芬兰	废弃物体积 废弃物体积 + 类型 + 运输距离	公司	法国	居住面积(80%人口) 废弃物体积(5%人口)	家庭、公司 家庭、公司
挪威	统一收费率	家庭 公司	英国	统一收费率 废弃物体积	家庭、公司
瑞典	统一收费率(55%的市政当局) 收集组织(45%的市政当局)	家庭 公司			

2.我国城市垃圾收费概况

我国城市生活垃圾的处理问题非常突出。一些城市从20世纪90年代开始探索城市生活垃圾处理费的征收方式,如北京市从1999年9月开始征收垃圾处理费,收费对象包括所有产生生活垃圾的国家机关、企事业单位、个体经营者、社会团体、城市居民和城市暂住人口,采用定额收费制,按统一费率每月征收垃圾处理费用,收费标准为北京居民每户每月缴纳3元,外地人每人每月缴纳2元。

2002年6月7日,国家计委等四部委发布了《关于实行城市生活垃圾处理收费制度促进垃圾处理产业化的通知》,规定全面推行生活垃圾处理收费制度。其内容主要包括:①所有产生生活垃圾的国家机关、企事业单位(包括交通运输工具)、个体经营者、社会团体、城市居民和城市暂住人口等均应按规定缴纳生活垃圾处理费;②垃圾处理费收费标准应按补偿垃圾收集、运输和处理成本,合理盈利的原则核定;③生活垃圾处理费应按不同收费对象采取不同的计费方法,并按月计收;④改革垃圾处理运行机制,促进垃圾处理产生化。

2002年后,我国其他城市也在积极探索生活垃圾收费方式。如,2004年上海市开始征收单位生活垃圾处理费,收费方式采用计量收费制,以桶为计量单位,每桶容量240L,各单位每年核定一次生活垃圾处理量基数,一般生活垃圾基数内40元/桶,基数外加价收费为80元/桶,餐厨垃圾基数内60元/桶,基数外加价收费为120元/桶。2004年重庆市对城市居民和暂住人口等产生生活垃圾的单位和个人按定额进行收费,其中城市常住人口每户每月8元,暂住人口每人每月2元。城市垃圾处理收费政策的出台,为加快城市垃圾处理设施建设以及环境基础设施的企业化运营提供了很好的支持。截至2005年,全国有260个城市实行了垃圾处理收费制度。

根据国务院节能减排综合性工作方案提出的提高垃圾处理收费标准,改进征收方式的要求。各个省市积极探索新的征收方式,提高征缴率。如广东省中山市采用"水消费量折算系数法"进行垃圾处理的费用征收,取得了较好的效果。"水消费量折算系数法"是按不同垃圾产生源的垃圾排放量与其水消费量之间的折算关系,直接以用水量计征垃圾处理费,并委托供水部门在征收水费时一并代收。

2016年6月,国家发改委办公厅、住房和城乡建设部办公厅发布关于征求对《垃圾强制分类制度方案(征求意见稿)》,提出按照"污染者付费"原则,完善垃圾处理收费制度,探索按垃圾产生量、指定垃圾袋等计量化、差别化收费方式促进分类减量。截至2016年底,全国已有145个城市开征了城市生活垃圾处理费,其中近一半城市选择随水费征收。生活垃圾处理费与水费结合缴纳,征收方式改革让缴费更便捷,如深圳、珠海和长沙等城市在实行随水费同步征收后,居民生活垃圾处理费征收率超过90%。

2018年6月21日,国家发改委出台《关于创新和完善促进绿色发展价格机制的意见》(以下简称《意见》),提出2020年底前,全国城市及建制镇要全面建立生活垃圾处理收费制度,同时探索建立农村垃圾处理收费制度。按照《意见》的要求,发改委鼓励各地创新垃圾处理收费模式,提高收缴率。这也是国家层面首次明确提出垃圾计量收费模式。收费模式细分为:对非居民用户推行垃圾计量收费,并实行分类垃圾与混合垃圾差别化收费等政策,提高混合垃圾收费标准;对具备条件的居民用户,实行计量收费和差别化收费,加快推进垃圾分类。

(三)阶梯水价和阶梯电价

1. 阶梯水价

阶梯水价是对使用自来水的公众实行分类计量收费和超定额累进加价制的一种经济手段,这种手段可以充分发挥市场、价格因素在水资源配置、水需求调节等方面的作用,拓展了水价上调的空间,增强了企业和居民的节水意识,避免了水资源的浪费。

2002 年 4 月,国家计委、财政部、建设部、水利部、国家环保总局就联合发出《关于进一步推进城市供水价格改革工作的通知》,要求进一步推进城市供水价格改革。2013 年 12 月,国家发改委、住房和城乡建设部联合发布了《关于加快建立完善城镇居民用水阶梯价格制度的指导意见》,继续推进实施水价改革,建立有利于节水的水价制度。2013 年全国 36 个大中城市的城市居民生活用水价格平均约为 2.94 元/m³,其中 58% 的城市水价在 2~3 元/m³,33% 的城市水价大于 3 元/m³。2015 年全国 29 个省区市的 321 个城市已建立居民阶梯水价制度,部分城市居民阶梯水价执行情况见表 9-5。2017 年 8 月,31 个省份全部建立实施居民阶梯水价制度,有效调动了居民节约资源的积极性。

部分城市居民阶梯水价情况

表 9-5

城 市	第一阶梯		第二阶梯		第三阶梯	
	户年(月)用水量(m³)	水价(元)	户年(月)用水量(m³)	水价(元)	户年(月)用水量(m³)	水价(元)
北京	0~180(含)	5.00	181~260(含)	7.00	260 以上	9.00
天津	0~180(含)	4.90	181~240(含)	6.20	240 以上	8.00
石家庄	0~120(含)	3.63	121~180(含)	4.88	180 以上	8.63
太原	0~9(月)	2.30	9~13.5(月)	4.60	13.5 以上(月)	6.9
呼和浩特	0~10(月)	2.35	10~14(月)	3.52	14 以上(月)	7.05
哈尔滨	0~150(含)	2.40	151~250(含)	3.60	250 以上	7.20
吉林	0~120(含)	2.30	121~180(含)	3.45	180 以上	4.60
沈阳	0~191(含)	基础水价	192~240(含)	1.5 倍基础水价	240 以上	3 倍基础水价
上海	0~220(含)	1.92	220~300(含)	3.30	300 以上	4.30
济南	0~144(含)	4.20	144~288(含)	5.60	288 以上	9.80
南京	0~180(含)	3.10	181~300(含)	3.81	300 以上	5.94
合肥	0~152(含)	2.66	153~240(含)	3.55	240 以上	6.22
杭州	0~216(含)	1.90	217~300(含)	2.85	300 以上	5.70
南昌	0~360(含)	1.53	361~480(含)	2.07	480 以上	4.74
福州	0~18(含)月	2.25	19~25(含)月	2.95	26 以上(月)	3.65
郑州	0~180(含)	4.10	181~300(含)	5.56	300 以上	10.3
武汉	0~25(含)月	1.52	26~33(含)月	2.28	33 以上(月)	3.04
长沙	0~15(含)月	2.58	16~25(含)月	3.34	25 以上(月)	4.09
南宁	0~32(含)月	1.45	33~48(含)月	2.18	48 以上(月)	2.90
广州	0~26(含)月	1.98	27~34(含)月	2.97	34 以上(月)	3.96

续上表

城　市	第一阶梯		第二阶梯		第三阶梯	
	户年(月)用水量(m³)	水价(元)	户年(月)用水量(m³)	水价(元)	户年(月)用水量(m³)	水价(元)
海口	0～22(含)月	1.75	23～33(含)月	2.63	34 以上(月)	5.25
重庆	0～260(含)	3.50	261～360(含)	4.22	360 以上	5.90
成都	0～216(含)	2.98	217～300(含)	3.85	300 以上	6.46
西安	0～162(含)	3.80	163～275(含)	4.65	275 以上	7.18
兰州	0～144(含)	1.75	145～180(含)	2.63	180 以上	5.25
银川	0～12(含)月	1.70	13～18(含)月	2.80	18 以上(月)	4.00

2.阶梯电价

居民阶梯电价是指将现行单一形式的居民电价,改为按照用户消费的电量分段定价,用电价格随用电量增加呈阶梯状逐级递增的一种电价定价机制。实行阶梯电价一方面可以反映用电成本,另一方面可以促进节约用电和用电公平。

2010 年 10 月,国家发改委公布《关于居民生活用电实行阶梯电价的指导意见(征求意见稿)》,其中就电量档次划分提供了两个选择方案。

2011 年 11 月,国家发改委宣布上调销售电价和上网电价,其中销售电价全国平均每千瓦时 0.03 元,上网电价对煤电企业是每千瓦时 0.026 元。同时,发改委还推出了居民阶梯电价指导意见,把居民每个月的用电分成三档。第一档是基本用电,第二档是正常用电;第三档是高质量用电。第一档电量按照覆盖80%居民的用电量来确定,第二档电量按照覆盖95%的居民家庭用电来确定。第一档电价保持稳定,不做调整;第二档电价提价幅度不低于每度 5 分钱;第三档电价要提高 0.3 元。2012 年 7 月起全国试行居民阶梯电价。

2017 年 9 月,国家发改委印发《关于北方地区清洁供暖价格政策的意见》,要求完善"煤改电"电价政策,在适宜"煤改电"的地区要通过完善峰谷分时制度和阶梯价格政策,创新电力交易模式,健全输配电价体系等方式,降低清洁供暖用电成本。2017 年地区阶梯电价执行标准见表9-6。

2017 年地区阶梯电价执行标准　　　　表 9-6

标　准	第一档		第二档		第三档	
	电量(度)	电价(元/度)	电量(度)	电价(元/度)	电量(度)	电价(元/度)
夏季标准(5～10月)	0～260	0.62	261～600	每度加价0.05 元	601 度及以上	每度加价0.30 元
非夏季标准(1～4月,11～12月)	0～200	0.48	201～400	每度加价0.05 元	401 度及以上	每度加价0.30 元

此外,在推进供给侧结构性改革中,价格主管部门对水泥、钢铁、电解铝等生产企业实行阶梯电价,对未完成化解产能任务的钢铁企业实行差别电价,加快推进落后产能淘汰。

三、环境补贴

(一)含义

环境补贴是指为了保护环境和自然资源,政府采取干预手段将环境成本内在化,给予企业以激励其进行环境保护或污染削减活动的多种形式的财政支付,如:对企业在治理环境、改善产品加工工艺的投入或污染削减活动进行补贴,以改善企业的环境行为,提高产品竞争力。环境补贴采取的形式主要有支付现金、赠款、软贷款、税收激励和减免、政府环境保护投资或政府以优惠利率提供贷款等。环境补贴可被视为一项机会成本,污染者选择排放一单位污染物,实际等于放弃了减少这一单位排污量所能得到的补贴量。

(二)作用

1.有利于促进环境资源保护

环境补贴手段是一种基于经济主体行为的经济激励政策,借此来调整外部性导致的价格信号失真和资源配置低效问题。通过内部化外部收益或补偿外部成本削减,激励生产者持续地提供正外部性效益或减少负外部性损失,使得环境资源或服务的价格尽量逼近其真实价格,从而实现环境资源的有效配置。

2.有利于优化产品结构

严格的环境标准和消费者与日俱增的环保意识要求企业必须生产符合环境要求的产品,为了顺应这一趋势,政府对那些生产绿色产品、环境成本内在化的企业给予一定的财政补贴。这种激励机制有利于企业提高环保意识、提升环保技术、加快绿色产品的开发,从而有利于优化产品结构。

3.有利于推动环保产业的发展

实施环境补贴,如政府部门为环保产业的发展提供资金、税收等方面的优惠政策,设立绿色产品开发专项基金,为环保产业提供优惠贷款等,有利于推进环保产业的发展,有效地提高资源利用率。

4.有利于突破绿色贸易壁垒

绿色壁垒,作为一种市场准入障碍,是指进口方通过制定严格的环保技术标准,复杂的卫生检疫制度或采用绿色环境标志、绿色包装制度,以阻止或限制某些外国商品的进口,是国际贸易中一种新的非关税壁垒。实施环境补贴,可以帮助企业资源成本内在化的实现,从而缩短与发达国家在环境技术水平上的差距,帮助那些能够生产科技含量高、附加值高、低消耗、少污染、达到有关国际标准的产品出口,更好地在出口方面逾越发达国家的绿色贸易壁垒。

(三)我国环境补贴的实施

1.在汽车行业的应用

2009年,国家财政部发布《汽车以旧换新实施办法》。2010年,国家财政部等三部门发布《关于延长实施汽车以旧换新政策的通知》。这两项管理办法规定车主在指定时间内将符合

《汽车以旧换新实施办法》规定条件的汽车交售给报废汽车回收拆解企业并换购新车的,可以申请汽车以旧换新补贴。截至2011年底,全国共办理补贴车辆18.2万辆,发放补贴资金24.6亿元,拉动新车消费220亿元。实施汽车以旧换新办法,有利于在全国范围内加快淘汰高排放、高污染黄标车和老旧汽车的进程,对促进节能减排、有效利用资源、发展循环经济发挥积极作用。

2013年7月,国家发改委等部门发布《关于印发再制造产业"以旧换再"试点实施方案的通知》,正式启动再制造产品"以旧换再"的试点工作。再制造是指将旧汽车零部件、工程机械、机床等进行专业化修复的批量化生产过程,再制造产品达到与原有新品相同的质量和性能。与制造新品相比,再制造可大幅节约能源、原材料和生产成本,降低污染物排放,有利于实现充分利用资源、保护生态环境的目的。"以旧换再"是指境内再制造产品购买者交回旧件并以置换价购买再制造产品的行为。对符合"以旧换再"推广条件的再制造产品,中央财政按照其推广置换价格(再制造产品价格与旧件回收价格的差价)的一定比例,通过试点企业对"以旧换再"再制造产品购买者给予一次性补贴,并设补贴上限。

为推广新能源汽车,自2013年开始中央财政安排专项资金,支持开展私人购买新能源汽车补贴试点。2015年4月,财政部、科技部等部委联合印发《关于2016—2020年新能源汽车推广应用财政支持政策的通知》,对纳入"新能源汽车推广应用工程推荐车型目录"的纯电动汽车、插混合动力汽车和燃料电池汽车的消费者,依据节能减排效果,并综合考虑生产成本、规模效应、技术进步等因素给予补贴。2015年5月,财政部、工信部、交通运输部联合印发《关于完善城市公交车成品油价格补助政策加快新能源汽车推广应用的通知》,调整现行城市公交车成品油价格补助政策,鼓励新能源汽车的推广,进一步规范新能源汽车推广应用补贴政策。2016年12月,财政部、科技部、工业和信息化部、国家发展和改革委联合发布《关于调整新能源汽车推广应用财政补贴政策的通知》,提高对各类型新能源汽车补贴的技术要求。

2.在推动新能源发电,推进燃煤发电采用脱硝除尘措施的应用

2013年9月,国家发改委将燃煤发电企业脱硝电价补偿标准由0.8分/(kW·h)提高至1分/(kW·h)。同时,对采用新技术进行除尘设施改造、烟尘排放浓度低于30mg/m³,并经环境保护部门验收合格的燃煤发电企业除尘成本予以适当支持,电价补贴标准为0.2分/(kW·h)。

2014年,安徽省对秸秆发电企业利用该省农作物秸秆发电实行财政奖补,对在自然含水率以内的秸秆按照实际利用量实行分类补贴,其中水稻秸秆每吨补贴50元左右,小麦秸秆每吨补贴40元左右,其他农作物秸秆如油菜、玉米、豆类等每吨补贴30元左右。

2015年,国家发改委、环境保护部、国家能源局联合印发《关于实行燃煤电厂超低排放电价支持政策有关问题的通知》,对经所在地省级环保部门验收合格并符合超低限值要求的燃煤发电企业给予适当的上网电价支持,进一步加强新能源领域财政补贴。

2016年12月26日,国家发改委发布《关于调整光伏发电陆上风电标杆上网电价的通知》,降低2017年1月1日之后新建光伏发电和2018年1月1日之后新核准建设的陆上风电标杆上网电价;地面电站一类、二类、三类资源区光伏发电标杆上网电价分别为每千瓦时0.65元、0.75元和0.85元,比现行电价标准分别降低了0.15元、0.13元和0.13元。

四、绿色采购

政府绿色采购制度是利用市场机制对全社会的生产和消费行为进行引导,通过政府庞大的采购力量,优先购买对环境负面影响较小的环境标志产品,推动企业进行技术改造、改善环境行为,提升产品的环境友好性,从而对社会的绿色消费起到推动和示范作用。

通过政府绿色采购制度,一方面可以积极影响供应商,刺激其采取积极措施,提高企业的管理水平和技术创新水平,尽可能地节约资源能源和减少污染物排放,提高产品质量和降低对环境和人体的负面影响。同时,政府绿色采购还因其量大面广,可以培养扶植一大批绿色产品和绿色产业,有效地促进绿色产业和清洁技术的发展。此外,政府绿色采购也可以引导人们改变不合理的消费行为和习惯,倡导合理的消费模式和适度的消费规模,减少因不合理消费对环境造成的压力,进而有效地促进绿色消费市场的形成。

2002年6月,第九届全国人民代表大会常务委员会第二十八次会议通过《中华人民共和国政府采购法》,并于2014年进行第一次修订,该法明确提出政府采购要有利于环境保护的要求。

2006年,国家财政部和原国家环境保护总局发布《关于环境标志产品政府采购实施的意见》,2007年国务院办公厅发布《关于建立政府强制采购节能产品的通知》,明确各级国家机关、事业单位和团体组织用财政性资金进行采购的,要优先采购环境标志产品和节能产品。

2014年,商务部、环境保护部、工信部联合发布《企业绿色采购指南(试行)》(以下简称《指南》),指导企业实施绿色采购,构建企业间绿色供应链,旨在通过引导、推动企业实施绿色采购,倒逼原材料、产品和服务的供应商不断提高环境管理水平,促进企业绿色生产,带动全社会绿色消费,逐步引导和推动形成绿色采购链。《指南》引导、规范企业绿色采购全流程。包括引导企业树立绿色采购理念、制定绿色采购方案,加强产品设计、生产、包装、物流、使用、回收利用等各环节的环境保护,更多采购绿色产品、绿色原材料和绿色服务,并根据供应商的环境表现采取区别化的采购措施等内容。

截至2016年底,我国环境标志产品政府采购清单产品种类从最初的14大类,增加到涵盖办公设备及耗材、乘用车、电子电器等57大类,企业数从81家增加到2000多家,产品型号从800多种增加到20多万种。2008—2015年,我国环境标志产品政府采购总规模达7154.5亿元,占政府采购同类产品比重持续提升。2017年,财政部下发了《关于印发节能环保产品政府采购清单数据规范的通知》,要求逐步提高节能环保产品政府采购清单执行工作的规范化程度。

五、押金-退款

押金-退款手段是指对可能引起污染的产品征收一项额外的费用(押金),当产品废弃部分回到储存、处理或循环利用地点达到避免环境污染的目的后,退还押金的一种经济手段。从经济学角度看当消费某产品的边际社会成本高于边际私人成本时,可以采用强制干预以矫正这种偏差,可对每单位消费量征收一定数额的押金,在分配、流通和消费以及处理处置环节各部分主体按照要求减少污染的排放,就退还押金。

采用押金-退款手段有利于资源的循环利用和削减废弃物数量,国外多用于易拉罐、啤酒瓶和软饮料的回收,同时,这种手段在实施过程中可以防止一些有毒、有害物质进入环境,所以也被用于废电池、杀虫剂残余物的容器等的回收处理。由于生产者可以购买到廉价的包装材料,从成本角度考虑,他们更倾向于使用一次性包装,这使得押金-退款制度的使用范围受到限制,远不如税费手段应用得广。但在一些特殊领域里,押金-退款制度的运用取得了很好的效果,如对电池、饮料、容器、含有害物质的包装物等。如希腊、挪威、瑞典将这项手段应用于对汽车残骸的回收,以促进公众购买更高排放标准的新车,同时避免旧车无法回收,返还率达到80%~90%。德国、美国、奥地利对荧光灯管、清洁剂包装、涂料包装和汽车电池等试行押金-退款手段,返款率达到60%~80%。OECD成员国开展押金-退款制度的情况见表9-7。

OECD成员国塑料饮料容器押金-退款手段情况

表9-7

国家/地区	制 度 内 容	费　　率	占其价格百分(%)	返还的百分比(%)
澳大利亚区域	PET瓶	ECU 0.02	2~4	62
奥地利	可回收利用容器	ECU 0.25	20	60~80
加拿大区域	塑料饮料容器	ECU 0.03~0.05	—	60
丹麦	PET瓶	ECU 0.20~0.55	—	80~90
芬兰	PET瓶	ECU 0.32	10~30	90~100
德国	不可再装的塑料瓶	ECU 0.22		
冰岛	塑料瓶	ECU 0.07	3~10	60~80
荷兰	PET瓶	ECU 0.35	30~50	90~100
挪威	PET瓶	ECU 0.25~0.36	—	90~100
瑞典	PET瓶	ECU 0.47	20	90~100
美国区域	啤酒和软饮料	—		72~90

日本是循环利用固体废物最为成功的国家之一,其中押金-退款手段提供了相当大的刺激作用,在1989—1990年,全国回收利用了92%的酒瓶、50%的废纸、43%的铝制易拉罐、45%的铁制易拉罐以及48%的玻璃瓶。

我国的押金-退款手段基本上还未实施。从国内外押金-退款手段的应用效果来看,该制度是一种有效的经济刺激手段,但有两个主要原因影响了这项手段的实施:一是各类包装容器的生产成本日益降低,而回收这类废弃物的运输和储藏费用较高;二是废旧包装的收集、分类和加工多是劳动密集型行业,劳动力成本越高,回收废料在投入市场上的竞争力越弱,仅从经济效益考虑,这项手段不易于被企业采纳。

考虑到这项手段可以防止一些有毒、有害物质进入环境,在废电池、杀虫剂残余物的容器等的回收处理方面具有积极性,所以对该项手段的实施应注意几个方面:①合理地设计押金-退款手段的实施对象和范围、押金的标准以及退款手续,明确该手段实施的目的和对象,设计足够高的押金标准,形成对相关主体的经济刺激,设计合理的退款手续使该手段具有可操作性;②押金-退款手段应与现有的产品销售和分送系统结合起来,以降低收还押金的管理成本;③完善相关法律、法规及管理制度,给押金-退款收单提供法律法规的支持;④押金-退款手段应与教育手段为基础,使公众自觉地参与到这一手段的执行中,提高该手段的实施效率。

复习思考题

1. 名词解释

环境保护经济手段 环境税 生态补偿 排污权交易 污染者付费原则 最优污染水平
边际治理成本 污染当量 绿色信贷 绿色基金 使用者收费 环境补贴 绿色采购

2. 选择题

(1) 我国现行税种中,属于环境保护征税范围的有( )。

    A. SO_2 B. COD

    C. 煤矸石   D. 建筑施工噪声

    E. 热污染

选择说明:

(2) 我国现行税种中,与环境相关的税种主要有( )。

    A. 消费税、资源税和车船税

    B. 消费税、资源税和房产税

    C. 房产税、关税和个人所得税

    D. 关税、使用税和车船税

选择说明:

(3) 下列关于环境税效应分析说法正确的是( )。

    A. 政府通过征税的办法迫使生产者实现外部效应的内部化

    B. 生产者和消费者负担税额的大小取决于需求曲线和供给曲线

    C. 征收环境税既保证了无污染产品的价格优势,又使有污染产品的生产者和消费者
        共同承担税收,间接刺激他们选择生产或消费环境友好的产品

    D. 对无污染的产品征税,从社会净效益来看,其表现为一种损失

选择说明:

(4) 排污权交易的实施要点主要包括( )。

    A. "排污权"的出售总量要受到环境容量的限制

    B. "排污权"的交易可以不必经过政府

    C. "排污权"的初次交易发生在政府和各个主体之间

    D. "排污权"将来的交易可能发生在更广泛的领域

选择说明:

(5) 根据排污权交易制度,以下哪些主体通过交易可以拥有排污权? ( )

    A. 排污企业   B. 投资者

    C. 环境保护组织   D. 个人

选择说明:

(6) 从交易双方的关系看,排污许可证的交易可以采取哪些方式? ( )

    A. 点源与点源间的排污权交易   B. 点源与面源间的排污权补偿

    C. 流域的排污权交易   D. 点源与环保部门间的排污权交易

选择说明:

(7)关于生态补偿的含义,下列说法不正确的是(   )。

    A.生态补偿机制的建立原则是调控相关者的利益关系

    B.建立生态补偿政策可以解决环境保护过程中的相关者的利益分配以及资金投入问题

    C.制定生态补偿政策的核心目标是合理配置资源,有效刺激经济主体参与生态环境保护

    D.对环境保护行为的外部经济性的补偿依据是恢复生态服务功能的成本和因破坏行为造成的被补偿者发展机会成本的损失

选择说明:

(8)下列关于我国的生态补偿政策的方式中正确的有(   )。

    A.国家的财政补偿

    B.国家重大生态建设工程的支持

    C.生态补偿费

    D.市场交易模式

    E.建立"异地开发生态补偿试验区"

选择说明:

(9)以下说法正确的是(   )。

    A.信贷政策在环保领域的应用途径主要是对有利于环境保护和可持续发展的项目实行优惠的信贷政策;反之,则实施严格的信贷政策

    B.国内外对城市垃圾的收费方式主要有按废弃物的实际体积采用统一的收费率收费,根据废弃物的体积、类型收费

    C.补贴是政府为实际潜在的污染者提供的财政刺激,主要用于鼓励污染削减或减轻污染对经济发展的影响

    D.目前我国在绿色贸易上重点抓两个方面,即鼓励"两高一资"产品的出口,我国对外投资企业的环境责任问题

选择说明:

(10)环境责任保险是属于以下哪种手段的具体形式?(   )

    A.强制手段   B.经济手段

    C.信息手段   D.协商或谈判手段

选择说明:

(11)实行环境污染责任保险的主要有作用有(   )。

    A.为企业提供一种经济保障

    B.有利于保障公民的合法权益

    C.有利于促进企业加强环境管理

    D.有利于筹集环保投资

选择说明:

3.论述题

(1)简述可以从哪些方面着手对现有税收体制进行绿色化改进。

(2)简述环境税的主要功能。

(3)简述生态补偿的基本原则。

(4)简述排污权交易手段相对于强制性管理手段有哪些特点。

(5)根据排污权交易市场的运行,请分析排污交易手段如何实现社会总成本最小这一目标。

(6)简述我国目前采取的绿色金融手段有哪些。

(7)什么是环境补贴,其在环境保护中的作用是什么?

(8)试通过环境税和排污交易权的微观效应分析,说明如何确定环境税率和排污权交易价格。

第十章

环境建设项目经济分析与评价

环境建设项目是以环境保护为主要目的的建设项目。在环境保护的各个领域,如水、气、声、固体废物等污染的预防与治理,自然生态的保护与恢复方面,环境建设项目发挥着重要作用。在城市建设发展和企业生产运行中,环境建设项目是重要的基础设施。环境建设项目虽然是以环境保护为主要目的的建设项目,但是任何建设项目都是需要投资的,其建设运行都是需要人力、物力和财力作保障的。所以,环境建设项目在进行项目可行性研究时,在分析其环境效益、社会效益的同时,同样要分析其经济效益,进行项目的经济评价和论证。

第一节　项目可行性研究与经济评价概述

建设项目经济评价是项目可行性研究的有机组成部分和重要内容,是项目决策科学化的重要手段,也是工程项目可行性研究报告的一个重要组成部分。项目经济评价的计算内容包括评估项目投资的费用和产生的效益,对拟建项目的合理性和经济可行性进行分析、论证,做出全面、科学的经济评价。项目经济评价的目的在于最大限度地提高投资效益,将风险减少到最低程度。

一、项目可行性研究概述

(一)可行性研究的概念

可行性研究(Feasibility Study)是对建设项目在技术和经济上,以及环境与社会方面是否可行所进行的科学分析和论证。在建设程序中,可行性研究是工程项目建设前期决策阶段一个重要的环节,为投资决策提供科学依据。在学科方面,可行性研究是运用多学科研究成果与多学科手段,在建设项目投资决策前对项目的经济、技术、环境、社会等多方面进行论证的一门综合性学科。可行性研究所应用的理论与方法很广泛,涉及技术科学、经济科学、管理科学和环境科学等,现已形成一整套系统、科学的可行性研究的分析评价方法。

可行性研究的基本任务是为建设项目的投资决策提供科学、可靠的依据,为项目决策服务。1981年3月国务院发文规定,所有新建、扩建的大中型项目,不论是用什么资金安排的,都必须先由主管部门提出可行性研究报告,所有利用外资进行基本建设的项目都要有批准的项目建议书、可行性研究报告和设计任务书。此后国家有关部门多次发文,对可行性研究作出了许多规定,如对可行性研究的工作程序、编制内容和审批办法等作了详细规定。

开展可行性研究的目的是提高项目建设前期科学决策的水平,分析预测该项目的最佳建设方案,减少投资风险,实现项目决策科学化、制度化、民主化,以提高项目的经济效益和综合效益,促进国民经济的健康发展。

(二)可行性研究的内容

起初的项目可行性研究主要针对技术与经济两个方面,所以在一般情况下,可行性研究应对建设项目的投资者(决策者)回答四个方面的问题:

(1)建设的必要性,即在国民经济建设中或国内外市场上是否完全必要。

(2)技术的合理性,即在工艺、技术、设备、效率和资源利用等方面是否先进合理,项目在技术上是否可行。

(3)经济的效益性,即经济上是否有效益,财务上能否盈利。

(4)建设的保证性,即建设资金的筹集方法和渠道,需要的人力、物力和资源等,建设周期等方面有无把握,是否可靠。

随着时代的发展,对建设项目决策要求的提高,项目可行性研究的内容在不断地充实完善,形成了以分析、论证项目在技术、经济方面的可行性为主,同时要涉及环境、社会等多方面的可行性评价的内容要求。项目可行性研究报告与项目环境影响评价报告及项目社会稳定评估报告等,共同构成了建设项目可行性决策的主要系统文件。

(三)可行性研究的特点

可行性研究一般具有以下几个特点:

(1)前期性。可行性研究是对投资决策的分析研究,它是项目建设前期工作的主要内容之一。

(2)预测性。可行性研究是对拟建项目的产品与服务需求、投资、成本、盈利、环境效益、社会效益的分析预测,而不是对已建成项目的实际情况的分析。

(3)不确定性。在研究过程中项目在技术经济上是否可行具有不确定性,对未来的各种技术经济因素进行预测,更包含一些不确定因素。

可行性研究需要多方面的专业人员进行广泛、深入的调查研究,采用科学的方法分析、计算、综合论证,科学、客观、公正地得出项目可行或不可行的结论,为项目正确决策提供充分的科学依据。而不能在分析研究前先看项目的目的,主观确定项目可行的因素,只为项目可行找依据。

(四)可行性研究的作用

由于可行性研究对项目的实施进行了定量、定性的科学论证,涉及的方面很广,经过批准的可行性研究报告,在项目筹建和实施的过程中,可以发挥重要作用。

(1)可行性研究是建设项目投资决策和编制设计任务书的依据。项目投资决策者主要根据可行性研究的评价结果,决定一个建设项目是否应该投资和如何投资。设计任务书是项目投资决策的文件,它是根据可行性研究推荐的最佳方案进行编制的。

(2)可行性研究是国家与地方有关部门编制建设规划的依据,同时可行性研究是对固定资产投资实行调控管理、编制发展计划、固定资产投资、技术改造投资的重要依据。

(3)可行性研究可以作为银行贷款的依据。在可行性研究中详细计算了项目的财务、经济效益、贷款清偿能力、偿还期等。银行发放贷款,主要关心贷款有无可能偿还,何时能偿还,因此建设项目贷款要以可行性研究报告为依据。

(4)可行性研究可作为与建设项目有关的各部门、各单位制定、签订有关协作条件、协议、合同的依据。拟建项目的原材料、燃料、动力、运输、通信等需要协作的情况与供应量在可行性研究报告中都做了详细研究,提供了有关数据,所以可行性研究报告可作为制定有关协议的依据。

(5)可行性研究可作为项目进行工程设计、设备订货、施工准备等基本建设前期工作的依据。我国基本建设程序规定,建设项目应严格按批准的设计任务书或可行性研究报告进行设计,不得随意改变设计任务书和可行性研究报告的控制性指标。因此,可行性研究报告是编制设计文件、开展设计工作、进行建设准备工作的主要依据。

(6)可行性研究可作为安排项目的计划和实施方案,进行项目所需的设备、材料订货等项工作的依据。

(7)可行性研究可作为环保部门审查项目对环境影响的依据。我国建设项目环境保护办法规定,在可行性研究阶段,必须对项目环境影响做出评价,提出环境保护方案,所以可行性研究报告也可作为开展环境影响评价的依据。同时,可行性研究也可作为对项目社会稳定风险进行评估的依据。

(8)可行性研究是项目考核和项目后评价的重要依据。

二、项目经济评价概述

(一)项目经济评价类别

项目经济评价包括企业经济评价和国民经济评价。

项目的企业经济评价,也称财务评价,是从企业角度出发,在现行价格(或可预测价格)的基础上评价项目的投资经济效果;项目的国民经济评价是从国家的角度出发,以理论价格为基础,对项目进行经济效果评价,同时进行其他效果的经济分析。

一般来说,这两方面的评价都是可行的方案,应该肯定该项目。当两者矛盾时,项目的取舍取决于项目的国民经济评价。如果企业经济评价认为该项目不可行,而国民经济评价认为可行,则可采取一些政策性的保护措施等方法,使企业经济评价成为可行;如果企业经济评价认为该项目可行,而国民经济评价认为不可行,原则上应否定该项目,或在可能时,重新考虑方案,进行再设计。此外还应考虑非经济的因素,如环境建设项目是以环境保护为主要目的的。

企业经济评价和国民经济评价在方法上有相似之处,但也有许多区别。我国对项目的企业经济评价,通过多年理论探讨和实践,在内容和方法上比较成熟。而项目的国民经济评价,由于在理论、方法和参数上涉及的方面较多,因而也复杂一些,有些问题还在进一步研究之中。

(二)项目方案经济评价划分

任何一个拟建的建设项目都可以看作是一种投资方案。为了分析、比较和评价拟建建设项目的经济效果,要根据建设项目在其寿命期内的现金流量计算有关判据,以此来分析评价建设项目的经济效果。投资方案的经济评价,一般包括三个方面的评价问题。

1. 单方案评价

一个建设项目只制定了一个投资方案,称为单方案。对于单方案,直接评价其在经济上的可行性和合理性,为投资决策提供依据。单方案评价也称为最终评价。

2. 多项互斥方案比较

一个建设项目制定了两个以上的投资方案,称为多项互斥方案。多项互斥方案互相可以替代,但只能选一个方案。一般来说,多项互斥方案中的每一个方案均应通过单方案评价,认为可行的,才能进行相互间的比较,通过经济分析选出最优方案。多项互斥方案比较也称为过程比较。多项互斥方案比较是项目经济评价的主要方式。

3. 多项独立方案评价

多项独立方案是指多个建设项目所对应的各自方案,它们之间不是互斥的,而是独立的。对多项独立方案进行经济分析比较,从而对这些项目的实施顺序,在经济方面进行项目排队。

以上三个方面的问题实际上是一回事,都是通过对各个方案的经济比较(单方案实际上是与零方案比较),从而做出最经济合理的决策。

(三)项目经济评价方法划分

按照是否考虑资金时间因素划分,项目经济评价方法分为静态评价方法和动态评价方法。不考虑资金的时间因素的方法为静态方法,考虑资金的时间因素的方法为动态方法。在项目经济评价中,根据项目的特点,分析深度和实际需要,可采用动态方法、静态方法,或两者并用。一般来说,只有考虑资金的时间因素,投资经济效果的评价才是合理的。但当项目规模小、寿命期短,或对方案进行粗略分析时,静态方法由于简便,所以具有一定的适应性。

(四)项目经济评价效果划分

建设项目投资方案的比较,可以按照各个方案的全部经济因素计算其整体经济效果,也称绝对经济效果,进行项目整体的经济分析和评价;也可不考虑相同因素,仅就不同因素计算其局部经济效果,或称比较经济效果,进行项目局部的经济分析和评价。

第二节 资金等值计算

资金等值是指在时间因素的作用下,不同的时间点发生的不同资金量具有相同的价值。也就是说,资金在不同时间存在着一定的等价关系,这种等价关系称为资金等值。资金等值计算就是利用资金等值的概念,将不同时间发生的资金量换算成某一相同时刻发生的资金量,然后进行进一步计算分析的过程。

一、资金的时间价值

(一)资金的增值性

【例10-1】 某企业准备对某环保项目进行投资,现拟定了甲、乙两个投资方案,初始投资均为1000万元,实现的利润总额相同,只是每年获得利润不同(表10-1),该企业应选择哪个方案?

甲、乙两方案的投资、收益情况表(单位:万元)   表10-1

年　　末	甲　方　案	乙　方　案
0	-1000	-1000
1	+1200	+300
2	+800	+800
3	+300	+1200

注:"-"表示投资,"+"表示收益。

如果其他条件相同,从直觉上我们会感到甲方案比乙方案好。这是因为甲方案比乙方案得益早,早得到的资金可以用来再投资而产生新的价值,就是说今年的1元钱与明年的1元钱的"价值"是不一样的。所以在评价工程项目的投资效果时,不仅要考虑项目整个发展过程中各种资金的大小,而且要考虑各种资金发生的时间。

另外,把钱存入银行也可使资金增值,虽然在一段时间内存款人失去了使用这些资金的权利,但却按时间的长短取得了一定的利息作为代价。由于投资工程项目要承担风险,所以其盈利目标要比资金存入银行得到的利息高。如果可以增值的资金没有增值,就等于损失了本来可以得到的资金。对于经济活动,必须研究资金和时间的关系。

(二)资金时间价值的几个概念

1.本金

本金(Principal)是一项经济活动开始时的投资额或借存款额。

2.利息

利息(Interest)是使用资金的报酬。要说明的是,一般把银行存款获得的资金增值称为利息,而把资金投入建设生产的资金增值称为盈利或净收益。在投资系统计算的基本理论中,一般使用"资金""利息""利率"作为经济分析的专业名词。利息和盈利(净收益)是资金时间因素的绝对尺度。

3. 利率

利息的大小由利率决定,利率(Interest Rate)是每单位时间增加的利息与本金的比值,用百分比表示,即:

$$利率 = \frac{每单位时间增加的利息}{本金} \times 100\% \qquad (10\text{-}1)$$

表示利率的时间单位,称为计息周期。计息周期可以是年、季、月等。

利率反映了资金随时间变化的增值率,它是衡量资金时间因素的相对尺度。在投资活动中,这个相对尺度称为盈利率或收益率。

4. 单利与复利

单利(Simple Interest)与复利(Compound Interest)是两种计算利息或收益的基本方法。

单利法,即仅按本金计算利息或收益的计算方式;复利法,即按本利和计算利息或收益的计算方式。由表 10-2 可以看出,当利率越高,计息周期数越多时,单利与复利的利息额差别越大。

单利与复利的比较(单位:元)　　　　　　　　　　表 10-2

周期（年）	单　利				复　利			
	本金	利率	利息	本利和	本金	利率	利息	本利和
1	100	20%	20	120	100	20%	20	120
2	100	20%	20	140	120	20%	24	144
3	100	20%	20	160	144	20%	28.8	172.8
4	100	20%	20	180	172.8	20%	34.56	207.36

5. 等值

应用利率来考虑资金的时间因素,产生了等值概念。等值(Equivalence)是指不同金额的资金在不同的时刻具有相等的实际经济价值。如现借入 100 元,年利率为 20%,一年后要偿还的本利和为 $100 + 100 \times 20\% = 120$(元),即现在的 100 元与一年后的 120 元实际经济价值是相等的。

等值的概念是分析、比较、评价不同时期资金使用效果的重要依据,是经济分析的基本出发点。

二、经济分析基本参数和现金流量图

(一)基本参数

在经济分析中,一般要涉及 5 个基本参数。

1. 利率 i(Interest Rate)

在分析不同经济对象及不同经济分析目的时,i 也称为收益率。在经济分析中,如不作特别说明,i 均指年利率,其意义为一年内利息与本金之比。在实际经济分析过程中,i 的概念要弄清楚,如利率和收益率是有差别的,利率在某一时期内为固定值,而收益率是一个变数。例如,投资 100 万元,一年后收回 110 万元,其收益率为 10%,如果收回 120 万元,其收益率为 20%。

2. 期数 n(Period Number)

期数即计算周期数,其意义为在某一个时期内计算利息的次数。在经济分析中,n 一般指年数,即以年为计息单位。当 n 为确定值时,可能是指时间的久暂,也可能是指时间坐标上的某一时点,在不同的场合具有不同的含义,要根据具体的经济分析确定。

3. 现值 P(Present Worth)

现值一般是指发生在所要分析的投资系统期初的本金(投资额)。但在具体的分析过程中,P 也可看作是该投资活动以某一时点为基准时间的价值,这时的 P 也称为时值,即在某一时间点的资金数量。

4. 终值 F(Future Worth)

终值 F 其含义是在一定利率 i 的条件下,经过几次计息以后,投资系统期末的资金额,即本利和期初现值 P 所具有的本利和总收入。在一个投资系统中,F 值恒大于 P 值。F 与 P 的关系为 $P +$ 利息 $= F$,$F -$ 利息 $= P$。同样,在具体分析计算过程中,F 也可作为该项投资系统某一时点的价值,即时值。

5. 等额年值 A(Annual Worth)

A 的含义为 n 次等额支付系列中的一次支付,A 一般发生在各计息期期末。由于一般计息期单位为年,故通常称为年值或年金。

在经济分析中现金流量值都设定在计息期期初或期末,多按发生在期末处理,但要根据实际情况而定。在经济分析中,这 5 个基本参数,一般有 4 个参数一定要出现,其中一个参数是未知的,目的是求出第 4 个未知参数,进行经济分析。在这 5 个基本参数中,利率 i 是核心,它是经济分析决策的重要依据。

(二)现金流量图

1. 现金流量

一项投资活动在一定时期内必然要发生相应的支出和收入,把一项投资活动看作一个独立系统,从活动开始到结束,资金的收入与支出叫作现金流量。而投资系统在某一时间阶段内的净现金流量是指该时间阶段内现金流量的代数和,即:

$$净现金流量 = 现金流入 - 现金流出 \tag{10-2}$$

2. 现金流量图

现金流量图是用来反映一项经济活动在其寿命期内,现金收入和现金支出的简化图示。利用现金流量图可以把经济活动的现金收支情况直观表示出来,这样不但可清楚地表明问题的含义,而且可以方便地判断用什么方式来进行分析计算。现金流量图是正确进行经济计算的基础,其作图方法如下:

(1)水平轴表示时间标度。时间由左向右推移,每一格代表一个时间单位(计息单位),一般为年。

（2）垂直箭线表示现金流量的方向。一般箭头向下表示现金流出（投资等），箭头向上表示现金流入（收入）。在计算中收入冠以"+"号，支出冠以"-"号。箭头的长短与现金流量大小大体成比例。

需说明的是，在绘制现金流量图时，一定要弄清楚问题中的时间和现金流量图中的时间，并保持一致，这样才不至于发生错误。如在某年初、某年末、某年等。

【例10-2】 某人现存入银行1000元，以后每年存入银行500元，其中第5年末存入银行1000元，若年利率为10%，绘制出他的存款累计至10000元时需要多少年的现金流量图。

解：例10-2的现金流量图如图10-1所示。

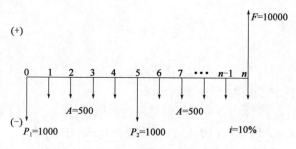

图10-1 现金流量图

三、利息公式和等值计算

（一）单利法

单利法是以本金为基础计算资金利息的一种方法，它在一定程度上反映了资金的时间因素，是一种有限考虑资金时间因素的方法。其公式为：

$$F = P(1 + ni) \tag{10-3}$$

【例10-3】 某环保工程项目贷款1000万元，贷款年利率为5%，5年后一次结清单，利计息，问5年后偿还款数额是多少？

解：已知 $P = 1000$ 万元，$i = 5\%$，$n = 5$ 年。

求：F。

则：$F = P(1 + ni) = 1000 \times (1 + 5 \times 0.05) = 1250$（万元）。

所以，5年后偿还贷款数额为1250万元。

（二）复利法

复利法是以本金和逐期加利为基础计算资金利息的方法。复利法较充分地反映资金的时间因素，也更符合客观实际。在经济分析中，根据现金的不同支付方式，有两类六个基本复利计算公式。

1.一次支付公式

所谓一次支付，是指在一项经济活动的寿命期里，在期初有一现金流入，在期末有一现金流出的方式，或者相反，这是最简单的一种现金流量方式，其现金流量如图10-2所示。

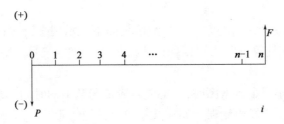

图 10-2　一次支付系列现金流量图

一次支付系列公式有两个,即一次支付复利终值公式和一次支付复利现值公式。

(1)复利终值公式。

代数式为:

$$F = P(1 + i)^n \tag{10-4}$$

规格化式为:

$$F = P(F/P, i, n) \tag{10-5}$$

在复利终值公式中,P、i、n 为已知,求终值 F。

在式(10-4)中,$(1 + i)^n$ 称为"一次支付复利终值因子(系数)",$(1 + i)^n$ 常用一种规格化符号来表示,即$(F/P, i, n)$,所以式(10-4)也可用规格化式(10-5)表示。

【例 10-4】　今存入银行 2000 元,年利率 15%,问在第 8 年末可以取出多少钱?

解:已知:$P = 2000$ 元,$i = 15\%$,$n = 8$ 年。

求:F。

则:$F = P(1 + i)^n = 2000 \times (1 + 0.15)^8 = 6118$(元)。

上面的计算比较麻烦,为了简化计算,可以应用已编制好的"因子值表"(见第 10 章附录),查出相应因子的数值,这样进行计算简捷方便。如在本例中可查出$(F/P, 15\%, 8)$值为 3.0579,代入式(10-5)可得:

$$\begin{aligned} F &= P(F/P, i, n) \\ &= 2000(F/P, 15\%, 8) \\ &= 2000 \times 3.0579 \\ &= 6116(元) \end{aligned}$$

即在第 8 年末可以取出 6116 元。

(2)复利现值公式。

由终值公式 $F = P(1 + i)^n$ 变换得到复利现值公式为:

$$P = F \frac{1}{(1 + i)^n} \tag{10-6}$$

其规格化式为:

$$P = F(P/F, i, n) \tag{10-7}$$

在复利现值公式中:F、i、n 为已知,求现值 P。

公式中$\dfrac{1}{(1 + i)^n}$称为"一次支付复利现值因子",规格化符号为$(P/F, i, n)$。一般把未来的金额按某个利率折算成现值称为"折现"或"贴现",此时这个利率称为"折现率"或"贴现率";把$\dfrac{1}{(1 + i)^n}$称为"折现系数"或"贴现系数"。

【例 10-5】 若年利率为 12%，现在存入多少钱，才能在 3 年后从银行取出 5000 元？

解：已知：$i = 12\%$，$n = 3$ 年，$F = 5000$ 元。

求：P。

则：
$$P = F \frac{1}{(1+i)^n}$$
$$= 5000 \times \frac{1}{(1+0.12)^3}$$
$$= 5000 \times 0.7118$$
$$= 3559（元）。$$

或：
$$P = F(P/F, i, n)$$
$$= 5000(P/F, 12\%, 3)$$
$$= 5000 \times 0.7118$$
$$= 3559（元）。$$

即现在存入 3559 元，3 年后可取出 5000 元。

2. 等额多次支付公式

在投资系统中，连续在若干期期末出现收支等额的资金，这种系列称为等额支付系列，如图 10-3 所示。等额多次支付公式有 4 个，分别介绍如下。

（1）年金终值公式。

年金终值公式对应的现金流量图如图 10-3a）所示。

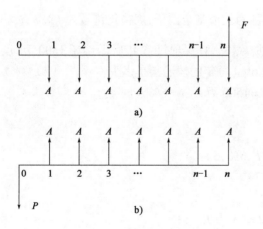

图 10-3　等额多次支付系列现金流量图

代数式：
$$F = A \times \frac{(1+i)^n - 1}{i} \tag{10-8}$$

规格化式：
$$F = A(F/A, i, n) \tag{10-9}$$

式（10-8）、式（10-9）全称为"等额多次支付系列复利终值公式"，当利息周期的单位为年时，公式常称为"年金终值公式"。

式中 $\dfrac{(1+i)^n - 1}{i}$ 称为"年金终值因子",规范化符号为 $(F/A, i, n)$ 表示。

【例 10-6】 某企业计划在 4 年内为某环保项目筹集资金,每一年末存款 30 万元,年利率 8%,问到 4 年末可取得多少资金?

解:已知: $n=4$ 年, $A=30$ 万元, $i=8\%$ 。

求: F 。

由复利因子表查得: $(F/A, 8\%, 4) = 4.5061$ 。

则: $F = A(F/A, 8\%, 4) = 30 \times 4.5061 = 135.18$ (万元)。

即在 4 年内可取得 135.18 万元。

(2)偿债基金公式。

为了在若干年后得到一笔资金 F,从现在起每年年末应存储的等额资金 A 的现金流量图如图 10-3a)所示,其公式如下:

代数式:

$$A = F \times \frac{i}{(1+i)^n - 1} \tag{10-10}$$

规格化公式:

$$A = F(A/F, i, n) \tag{10-11}$$

其中, $\dfrac{i}{(1+i)^n - 1}$ 称为偿债基金因子,规格化符号为 $(A/F, i, n)$ 。

【例 10-7】 某企业贷款建一环保项目,5 年后需偿还 1500 万元,计划在 5 年内每年末等额分批偿还,若年利率为 6%,每年的偿还额是多少?

解:已知: $n=5$ 年, $F=1500$ 万元, $i=6\%$ 。

求: A 。

则: $A = F(A/F, i, n)$

$\qquad = 1500 \times (A/F, 6\%, 5)$

$\qquad = 1500 \times 0.1774$

$\qquad = 266.1$ (万元)。

即每年的偿还额为 266.1 万元。

(3)年金现值公式。

现在投入多少钱(P),在利率为 i 的条件下,能在 n 年内每年年末等额收回资金 A 的现金流量图如图 10-3b)所示,用年金现值公式如下:

代数式:

$$P = A \times \frac{(1+i)^n - 1}{i(1+i)^n} \tag{10-12}$$

规格化公式:

$$P = A(P/A, i, n) \tag{10-13}$$

公式的全称应为"等额多次支付系列复利现值公式",当计息期单位为年时,公式常称为

"年金现值公式"。其中，$\dfrac{(1+i)^n - 1}{i(1+i)^n}$ 称为年金现值因子，规格化符号为 $(P/A,i,n)$。

【例 10-8】 如果年利率为 7%，现在存入银行多少钱，可以在以后 6 年内每年年末取出 1000 元?

解：已知：$i = 7\%$，$n = 6$，$A = 1000$。

求：P。

则：$P = A(P/A,i,n) = 1000 \times (P/A,7\%,6)$。

若从复利因子表中可直接查出 $(P/A,7\%,6) = 4.7663$，代入计算即可。若所用的表中没有 7% 的因子值，可查出临近的 6%、8% 的对应因子值，并可近似认为呈线性变化。则有 $(P/A,6\%,6) = 4.9173$，$(P/A,8\%,6) = 4.6229$，$(P/A,7\%,6) = (4.9173 + 4.6229)/2 = 4.7701$

则：$P = 1000 \times 4.7701 = 4770.1$（元）。

即现在存入银行 4770 元。

(4) 资金回收公式。

若以年利率 i 投入一笔资金 P，计划在今后 n 年内在每年年末回收等额资金的现金流量图如图 10-3b) 所示，资金回收公式如下：

代数式：

$$A = P \times \frac{i(1+i)^n}{(1+i)^n - 1} \qquad (10\text{-}14)$$

规格化公式：

$$A = P(A/P,i,n) \qquad (10\text{-}15)$$

式(10-14)中，$\dfrac{i(1+i)^n}{(1+i)^n - 1}$ 称为"资金回收因子"，它是经济分析中一个很重要的因子，其规格化符号为 $(A/P,i,n)$。

【例 10-9】 某拟建环保工程计划投资 150 万元，投资后的 5 年内回收完这笔资金，若年利率为 6%，求每年的回收额。

解：已知：$P = 150$ 万元，$i = 6\%$，$n = 5$ 年。

求：A。

则：$A = P(A/P,i,n)$

$\quad\ = 150 \times (A/P,6\%,5)$

$\quad\ = 150 \times 0.2374$

$\quad\ = 35.61$（万元）。

即每年回收额为 35.61 万元。

应当注意：年金现值公式和资金回收公式所对应的现金流量图中，现值 P 比等额系列支付中的第一个 A 早一个计息期发生。

3. 复利因子相互间的关系

复利因子相互间的关系见表 10-3。

复利因子间的关系 表 10-3

系 列	因 子 名 称	代 数 式	规格化符号	关 系
一次支付系列	复利终值因子	$(1+i)^n$	$(F/P,i,n)$	互为倒数
	复利现值因子	$\dfrac{1}{(1+i)^n}$	$(P/F,i,n)$	
等额多次支付系列	年金终值因子	$\dfrac{(1+i)^n-1}{i}$	$(F/A,i,n)$	互为倒数
	偿债基金因子	$\dfrac{i}{(1+i)^n-1}$	$(A/F,i,n)$	
	年金现值因子	$\dfrac{(1+i)^n-1}{i(1+i)^n}$	$(P/A,i,n)$	互为倒数
	资金回收因子	$\dfrac{i(1+i)^n}{(1+i)^n-1}$	$(A/P,i,n)$	

复利因子间的一个重要关系是:资金回收因子等于偿债基金因子与利率之和,即:

$$(A/P,i,n) = (A/F,i,n) + i \qquad (10\text{-}16)$$

证明略。

4. 基金利息公式的综合应用

【例 10-10】 某企业用 10 万元购置一台环保设备,以后 4 年每一年约需维修费 2000 元,再后 4 年每年需维修费 3000 元,设备寿命为 9 年,残值为 1 万元,求该投资系统的终值和等额年值,$i=4\%$。

解:该问题是考虑成本的问题。其现金流量图如图 10-4 所示。

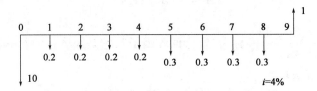

图 10-4　现金流量图

则:$F = [0.2(P/A,4\%,8) + 10](F/P,4\%,9) + (0.3 - 0.2)(F/A,4\%,4)(F/P,4\%,1) - 1$

$\quad = (0.2 \times 6.7327 + 10) \times 1.4233 + 0.1 \times 4.2465 \times 1.04 - 1$

$\quad = 15.5912(万元)。$

有:$A = F(A/F,4\%,9) = 15.5912 \times 0.0945 = 1.4734(万元)。$

在一些经济分析问题中,需要求出收益率 i 或投资回收期 n 等,此时可根据利息公式利用插入方法进行反算。

【例 10-11】 根据例 10-2 绘制出的现金流量图,计算其存款累计至 10000 元需要多少年?

解:参见图 10-1 给出的现金流量图。

$P = 1000 + 500(P/F,10\%,5) + 500(P/A,10\%,n) - 10000(P/F,10\%,n)$

$\quad = 1000 + 500 \times 0.6209 + 500 \times (P/A,10\%,n) - 10000 \times (P/F,10\%,n)$

$\quad = 1310.45 + 500 \times (P/A,10\%,n) - 10000 \times (P/F,10\%,n)。$

令：$n_1 = 9$。

有：$P_1 = 1310.45 + 500 \times 5.7590 - 10000 \times 0.4241$

$\qquad = 4189.95 - 4241$

$\qquad = -51.05$。

令：$n_2 = 10$。

有：$P_2 = 1310.45 + 500 \times 6.1446 - 10000 \times 0.3855$

$\qquad = 1310.45 + 3072.3 - 3855$

$\qquad = 527.75$。

由插入法：$n = n_1 + \dfrac{(n_2 - n_1)(Pw_1 - Pw)}{(Pw_1 - Pw_2)}$

$\qquad = 9 + \dfrac{(10-9) \times (-51.05 - 0)}{(-51.05 - 527.75)}$

$\qquad = 9 + 0.09$

$\qquad = 9.1（年）$。

故需经 9.1 年他的存款可累计至 10000 元。

在很多工程经济问题中，常会遇到某些现金流量每年均有变化，这种情况称为不等额多次支付现金流量，对于不等额多次支付现金流量，视其有无规律性分为一般不等额多次支付系列和等差支付系列。等差支付系列是指现金流量的增加额或减少额都相等的支付系列。对于不等额多次支付系列，也有相应的等值计算公式，此处不做详细介绍。

四、名义利率和实际利率

（一）概念

当利率所标明的计息同期单位与实际所采用的计息单位不一致时，就产生了名义利率和实际利率的概念。一般来说，如果利率为年利率，而实际计息周期小于一年（如季、月等），此时，这种年利率就称为名义利率，也称虚利率、非实效利率。如"年利率为 12%，每月计息一次"，这个 12% 就是名义利率，在实际计息计算中不用这个利率；而实际利率是指计息期的利率，也称为有效利率，如"年利率为 12%，每年计息一次"，这个 12% 就是实际利率。在进行经济分析时，名义利率和实际利率互相没有可比性，应先将名义利率化为实际利率后再进行比较。实际利率比名义利率高，一年中计息的次数越多越频繁，则实际利率比名义利率越高。

（二）名义利率和实际利率的关系

1. 离散式复利

按期（年、季、月）计息的方法称为离散式复利，也称间断式复利。

如果名义利率为 r，一年中计息 m 次，则每年计息的利率为 r/m，年末本利和 F 为：

$$F = P\left(1 + \frac{r}{m}\right)^m$$

一年末的利息为：

$$P\left(1 + \frac{r}{m}\right)^m - P$$

则年实际利率 i 为：

$$i = \frac{P\left(1 + \dfrac{r}{m}\right)^m - P}{P}$$

$$= \left(1 + \frac{r}{m}\right)^m - 1 \tag{10-17}$$

对于式（10-17）：当 $m = 1$ 时，$i = r$；

当 $m > 1$ 时，$i > r$。

【例 10-12】 有两家银行愿向某环保企业提供贷款，其中甲银行的年贷款利率为 12.6%，一年计息一次，乙银行的年贷款利率为 12%，每一月计息一次，复利计息。问该企业应选择哪家银行？

解：统一化成实际利率进行比较选择。

则：甲银行的实际利率为 12.6%，乙银行的实际利率为：

$$\left(1 + \frac{0.12}{12}\right)^{12} - 1 = 12.68\%$$

故应选择甲银行。

2. 连续式复利

按瞬间计息的公式称为连续式复利。在这种情况下，复利可在一年中按无限多次计算，则年实际利率为：

$$i = \lim_{m \to \infty}\left[\left(1 + \frac{r}{m}\right)^m - 1\right]$$

由于：$\left(1 + \dfrac{r}{m}\right)^m = \left[\left(1 + \dfrac{r}{m}\right)^{\frac{m}{r}}\right]^r$。

而：$\lim\limits_{m \to \infty}\left(1 + \dfrac{m}{r}\right)^{\frac{m}{r}} = \mathrm{e}$。

则：$i = \lim\limits_{m \to \infty}\left[\left(1 + \dfrac{r}{m}\right)^{\frac{m}{r}}\right]^r - 1 = \mathrm{e}^r - 1$。 $\tag{10-18}$

终值公式为：$F = P(1 + i)^n = P(1 + \mathrm{e}^r - 1)^n = P\mathrm{e}^{nr}$。 $\tag{10-19}$

【例 10-13】 如果以 1000 元投资，年利率 6%，连续复利计算，问满 5 年将得到多少元？

解：已知：$P = 1000$，$r = 6\%$，$n = 5$。

则：$i = \mathrm{e}^r - 1 = 2.718^{0.06} - 1 = 0.0618$。

则：$F = 1000 \times (1 + 0.0618)^5 = 1000 \times 1.3498 = 1349.8$（元）。

或：$F = P\mathrm{e}^{nr} = 1000 \times 2.718^{5 \times 6\%} = 1349.8$（元）。

从理论上说，连续式复利充分反映了资金的不停运动，每时每刻都在不断增值，但在经济分析中多采用离散式复利。

五、基准收益率

基准收益率（Benchmark Yield）是企业、行业或投资者所确定的、可接受的投资项目最低标准的收益水平，即必须达到的预期收益率。基准收益率表明投资决策者对项目资金时间价值的估价，是评价和判断投资方案在经济上是否可行的依据，是一个重要的经济参数。

在建设项目经济分析中,进行动态和静态分析评价时,则有对应的动态基准收益率和静态基准收益率。一般不做说明时,基准收益率指动态基准收益率,常用 $i_{基}$ 表示;静态基准收益率一般称为投资效果系数 R,是反映建设项目获利能力的静态指标。

基准收益率是投资决策的重要参数。基准收益率的确定既受到客观条件的限制,又有投资者的主观愿望。基准收益率定得太高,可能会使经济效益较好的方案被拒绝;如果定得太低,则可能会接受过多的方案,其中一些方案的经济效益不好。建设项目的效益应考虑综合效益,即在考虑经济效益的同时,也要考虑社会效益和环境效益,如环境建设项目。所以在确定基准收益率时,还应考虑到建设项目的类型、特点等,综合多种因素确定基准收益率。

第三节 项目经济评价基本方法

按照是否考虑资金时间因素划分,项目经济评价方法分为动态评价方法和静态评价方法。在项目经济评价中,根据项目的特点,分析深度和实际需要,可采用动态方法、静态方法,或两者并用。项目经济评价是一项专业性强的工作,应遵循效益与费用计算口径,以及评价方法对应一致的原则。一般评价方法以动态分析为主,静态分析为辅。本节结合动态、静态经济评价指标,介绍了项目经济动态评价方法和静态评价方法。

一、动态评价方法

动态评价方法是考虑了资金的时间因素的经济评价方法。动态评价方法有现值法、年值法、终值法、投资收益率法和投资回收期法等具体评价方法。

(一)现值法

现值法(Present Worth Method,PWM)的基本点是将投资方案整个寿命期的一切现金收入与支出均折算为现值,按现值加以评价。现值法是经济分析中最常用的一种方法。

1.计算公式

现值法计算公式的一般形式为:

$$PW = \sum_{t=0}^{n} F_t (P/F, i, t) = \sum_{t=0}^{n} F_t (1+i)^{-t} \quad (-1 < i < +\infty) \quad (10\text{-}20)$$

为计算方便,一般采用式(10-21),参见图10-5所示的现金流量图。

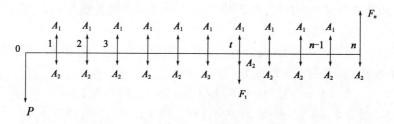

图10-5 现金流量图

$$PW = \pm P_0 \pm \sum_{t=1}^{n} F_t (P/F, i, t) \pm A(P/A, i, n) \quad (10\text{-}21)$$

式中:PW——某项经济活动在整个寿命期的现金流量折为期初的现值;

F_t——第 t 年的现金流量;

t——现金流量发生的年序号;

n——经济分析年限;

i——基准收益率;

P_0——现值;

A——等额年值。

2. 现值相关的概念

(1)成本现值。

用现值法分析问题时,如果不同方案的收入均相同,或只需要考虑支出部分,则在计算中只计算支出部分,不计算收入部分(残值除外),就是只按成本进行对比分析,只按成本计算的现值称为成本现值,对应的评价方法称为成本现值比较法,也称为费用法。

(2)净现值。

如果所分析问题的支出部分和收入部分均需计算,那么该投资系统的全部现金流量均需折算为现值,其代数和称为净现值,即 NPV(Net Present Value)。用净现值作为经济评价的判据,这种方法称为净现值法。

(3)净现值指数。

如果两个以上方案比较,其投资和收益不同,可用净现值 NPV 作为判据来评价,也可进一步用净现值指数 NPVR 来分析单位投资的净现值。一般来说,NPVR 大的方案,其经济效益更好。净现值指数 NPVR 由式(10-22)计算:

$$\text{NPVR} = \text{NPV}/\text{PI} \tag{10-22}$$

式中:NPV——考察期内的净现值;

PI——总投资的现值。

3. 方案评价

(1)单方案评价。

对单一方案用现值法来判断它是否可行,其评价法则为:如果收入记为正,支出记为负,则按基准收益率可算出投资方案在寿命期内现金流量的总现值 PW,如果 PW≥0,则该方案可行,如果 PW<0,则方案不可行。

【例 10-14】 某企业计划用 33.5 万元购置一台环保设备,其寿命为 6 年,每年的收益为 12 万元,每年的维护费为 2.5 万元,残值为 3 万元,如果基准收益率为 15%,该方案是否可行;若基准收益率为 20%,又如何?

解:该问题的现金流量如图 10-6a)所示,在现金流量的数量上,图 10-6a)等效为图 10-6b)。

则该方案的现金流量折算成现值为:

$$\text{PW} = -33.5 + 9.5(P/A,i,5) + 12.5(P/F,i,6)$$

当 $i_{基} = 15\%$ 时, $\text{PW} = -33.5 + 9.5(P/A,15\%,5) + 12.5(P/F,15\%,6)$

$$= -33.5 + 9.5 \times 3.3522 + 12.5 \times 0.4323$$

$$= -33.5 + 31.8459 + 5.4308$$

$$= 3.7497(万元) > 0。$$

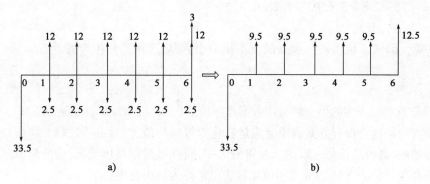

图 10-6　现金流量图

在此条件下,可购置这台环保设备,在抵消完总成本费后,还有 3.7497 万元的收入。

当 $i_基 = 20\%$ 时:$PW = -33.5 + 9.5(P/A, 20\%, 5) + 12.5(P/F, 20\%, 6)$

$$= -33.5 + 9.5 \times 2.996 + 12.5 \times 0.3349 = -0.852(万元) < 0。$$

则说明该方案不可行,即收入不能抵消完总成本费用。

(2)多方案比较。

一个投资方案的现值是否大于 0,决定了该方案是否可行。在比较多方案优劣时,其评价法为:如果各方案的收入皆相同,则在计算分析时可省略收入,只计算支出,在这种情况下,现值小的方案为优;如果需同时计算收入和支出(收入大于支出),在这种情况下,现值大者为优。

【例 10-15】 某环保企业准备购买一种设备,已知甲、乙两个厂家都生产性能相同的这种设备,如基准收益率定为 12%,该企业应选哪个厂家的产品?有关数据见表 10-4。

投资方案对比表　　　　　　　　　　　　　　　　表 10-4

项　　目	甲 厂 机 械	乙 厂 机 械
初始投资	9.5 万	12.6 万
年维修费	3.4 万	2.8 万
残值	0.7 万	1.2 万
寿命	10 年	10 年

解:该问题的现金流量图如图 10-7 所示。两个厂的设备性能和寿命相同,可近似认为它们的收益相同,则只比较其成本。

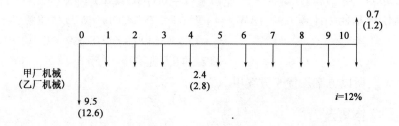

图 10-7　现金流量图

则:$PW_甲 = 9.5 + 3.4(P/A, 12\%, 10) - 0.7(P/F, 12\%, 10)$

$$= 9.5 + 3.4 \times 5.6502 - 0.7 \times 0.322 = 28.49(万元)。$$

$$PW_Z = 12.6 + 2.8 \times 5.6502 - 1.2 \times 0.322$$
$$= 28.03(万元)。$$

因为 $PW_Z < PW_甲$,说明乙厂设备的成本现值小,则应选用乙厂生产的设备。

(二)年值法

比较投资方案经济性的另一种常用方案是年值法(Annual Worth Method, AWM)。年值法是在投资系统寿命期内将投资方案的现金流量转化为等额年值,然后进行比较。年值法和现值法实质上是等效的,评价结论是一致的。在年值法中,同样可根据具体情况,将分析方法分为成本年值比较法和净年值法 NAV。成本年值比较法也常称为最小费用法。

年值法的计算公式一般有三种形式,在分析中根据不同需要进行选用。

(1)等额年值残值偿债基金法,其计算公式为:

$$AW = -P(A/P, i, n) + F(A/F, i, n) + A \tag{10-23}$$

(2)等额年值残值现值法,其计算公式为:

$$AW = [-P + F(P/F, i, n)](A/P, i, n) + A \tag{10-24}$$

(3)等额年值资本回收与利息法,其计算公式为:

$$AW = (-P + F)(A/P, i, n) - Fi + A \tag{10-25}$$

【例 10-16】 某环保工程可采用的投资方案有两种(表 10-5),预期利率为 8%,比较两种方案的优劣。

甲、乙两方案投资对比表(单位:万元)   表 10-5

项 目	方 案 甲	方 案 乙
一次投入	50	75
年经营费	14	31
残值	4	6
寿命	7	10
年收入	35	54

解:现金流量图如图 10-8 所示。

采用残值现值法计算 $AW_甲$:$AW_甲 = [-50 + 4(P/F, 8\%, 7)](A/P, 8\%, 7) + 35 - 14 = (-50 + 4 \times 0.5835) \times 0.1921 + 21 = -9.1566 + 21 = 11.84(万元)。$

采用残值偿债基金法计算 AW_Z:$AW_Z = -75(A/P, 8\%, 10) + 6(A/F, 8\%, 10) + 54 - 31$
$$= -75 \times 0.1490 + 6 \times 0.069 + 23 = -10.761 + 23$$
$$= 12.24(万元)。$$

$AW_Z > AW_甲$,所以方案乙优于方案甲。

(三)投资收益率法

评价投资方案的另一种主要方法是投资收益率,投资收益率法包括内部收益率法 IRR (Internal Rate of Return)和外部收益率法 ERR(External Rate of Return),而内部收益率法应用广泛。

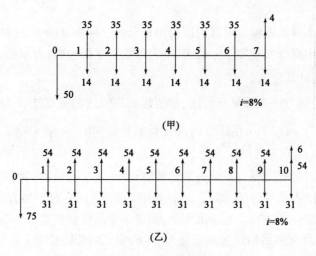

(甲)

(乙)

图 10-8 现金流量图

1. 内部收益率定义和计算

内部收益率是指建设项目在建设和生产服务年限内,所有现金流量的累计和(净现金流量)等于 0 时的收益率,常用 $i_内$ 表示。根据内部收益率的概念,$i_内$ 必须满足下列公式:

$$PW_{(i内)} = \sum_{t=0}^{n} F_t \left(1 + i_内\right)^{-t} = 0 \quad \left(-1 < i_内 < +\infty\right) \qquad (10\text{-}26)$$

由于现值法、年值法和终值法等效,所以内部收益率也必须满足:

$$Aw_{(i内)} = 0 , Fw_{(i内)} = 0$$

在实际计算时,采用式(10-27)计算内部收益率:

$$PW_{(i内)} = \pm P_0 \pm \sum_{t=1}^{n} F_t(P/F, i_内, t) \pm A(P/A, i_内, n) = 0 \qquad (10\text{-}27)$$

2. 内部收益率的经济含义

假定一家企业用 100 万元购置一套环保设备,寿命为 5 年,各年的现金流量如图 10-9a)所示,已求得内部收益率 $i_内 = 10\%$。表明所占用的资金在 10% 的利率情况下,在其寿命终了时可以使占用资金刚好全部恢复,恢复过程如图 10-9b)所示,$(F/P, 10\%, 1) = 1.10$。

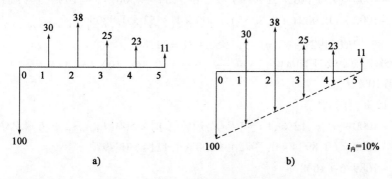

图 10-9 资金恢复过程

如果在第 5 年年末的现金流量不是 11,而是 15,那么按 10% 的利率,到期末,除恢复占用资金外,还有 4 万元的富裕,为了使所占用的资金到期末刚好恢复,则其内部收益率还要高于 10%。

因此,内部收益率可以理解为项目对所占用资金的一种恢复能力,这种能力使得在项目的寿命期内,刚好将占用资金恢复完。一般来说,内部收益率值越高,方案的经济性越好。

3. 内部收益率的计算方法

内部收益率的计算方法实质是现值法、年值法和终值法的反算法,i 为待求值。直接采用公式 $PW_{(i内)} = \sum_{t=0}^{n} F_t (1 + i_内)^{-t} = 0$ 计算内部收益率是烦琐的,一般采用试算法结合插入法来求内部收益率。

内部收益率法的评价法则是:对单方案的最终评价,若求得的内部收益率应大于等于基准收益率,则项目在经济上是可行的,即 $i_内 \geq i_基$,否则是不可行的;对于多方案进行比较评价时,一般不能直接用比较各方案的 $i_内$ 大小来评价,而要用增额投资收益率作为评价判据。

【例 10-17】 某环保项目的现金流量见表 10-6,求其内部收益率。

现 金 流 量 表 表 10-6

年　末	1	2	3	4	5	6	7	8
现金流量 (万元)	−1000	−1000	500	500	500	500	500	500

解:现金流量图如图 10-10 所示。

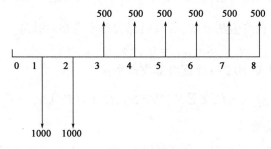

图 10-10　现金流量图

设 $i_1 = 10\%$,则净现值为:

$PW_{(i1)} = -1000 [(P/F, 10\%, 1) + (P/F, 10\%, 2)] + 500 (P/A, 10\%, 6) (P/F, 10\%, 2)$

$= -1000 \times (0.9091 + 0.8265) + 500 \times 4.3553 \times 0.8265$

$= -1735.6 + 1799.83$

$= 64.23 (万元) > 0。$

说明 $i_内$ 比 10% 大。

再设 $i_2 = 12\%$,有:

$PW_{(i2)} = -1000 [(P/F, 12\%, 1) + (P/F, 12\%, 2)] + 500 (P/A, 12\%, 6) (P/F, 12\%, 2)$

$= -1000 \times (0.8924 + 0.7972) + 500 \times 4.1114 \times 0.7972$

$= -1689.6 + 1638.8$

$= -50.8 (万元) < 0。$

说明 $i_内$ 比 12% 小。

可见 $i_内$ 在 10% ~ 12% 之间,由插入公式:

$$i_{内} = i_1 + \frac{|(i_2 - i_1)\mathrm{PW}(i_1)|}{|\mathrm{PW}(i_1)| + |\mathrm{PW}(i_2)|} \qquad (10\text{-}28)$$

有：$i_{内} = 10\% + \dfrac{|(12\% - 10\%) \times 64.23|}{64.23 + 50.8} = 10\% + 1.12\% = 11.12\%$。

一般试算用的两个相邻的高低利率之差，以不超过 2% 为宜，最大不超过 5%，这样可以保证精度，减少误差。

计算出方案的 $i_{内}$ 与相应的 $i_{基}$ 比较，做出评价结论。

4. 增额投资收益率法

前面讲过，对多方案比较不能直接采用内部收益率法，须用增额投资收益率作为判据。所谓增额投资收益率，是指两两互斥方案现金流量差额的内部收益率。下面通过例题计算分析多方案的选择评价。增额投资收益率法评价法则为若 $i_{增} > i_{基}$，投资大的方案为优；反之，则投资小的方案为优。

【例 10-18】 某企业计划投资一个城市污水处理厂，现拟订三个方案 A_1，A_2，A_3，有关数据见表 10-7，利用投资收益率法进行方案选择，基准收益率为 15%。

方案投资对比表

表 10-7

年　末	方　案			
	A_0	A_1	A_2	A_3
0	0	−5000	−8000	−10000
1 ~ 10	0	1400	1900	2500

解：对于互斥多方案，应用投资收益率法进行选择时应用增额投资收益率法。

首先，把方案按照初始投资的大小由小到大排序，在例 10-18 中，A_0 为不投资的零方案，所谓不投资，是指把资金投放到其他机会上而不投到所分析的方案上。假设一个零方案是为了方案比较有一个基准。当然不设零方案也可以，可以直接进行方案比较。

其次，按投资小大顺序依次进行两两方案比较，投资大的方案与投资小的方案比较。如在本例中，先是 A_1 与 A_0 相比，使增额投资（$A_1 - A_0$）的净现值（或年值、终值）等于零，求其现金流量差额的内部收益率 $i_{增(A1-A0)}$，注意是投资大的方案现金流量减去投资小的方案现金流量。

则：$(-5000 - 0) + (1400 - 0)(P/A, i, 10) = 0$。

有：$i_{增(A1-A0)} = 25\%$。

增额投资收益率法评价法则为若 $i_{增} > i_{基}$，投资大的方案为优；反之，则投资小的方案为优。

由于 $i_{(A1-A0)} > i_{基}$，则 A_1 方案优于 A_0 方案，A_1 可作为临时最优方案，淘汰 A_0 方案，再进行方案 A_2 与 A_1 的比较：

有：$-8000 - (-5000) + (1900 - 1400)(P/A, i, 10) = 0$。

得：$i_{(A2-A1)} = 10.5\%$。

因：$i_{(A2-A1)} < i_{基}$。

则：A_1 方案优于 A_2 方案，淘汰 A_2 方案。

然后进行方案 A_3 与 A_1 的比较：

有：$-8000 - (-5000) + (2500 - 1400)(P/A, j, 10) = 0$。

得:$i_{(A3-A1)} = 17.6\% > 15\%(i_{基})$。

则:A_3为最优方案,淘汰 A_1 方案。

如果后面还有其他比较方案,如此进行下去。

(四)投资回收期法

投资回收期(Payback Period,PP)也称返本期,即通常所说的某项投资可在某年内收回。回收期是指用投资方案所产生的净现金收入补偿原投资所需要的时间,投资回收期是反映一个建设项目对所占用资金清偿能力的重要指标。

1.计算公式

投资回收期可用 m 表示,其计算公式为:

$$PW(m) = \sum_{t=0}^{m} F_t (1+i)^{-t} = 0 \tag{10-29}$$

式中:i——预定利率(如基准收益率等);

F_t——第 t 年的现金流量。

在实际计算时采用:

$$PW(m) = \pm P_0 + \sum_{t=1}^{m} F_t (P/F,i,t) \pm A(P/A,i,m) = 0 \tag{10-30}$$

投资回收期法的评价法则对于单方案:$m \leq m_{标}$(标准投资回收期)时,方案可行;对于多方案,原则上应采用增额投资回收期来评价,如有 A、B 两个方案:A(投资大),B(投资小);则当 $m_{增(A-B)} \leq m_{标}$ 时,投资大的 A 方案为优,否则投资小的方案为优。

2.评价方法

【例10-19】 如图 10-11 所示某投资系统,其投资回收期为多少?

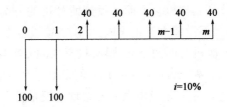

图 10-11 现金流量图

解:用现值法计算该问题的投资回收期 m。

有:$PW(m) = -100 - 100 \times 0.9091 + 40 \times (P/A,10\%,m)$

$\qquad = -190.91 + 40 \times (P/A,10\%,m) = 0$。

则:$(P/A,10\%,m) = 4.7728$。

当 $m = 6$ 时,$(P/A,10\%,6) = 4.3553$。

当 $m = 7$ 时,$(P/A,10\%,7) = 4.8684$。

有:$m = 6 + \dfrac{(7-6) \times (4.7728 - 4.3553)}{4.8684 - 4.3553} = 6 + 0.814 = 6.814(年) \approx 6$ 年 10 个月。

所以如果 $m_{标}$ 大于 6 年 10 个月,则该方案可行。

【例10-20】 有两种投资方案:甲方案的总投资为 1000 万元,估计每年净收益为 230 万元;乙方案的总投资额为 1400 万元,每年净收益为 300 万元;试计算两个方案的投资回收期,并选择最优方案。设定利率为 6%，标准投资回收期为 8 年。

解：按现值法计算回收期。

甲方案：$0 = -1000 + 230(P/A, 6\%, m_甲)$。

则：$(P/A, 6\%, m_甲) = \dfrac{1000}{230} = 4.35$。

求得：$m_甲 = 5.2$（年）。

乙方案：$0 = -1400 + 300(P/A, 6\%, m_乙)$。

则：$(P/A, 6\%, m_乙) = \dfrac{1400}{300} = 4.67$。

求得：$m_乙 = 5.6$（年）。

两个方案的投资方案回收期均小于标准投资回收期（8 年），说明两个方案均可行，但选择最优方案不能根据各方案本身的回收期的长短来确定，而要应用增额投资回收期来选择。即求出投资大的乙方案对甲方案的增额投资回收期，然后进行评价。

则：$0 = -(1400 - 1000) + (300 - 230)(P/A, 6\%, m)$。

即：$(P/A, 6\%, m) = 400/70 = 5.70$。

求得：$m_{乙-甲} = 7.2$（年）。

因为 $m_{乙-甲} < m_标$（8 年），所以投资大的方案为优。

二、静态评价方法

静态评价方法不考虑资金的时间价值，即 $i = 0$。静态方法简便易行，能较快得出评价结论。多用于小型工程项目评价，或用于初步筛选方案，但它不能反映项目寿命期间的全面情况，精确度不高。静态评价方法的主要指标有以下几种。

（一）投资效果系数

投资效果系数（R）又称为静态投资收益率，它是指项目达到设计规模正常生产年份的年净现值与投资之比。即：

$$R = \frac{N}{I} = \frac{S - C - T}{I} \tag{10-31}$$

式中：N——净现值；

　　I——项目总投资额；

　　S——年销售收入；

　　C——年经营成本；

　　T——年税金。

投资效果系数是反映建设项目获利能力的静态指标，表示为单位投资的净效益。其评价法则为：若投资效果系数≥标准投资效果系数（静态投资基准收益率），项目在经济上可行，反之不可行。

【例 10-21】 某拟建环保项目的总投资额为 800 万元，计划设计规模正常生产年份的年销售为 300 万元，年经营成本为 130 万元，年交纳税金为 30 万元，计算该项目的投资效果系数。

解：已知：$I = 800$ 万元，$S = 300$ 万元，$C = 130$ 万元，$T = 30$ 万元。

则：$R = \dfrac{S - C - T}{I} = \dfrac{300 - 130 - 30}{800} = 17.5（\%）$。

如果静态投资基准小于 17.5%，则该项目可行；如大于 17.5%，则该项目不可行。

（二）投资回收期

投资回收期是项目以其净收益抵偿总投资所需的时间，它是反映项目偿还能力的指标。静态投资回收期有"包括建设期的投资回收期（PP）"和"不包括建设期的投资回收期（PP′）"，在具体项目的经济评价中，应结合具体要求进行确定。

静态投资回收期（PP）与投资效果系数互为倒数关系，其计算公式为：

$$PP = \frac{I}{N} = \frac{1}{R} \tag{10-32}$$

如例 10-21 的投资回收期为：$PP = \dfrac{800}{140} = 5.7（年）$。

静态投资回收期的评价法则为：投资回收期小于等于标准投资回收期，即 $PP \leqslant PP_{标}$，项目在经济上可行，反之不可行。

当年净收益不等时，常用累计净现金流量来计算投资回收期，即求出当满足式（10-32）或式（10-33）时的 PP。

$$\sum_{t=1}^{P} N_t - I = \sum_{t=1}^{P} (S_t - C_t - T_t) - I = 0 \tag{10-33}$$

式中：S_t、C_t、T_t——分别为第 t 年的销售收入、经营成本和税金；

N_t——第 t 年净收益。

【**例 10-22**】 某环保项目投资方案见表 10-8，求其投资回收期。

投 资 方 案 表   表 10-8

年 末		投 资 额	年 收 益	年末累计净现值
建设期	1	−550	—	−550
	2	−700	—	−1250
	3	−350	—	−1600
生产期	4	—	350	−1250
	5	—	370	−880
	6	—	390	−490
	7	—	420	−70
	8	—	450	+380

解：该项目的年末累计净现值从第 8 年变为正值，则：

$$\sum_{t=1}^{7} N_t = 0 + 0 + 0 + 350 + 370 + 390 + 420 = 1530 < I = 1600$$

$$\sum_{t=1}^{8} N_t = 0 + 0 + 0 + 350 + 370 + 390 + 420 + 450 = 1980 > I = 1600$$

用插入法：

$$投资回收期 = \frac{累计净现金流量}{开始出现正值年份} - 1 + \frac{上年累计净现金流量的绝对值}{累计净现金正值年份的净收益} \tag{10-34}$$

解得：$PP = 8 - 1 + \dfrac{70}{450} = 7.16(\text{年}) = 7$ 年 2 个月。

评价一个项目时，投资回收期越短，经济效益越高。衡量投资回收期的长短，不同项目有所区别，一般可参考本行业历史资料及有关情况制定本行业的标准投资回收期，生产性项目投资回收期较短，基础设施项目投资回收期则较长。

投资回收期的优点在于简单、易理解。但它只计算了项目的偿还期限，没有考虑在此以后项目的经济效益，所以用它来作为评价项目的判据是不全面的，有时可能做出不正确的选择，需与其他评价指标结合使用。

(三)追加投资效果系数

对于两个以上方案进行经济效果比较时，不能简单用各自方案的投资效果系数的大小来评价，而要用追加投资效果系数(静态增额投资收益率)来评价。对两个方案进行分析比较时，应根据不同情况进行分析。

(1)两个方案的投资和年成本相同，但收益不同(假设质量相同)，这种情况很容易判别出方案的优劣。

(2)如果两方案的产量和质量都相同，这时只需比较成本，成本小者为优。再具体一点儿说，在成本中，两方案投资相同，但年成本不等，或年成本相同，但投资不同，这种情况选择方案也不会有什么困难。

(3)两方案的产量和质量相同，方案 1 比方案 2 的投资多，而方案 1 的年成本比方案 2 小，这是一般性的情况。对于这种情况，需要计算其追加投资效果系数 $R_{追}$，如式(10-35)所示：

$$R_{追} = \frac{\Delta C}{\Delta K} = \frac{C_2 - C_1}{K_1 - K_2} \tag{10-35}$$

式中：ΔK、ΔC——分别表示追加投资和追加投资利润(节省的成本)；

$\quad K_1$、K_2——对比方案的投资额，$K_1 > K_2$；

$\quad C_1$、C_2——对比方案的年成本，$C_1 < C_2$。

追加投资效果系数是指一个方案比另一个方案所减少的投资，抵偿所增加的年成本的指标值。其评价法则为：若 $R_{追} > i_{基}$，则投资方案大的为优；否则投资小的方案为优。

【例 10-23】 某拟建环保项目有三个投资方案，见表 10-9，设基本收益率为 22%，用静态方法比较优劣。

投资方案对比表

表 10-9

现金流量	方案 A	方案 B	方案 C
投资	200	240	300
年成本	40	30	20
年收入	100	100	100

解：分析比较时，首先按方案投资由小到大排序，然后用投资大的方案与投资小的方案相比。

有：$R_{(B-A)} = \dfrac{40 - 30}{240 - 200} = \dfrac{10}{40} > 25\% > 22\%$（B 方案优于 A 方案）。

$$R_{(C-B)} = \frac{30-20}{300-240} = \frac{10}{60} = 16.7\% < 22\%（B 方案优于 C 方案）。$$

故方案 B 为优。

又：$R_{(C-A)} = \frac{40-20}{300-200} = \frac{20}{100} = 20\% < 22\%（A 方案优于 C 方案）。$

则：B 方案为最优方案，A 方案排第二，C 方案为最后，即 B 优于 A 优于 C。

而各方案自身的投资效果系数为：

$$R_A = \frac{100-40}{200} = 30\% , R_B = \frac{100-30}{240} = 29\% , R_C = \frac{100-20}{300} = 26.7\%$$

各方案的 R 均大于 22%，说明三个方案均可行，但排序不同，为 A－B－C，所以说多方案评价不能用各方案自身的 R 进行排序评价。

（4）若对比方案产量不同时，可采用单位投资和单位成本进行计算，其追加投资效果系数为：

$$R_{追} = \frac{\dfrac{C_2}{Q_2} - \dfrac{C_1}{Q_1}}{\dfrac{K_1}{Q_1} - \dfrac{K_2}{Q_2}} \qquad (10\text{-}36)$$

式中：Q_1、Q_2——对比方案的产量。

如在例 10-23 中，若 B 方案的年产量为 100，C 方案的年产量为 110，则有：

$$R_{(C-B)} = \frac{\dfrac{30}{100} - \dfrac{20}{110}}{\dfrac{300}{110} - \dfrac{240}{100}} = \frac{13}{36} = 36\% > 22\%$$

则此时 C 方案为优。

（四）追加投资回收期

追加投资回收期（静态增额投资回收期）是指投资较大的方案用其每年经营成本的节约额来补偿其投资增额部分所需要的时间。追加投资回收期 $P_{追}$ 与追加投资效果系数互为倒数，计算公式为：

$$P_{追} = \frac{\Delta K}{\Delta C} = \frac{K_1 - K_2}{C_2 - C_1} = \frac{1}{R_{追}} \qquad (10\text{-}37)$$

追加投资回收期的评价法则为：当 $P_{追} < P_{标}$ 时，应选择投资较大的方案；反之，则选择投资较小的方案。

如在例 10-23 中：$P_{(B-A)} = \frac{240-200}{40-30} = \frac{40}{10} = 4（年）。$

如果 $P_{标} = 3.5$ 年，则 B 方案优于 A 方案。

第四节 项目经济评价的不确定性分析

项目经济评价所采用的数据多数来自预测和估算,由于缺乏足够的信息资料和完善的科学方法,所以对有关因素和未来情况无法做出精确的预测。同时项目实施后的实际情况难免与预测情况有所差异,这种差异使得项目经济评价不可避免地带有不确定性。不确定性有时可能给项目带来风险,所以要对项目进行经济评价的不确定性分析。不确定性分析包括盈亏平衡分析、敏感性分析和风险分析。一般做法是先进行盈亏平衡分析,再实施敏感性分析,必要时进行风险分析。

一、盈亏平衡分析

盈亏平衡分析 BEA(Break Even Analysis)是对产品的成本、业务量(产量、销售量、工作量等)和利润间的关系进行分析。在项目经济评价中,盈亏平衡分析是在一定的市场、生产能力条件下,研究项目成本与收益的平衡关系的方法,这种分析方法广泛应用于决策分析中。

由于产品的成本相当一部分是固定成本,如果产品批量小,则单位产品摊到的固定成本就高,从而成本就高;如果单位产品的销售价有一定的限度,当单位产品的销售价一定时,产品批量小到一定程度以下时,单位成本将高于产品销售价,从而生产是亏本的,只有产品批量大到一定程度以上时,单位成本将低于产品销售价,生产才是盈利的。

盈利与亏本分界的产品批量叫盈亏平衡点 BEP(Break Even Point),找出盈亏平衡点的过程称为盈亏平衡分析。

盈亏平衡点的表达值有多种,可用绝对值表示,也可用相对值表示。盈亏平衡点的绝对值有实物产量、单位产品售价、单位产品可变成本,以及年总固定成本等。盈亏平衡点的相对值有生产能力利用率等,其中以产量和生产能力利用率表示盈亏平衡点的值的应用更为广泛。

根据生产成本及销售收入等与产量(销售量)之间是否呈线性关系,盈亏平衡分析可进一步分为线性盈亏平衡分析和非线性盈亏平衡分析。这里主要介绍线性盈亏平衡分析的方法。

(一)线性盈亏平衡分析

进行盈亏平衡分析,需将生产成本分为固定成本和可变成本。在特定的条件下,企业产品的成本函数是线性的。

1. 基本方程

线性盈亏平衡分析有以下三个基本方程:

(1)成本费用方程。

$$C_T = C_F + C_V = C_F + C_n \times N \tag{10-38}$$

(2)销售费用方程。

$$S' = P \times N (1 - t') \quad (考虑税金) \tag{10-39}$$

$$S = P \times N \quad (不考虑税金) \tag{10-40}$$

(3)利润费用方程。

利润为销售收入与成本之差:

$$E = S' - C_T$$

$$= P \times N \times (1 - t') - C_F - C_n \times N$$

$$= [P(1 - t') - C_n] \times N - C_F \tag{10-41}$$

或
$$E = (P - t - C_n) \times N - C_F$$

式中：C_T——年总成本；

C_F——年总固定成本；

C_V——年总可变成本；

C_n——单位产品可变成本；

N——年总产量(销售量)，产品不滞销时，产量与销售量近似相等；

S——销售收入；

S'——扣除销售税金后的销售收入；

t'——销售税率；

t——单位产品的销售税金，$t = P \times t'$；

P——产品的销售单价。

由式(10-41)可知，影响利润的因素有 5 个，即固定成本 C_F，可变成本 C_n，单位产品售价 P、产量(销售量)N 和销售税率 t'。

2. 盈亏平衡点的确定

当盈亏平衡时，收入应与支出相等，即税后销售收入 S' 等于总成本 C_T，由式(10-38)和式(10-39)可得 $C_T = S'$，即：

$$C_F + C_n \times N' = P \times N'(1 - t')$$

则产量的盈亏平衡点 BEP(产量)为：

$$N' = \frac{C_F}{P(1 - t') - C_n}$$

$$= \frac{C_F}{P - C_n - t} \tag{10-42}$$

式中：N'——盈亏平衡产量(最低经济产量)；

t——单位产品的销售税金，$t = P \times t'$。

盈亏平衡时，利润为 0，则也可由式(10-41)，令 $E = 0$，求 BEP。

式(10-42)表示的是绝对值产量的 BEP，把式(10-42)两边除以设计产量(额定产量)N，则得到以生产量能力利用率表示的相对值的 BEP。

BEP(生产能力利用率)：

$$\frac{N'}{N} = \frac{C_F}{N(P - C_n - t)}$$

$$= \frac{C_F}{S - C_V - T} \tag{10-43}$$

式中：T——年销售税金，$T = N \times t$；

N——设计产量(额定产量)。

公式变换中：

$$S = P \times N$$

$$C_V = C_n \times N$$

盈亏平衡点还可用其他形式表示。

BEP(单位产品销价)：

$$P' = \frac{C_F}{N} + C_n + t \tag{10-44}$$

BEP(单位产品可变成本)：

$$C_n' = P - t - \frac{C_F}{N} \tag{10-45}$$

BEP(总固定成本)：

$$C_F' = N(P - C_n - t) \tag{10-46}$$

相应的盈亏平衡点相对值有：

$$\frac{P'}{P} = \frac{1}{P}\left(\frac{C_F}{N} + C_n + t\right) \tag{10-47}$$

$$\frac{C_n'}{C_n} = \frac{1}{C_n}\left(P - t - \frac{C_F}{N}\right) \tag{10-48}$$

$$\frac{C_F'}{C_F} = \frac{N(P - C_n - t)}{C_F} \tag{10-49}$$

如果用1减去盈亏平衡点的相对值,便可得到各预测值的允许降低率和允许增加率。

3. 盈亏平衡图

盈亏平衡分析也可以用盈亏平衡图进行分析。现以产量的 BEP 为例介绍盈亏平衡图的做法。

以横坐标表示年产量,纵坐标表示总成本或总销售费(税后),将成本费用方程和销售费用方程在坐标中作图,图中共有三条线,如图 10-12 所示。

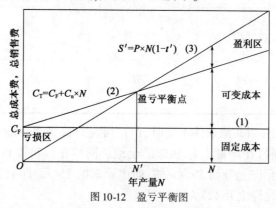

图 10-12 盈亏平衡图

(1)固定成本线:它表示总成本中的固定成本费用部分,为一条在纵轴面上截距为 C_F 的水平线。

（2）总成本线：它表示在不同产量时的总成本，是一条纵轴上截距为 C_F、斜率为 C_n 的斜线。

（3）总销售线：它表示在不同产量时的总销售收入，是一条通过原点，斜率为 P 的直线。

总成本线与总销售线的交点即盈亏平衡点（BEP），与盈亏相对应的产量即盈亏平衡产量 N'，在此产量以下为亏损区，在此产量以上为盈利区，总销售线与总成本线之垂直距离即为在不同产量时企业的损益值。

从图 10-12 中可以看出，盈亏平衡点越低，则盈利区越大，项目盈利的机会越大，亏损的风险就越小。

【例 10-24】 某企业生产某种环保产品，设计年产量为 10000 件，每件产品的销售价格为 60 元，每件产品交付的税金为 10 元，单位可变成本为 25 元，年总固定成本为 11 万元。试求盈亏平衡点的量值和允许降低（增加）率。如果该企业每年期望获利不少于 10000 元，则产量应不低于多少？

解： 已知：$N = 10000$ 件，$P = 60$ 元/件，$t = 10$ 元/件，$C_n = 25$ 元，$C_F = 110000$ 元。

则：$N' = \dfrac{C_F}{P - C_n - t} = \dfrac{110000}{60 - 25 - 10} = 4400$（件）；

$P' = \dfrac{C_F}{N} + C_n + t = \dfrac{110000}{1000} + 25 + 10 = 46$（元/件）；

$C_n' = P - t - \dfrac{C_F}{N} = 60 - 10 - \dfrac{110000}{10000} = 39$（元/件）；

$C_F' = N(P - C_n - t) = 10000 \times (60 - 25 - 10) = 25$（万元）。

将计算所得的各种方式表示的盈亏平衡点的量和允许降低（增加）率列于表 10-10 中。

盈亏平衡点的量和允许降低（增加）率　　　　　　　　　　　表 10-10

项　　目	产　　量	售　　价	单位可变费用	年固定费用
BEP （以绝对值表示）	4400 件	46 元/件	39 元/件	25 万元
BEP （以相对值表示）	$\dfrac{N'}{N} = 44\%$	$\dfrac{P'}{P} = 77\%$	$\dfrac{C'}{C_n} = 156\%$	$\dfrac{C_F'}{C_F} = 227\%$
允许降低（升高）率（%）	$1 - 44\%$ 56% 降	$1 - 77\%$ 23% 降	$1 - 156\%$ -56% 升	$1 - 227\%$ -127% 升

由表 10-10 可以看出，当其他条件不变时，产量可允许降低到 4400 件，低于这个产量，项目就会发生亏损，即此项目在产量上有 56% 的余地。同样在售价上也可降低 23% 而不致亏损。单位产品可变费用允许上升到 39 元/件，即比原来的 25 元/件上升 56%；年度总费用最高允许到 25 万元，即可允许上升 127%。

由式（10-41）利润费用方程：

$$E = [P(1 - t') - C_n]N - C_F$$
$$E = (P - t - C_n)N - C_F$$

则根据题目所给条件,可得利润为:

$$E = (60 - 10 - 25) \times 10000 - 110000 = 140000 \text{(元)}$$

如果企业每年期望获利不少于 $E = 10000$ 元,则相应产量不低于:

$$N = \frac{E + C_F}{P - t - C_n}$$

$$= \frac{100000 + 110000}{60 - 10 - 25}$$

$$= 8400 \text{(件)}$$

(二)方案比较中的盈亏平衡分析

在两项或两项以上的互斥方案比较中,如果甲方案的固定成本大于乙方案;而乙方案的可变成本又大于甲方案,即($C_{F甲} > C_{FZ}$,$C_{V甲} < C_{VZ}$),这时可先求出这两个方案的盈亏平衡点,再根据盈亏平衡点决定方案的取舍。

如果方案的成本或收益为某一变量的函数时,最合理的办法是将成本或收益写成函数式,对两项方案进行损益平衡分析,最后再做出取舍决策。

【例 10-25】 某企业欲购置一台环保设备,有两种型号可供选择,见表 10-11,设定利率为 10%,试做出决策。

甲、乙两方案费用对比表　　　　　　　　　　　　　　表 10-11

方　　案	甲:自动化机械	乙:非自动化机械
购置费	2300 元	8000 元
经营费	12 元/h	24 元/h
维修费	3500 元/件	1500 元/年
残值	4000 元	0
产量	8t/h	6t/h
寿命	10 年	5 年

解:关键是求出盈亏平衡点产量,用年值法计算。

(1)设该企业每年生产产品 x 吨,则:

自动化机械每年生产 x 吨产品,共需经营费为:

$$12 \times \frac{1}{8}x = \frac{3}{2}x \qquad \text{(元)}$$

式中:$\frac{1}{8}x$——生产 x 吨产品所需小时数。

非自动化机械每年生产 x 吨产品所需经营费为:

$$24 \times \frac{1}{6}x = 4x \qquad \text{(元)}$$

(2)求两个方案的年值成本。

甲方案:$AW_甲 = 2300(A/P,10\%,10) - 4000(A/F,10\%,10) + 3500 + \dfrac{3}{2}x$

$\qquad\qquad = 6992 + 1.5x$。

乙方案:$AW_乙 = 8000(A/P,10\%,5) + 1500 + 4x$

$\qquad\qquad = 3610 + 4x$。

(3)令 $AW_甲 = AW_乙$,求 x,即年值成本相等处的盈亏平衡点产量。

则:$6992 + 1.5x = 3610 + 4x$。

有:$x = 1353t/$年。

所以,如果工厂的产量小于1353t,应该购置非自动化机械;大于1353t,应该购置自动化机械。

盈亏平衡图如图10-13所示,图中(1)非自动化乙方案总成本线;(2)自动化甲方案总成本线;(3)自动化甲方案固定成本线;(4)非自动化乙方案固定成本线。

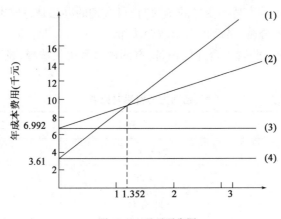

图10-13 盈亏平衡图

二、敏感性分析

敏感性分析(Sensitivity Analysis)也称灵敏度分析,是研究建设项目主要因素发生变化时,项目经济效益发生的相应变化,并判断这些因素变化对项目经济指标的影响程度。敏感性分析是投资项目经济评估中常用的分析不确定性的方法之一。敏感性分析用于财务评价时,称为财务敏感性分析;敏感性分析用于经济评价时,称为经济敏感性分析。

敏感性分析就是要找出项目的敏感性因素(可能发生变化的因素被称为敏感性因素)。从多个不确定性因素中逐一找出对投资项目经济效益指标有重要影响的敏感性因素,并分析、测算其对项目经济效益指标的影响程度和敏感性程度,进而判断项目承受风险的能力。根据每次变动因素数目的不同,敏感性分析可分为单因素敏感性分析和多因素敏感性分析。一般进行敏感性分析所涉及的敏感性因素有产品产量、产品售价、可变成本、固定资产投资、建设期、外汇汇率等。

敏感性分析的作用主要有:

（1）可以使决策者了解不确定因素对项目评价指标的影响，从而提高预测的准确性。

（2）可以启发评价者对那些较为敏感的因素重新进行分析研究，以提高预测的可靠性。

（3）可以用于方案选择，用敏感性分析区别出敏感性大的或敏感性小的方案，以便在经济效益相似的情况下，选择敏感性小，即风险小的方案。

（4）在项目规划阶段，用敏感性分析可以找出乐观和悲观的方案，从而提供最现实的生产要素组合。

（一）单因素敏感性分析

单因素敏感性分析是指每次只变动一个因素，而其他因素保持不变时所进行的敏感性分析。

因素的变化可以用相对值或绝对值表示。相对值是使变化的因素从其原始取值变动一个幅度，如 ±10%，±20%…根据计算出的不同因素相对变化对经济评价指标影响的大小，可以得到各个因素的敏感性程度排序。绝对值是使变化的因素从原始取值变化一个量，如产品售价 ±10.00 元变化等。用绝对值表示的因素变化可以得到同样结果。

在项目经济评价中，一般是对项目内部收益率或净现值等经济评价指标进行敏感性分析，必要时也可对投资回收期等进行敏感性分析。敏感性分析要求求出导致项目由可行变为不可行的不确定因素变化的临界值。

临界值可以通过敏感性分析图求得。敏感性分析图的具体做法如下。

（1）不确定因素变化率作为横坐标。

（2）将某个评价指标，如内部收益率、净现值等为纵坐标。

（3）由某种不确定因素的变化可以得到某个评价指标，随之变化的曲线称为敏感性曲线。

（4）每条曲线与基准收益率线的交点称为该不确定因素变化的临界点，该点对应的横坐标为不确定因素变化的临界值，即该不确定因素允许变动的最小幅度，或称极限变化，不确定因素的变化超过了这个极限，项目就由可行变为不可行。

（5）将这个幅度与估计可能发生的变化幅度比较，若前者大于后者，则表明项目经济效益对该因素不敏感，项目承担的风险不大。

敏感性分析的计算和绘图比较麻烦，借助 Excel、SPSS、Crystal ball 等软件可以方便地处理这些问题。

【例 10-26】 某企业计划对某环保项目进行投资，预计初始投资为 100 万元，平均使用寿命为 10 年，残值不计，年度收入为 95 万元，年度支出为 75 万元。试就初始投资、年度收入、年度成本等参数发生变化时，对内部收益率的影响进行敏感性分析，基准收益率为 8%。

解：（1）计算基本方案的内部收益率（用净现值法）。

则：$-100 + (95 - 75)(P/A, i, 10) = 0$。

即：$(P/A, i, 10) = 5$。

当 $i = 15\%$ 时，$(P/A) = 5.0188$；

当 $i = 20\%$ 时，$(P/A) = 4.1925$。

有：$i_内 = 15\% + 5\% \times \dfrac{5.0188 - 5}{5.0188 - 4.1925} = 15\% + 0.114\% = 15.11\%$。

（2）计算考虑不确定因素变化后的内部收益率，见表 10-12。

考虑不确定因素变化后的内部收益率 表 10-12

序　号	不确定因素	基 本 方 案	变化率 （变化后数值）	内部收益率	平 均 增 减	
					+1%	−1%
1	投资	100 万	+10.00%（110 万）	12.71%	−0.24%	
			−10.00%（90 万）	18.14%		0.303%
2	年度收入	95 万	+10.00%（104.5 万）	26.89%	1.18%	
			−10.00%（85.5 万）	0.9%		−1.42%
3	年度成本	75 万	+10.00%（82.5 万）	4.29%	−1.08%	
			−10.00%（67.5 万）	24.47%		0.94%

（3）绘制敏感性分析图。

敏感性分析图如图 10-14 所示。从敏感性分析图上可以看出，内部收益率随不同的不确定因素变化而发生的变化可分别用三条曲线表示。年度收入发生的变化对内部收益率的影响比较稳定。当基准收益率定为 8% 时，年度收入降低约 5.5% 时达到临界点，此时的内部收益率等于基准收益率，如果年度收入再降低，则内部收益率将低于基准收益率，项目由可行变为不可行。同时，当年度成本增加约 7.2% 时达到临界点，若年度成本再增加时，项目由可行变为不可行。

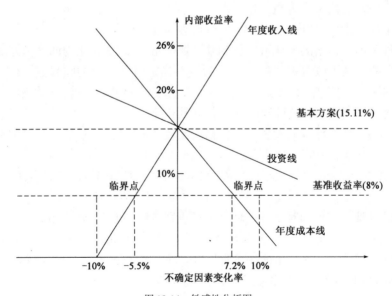

图 10-14　敏感性分析图

在表 10-12 中列有三种不确定因素每变动 ±1% 时，对内部收益率影响的平均值，如果认为曲线近似为直线变化，则平均值相当于直线变化的斜率，它可为决策者提供一个较为直观的概念。

通过敏感性分析可以找出影响项目经济效益的关键因素。使项目评价人员将注意力集中到这些关键因素，必要时可对某些最为敏感的关键因素重新预测和计算，并在此基础上重新进行经济评价，以减少投资的风险。

(二)多因素敏感性分析

单因素敏感性分析在计算其特定因素变动对经济评价的影响时,假定其他因素不发生变动,实际上这种假定很难成立,可能会有两个或两个以上的因素同时变动。所以,单因素敏感性分析很难反映项目承担风险的状况,因此,必要时要进行多因素敏感性分析。

进行多因素敏感性分析的假设条件是:同时变动的因素相互独立。在敏感性分析图中,在进行单因素敏感性分析时,一次改变一个因素的单因素敏感性分析可以得到一条曲线——敏感性曲线;而当分析两个因素同时变化时的敏感性可以得到一个敏感性面。

三、风险分析

如前所述,敏感性分析是在不确定条件下,分析一个工程项目的经济效果,用来描述当经济参数存在估计误差或发生变化时,该项目的经济效果所发生的相应变化及变化的敏感程度。但是敏感性分析并不能反映经济效果变化的可能性大小,所以敏感性分析无法对一个项目所承担的风险做出定量估计,它只能定性地加以说明。不同的项目,各个不确定因素发生相对变动的概率是不同的。因此,两个同样敏感的因素,在一定的不利变动范围内,可能一个发生的概率大,一个发生的概率小。显然,发生概率大的因素给项目带来的影响大,概率小的因素则影响小,甚至可忽略不计,这样的问题是敏感性分析解决不了的,所以,需要进行风险分析或概率分析。

风险是指产生损失的不确定性,是损失发生的可能性。可能性是指客观事物存在或者发生的机会,这种可能性可以用概率来衡量。如损失风险事件发生的概率为 0 时,表明没有损失的机会,风险不存在是一种确定性的事件;当概率为 1 时,表明风险的存在是一种确定性的事件;而风险损失可能性则意味着损失事故发生的概率区间为 0~1,表明了风险的不确定性。

风险分析(Risk Analysis)不同于敏感性分析,它可根据各种可变参数的概率分析,来推求一个项目在风险条件下获利的可能性大小,即项目所承担的风险大小。风险可用某一效益指标的不利值,如 PW≤0,AW≤0 等发生的概率来度量,也可用某一效益指标的方差来度量。所以这种分析被称为风险分析,也称为概率分析。项目经济评价中的风险分析可变参数,一般常包括现金流量、贴现率、寿命等。这些参数一般是统计独立的。如果能预先确定出这些参数的概率分布,将它们加以归并便可得到效益指标的概率分布。

风险分析的作用主要有:

(1)准确地认识风险。通过定量与定性方法进行风险分析,区分主要风险和次要风险,以较准确地确定项目各种风险因素产生和风险事故发生的状况与程度,决策者和管理者更准确地认识风险,加强风险管理。

(2)合理选择风险对策。不同风险对策的适用对象各不相同,风险对策的适用性需从效果和代价两个方面考虑。风险对策的效果表现在降低风险发生概率和降低风险事故损失的程度,应将不同风险对策的适用性与不同风险的后果结合起来考虑,对不同的风险选择最适宜的风险对策,从而形成最佳的风险对策组合。

(3)保证目标的科学性。风险分析能反映各种风险对活动目标的不同影响,使目标规划的结果更合理、更可靠,在此基础上制定的目标规划更合理,计划更具可行性。

复利因子表见表10-13。

复 利 因 子 表

表 10-13

i	年	F/P	F/A	A/F	P/F	P/A	A/P
	1	1.0500	1.0000	1.0000	0.9524	0.0524	1.0500
	5	1.2763	5.5256	0.1810	0.7835	4.3295	0.2310
5%	10	1.6289	12.5779	0.0795	0.6139	7.7217	0.1295
	15	2.0789	21.5786	0.0463	0.4810	10.3797	0.0963
	20	2.6533	33.0660	0.0302	0.3769	12.4622	0.0802
	1	1.0800	1.0000	1.0000	0.9260	0.9260	1.0800
	5	1.4693	5.8666	0.1704	0.6806	3.9927	0.2504
8%	10	2.1589	14.4866	0.0690	0.4632	6.7101	0.1490
	15	3.1722	27.1521	0.0368	0.3152	8.5595	0.1163
	20	4.6610	45.7620	0.0219	0.2145	9.8182	0.1019
	1	1.1000	1.0000	1.0000	0.9091	0.9091	1.1000
	5	1.6105	6.1051	0.1638	0.6209	3.7908	0.2638
10%	10	2.5934	15.9374	0.0627	0.3855	6.1446	0.1627
	15	4.1772	31.7725	0.0315	0.2394	7.6061	0.1315
	20	6.7275	57.2750	0.0175	0.1486	8.5136	0.1175
	1	1.1200	1.0000	1.0000	0.8928	0.8928	1.1200
	5	1.7623	6.3528	0.1574	0.5674	3.6048	0.2774
12%	10	3.1058	17.5487	0.05598	0.3220	5.6502	0.1770
	15	5.4736	37.2797	0.0258	0.1827	6.8109	0.1468
	20	9.6463	72.0524	0.01388	0.1037	7.4694	0.1339
	1	1.1500	1.0000	1.0000	0.8696	0.8696	1.1500
	5	2.0113	6.7424	0.1483	0.4972	3.3522	0.2983
15%	10	4.0456	20.3037	0.0492	0.2472	5.0188	0.1992
	15	8.1371	47.5804	0.0210	0.1229	5.8474	0.1710
	20	16.3665	102.4436	0.0098	0.0611	6.2593	0.1598

复习思考题

1. 名词解释

可行性研究 等值 现金流量 单利 复利 实际利率 名义利率 基准收益率 现值 年值 内部收益率 投资回收期 盈亏平衡点 敏感性分析

2. 选择题

(1)可行性研究是工程项目( )的一个重要环节。

　　A.建设前期　　　　B.建设期　　　　　C.竣工验收期　　　D.使用期

选择说明：

(2)工程经济分析中,项目总投资通常包括( )。

　　A.建设投资　　　　　　　　　　B.维持运营投资

　　C.流动资金投资　　　　　　　　D.修理费用投资

　　E.建设期贷款利息

选择说明：

(3)现金流入、现金流出和净现金流量统称为( )。

　　A.现金投资　　　　B.现金管理　　　　C.现金流量　　　　D.现金收入

选择说明：

(4)影响资金等值的因素有( )。

　　A.资金运动的方向　　　　　　　B.资金的数量

　　C.资金发生的时间　　　　　　　D.利率(或折现率)的大小

　　E.现金流量的表达方式

选择说明：

(5)下列关于资金时间价值的说法中,正确的有( )。

　　A.在单位时间资金增值率一定的条件下,资金使用时间越长,则资金时间价值就越大

　　B.在其他条件不变的情况下,资金数量越多,则资金时间价值越少

　　C.在一定的时间内等量资金的周转次数越多,资金的时间价值越少

　　D.在总投资一定的情况下,前期投资越多,资金的负效益越大

　　E.在回收资金额一定的情况下,在离现时点越远的时点上回收资金越多,资金时间价值越小

选择说明：

(6)当名义利率一定,按月计息时,实际利率( )。

　　A.大于名义利率　　　　　　　　B.等于名义利率

　　C.小于名义利率　　　　　　　　D.不确定

选择说明：

(7)已知年名义利率为10%,每季度计息1次,复利计息。则年实际利率为 ( )。

　　A.10.47%　　　　B.10.38%　　　　　C.10.25%　　　　　D.10.00%

选择说明：

(8)在计算净现值时,i一般采用( )。

　　A.银行存款利率　　　　　　　　B.银行贷款利率

　　C.投资利润率　　　　　　　　　D.基准收益率

选择说明：

(9)以下评价方法中属于静态评价方法的是( )。

　　A.净现值法　　　　B.计算费用法　　　C.内部收益率法　　D.年值法

选择说明：

(10)下列各选项中,属于投资决策静态评价指标的是( )。

    A.净现值   B.内部收益率

    C.投资效果系数   D.净现值率

(11)许多不确定因素中找出敏感因素,并提出相应的控制对策的方法是( )。

    A.盈亏平衡分析   B.敏感性分析

    C.概率分析   D.量、本、利分析

选择说明:

(12)不确定性分析方法的应用范围是( )。

    A.盈亏平衡分析既可用于财务评价,又可用于国民经济评价

    B.敏感性分析既可用于财务评价,又可用于国民经济评价

    C.概率分析可同时用于财务评价和国民经济评价

    D.敏感性分析可用于财务评价

    E.盈亏平衡分析只能用于财务评价

3.计算分析题

(1)某城市拟建一污水处理厂,现制定了两个投资方案:甲方案初始投资3000万元,预计每年有盈利800万元,每年需支出200万元,寿命期为20年,期末残值为100万元;乙方案初始投资2000万元,预计每年有盈利650万元,每年需支出150万元,寿命期为20年,期末残值为60万元。设基准收益率为10%,试比较两个方案的优劣。

(2)某企业拟投资某环保项目,预算投资为1000万元,平均使用寿命为15年,残值不计,年度收入为850万元,年度支出为670万元。试就初始投资、年度收入、年度成本等参数发生变化时,对内部收益率的影响进行敏感性分析,基准收益率为10%。

4.论述题

(1)简述可行性研究的目的和作用。

(2)为什么环保建设项目也要进行经济评价?

(3)为什么要进行项目经济评价的敏感性分析?

第十一章

低碳经济与循环经济

党的十九大报告指出,推进绿色发展,要加快建立健全绿色低碳循环发展的经济体系。构建市场导向的绿色技术创新体系,发展绿色金融,壮大节能环保产业、清洁生产产业、清洁能源产业。推进能源生产和消费革命,构建清洁低碳、安全高效的能源体系。推进资源全面节约和循环利用,实施国家节水行动,降低能耗、物耗,实现生产系统和生活系统循环连接。本章主要对低碳经济、循环经济、清洁生产进行论述。

第一节 低 碳 经 济

低碳经济,是在可持续发展和生态文明理念指导下,通过技术创新、制度创新、产业转型、新能源开发等多种手段,尽可能地减少高碳能源消耗,减少温室气体排放,协调经济发展与环境保护的一种经济发展形态。发展低碳经济,既是环境保护和生态文明建设的要求,也是调整经济结构和发展新兴工业的要求,是人类社会的又一次重大进步。

一、低碳经济概述

(一)低碳与低碳经济

低碳(Low Carbon)是指较低的温室气体(以二氧化碳为主)排放,主要包括两方面含义:

一是节能,在生产和生活过程中强调节约能源,特别是碳基能源;二是改善能源结构,降低能源的碳密度,即单位能源中碳的含量。低碳概念反映出人类因气候变化而对未来产生的担忧和全球可持续发展问题的担忧。人类意识到在生产和消费过程中出现的过量碳排放是形成全球变暖等气候问题的重要因素之一,因而要减少碳排放就要相应优化和约束某些生产和消费活动。尽管对气候变化的原因还有不同的看法,但低碳的理念渐渐被世界各国接受。

低碳经济(Low Carbon Economy)是以低能耗、低污染、低排放为基础的经济发展形态与模式,它是在人类生存和发展面临全球气候变暖等严峻挑战的背景下提出的,被认为是一场涉及生产方式、生活方式和价值观念的全球性革命。低碳经济主要体现在两个方面:一是低碳生产;二是低碳消费。低碳经济的实质是能源效率和清洁能源结构问题,核心是能源技术创新和制度创新,目标是减缓气候变化和促进人类的可持续发展。

低碳经济涉及广泛的产业领域、管理领域和社会领域,它的内涵和外延广泛而丰富,一系列低碳的新概念、新方式、新政策不断产生。如低碳经济、低碳社会、低碳生产、低碳消费、低碳生活,低碳世界、低碳国家、低碳城市、低碳农村、低碳社区、低碳家庭,低碳金融、低碳交通、低碳建筑、低碳文化、低碳旅游、低碳哲学、低碳艺术、低碳音乐,低碳技术、低碳发展、低碳足迹等。这种人与自然价值观的变革,可以通过低碳经济模式与低碳生活方式,实现经济、社会和自然、资源的可持续发展。

(二)低碳经济的提出

低碳经济概念首先由英国提出,最早见于 2003 年的英国能源白皮书《我们能源的未来——创建低碳经济》。作为第一次工业革命的先驱,英国充分意识到了能源安全和气候变化的威胁,意识到了气候变化应对工作已经迫在眉睫。

2006 年,前世界银行首席经济学家斯特恩牵头做出的《斯特恩报告》呼吁全球向低碳经济转型,他指出,全球以每年 1% 的生产总值投入,可以避免未来每年 5%～20% 的生产总值损失。

2007 年 7 月,美国参议院提出了《低碳经济法案》,表明低碳经济的发展道路有望成为美国未来的重要战略选择。2009 年 6 月美国众议院通过的《清洁能源与安全法案》规划了美国低碳经济的发展途径和具体措施。美国加利福尼亚州通过的《AB－32》法案在州一级制定了低碳经济发展规划。

在倡导低碳经济、发展低碳经济的要求下,已有多个国家相继制定了各自的低碳经济发展法规和规划。联合国环境规划署确定 2008 年 6 月 5 日"世界环境日"的主题为"转变传统观念,推行低碳经济"。

二、国际气候公约概述

(一)国际应对气候变化发展进程

根据《斯德哥尔摩宣言》,1973 年联合国成立了环境规划署,气候问题正式进入联合国工作范围。此后在联合国的推动下,关于气候问题的国际会议和国际协议不断出现。系统地谈论气候变化问题,还应追溯至 1992 年的《联合国气候变化框架公约》和 1997 年的《京都协议书》。

1992 年 5 月 9 日联合国政府间谈判委员会就气候变化问题达成《联合国气候变化框架公

约》(UNFCCC),1992年6月4日在巴西里约热内卢召开的由世界各国政府首脑参加的联合国环境与发展会议(地球首脑会议)上通过,并在会议期间开放签署。《联合国气候变化框架公约》于1994年3月21日生效。1992年11月7日中国全国人大批准《联合国气候变化框架公约》,并于1993年1月5日将批准书交存联合国秘书长处。《联合国气候变化框架公约》自1994年3月21日起对中国生效。

1995年起,《联合国气候变化框架公约》缔约方每年召开缔约方会议(Conferences of the Parties,COP)以评估应对气候变化的进展。

1997年12月由联合国气候变化框架公约参加国三次会议制定的《京都议定书》在日本京都通过,并于1998年3月16日至1999年3月15日间开放签字,共有84国签署。该条约于2005年2月16日开始强制生效,到2009年2月,一共有183个国家通过了该条约。中国1998年5月签署,并在2002年3月批准了《京都议定书》。《京都议定书》全称为《联合国气候变化框架公约的京都议定书》,是《联合国气候变化框架公约》的补充条款。

2007年12月3日,联合国气候变化大会在印尼巴厘岛举行,15日正式通过一项决议,决议确定在2009年前就应对气候变化问题新的安排举行谈判,并制定了应对气候变化的《巴厘路线图》。《巴厘路线图》确定了世界各国今后加强落实《联合国气候变化框架公约》的具体领域,为2009年前应对气候变化谈判的关键议题确立了明确议程,要求发达国家在2020年前将温室气体减排25%~40%。

2009年12月7日,联合国气候变化大会在丹麦首都哥本哈根召开。本次气候变化大会为期两周,来自全球100多个国家的首脑齐聚哥本哈根。哥本哈根气候变化会议经过艰苦谈判,最终按照通过的《巴厘路线图》的规定,达成《哥本哈根协议》。最后形成的《哥本哈根协议》不具有法律约束力,距离各方的预先期望相差较远,但《哥本哈根协议》的达成是向正确方向迈出的一步。在哥本哈根气候变化大会上,国际社会达成了共同应对气候变化、实现低碳发展的共识。

2010年11月29日,坎昆世界气候大会在墨西哥海滨城市坎昆举行,坎昆世界气候大会是《联合国气候变化框架公约》第16次缔约方会议暨《京都议定书》第6次缔约方会议。190多个国家参加本次会议,会议目的之一是确定发达国家缔约方在2012年后第二承诺期的减排指标。会议通过了《坎昆协议》。

2014年12月1日,利马气候大会在秘鲁利马开幕,共有190多个国家和地区的官员、专家学者和非政府组织代表参加。利马气候大会是《联合国气候变化框架公约》第20次缔约方会议暨《京都议定书》第10次缔约方会议。此次大会的主要目标之一是为预计2015年年底达成的新协议确定若干要素,涉及减缓和适应气候变化、资金支持、技术转让、能力建设等方面。中国政府代表表示,2016—2020年中国将把每年的二氧化碳排放量控制在100亿t以下,承诺其二氧化碳排放量将在2030年左右达到峰值。

2015年12月12日《巴黎协定》在巴黎气候变化大会上通过,并于2016年4月22日在纽约签署协定。《巴黎协定》为2020年后全球应对气候变化行动做出安排,主要目标是将21世纪全球平均气温上升幅度控制在2℃以内,并将全球气温上升控制在前工业化时期水平之上1.5℃以内。中国全国人大常委会于2016年9月3日批准中国加入《巴黎气候变化协定》,中国成为第23个完成批准协定的缔约方。

2018年12月2日,联合国在波兰卡托维兹举行为期两周的气候变化会议,即《联合国气候变化框架公约》第二十四次缔约方会议(COP 24),大会如期完成了《〈巴黎协定〉实施细则》谈判。《〈巴黎协定〉实施细则》主要包括透明度框架的实施、设立2025年后的气候资金新目标相关进程、如何实施2023年全球盘点机制、如何评估技术发展和转移的进展等。

(二)应对气候变化重要文件

为了应对气候变化问题,国际社会采取积极措施。《联合国气候变化框架公约》(1992年)、《京都议定书》(1997年)、《巴厘路线图》(2007年)、《哥本哈根协议》(2009年)、《坎昆协议》(2010年)、《巴黎协定》(2015年)、《〈巴黎协定〉实施细则》(2018年)等国际性公约和文件,推动全球应对气候变化的进程不断加快。

1.《联合国气候变化框架公约》

《联合国气候变化框架公约》(United Nations Framework Convention on Climate Change,UN-FCCC)是1992年在巴西里约热内卢召开的环境与发展会议通过的历史性文件,UNFCCC确认了发达国家和发展中国家在应对气候变化中"共同但有区别的责任原则"。《联合国气候变化框架公约》是世界上第一个为全面控制二氧化碳等温室气体排放,以应对全球气候变暖给人类经济和社会带来不利影响的国际公约,也是国际社会在对付全球气候变化问题上进行国际合作的一个基本框架。中国政府签署了公约,标志着中国正式踏上了国际气候谈判的征程。

2.《京都议定书》

《京都议定书》(Kyoto Protocol)是在《联合国气候变化框架公约》下的第一份具有法律约束力的文件,也是人类历史上首次以法规的形式限制温室气体排放的文件。《京都议定书》的达成,使温室气体减排成为发达国家的法律义务。其目标是:将大气中的温室气体含量稳定在一个适当的水平,进而防止剧烈的气候改变对人类造成伤害。《京都议定书》遵循"共同但有区别的责任"原则,分为第一承诺期:2008—2012年,第二承诺期:2013—2020年。同时,还设计了三种温室气体减排的灵活合作机制,即国际排放贸易机制、联合履约机制和清洁发展机制。

《京都议定书》规定:发达国家从2005年开始承担减少碳排放量的义务,而发展中国家则从2012年开始承担减排义务。从1997年《京都议定书》形成到2005年生效,这一段时间国际谈判的一个重点就是议定书的实施细则,包括碳市场如何运作等。2001年11月10日,在摩洛哥召开的第七次缔约方大会上,通过了关于议定书实施规则的一揽子协议——《马拉喀什协议》。《马拉喀什协议》作为《京都议定书》的实施细则,也为其最终生效铺平了道路。2002年11月第八次缔约方大会在印度首都新德里闭幕,会议通过的《德里宣言》,强调国际社会应对气候变化必须在可持续发展的框架内进行。

根据规定,《京都议定书》第一承诺期到2012年结束,在此之前7年就应当启动第二承诺期减排目标的谈判,因此从2005年开始,国际社会就开始了议定书第二承诺期的谈判,然而这一谈判进程非常缓慢。2008年7月,八国集团首脑会议(G8)峰会上八国表示将寻求与《联合国气候变化框架公约》的其他签约方一道共同达成到2050年把全球温室气体排放减少50%的长期目标。

3.《巴厘路线图》

《巴厘路线图》(Bali Roadmap)共有13项内容和1个附录。《巴厘岛路线图》在第一项的第一款指出,依照《联合国气候变化框架公约》原则,特别是"共同但有区别的责任"原则,考虑社会、经济条件以及其他相关因素,与会各方同意长期合作共同行动,行动包括一个关于减排温室气体的全球长期目标,以实现《联合国气候变化框架公约》的最终目标。

《巴厘路线图》是《联合国气候变化框架公约》和《京都议定书》的一个继续。在巴厘岛会议之前,围绕着 2012 年以后如何加强应对气候变化的合作,各方有不同的观点,发展中国家坚持还是应当按照《联合国气候变化框架公约》和《京都协议书》的轨道,来继续加强公约和议定书的实施。而发达国家主要是想否定《联合国气候变化框架公约》里所确认的"共同但又区别的责任"这一项原则。《巴厘路线图》为全球进一步迈向低碳经济起到了积极的作用,为进一步落实《框架公约》指明了方向,具有里程碑的意义,它同时还为人类下一步应对气候变化指引了前进方向。中国为绘制《巴厘路线图》做出了自己的贡献。

4.《哥本哈根协议》

《哥本哈根协议》(Copenhagen Accord)目的是商讨《京都议定书》一期承诺到期后的后续方案,就未来应对气候变化的全球行动签署新的协议。虽然最后形成的《哥本哈根协议》不具有法律约束力,一些内容并没有在联合国所有国家之间达成共识,但在五个方面取得了一定进展:一是谈判的基础文件,坚持了《巴厘路线图》的授权,坚持并维护了《联合国气候变化框架公约》和《京都议定书》"双轨制"的谈判进程;二是减排目标,发达国家实行减排目标和发展中国家采取自主减缓行动方面迈出了新的步伐,有了初步的规定;三是"三可"(可测量、可报告和可核实)问题,各方做了一定的让步和妥协;四是长期目标,将全球平均温升控制在工业革命以前 2℃ 的长期行动目标成为初步共识;五是资金技术问题,在发达国家提供应对气候变化的资金和技术支持方面取得了进展,各方就短期和中期资金提出初步方案。

哥本哈根气候变化会议经过艰苦谈判,最后形成了《哥本哈根协议》,该协议作为"巴厘路线图"谈判进程中的一个重要成果,其共识将成为下一步谈判的基础,同时标志着全球合作应对气候变化取得了进展,对于最终达成具有法律约束力的协议将起到重要的推动作用。《哥本哈根协议》保持了《联合国气候变化框架公约》及《京都议定书》的框架以及《巴厘路线图》的授权。

5.《坎昆协议》

坎昆联合国气候大会通过了《坎昆协议》(Cancun Agreement),并基本完成气候谈判的有关组织议程。协议内容比较完备,在气候资金、技术转让、森林保护等问题上都取得了一定成果。在快速启动资金问题上,2010—2012 年发达国家需要通过"国际机构"提供 300 亿美元,这笔钱将主要提供给相对脆弱的发展中国家。该协议在长期资金问题上也有一定制度安排。协议还同意建立"绿色气候资金",并建立相关的委员会管理制度,委员会成员来自发展中国家,按区域比例分配。协议表示,要确保《京都议定书》第一承诺期与第二承诺期之间"不出现空当",但没有写明具体时间。虽然《坎昆协议》是一个"各方都不太满意,但各方都能接受"的协议,但这是多年来气候谈判取得的久违成果。坎昆会议结果基本符合预期,不仅完成了各项组织议程,也取得了一些实质性的进展。

6.《巴黎协定》

《巴黎协定》(The Paris Agreement)是全球协同应对气候变化努力进程中的另一个里程碑。从《京都议定书》到《巴黎协定》,世界应对气候变化治理机制发生了根本转变。《京都议定书》主要依赖自上而下(Top-Down)的治理机制,《巴黎协定》以自下而上(Bottom-Up)的治理机制为主,同时兼有自上而下治理成分的混合型治理机制(Hybrid Climate Governance

Structure)。《巴黎协定》吸引了 196 个《联合国气候变化框架公约》成员国中的 186 个成员国提交国家自主贡献目标(Intended Nationally Determined Contributions),相当于覆盖了全球96% 的温室排放量,因而被认为是全球气候变化谈判在经历了哥本哈根气候变化大会低潮与挫折之后的一次伟大胜利。为了最大限度地赢得国家参与和支持,《巴黎协定》事实上放弃了《京都议定书》所遵循的"发达国家"和"发展中国家"两分法的格局,虽然仍然秉承"共同但有区别责任原则",但是重心已然不像《京都议定书》那样强调发达国家的强制减排义务,而更多地强调世界各国按照各自能力和自愿原则进行国家自主贡献减排模式。在《巴黎协定》框架下,发达国家与发展中国家的"有区别责任"主要体现在发达国家对发展中国家的资金和技术援助方面,在减排目标上已经不再区分。

2018 年 12 月 15 日,联合国气候变化卡托维兹大会通过的《〈巴黎协定〉实施细则》,全面落实了《巴黎协定》各项条款要求,体现了公平、"共同但有区别的责任"、各自能力原则,考虑到不同国情,符合"国家自主决定"安排,体现了行动和支持相匹配,为协定实施奠定了制度和规则基础。联合国秘书长古特雷斯表示:卡托维兹气候大会通过的《〈巴黎协定〉实施细则》是气候行动取得新进展的基石,现在到了展现更强雄心,以战胜气候变化的时候了。大会主席库尔蒂卡表示:卡托维兹大会所达成的决议将对世界起到积极作用,将推动人类朝着实现《巴黎协定》所展现的气候雄心前进,我们的子孙回顾我们的遗产时,将会意识到我们在一些重要的节点做出了正确选择。

三、中国自主减排目标

中国向《联合国气候变化框架公约》提交的自主减排目标为:二氧化碳排放 2030 年左右达到峰值并争取尽早达到峰值;单位国内生产总值二氧化碳排放比 2005 年下降 60% ~65%,非化石能源占一次能源消费比重达到 20% 左右,森林蓄积量比 2005 年增加 45 亿 m^3 左右。

与之相对应,在我国颁布的一系列顶层设计的文件和规划中,也明确设定了减排目标,提出了减排要求。《巴黎协定》生效当天发布的《"十三五"控制温室气体排放工作方案》提出的减排总体目标为"到 2020 年,单位国内生产总值二氧化碳排放比 2015 年下降 18%",并明确要求"到 2020 年,能源消费总量控制在 50 亿 t 标准煤以内,单位国内生产总值能源消费比2015 年下降 15%,非化石能源比重达到 15%";《"十三五"规划纲要》提出,要将"能源消费总量控制在 50 亿 t 标准煤以内"。这些政策文件,既是我国积极参与全球气候变化治理,推动落实《巴黎协定》重要行动的外在体现和重要保证,更是我国加强生态文明建设,走绿色低碳发展道路的内在要求和必然举措。我国的行动标志着我国实施应对气候变化的行动进入了新的阶段。在我国新发展理念指导下,在经济结构优化调整过程中,中国特色的低碳发展道路把应对气候变化与可持续发展战略相结合,对全球应对气候变化做出了贡献。

第二节 循 环 经 济

循环经济以可持续发展和生态文明理念为指导,以协调人与自然生态关系为准则,强调社会经济系统与自然生态系统和谐共生,是集经济、技术和社会于一体的系统工程。循环经济是在资源短缺、环境污染、生态破坏的严峻形势下,人类重新认识自然界,尊重客观规律,探索经济规律的必然产物。实施循环经济的目的是为了保护环境,使社会生产从数量型的物质增长转变为质量型的服务增长,推进整个社会走上生产发展、生态良好的文明发展道路。

一、循环经济概述

(一)循环经济的概念

1. 循环经济的含义

循环经济(Circular Economy)是物质闭环流动型经济的简称。物质闭环流动型经济(Closing Materials Circular Economy)是由"资源-产品-再生资源"所构成的物质反复循环流动的经济发展模式。循环经济与传统经济不同,传统经济是由"资源-产品-废弃物排放"所构成的物质线性流动型经济(Material Linear Flow Economy)。物质线性流动型经济的特征是高开采、低利用、高排放,对资源的利用常常是粗放的和一次性的。循环经济是以物质、能量梯次和闭路循环使用为特征,以资源利用最大化和污染排放最小化为表现形式,以生态学规律为指导,把清洁生产、资源综合利用、生态设计和可持续消费等融为一体,将人类社会的经济活动纳入自然生态系统的物质循环中去的绿色经济发展模式。

循环经济是一种新的生产方式,是在良好的生态环境成为一种公共财富阶段的一种新的技术经济模式,是建立在人类生存条件、福利平等基础上以全体社会成员生活福利最大化为目标的一种新的经济形态。循环经济也称"资源循环型经济",体现为以资源节约和循环利用为特征,与环境和谐的经济发展模式。循环经济强调低开采、高利用、低排放,所有的物质和能源能在这个不断进行的循环中得到合理和持久的利用,以把经济活动对自然环境的影响降低到尽可能小的程度。

2. 循环经济的特点

循环经济以尽可能小的资源消耗和环境成本,使经济系统与自然生态系统的物质循环过程相互和谐,促进资源利用的最大化,获得尽可能大的经济、环境和社会效益。循环经济具有以下特点:

(1)循环经济是物质充分合理利用的环境经济方式。

循环经济是相对于传统的粗放型经济而言的。传统的粗放型经济是单向线性流动型经济,如图11-1所示,其特征是高开采、低利用、高排放。传统的粗放型经济是以牺牲环境为代价的经济增长方式。这种传统的经济方式,是高强度地把地球上的物质和能源提取出来,用于生产、流通、消费过程,而产生的废弃物又直接排放到水、空气和土壤中,对资源的利用是粗放的和一次性的。这种经济增长方式的后果是由于大量开采造成资源的枯竭,大量废弃物直接排入自然环境中造成环境污染。

循环经济倡导的是一种与环境和谐的经济发展方式,它要求把经济活动组成一个闭合流程,如图11-2所示。在这个闭合流程中,从生产、流通、消费过程中产生的废弃物,一部分经废物利用等技术加工分解方式形成新的资源返回到经济运行中,另一部分经环境无害化处理后形成无污染或低度污染物质返回自然环境中,由自然环境对其进行净化处理。循环经济的基本特征是低开采、高利用、低排放。所有的物质和能源要在这个不断进行的经济循环中得到合理和持久的利用,以把经济活动对自然环境的影响降低到尽可能小的程度。

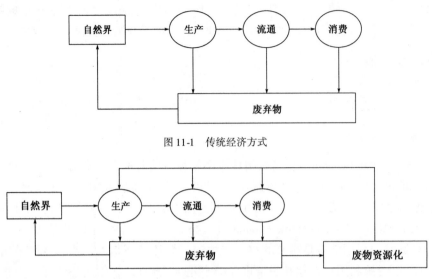

图 11-1　传统经济方式

图 11-2　循环经济方式

（2）循环经济本质是一种生态经济。

生态经济（Ecological Economy，ECO）是指在生态系统承载能力范围内，运用生态经济学原理和系统工程方法改变生产和消费方式，实现经济发展与环境保护、自然生态与人类生态的高度统一的可持续发展的经济。

循环经济要求用生态学规律来指导人类社会的经济活动，通过能量转换和物质循环规律，以实现生态平衡。循环经济就是按照自然生态系统的能量转化和物质循环规律，构筑生态经济系统，使得经济系统和谐地纳入自然生态系统的物质循环过程中，建立起一种新形态的持续发展的经济发展方式。

（3）循环经济的目的是实现可持续发展。

循环经济追求的是社会、经济和环境的协调可持续发展。循环经济一方面通过废弃物的再生资源化减轻了经济系统对自然资源的需求压力，使得自然资源可持续利用；另一方面减少了废弃物向自然环境的排放量，降低了环境污染程度，从而对资源的日益枯竭和环境污染的日趋严重起到了缓解的作用。因此循环经济能够保护环境，实现社会、经济和环境的可持续发展。

3. 动脉产业和静脉产业

循环经济是由动脉产业和静脉产业组成的一个完整的物质流体系。动脉产业是指开发利用自然资源形成的产业，即是以非废弃物作为原料的产业；静脉产业是将废弃物转换为再生资源的产业。静脉产业是循环经济同传统经济的重要区别和优势，如我国在水资源的静脉产业领域里，中水回用已经有了很多的实践。在固体资源静脉产业领域也有很多实践，如电力行业的热电联产和粉煤灰的再利用已经被广泛采用。静脉产业的资源利用方式提高了资源的使用效率，减少了环境污染，同时又具有良好的经济效益，使环境效益和经济效益得到统一。

4. 循环经济的基本要求

（1）宏观层面：要求对产业结构和布局进行调整，将循环经济理念贯穿于经济社会发展的各领域、各环节，建立和完善全社会的资源循环利用体系。

（2）微观层面：要求企业节约降耗，提高资源利用效率，实现减量化；对生产过程中产生的废弃物进行综合利用，并延伸到废旧物资回收和再生利用；根据资源条件和产业布局，延长和拓宽生产链条，促进产业间的共生耦合。

（二）循环经济的主要特征

循环经济的主要特征体现在以下五个方面。

1. 新的系统观

循环经济把经济发展、生态保护和环境保护看作一个有机的整体，一个密不可分的大系统。在这个大系统中，人类和自然界是主体，人类在其自身发展中必须要考虑到自然界这个主体，要找准自己的位置，合理地发展自己。

2. 新的经济观

循环经济要求经济发展要符合生态学的规律，在经济发展的过程中，不仅考虑环境、资源为人类服务，还应充分考虑环境的承载能力，尊重自然规律，使经济发展的长远利益和眼前利益相统一。

3. 新的价值观

循环经济从人类和自然和谐相处的角度出发，充分认识自然界和人类之间相互依存、相互协调的关系，把自然界的各种资源当成人类共同的财产来维护。在索取资源的同时，把资源概念广义化，要对资源进行修补和完善，把各种资源看成人类赖以生存的基础。

4. 清洁生产观

循环经济改变了过去人们认为生产过程就是资源消耗过程的片面理解，最大限度地追求自然资源的利用率，最大限度地保护自然资源，促进生态系统的良性循环。在生产过程中，充分利用资源，尽量节约资源，合理利用再生资源和废弃物，努力做到物尽其用。

5. 绿色消费观

循环经济认为消费是对资源的利用和发现新的资源，不是资源的终结。循环经济不但要求合理生产，而且要求合理消费，要改变盲目生产、盲目消费的不正确行为，树立绿色消费观。

（三）循环经济运行原则

循环经济建立在以减量化（Reduce）、再利用（Reuse）、再循环（Recycle）为内容的运行原则（3R原则）基础之上。3R原则是实现循环经济战略思想的三大基本原则，每一个原则对循环经济的成功实施都是必不可少的。

1. 减量化原则

减量化原则属于输入端方法，旨在减少进入生产和消费流程的物质量。要求用较少的原料和能源投入达到既定的生产（消费）目的，从源头节约资源，减少污染物的排放。在生产中，可以通过提高技术、改造工艺和减少原料的使用来实施清洁生产；在消费中，可以通过转变消费观念，购买包装物较少、耐用、可循环的物品来减少垃圾的产生。

2. 再利用原则

再利用原则属于过程性方法，旨在尽可能多次或多种方式的使用产品，延长产品从投入使用到成为垃圾的时间。持久利用和集约利用是实施再循环原则的两种方式。持久利用延长产品的使用寿命,从而减缓了资源的流动速度,降低了资源消耗和废物的产生;集约利用使产品的使用达到规模效应,提高资源的利用率,制造商采用标准尺寸进行设计,以便拆解、修理和组装用过的产品,同时鼓励再制造业(Remanu Facture)的发展。

3. 再循环原则

再循环原则也称资源化原则,属于输出端方法,旨在尽可能多的利用废弃物或使其资源化,废弃物再次变成资源,以减少最终处理量,把最终物质返回到生产厂再带入新产品中。原级资源化和次级资源化是再循环原则的两种方式。原级资源化是将废弃物资源化后形成与原来相同的产品;次级资源化是将废弃物作为资源,生产出与原产品不同的新产品。原级资源化是最理想的资源化方式。

二、循环经济的实施

(一)循环经济实现形式

循环经济的实现形式有三个层次,即单个企业的清洁生产、企业间共生形成的生态工业园区以及整个社会实现物质和能量的循环(区域循环经济)。这三个层次不同,但又有序衔接。单个企业层面上的循环经济为小循环,即企业按照清洁生产的要求,采用新的设计和技术,将单位产品的各项消耗和污染物的排放量限定在先进标准许可的范围之内;企业间层面上的循环经济为中循环,即工业园区按照生态产业链发展的要求,将一系列彼此关联的生态产业链组合在一起,通过企业和产业间的废物交换、循环利用和清洁生产,减少或杜绝废弃物的排放;社会层面的循环经济为大循环,即整个国家、地区和社会按照循环经济的要求,制定相关法律和规则,实现清洁生产、干净消费、资源循环、环境净化。

1. 企业内部循环经济——实施清洁生产

实施清洁生产要求:对生产过程,要求节约原材料和能源,淘汰有毒原材料,消减所有废物的数量和毒性;对产品,要求减少从原材料提供到产品最终处置的全生命周期的不利影响;对服务,要求将环境因素纳入设计和所提供的服务中。清洁生产是实现循环经济的基本形式。

2. 企业之间的循环经济——构建生态工业园

生态工业园是指以工业生态学及循环经济理论为指导的,形成生产发展、资源利用和环境保护良性循环的工业园区建设模式,是高新技术开发区的升级和发展趋势,体现了新型工业化特征及实现可持续发展战略的要求。工业生产最基本的需要是能量,自然界生态系统最基本的需要是营养物质,工业能量和自然界营养物质有着类似的自然循环过程。如果用这种生态模式指导工业生产,生产过程中将不再产生废物,所谓的废物也成为另一家工厂的原材料。生态型工业园具有高效益的转换系统、高效率的支持系统、高水平的环境质量、多功能的绿地系统、高质量的人文环境系统、高效益的管理系统。通过企业间的工业共生和代谢生态群落关系,既降低了治理污染的费用,也取得了可观的经济效益。

3. 区域循环经济——整个社会实现物质和能量的循环

从整个社会循环的角度出发,大力发展绿色消费和资源回收产业,把清洁生产与绿色消费和资源回收结合起来,实现消费过程中和消费后的物质和能量的循环。德国双元系统模式是在社会层面上实施循环经济的代表,它的双轨制回收系统(DSD)是一个专门对包装废弃物进行回收利用的非政府组织,接受企业委托,组织收运者对制造商的包装废弃物进行回收和分类,能直接回用的则送返制造商,其他包装废弃物送到相应的资源再利用厂家进行循环利用。

(二)循环经济技术支撑

循环经济需要强有力的技术支撑,这种技术支撑是以清洁生产技术和废物资源化技术为主要内容的环境保护技术载体。循环经济的技术支撑具有污染排放量小、合理利用资源和能源、更多的回收废弃物和产品并以环境可接受的方式处理残余的废弃物等特征。

1. 污染治理技术

污染治理技术,即环境工程技术,主要是通过建设废弃物净化装置来消除污染物质,实现有毒有害废弃物的末端处理。污染治理技术包括大气污染治理技术、水污染防治技术、固体废弃物处理技术、噪声污染治理技术等。

2. 废物资源化技术

废物资源化技术,即对废弃物进行资源化处理的技术,如废纸回收加工技术、有机玻璃转化成复合废料技术等。运用废物资源化技术来实现循环经济的再使用原则。

3. 清洁生产技术

清洁生产技术,是指在生产过程实现无废少废生产的技术。清洁生产技术通过改变既有的生产系统或工艺顺序,实现生产过程废物的零排放或小排放。清洁生产技术包括两方面的内容:一是生产过程要实现清洁生产,实现无污染;二是生产的产品在使用完毕报废后要保持对环境无污染。

(三)循环经济制度保障

1. 法律法规

2003 年全国人大把制定循环经济法列入立法程序,制定了立法工作计划。2005 年国务院发表《关于加快发展循环经济的若干意见》,推动循环经济的发展。2008 年 8 月 29 日中华人民共和国第十一届全国人民代表大会常务委员会第四次会议通过《中华人民共和国循环经济促进法》,自 2009 年 1 月 1 日起施行。2018 年 10 月 26 日第十三届全国人民代表大会常务委员会第六次会议对《中华人民共和国循环经济促进法》(以下简称《循环经济促进法》)进行修正。《循环经济促进法》分为总则、基本管理制度、减量化、再利用和资源化、激励措施、法律责任和附则七个部分。《循环经济促进法》提出的减量化、资源化、再利用,与《固体废物防治法》规定的减量化、资源化、无害化一脉相承。《循环经济促进法》内容涉及循环经济的各个领域,对发展循环经济有了一个明确的法律指导,对循环经济发展起到很大的推动作用。

循环经济是一种新型的、先进的经济形态,是集经济、技术、社会于一体的系统工程。所以在推动循环经济发展方面,应通过完善相关法律、法规,对循环经济进行规范,做到有法可依、有章可循。要将生产、分配、流通、消费四个环节纳入环保法律法规中,明确决策者、设计者、生产者、销售者、使用者、处理者等相应的责任,并强化法规的执行力度。

2. 经济手段

利用经济手段促进循环经济的发展。首先应对环境资源合理定价,建立基于资源全部成本的完全价格体系是发展循环经济的重要内容。在自然资源的开发与利用方面,为了促进经济快速发展,我国广泛实行补贴制度,例如水资源等,其价格仅仅体现了资源开采或获取的成本,而没有考虑由于资源使用而带来的外部性成本和收益。这种状况使得资源使用后形成的废弃物再回收利用缺乏动力,因为不如购买新开采的资源来得划算,从而造成了资源的浪费、使用效率低下,所以应该逐步取消补贴制度,利用经济手段使资源价格反映其真实的生态学、经济学价值。其次是实施科学合理的经济措施,如已实施的征收环境税。同时改革现行的国民经济核算体系,实施绿色国民经济核算体系。制定生态补偿政策,根据生态环境和自然资源的稀缺性程度,开发者利用生态环境资源应该支付相应的经济补偿等。

3. 公众参与

循环经济需要公众参与。公众能直觉地理解循环经济的内涵,并将其贯穿于生产、生活中,因此公众参与是循环经济的保证。公众参与循环经济机制主要表现在两个方面:一是公民有权通过一定的程序或途径参与一切与环境利益相关的活动,使得该项活动符合广大公众的切身利益,公众参与循环经济是公众参与环境保护的重要内容;二是公众个体的行为应符合循环经济的理念,如树立环保消费,增进反复利用意识等。

三、国内外循环经济发展概况

(一)国外循环经济发展概况

发达国家大多数从20世纪70年代开始发展循环经济和再生资源产业,并取得了较好的效果,不少国家通过立法加以推行。20世纪末发达国家的再生资源产业规模已超过2500亿美元,2006年已达到6000亿美元。2010年,全球再生资源产业规模已达22000亿美元,并以每年14%~19%的速度继续增长,增长速度远大于全球生产总值的增长速度,是典型的朝阳产业。有研究预计在未来20年,再生资源为全球提供的原料将由目前占原料总量的30%提高到80%,年产值3万亿美元,可提供3.5亿个就业机会。

德国是欧洲国家中循环经济发展水平最高的国家之一,循环经济意识已经深入人心,循环经济系统也正变得越来越成熟。1972年德国制定了《废弃物处理法》,1986年修改为《废弃物限制处理法》,由强调"末端治理"改为"避免废弃物产生";1991年通过《包装条例》;1992年通过《限制废车条例》。1996年10月德国一部新的环境法律《循环经济法》生效,这部法律的核心思想是促使更多的物质资料保持在生产圈内,确立了废物产生最小化、污染者承担治理义务和政府、公众合作三项原则。在德国的影响下,欧洲许多国家也相继制定旨在鼓励二手副产品回收、绿色包装等法律,同时规定了包装废弃物的回收、复用或再生的具体目标。

美国对废品和垃圾的加工处理和循环消费都十分重视。美国在1976年制定了《固体废弃物处置法》,美国循环经济发展涉及许多行业,2005年美国政府发布一项行动计划,确定了要提高全国城市固体废弃物回收利用的比例,2008年达到35%,纸和纸制品提高到53.8%,木质包装品提高到24%,塑料提高到19%。

日本是循环经济立法最完善的国家。为了加快循环型生态社会的建立,日本在1993年颁布的《环境基本法》的基础上,又修改了《废物处理法》。从2001年4月,日本开始实施七项法律,即《推进建立循环型社会基本法》《资源有效利用促进法》《家用电器回收再利用法》《食品循环利用法》《环保食品购买法》《建设再利用法》《容器包装回收再利用法》。日本实施这七项法律,是争取一边控制垃圾数量、实现资源再利用,一边为建立"循环型社会"奠定基础。这七项法律的基本精神就是体现 3R 原则。

(二)我国循环经济发展概况

我国是在压缩型工业化和城市化过程中,在较低发展阶段,为寻求综合性和根本性的战略措施来解决复合型生态环境问题的情况下,借鉴国际经验,发展了自己的循环经济理念与实践。从我国对循环经济的理解和探索实践看,发展循环经济的直接目的是改变高消耗、高污染、低效益的传统经济增长模式,走出新型工业化道路,解决复合型环境污染问题,保障"两个一百年"奋斗目标的顺利实现。所以,我国循环经济实践最先从工业领域开始,其内涵和外延逐渐拓展到包括清洁生产(小循环)、生态工业园区(中循环)和循环型社会(大循环)三个层面。

我国从 20 世纪 80 年代开始重视对工矿企业废物的综合利用,从末端治理思想出发,通过回收利用达到节约资源、治理污染的目的。到 20 世纪 90 年代,开始重视源头治理,在全国范围推行清洁生产。进入 21 世纪为加快循环经济的发展,探索一条可行的循环经济发展之路,在一些省、区、市开展循环经济工作的基础上,于 2005 年启动了循环经济试点工作。2005 年 7 月《国务院关于加快发展循环经济的若干意见》指出:开展循环经济试点工作,要紧紧围绕实现经济增长方式的根本性转变,以减少资源消耗、降低废物排放和提高资源生产率为目标,以技术创新和制度创新为动力,积极推进结构调整,加快技术进步,加强监督管理,完善政策措施,为建立比较完善的循环经济法律法规体系、政策支持体系、技术创新体系和有效的激励约束机制,制定循环经济发展中长期战略目标和分阶段推进计划奠定基础。截至 2008 年,我国共有 26 个省、区、市,33 个产业园区,钢铁、有色金属、电力等 84 个重点行业,再生资源利用、再生资源加工基地、废弃包装物、回收利用等 34 个重点领域开展了循环经济的试点工作,并取得了明显的成效。

在开展循环经济试点工作的同时,全国许多省区市也在积极研究相关政策,结合自身的实际,推动循环经济工作的开展。

2004 年国家发展和改革委员会提出,国家将从四个方面采取八项措施加快推动循环经济发展。四个方面:一是大力推进节能降耗,提高资源利用效率;二是全面推行清洁生产,从源头减少污染物的产生;三是大力开展资源综合利用,最大限度利用资源,减少废弃物的最终处置;四是大力发展环保产业,为循环经济发展提供物质技术保障。

2004 年 9 月在北京召开的全国循环经济工作会议,对我国发展循环经济的近期目标做了具体描述。这次会议确定了我国发展循环经济的近期目标:到 2010 年,我国将建立比较完善的循环经济法律法规体系、政策支持体系、技术创新体系和有效的激励约束机制;建立循环经济评价指标体系,制定循环经济发展中长期战略目标和分阶段推进计划。力争重点行业资源利用效率有较大幅度提高,形成一批具有较高资源利用率、较低污染排放率的清洁生产企业;在重点领域建立和完善资源循环利用体系和机制;形成若干符合循环经济发展模式的生态工业(农业)园区和资源节约型城市。全国资源利用率大幅度提高,污染物产生和排放量显著削减,为初步建立资源消耗低、环境污染少、经济效益好的国民经济体系和资源节约型社会奠定基础。

2009 年 1 月 1 日起施行的《中华人民共和国循环经济促进法》,是为了促进循环经济发展,提高资源利用效率,保护和改善环境,实现可持续发展而制定的法律。颁布实施《循环经济促进法》,是依法推进经济社会又好又快发展的现实需要,落实党中央提出的实现循环经济较大规模发展战略目标的重要举措。

2015 年我国再生资源产业总产值达到 1.8 万亿元,约占环保产业总产值的 40%。2017年 5 月 4 日,为贯彻党的十八届五中全会精神,落实"十三五"规划纲要,国家发展和改革委等 14 个部委联合印发了《关于印发〈循环发展引领行动〉的通知》,对"十三五"期间我国循环经济发展工作做出统一安排和整体部署,提出了"十三五"循环发展的主要发展目标:一是初步形成绿色循环低碳产业体系;二是基本建立城镇循环发展体系;三是基本构建新的资源战略保障体系;四是基本形成绿色生活方式。到"十三五"末的目标是:主要资源产出率比 2015 年提高 15%,主要废弃物循环利用率达到 54.6% 左右,一般工业固体废物综合利用率达到73%,农作物秸秆综合利用率达到 85%。据此测算,2020 年国内资源循环利用产业产值达到3 万亿元。

第三节　清　洁　生　产

清洁生产是将综合预防污染的环境策略持续应用于生产过程和产品中,以降低对人类和环境的风险性,以综合预防污染为目的,以节能、降耗、减污、增效为宗旨的环境战略。实施清洁生产,节约能源资源,淘汰落后工艺技术和生产能力,从源头控制环境污染,可以收到良好的经济、社会与环境的综合效果。生态工业是以清洁生产为导向的工业,企业实施清洁生产主要从清洁的能源、清洁的生产过程和清洁的产品来体现。

一、清洁生产概述

(一)清洁生产的定义

清洁生产(Cleaner Production,CP)含义的表述有多种,但其基本内涵是一致的,即对产品和产品的生产过程采取预防污染的策略来减少污染物的产生。

我国《清洁生产促进法》指出:清洁生产,是指不断采取改进设计、使用清洁的能源和原料、采用先进的工艺技术与设备、改善管理、综合利用等措施,从源头削减污染,提高资源利用效率,减少或者避免生产、服务和产品使用过程中污染物的产生和排放,以减轻或者消除对人类健康和环境的危害。

清洁生产在其发展的不同的阶段或不同的国家有着不同的称呼,如"废物减量化""无废工艺""污染预防"等。1989 年,联合国环境规划署与环境规划中心综合了各种说法,采用了"清洁生产"这一术语,给出了如下定义:清洁生产是一种新的创造性的思想,该思想将整体预防的环境战略持续应用于生产过程、产品和服务中,以增加生态效率和减少人类及环境的风险。

1992 年,《21 世纪议程》又对清洁生产做了如下定义:清洁生产是指既可满足人们的需要又可合理使用自然资源和能源并保护环境的实用生产方法和措施,其实质是一种物料和能耗最少的人类生产活动的规划和管理,将废物减量化、资源化和无害化,或消灭于生产过程之中。同时对人体和环境无害的绿色产品的生产亦将随着可持续发展进程的深入而日益成为今后产品生产的主导方向。

(二)清洁生产的内涵

清洁生产从本质上来说,就是对生产过程与产品采取整体预防的环境策略,减少或者消除它们对人类及环境可能的危害,同时充分满足人类需要,使社会经济效益最大化的一种生产模式。

根据清洁生产的定义,清洁生产内涵的核心是实行源削减和对生产或服务的全过程实施控制。从产生污染物的源头,削减污染物的产生,实际上是使原料更多地转化为产品,是积极的、预防性的战略,具有事半功倍的效果,对整个生产或服务进行全过程的控制,即从原料的选择、工艺、设备的选择、工序的监控、人员素质的提高,进行科学有效的管理以及废物的循环利用全过程的控制,可以解决末端治理不能解决的问题,从根本上解决发展与环境的矛盾。

(三)清洁生产的目标

清洁生产的基本目标是提高资源利用效率,减少和避免污染物的产生,保护和改善环境,保障人体健康,促进经济与社会的可持续发展。

清洁生产的具体目标:第一,通过资源的综合利用,短缺资源的代用,二次能源的复用,以及节能、降耗、节水,合理利用自然资源,减缓资源的耗竭,达到自然资源和能源利用的最合理化;第二,减少废物和污染物的排放,促进工业产品的生产、消耗过程与环境相融,降低工业活动对人类和环境的风险,达到对人类和环境的危害最小化以及经济效益的最大化。

(四)清洁生产的内容

清洁生产的内容有三个方面。

1.清洁的能源

清洁的能源有四项内容,即常规能源的清洁利用,如采用洁净煤技术、逐步提高液体燃料、天然气的使用比例;可再生能源的利用,如水力资源的利用;新能源的开发,如太阳能、风能的开发和利用;各种节能技术的创新和运用等。为了节约资源和能源,要不断开发节能技术,尽可能开发利用再生能源以及合理利用常规能源,采用各种方法对常规的能源采取清洁利用的方法,节能降耗。

2.清洁的生产过程

清洁的生产过程内容有:生产过程中要对原材料和中间产品进行回收;选用少废、无废工艺和高效设备,尽量少用、不用有毒有害的原料;减少或消除生产过程的各种危险性因素,如高温、高压、强震动等;对物料进行内部循环利用;推广简便、可靠的操作和控制;完善生产管理,提高效率,不断提高科学管理水平。

3.清洁的产品

清洁的产品内容有:产品设计应考虑节约原材料和能源,少用昂贵和稀缺的原料;产品在使用过程中以及使用后不含对人体健康和生态环境不利的因素;产品使用后易于回收、重复使用和再生;产品的包装要合理;产品具有合理的使用功能和合理的使用寿命;产品报废后易处理、易降解等。

(五)清洁生产的主体和客体

《清洁生产促进法》中规定了清洁生产的主体和客体。清洁生产对象为在中华人民共和国领域内,从事生产和服务活动的单位以及从事相关管理活动的部门。清洁生产主体,即负责部门为经济贸易行政主管部门负责组织、协调全国的清洁生产促进工作。其他相关部门负责有关清洁生产的促进工作。

二、清洁生产的产生与发展

(一)国际清洁生产的产生与发展

清洁生产源于 1960 年美国化学行业的污染预防审计。而"清洁生产"概念的出现,可追溯到 1976 年,当年欧共体在巴黎举行了"无废工艺和无废生产国际研讨会",会上提出"消除造成污染的根源"的思想;1979 年 4 月欧共体理事会宣布推行清洁生产政策;1984 年、1985 年、1987 年欧共体环境事务委员会三次拨款支持建立清洁生产示范工程。

20 世纪 70 年代末期以来,不少发达国家的政府和大企业都开始重视研究开发和采用清洁工艺,开辟污染预防的新途径,把推行清洁生产作为经济和环境协调发展的一项战略措施。杜邦化学公司是最典型的采用 3R 原则制造法的实例,该公司 1994 年生产造成的塑料废弃物和排放的大气污染物相对 20 世纪 80 年代末分别减少了 25% 和 70%。

1989 年,联合国环境署制定了《清洁生产计划》,开始在全球范围内推行清洁生产,全球先后有 8 个国家,包括美国、法国、丹麦、荷兰、澳大利亚等建立了清洁生产中心,推动着各国清洁生产不断向深度和广度拓展。

1992 年 6 月在巴西里约热内卢召开的"联合国环境与发展大会"上通过了《21 世纪议程》,号召工业提高能效,开展清洁技术,更新替代对环境有害的产品和原料,推动实现工业可持续发展。

自 1990 年以来,联合国环境署已先后在坎特伯雷、巴黎、华沙、牛津、首尔(原汉城)、蒙特利尔等地举办了六次国际清洁生产高级研讨会。在 1998 年 10 月韩国首尔(原汉城)第五次国际清洁生产高级研讨会上,出台了《国际清洁生产宣言》,提高了公共部门和私有部门中关键决策者对清洁生产战略的理解及该战略在他们中间的形象,它也将激励对清洁生产咨询服务的更广泛的需求。《国际清洁生产宣言》是对作为一种环境管理战略的清洁生产公开的承诺。

20 世纪 90 年代初,经济合作和开发组织(OECD)在许多国家采取不同措施鼓励采用清洁生产技术。自 1995 年以来,经合组织国家的政府开始把它们的环境战略针对产品而不是工艺。这一战略刺激和引导生产商和制造商以及政府政策制定者去寻找更富有想象力的途径来实现清洁生产。

进入 21 世纪后,发达国家清洁生产政策有两个重要的倾向:其一是着眼点从清洁生产技术逐渐转向清洁产品的整个生命周期;其二是从大型企业在获得财政支持和其他种类对工业的支持方面拥有优先权转变为更重视扶持中小企业进行清洁生产,包括提供财政补贴、项目支持、技术服务和信息等措施。

(二)我国清洁生产的产生与发展

20 世纪 80 年代中期全国举行的多次少废无废研讨会,提出了实施少废无废的清洁工艺。

1992 年 5 月,我国举办了第一次国际清洁生产研讨会,推出了"中国清洁生产行动计划(草案)"。

1992 年 6 月召开的"联合国环境与发展大会"通过了《21 世纪议程》,我国政府亦积极响应。1993 年 10 月召开的第二次全国工业污染防治会议上,明确了清洁生产在我国工业污染防治中的地位。

1994 年 3 月,国务院常务会议讨论通过了《中国 21 世纪议程——中国 21 世纪人口、环境与发展白皮书》,将清洁生产列为"重点项目"之一,专门设立了"开展清节生产和生产绿色产品"这一项目。

1995 年、1996 年我国先后颁布的《中华人民共和国固体废物污染环境防治法》《大气污染防治法》《水污染防治法》均明确规定:国家鼓励、支持开展清洁生产,减少污染物的产生量。

1996 年 8 月,国务院颁布了《关于环境保护若干问题的决定》,规定所有新改扩建和技术改造项目采用能耗小、污染物排放量少的清洁生产工艺。

1997 年 4 月,国家环保总局制定并发布了《关于推行清洁生产的若干意见》,要求各地环境保护主管部门将清洁生产纳入已有的环境管理政策中。

1998 年 11 月,国务院令(第 235 号)《建设项目环境保护管理条例》明确规定,工业建设项目应当采用能耗小、污染物排放量少的清洁生产工艺,合理利用自然资源,防治环境污染和生态破坏。中共中央十五届四中全会《关于国有企业改革若干问题的重大决定》明确指出,鼓励企业采用清洁生产工艺。

1999 年,全国人大环境与资源保护委员会将《清洁生产法》的制定列入立法计划。

1999 年 5 月,国家经贸委发布了《关于实施清洁生产示范试点的通知》,选择试点行业开展清洁生产示范和试点。与此同时,各省、区、市也制定和颁布了地方性的清洁生产政策和法规。

2002 年 6 月 29 日第九届全国人大常委会第 28 次会议通过《中华人民共和国清洁生产促进法》,2003 年 1 月 1 日起施行。《清洁生产促进法》是我国对生产过程的环境立法,可以说《清洁生产促进法》是我国清洁生产和循环经济的里程碑。虽然清洁生产的实施为我国在污染减排、废物减量方面做出了一定的贡献,但我国的清洁生产尚处于探索阶段,实施清洁生产的各方面工作有待于进一步发展。

2012 年 2 月 29 日第十一届全国人民代表大会常务委员会第二十五次会议通过《全国人民代表大会常务委员会关于修改〈中华人民共和国清洁生产促进法〉的决定》,自 2012 年 7 月 1 日起施行。

三、清洁生产的推行

自 1993 年政府开始逐步推行清洁生产工作以来,在联合国环境规划署、世界银行的援助和许多外国专家的协助下,我国启动和实施了一系列推进清洁生产的项目,清洁生产从概念、理论到实践在我国广为传播。通过实施清洁生产,社会生产普遍取得了良好的经济效益和环境效益。

《清洁生产促进法》第二章中规定了清洁生产的推行,对政府及有关部门明确规定了支持、促进清洁生产的责任。清洁生产是国民经济整体战略部署与规划管理的一部分,需要各行各业共同努力和各部门的通力合作,为此,各有关部门应进行机构功能调整和职能的完善,制定可操作性强的推行计划,以适应清洁生产的需求。

(一)纳入整体规划

清洁生产是在经济生产中渗透环保策略的,将清洁生产纳入国民经济和社会发展规划中是很有必要的,一方面可以在经济发展的整体进程中,节约资源和能源,避免环境污染;另一方面可以加强企业对于清洁生产的重视,因此,要逐步科学合理地将清洁生产策略纳入环境保护、资源利用、产业发展、区域开发等规划当中。

(二)制定可操作性政策

清洁生产的推行需要政策的支持,包括指导性、鼓励性和强制性政策等。指导性政策,即清洁生产主管部门对企业进行清洁生产引导,并提供相应的信息和技术指导,以逐步推行清洁生产的实施。鼓励性政策,为实施清洁生产的企业适当地提供技术设备支持和一定的资金支持,对积极采取清洁生产措施的企业进行减免税款、表彰和奖励。强制性政策,对于应当采取清洁生产措施的企业进行强制执行,对应当采取清洁生产措施而拒不为之的企业,给予处罚并通报。

(三)开展清洁生产试点工作

清洁生产试点工作是开展清洁生产的有效方式之一,在促进清洁生产的推广方面意义重大,在政府部门的带领和指导下,一方面可以有效地带动企业全面推行和实施清洁生产,逐步让企业了解清洁生产的重要性,使其成为企业的自觉行为;另一方面可以在逐步探索中建立区域经济可持续发展的清洁生产长效运行机制和管理服务体制。

(四)指导与监督

清洁生产是一项专业性强的环保策略,尤其是在环保设计、清洁生产工艺、技术和评价方面。在进行清洁生产过程中,企业往往由于认识不够而陷入误区,因此,除进行有效的宣传教育和技术培训以外,政府有关部门要建立企业清洁生产的指导机构,协助和督促企业进行清洁生产。

(五)清洁生产审核

清洁生产审核是对于清洁生产的有效评价和诊断,也是推行清洁生产的有效环节之一,因此做好清洁生产审核可以保障清洁生产工作的有效进行。

四、清洁生产的支持保障体系

(一)清洁生产宣传与培训

清洁生产涉及工艺、设备、过程控制和管理等相关专业,因此,进行相关的岗位再培训和普及性宣传教育很有必要。

首先,要对负责清洁生产的相关部门进行大力提倡,让政府了解清洁生产的重要性,这样才能有效地开展清洁生产。另外,对部门负责人员进行宣传教育和岗位培训,使各部门成员领悟清洁生产的内涵以及本部门的主要职责和工作内容,提高各级管理人员的综合素质和业务技能,适应推行清洁生产工作的需要。

其次,要对企业进行清洁生产教育,企业是清洁生产的主要对象,在企业内部推行清洁生产可以收到良好的经济与环境的综合效果,对企业的负责人和职工进行清洁生产教育,培养清洁生产意识很有必要,要通过各种方式增加企业负责人和职工的清洁生产的知识,提高技术水平和管理水平,掌握清洁生产技术和方法,适应清洁生产的要求。

最后,对社会层面进行清洁生产宣传和教育。通过各种手段和舆论传媒,开展各种层次的清洁生产的社会宣传,以提高公众的环境意识和对清洁生产的了解,提高公众和社会各界对清洁生产的认识,普及清洁生产的知识。通过宣传,提高公众环境意识,引导绿色消费,改善公众的消费行为。通过市场力量迫使企业进行清洁生产,带动整个社会参与清洁生产。

(二)清洁生产指标的合理性

清洁生产各项指标的合理性是有效实施清洁生产的关键之一,企业清洁生产评价指标体系从生产这个始端到排污这个终端的全过程对企业起到监督、管理、指导、评价的作用。清洁生产指标的应用领域包括:清洁生产法律法规、指导企业加强管理、清洁生产分析、清洁生产审核、清洁生产信息交流等,建立科学合理的清洁生产指标体系,是推行清洁生产的必要工具,并且要不断调整修正。

为贯彻和落实《清洁生产促进法》,评价企业清洁生产水平,指导和推动企业依法实施清洁生产,国家发展和改革委已组织编制了一些重点行业的清洁生产评价指标体系,如制浆造纸行业清洁生产评价指标体系、火电行业清洁生产评价指标体系、机械行业清洁生产评价指标体系、水泥行业清洁生产评价指标体系等。这些重点行业的清洁生产评价指标体系针对性强,对重点行业的清洁生产具有重要的促进作用。

(三)全员参与

实施清洁生产不仅需要政府的促进和企业的自律,更需要企业的全员参与。《清洁生产促进法》要求鼓励企业全员参与清洁生产,全员参与企业生产监督、产品监督、服务监督是推进清洁生产的重要措施。因此,要大力提倡全员参与清洁生产工作,首先,要促进政府、企业的环境信息公开,积极引导广大员工参与评判和监督企业的清洁生产以及政府的相关清洁生产政策、措施进行评判和监督。其次,应当运用各种手段和舆论传媒,开展各种层次的清洁生产社会宣传,以提高全员的环境意识和对清洁生产的了解,鼓励公众参与清洁生产积极性。最后,鼓励和扶持社会中介组织和民间环境保护团体参与清洁生产,使环境保护非政府组织合理地参与到清洁生产工作中来。

五、清洁生产与环境管理体系 ISO 14000

(一)ISO 14000 环境管理体系

1. ISO 14000 环境管理体系概述

ISO 14000 环境管理系列国际标准,是国际标准化组织(ISO)于 1996 年开始发布的环境管理领域的国际标准。该系列标准的产生顺应了国际环境保护的发展需求,是全球经济一体化的必然趋势。

国际标准化组织(ISO)是世界上最大的非政府性国际标准化机构,其主要活动之一就是制定各行业的国际标准,协调世界范围的标准化工作。1993 年 6 月,国际标准化组织环境管理技术委员会(ISO/TC 207)正式成立,着手 ISO 14000 环境管理系列标准的起草工作。

ISO 14000 系列标准一经问世,即在全球范围内掀起一股实施认证热潮,200 多个国家和地区直接将国际标准转化为本国标准。许多企业和政府组织通过了其核心标准——ISO 14001 环境管理体系(EMS)的认证,且数量还在不断增加。发达国家或以外向型经济为主的国家、地区实施成效较为显著,如日本、欧盟国家、美国等,行业类型多为化工、石化、造纸、电子等。我国对 ISO 14000 系列标准做出了积极反应,获认证组织数量、获国家认可的环境管理体系认证机构、获备案资格的认证咨询机构不断增加,获得认证的企业覆盖机械、冶金、化工、煤炭、建材和电子等多种行业经济类型。

国际标准组织认为:ISO 14000 环境管理体系是整个管理体系的一部分,管理体系的这一部分包括制定、实施、实现、评价和持续环境政策所需要的组织结构、规划活动、责任、实践、步骤、流程和资源。ISO 14000 环境管理体系旨在指导并规范企业(及其他所有组织)建立先进的体系,引导企业建立自我约束机制和科学管理的管理行为标准。

2. ISO 14000 环境管理体系的内容

ISO 14000 环境管理体系主要通过建立、实施一套环境管理体系,达到持续改进、预防污染的目的。其核心内容包括持续改进、污染预防、环境政策、环境项目或行动计划,环境管理与生产操作相结合,监督、度量和保持记录的步骤;纠正和预防行动环境管理体系(EMS)审计、管理层的评审;厂内信息传播及培训厂外交流等。

ISO 14000 系列标准引入"预防为主"的思想,从源头入手采取措施进行全过程的污染防治。它要求组织识别活动、产品和服务中具有或可能具有潜在环境影响的因素,还要求注重对其他环境管理工具的应用。生命周期分析和环境行为评价方法将环境方面的考虑纳入产品的最初设计阶段和企业活动的整体策划过程,这样就为一系列决策的提高提供了有力的支持,为污染预防提供了可能。

ISO 14000 系列标准始终要求组织应满足适用的法律法规和其他要求,并建立相应的管理程序以保证获取渠道畅通。此外,标准还强调管理的动态性,即通过 PDCA 循环来实现环境管理的持续改进。不但包括整个管理体系的持续改进,而且包括组织环境绩效的持续改进。

所以,ISO 14000 环境管理体系是企业为提高自身环境形象、减少环境污染选择的一个管理性措施。企业一旦建立起符合 ISO 14000 环境管理体系的政策并经过权威部门认证,不仅可以向外界表明自己的承诺和良好的环境形象,而且可以从企业内部开始实现一种全过程科学管理的系统行为。

(二)清洁生产与 ISO 14000 环境管理体系的关系

清洁生产是一种新的、创造性的、高层次的,包含性极大的、哲理性很强的环境战略思想。而 ISO 14000 环境管理体系是一种操作层次的、具体性的、界面很明确的管理手段。ISO 14000 环境管理体系与其他管理体系有良好的兼容性。环境管理体系是组织全部管理体系的组成部分,因此,环境管理体系标准与组织的质量管理体系、职业健康与安全管理体系等标准都遵循共同的管理体系原则,只是各要素的应用会因不同的目的和不同的相关方而异。由于 ISO 14000 系列标准借鉴了 ISO 9000 系列标准的管理模式,使得组织有可能在采用了其中一个体系标准的情况下,在其基础上将另一体系的标准结合进来。ISO 14000 环境管理体系适用于任何规模的组织,也可以与其他管理要求相结合,帮助企业实现环境目标与经济目标。

从企业层次看,清洁生产能够给企业带来直接的经济效益,用较低的投入削减较多量的污染物;通过清洁生产和环境工程措施实现污染物排放达标控制;提高管理水平,全方位改善企业的环境形象,在国家认可的有资格的清洁生产指导中心和清洁生产环境审核工程师的指导下,围绕三个效益,持续发展,不断推动企业技术行政进步,使之成为一种企业前进的永恒动力。而实施 ISO 14000 环境管理体系,企业必须定期进行内部评审,还需要有第三方认证机构对其进行规范的、有权威的认证。经过认证的企业可以获得对外公布良好形象的证明,以此证明在贸易、贷款、产品、信誉等方面获得良好环境形象与企业形象来增加经济收益。现代企业把清洁生产这种永恒的动力和国际公认的 ISO 14000 的认证结合起来,相辅相成。

从技术内涵看,企业清洁生产审计的技术内涵比较广泛,从无毒原料替代,改进工艺流程,优化仪器设备,强化企业管理,提高全员素质等方面进行全程核查,提出经济可行的备用方案付诸实施,以实现持续性预防污染。而 ISO 14000 环境管理体系的技术内涵一般表现在环境因素的分析上,更多的是管理方面的内容,其核心就是建立符合国际规范的标准化环境管理体系,其着眼点在管理运行机制的建立上。

从预期目标看,清洁生产审计是以节能、降耗、减污、提质、增效为目标的持续清洁生产。而 ISO 14000 环境管理体系则是通过一个运作良好的体系,对环境因素实行不断控制和将这种控制有序化,在获得第三方认证后取得向公众展示的证明。

从实施角度看,实施了清洁生产审计的企业,不能认为通过了 ISO 14000 的认证。同样,通过了 ISO 14000 认证的企业也不能认为实施了清洁生产审计。两者可以分开进行,也可以相互依托地并轨实施,但不能相互替代。

ISO 14000 环境管理体系是实现清洁生产思想的手段之一,清洁生产是整个经济社会追求的目标。实施清洁生产不能脱离一个完整的 ISO 14000 环境管理体系的支持与保证,同时,ISO 14000 环境管理体系支持着清洁生产持续实施且不断地丰富着清洁生产思想的具体内容。

六、清洁生产审核

(一)清洁生产审核的定义

2016年发布的《清洁生产审核办法》规定:清洁生产审核,是指按照一定程序,对生产和服务过程进行调查和诊断,找出能耗高、物耗高、污染重的原因,提出减少有毒有害物料的产生、使用,降低能耗、物耗以及废物产生的方案,进而选定技术经济及环境可行的清洁生产方案的过程。

清洁生产审核是对现在的和计划进行的生产和服务实行预防污染的过程诊断和评估程序。审核对象是所有从事生产和服务活动的单位以及从事相关管理活动的部门。审核主体是环境保护主管部门。

(二)清洁生产审核原则

《清洁生产审核办法》中确定了清洁生产审核的原则。

1. 以企业为主体

清洁生产审核的对象是企业,审核是围绕企业开展的,清洁生产审核要根据企业的规模、产品、排污类型、排污特点、所在区域等进行具体分析,做出合理的评价。

2. 自愿审核与强制审核相结合

对污染物排放达到国家和地方规定排放标准以及总量控制指标的企业,可按照自愿的原则开展清洁生产审核。而对于污染物排放超过国家和地方规定标准或者总量控制指标的企业,以及使用有毒、有害原料进行生产或者在生产中排放有毒有害物质的企业,应依法强制实施清洁生产审核。

3. 企业自主审核与外部协助审核相结合

企业可以在内部进行自主审核,也可以委托外部中介机构协助审核,只要能够提供审核材料,配合有关部门进行清洁生产审核即可。

4. 因地制宜、注重实效、逐步开展

不同地区、不同行业的企业在实施清洁生产审核时,应结合本地情况,因地制宜地开展工作。

(三)清洁生产审核原理

清洁生产审核原理主要体现在三个方面:一是,通过现场调查和物料平衡找出废弃物的产生部位并确定产生量,即明确废弃物在哪里产生;二是,要求分析产品生产过程的每个环节,如图11-3所示,即分析为什么会产生废弃物;三是,针对每一个废弃物产生原因,设计相应的清洁生产方案,包括无/低费方案和中/高费方案,方案可以是一个、几个甚至几十个,通过实施这些清洁生产方案来消除这些废弃物产生原因,从而达到减少废弃物产生的目的,即如何消除这些废弃物。

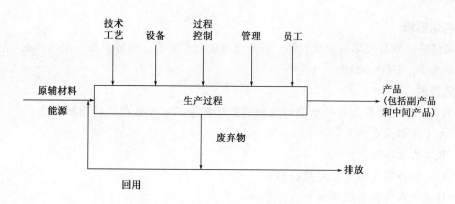

图 11-3 清洁生产的基本途径

(四)清洁生产审核程序

《清洁生产审核办法》第十四条规定了清洁生产审核程序,清洁生产审核程序原则上包括审核准备、预审核、审核、方案的产生和筛选、方案的确定、方案的实施、持续清洁生产等。

1. 审核准备

开展培训和宣传,成立由企业管理人员和技术人员组成的清洁生产审核工作小组,制定工作计划。

2. 预审核

在对企业基本情况进行全面调查的基础上,通过定性和定量分析,确定清洁生产审核重点和企业清洁生产目标。

3. 审核

通过对生产和服务过程的投入产出进行分析,建立物料平衡、水平衡、资源平衡以及污染因子平衡,找出物料流失、资源浪费环节和污染物产生的原因。

4. 方案的产生和筛选

对物料流失、资源浪费、污染物产生和排放进行分析,提出清洁生产实施方案,并进行方案的初步筛选。

5. 方案的确定

对初步筛选的清洁生产方案进行技术、经济和环境可行性分析,确定企业拟实施的清洁生产方案。

6. 编写清洁生产审核报告

清洁生产审核报告应当包括企业基本情况、清洁生产审核重点与目标、清洁生产方案汇总和可行性分析及预期效益分析、清洁生产方案实施与结果分析、持续清洁生产计划等。

复习思考题

1. 名词解释

低碳经济　物质闭环流动型经济　物质线性流动型经济　静脉产业　动脉产业　3R 原则
清洁生产　ISO 14000

2. 选择题

(1)(　　　)是世界上第一个全面控制二氧化碳等温室气体排放的国际公约。

　　A.《京都议定书》

　　B.《巴厘路线图》

　　C.《联合国气候变化框架公约》

　　D.《哥本哈根会议决议》

选择说明：

(2)下列对"低碳经济"的理解,不正确的是(　　　)。

　　A. 低碳经济是一种以可持续发展理念为指导,以低能耗、低污染、低排放为基础的经济发展形态

　　B. 低碳经济强调技术创新,研究如何利用新技术减少温室气体排放,减缓气候变暖的进程,从而保护我们的生存空间

　　C. 低碳经济注重新能源的开发利用,主张用核、水、风、太阳能等新型能源逐步取代煤炭石油等高碳能源

　　D. 低碳经济重视产业转型,主张通过产业结构调整,降低重化工业比重,提高现代服务业的权重

选择说明：

(3)循环经济是指(　　　)。

　　A. 以物质闭环流动为特征且以资源化或以再生利用为原则的经济模式

　　B. 既关注经济活动的生态后果,又关注经济运行机制本身的经济模式

　　C. 物质和能源在"资源-产品-再生资源"反馈式流程中得到合理和持久利用的经济模式

　　D. 把物质和能源从生态系统中加以提取,然后又把所产生的垃圾返回生态系统的经济模式

选择说明：

(4)组织协调、监督管理全国循环经济发展工作,由国务院(　　　)负责。

　　A. 国家发展和改革委

　　B. 环境保护主管部门

　　C. 循环经济发展综合管理部门

　　D. 各有关主管部门

选择说明：

(5)循环经济运行原则不包括(　　　)。

　　A. 减量化　　　　B. 再利用　　　　C. 再循环　　　　D. 资源化

选择说明：

3. 论述题

（1）简述国际应对气候变化发展进程及其重要的文件。

（2）简述循环经济的主要特征。

（3）简述循环经济的实现形式。

（4）简述清洁生产的内容。

（5）如何进行清洁生产审核？

第十二章

环保产业与环保融资

产业是社会生产力不断发展的必然结果,随着社会生产力水平不断提高,产业的内涵不断充实,外延不断扩展。环保产业就是一个跨产业、跨领域、跨地域、与其他经济部门相互交叉、相互渗透的综合性新兴产业。发展环保产业是实现生态文明建设和可持续发展必不可少的物质基础和技术保障。将多种融资模式与融资方式运用在包括发展环保产业在内的整个环保领域,建立健全绿色金融体系,动员和激励更多社会资本投入到绿色产业,支持和促进生态文明建设,顺应污染治理集约化、企业化、社会化和专业化发展的潮流,不仅有助于加快我国经济向绿色化转型,也有利于促进环保、新能源、节能等领域的技术进步,加快培育新的经济增长点,提升经济增长潜力。

第一节 环保产业概述

进入 21 世纪,全球环保产业开始进入快速发展阶段,逐渐成为支撑经济增长的重要力量,并正在成为许多国家调整产业结构的重要目标和关键。随着我国经济及城市化进程和工业化进程的持续快速发展,国家对环境保护的重视程度也越来越高,环保基础设施的建设投资力度加大,环保产业总体规模迅速扩大,产业领域不断拓展,产业水平明显提升,这些变化不但支撑着环境保护的需求,也有力拉动了相关产业的市场需求。

一、环保产业的概念

(一)产业

产业的含义具有多层性。产业经济学认为,产业是提供相近商品或服务,在相同或相关价值链上活动的企业所共同构成的企业集合。简单地说,产业是同类企业的总和。产业的概念可以从两个方面来理解:首先,产业是社会分工的产物,产业在人类生产发展历史上并不是一开始就存在的,而是在生产发展的过程中、在社会分工发展的基础上逐步形成和发展起来的,是分工协作发展的结果;其次,产业是一个特殊的集合体,说它特殊,是因为产业是一个既不属于微观经济范畴、也不属于宏观经济范畴的中间体。也就是说,产业既不研究企业行为、消费者习惯,也不研究宏观的财政货币政策。产业是具有同类属性的企业经济活动的集合。

从需求角度来说,产业的属性和特征表现为具有同类或相互密切竞争、替代关系的产品和服务;从供给角度来说,产业的属性和特征表现为具有类似生产技术、生产过程、生产工艺等特征的物质生产活动或类似经济性质的服务活动。

(二)环保产业

环保产业(Environmental Protection Industry)是随着环境保护事业的发展而兴起的新兴产业。环保产业是由经济合作和发展组织(OECD)的发达国家首先发展起来的。这些国家对环保产业的称呼不完全相同,如日本称为生态产业(Eco-industry),美国称为环境产业(Environment Industry)。称呼虽有差异,但其所阐述的内容基本是一致的。OECD 对环保产业的定义有两种:一种是狭义的定义,认为环保产业是为污染控制和减排、污染清理及废弃物处理等方面提供设备和服务的行业,即所谓的传统环保产业或直接环保产业;另一种是广义的定义,认为环保产业既包括能够在测量、防止、限制及克服环境破坏方面生产提供有关产品和服务的企业,也包括能使污染和原材料消耗量最小量化的清洁技术和产品。欧洲一些国家,如德国、意大利、挪威、荷兰等基本上采用狭义的定义,日本、加拿大等国家采用广义的定义,而美国采用的定义居于两者之间。尽管许多国家对环保产业的定义不尽相同,但有两点已达成共识:一是环保产业的狭义定义被认为是环保产业的核心;二是认为环保产业的广义定义与全球环境保护的趋势相适应,也将是一种必然的趋势。

在我国,对环保产业的定义基本沿用 OECD 的定义方法,也有狭义和广义之分。狭义定义范围的界定与 OECD 的定义是一致的,而广义范围的界定则是依据 1990 年国务院《关于积极发展环境保护产业的若干意见》(国办发〔1990〕64 号)文件,该文件明确规定:环境保护产业是国民经济结构中,以防治环境污染、改善生态环境、保护自然资源为目的所进行的技术开发、产品生产、商业流通、资源利用、信息服务、工程承包、自然保护开发等活动的总称,是防治环境污染、改善生态环境和保护自然资源的物质基础和技术保障。广义的环保产业不仅包括了狭义的环保产业的内容,而且在此基础上增加了清洁技术、清洁产品和生态环境建设等内容。有些国家把增加的部分称为间接环保产业,有的国家称为绿色产业(Green Industry)。

由此可以看出,狭义的环保产业主要针对环境问题的"终端治理",而用于终端治理的产品和服务,其使用功能和环境功能往往是一致的。如消烟除尘设备,它的使用功能就是对烟尘的处理,这也恰恰就是它的环境功能。而广义的环保产业,其使用功能和环境功能不尽相同。例如,生态园区的建设,使用功能是改善生态环境,这与其环境功能是相一致的,但是对于清洁技术和清洁产品就不一定是相同的,采用清洁技术生产的产品不一定是清洁产品,而清洁产品不一定是采用清洁技术生产出来的。例如无铅汽油,只是对原来的有铅汽油进行再加工,其使用功能依然是燃烧驱动发动机,而环境功能则是减少环境污染,使用功能和环境功能是不相同的。

环保产业的产业边界和产业内容有着相当的模糊性,环保产业的渗透性广泛而深入。这是因为:第一,许多环保产品和服务往往是由其他经济门类生产和提供的;第二,许多环保产品,尤其是清洁技术和清洁产品具有复合功能,一方面它们保持了所替代的原有技术和产品的使用功能;另一方面它们又增添了原有技术和产品不具备的环境安全功能,这是环保产品的边界和内容模糊性的主要原因,这使得环保产业广泛渗透于第一、二、三产业。因此,国际上还没有对环保产业的产业边界和产业内容进行界定,对环保产业的范围也没有统一的规定,这为环保产业的国际标准化以及环保产业的国际可比性带来了困难。

由于环保产业的范围和内容的准确、恰当界定存在困难,我国在2001年也开始使用"环境保护相关产业"这一术语。环境保护相关产业是指国民经济结构中为环境污染防治、生态保护与恢复、有效利用资源、满足人民的环境需求,为社会、经济可持续发展提供产品和服务支持的产业。

我国环保产业主要倾向于三个方面,即环保产品的生产和经营、资源的综合利用以及环境服务。环保产品的生产和经营主要是指大气污染治理设备、水污染治理设备、固体废弃物处理处置设备、噪声控制设备、放射性与电磁波污染防护设备、节水设备、生态环境保护装备、清洁生产设备、环境检测分析仪器仪表、清洁产品、环保药剂和材料等的生产和经营。资源综合利用主要包括"三废"综合利用及废旧物资回收利用。环境服务主要是指为环境保护提供的技术、管理与工程设计、施工等各种服务,其中环保技术服务包括环境咨询、信息服务、环境影响评价、环境监测、污染设备市场化运营等方面。我国环保产业内涵扩展的方向将主要集中在洁净技术、洁净产品、环境服务等方面,环保产业的概念也将扩展演变为环境产业、绿色产业。

国际绿色产业联合会(International Green Industry Union,IGIU)关于绿色产业的定义:绿色产业是指在生产过程中,基于环保考虑,借助科技及绿色生产机制,力求节约资源及减少污染(节能减排)的产业。绿色产业已成为经济发展的主色调,而绿色产业的主力军则是环保产业。在我国,"绿色"作为五大发展理念之一,对应的绿色发展模式具体来说包括以下几个要点:一是要将环境资源作为社会经济发展的内在要素;二是要把实现经济、社会和环境的可持续发展作为绿色发展的目标;三是要把经济活动过程和结果的"绿色化""生态化"作为绿色发展的主要内容和途径。

(三)环保产业的分类

环保产业的范畴广泛,按照不同的目的和要求,可以将其进行多种角度的分类。

1.按照三种产业划分

环保产业广泛渗透于第一、二、三产业,这是在其他产业的发展中逐步形成并与其他产业共同发展的一种特殊的产业体系。因此,依据三种产业划分的标准,环保产业的内容也相应地划分为第一、二、三产业,如自然资源保护属于第一产业,环保产品的生产属于第二产业,环境咨询等属于第三产业。

2. 按照从事环保的专业化程度划分

环保产业分为专门环保产业和共生环保产业。专门环保产业是指企业的主营业是开发环保技术、设计环保工程、生产环保产品和提供环保服务。共生环保产业分为两种：一种是主营业中有但不局限于环保产品、环保技术和环保服务，如机械制造公司除生产环保设备外还生产其他机械制品；另一种是主营业与环境保护无直接关系，但是其生产的产品和提供的服务对环境无害或少害，如无氟冰箱的生产。

3. 按照环保产业的工作内容和产品划分

环保产业主要有三个方面：一是环保设备（产品）生产与经营，主要是各种污染治理、处置、控制、防护的设备、仪器、药剂等；二是资源综合利用，指利用废弃资源回收的各种产品，进行综合利用；三是环境服务，指为环境保护提供技术、管理与工程设计和施工等各种服务。

4. 按照环境问题的类别划分

环境问题主要分为环境污染和环境破坏，环境保护活动亦形成污染治理和生态资源保护两大领域。相应地，环保产业也可划分为污染防治产业和生态资源保护产业，其中污染防治产业包括污染预防产业和污染治理产业。

5. 按照产品生命周期理论以及产品和服务环境功能划分

环保产业可分为自然资源开发与保护型、清洁生产型、污染物控制型和污染治理型环保产业（图 12-1），这种分类方法有利于进行投入产出分析。

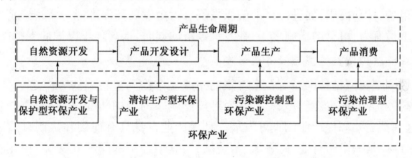

图 12-1 产品生命周期与环保产业类型的关系

（四）环保产业的特点

环保产业具有双重性质，既具有环境公益性，也具有经济活动性。环保产业的效益特点是社会效益高于经济效益、间接效益大于直接效益、长期效益重于短期效益。环保产业不像其他通过市场竞争追求利润最大化而以短期效益为目的一般产业，它是以整体和长远利益为出发点，对社会、经济和生态环境的主要贡献就是避免环境与资源的损失，从而实现经济的健康发展。这也决定了环保产业具有不同于一般产业的特点：

（1）环保产业是一个存在正外部性的产业。环保产业的发展给产业以外的行为主体带来了有利的影响，即环保产业在创造经济价值的同时，也带来了广泛的社会效益，同时也产生了良好的环境效益，保护了人类赖以生存的生态环境，实现了经济效益、环境效益和社会效益的统一。

（2）环保产业是一个关联性很强的产业。它通过与其他产业的投入产出关系，渗透在国民经济的相关领域,利用自身的特点带动相关产业的技术进步和转型发展,如机电、钢铁、有色金属、化工产品等行业的可持续性发展。

(3)环保产业是一个具有公益性的产业。环保产业是有益于环境的活动,而且是独体投资,多方受益。环保产业的公益性将环保产业和单纯追求经济效益的人类活动区分开来,尤其在提供环境基础设施和公共环境服务的非竞争性和排他性领域,环保产业的公共产品的特征更加突出。

(4)环保产业是政府行为和市场行为相互作用的产业。环保产业的外部性和公益性又决定了环保产业的发展必须有政府的调控和干预,受到法规、政策的规范和保障。环保产业的边际利润率低于其他产业,有些环保产业甚至无利润或者亏损,国家对环保产业的鼓励和扶持是必要的。同时作为产业,环保产业必然要以市场经济为基础,具有经济活动的一般特征,即它也是按照市场规律运行的,要考虑自身的盈利和经济效益。

(5)环保产业是高新技术和环境保护的结合点。高新技术为环境保护提供技术支持,环保产业用高新技术解决人类活动对生态环境造成的损害和破坏,实现经济与环境的协调发展。环保产业涉及面很广,但都必须建立在专业化和高新技术的基础上。随着科学技术的发展,生物技术、信息技术等都将应用于环保产业。

(五)发展环保产业的重要性

1. 实现经济增长与环境保护协调发展

发展环保产业一方面为污染防治、生态保护提供先进的技术、装备和产品,另一方面可以有效地启动市场,拉动需求,促进经济的健康发展。大力发展环保产业是实现经济增长和环境保护协调发展最有力、可行的措施之一,在发展经济的同时,提高环境保护的支持能力。

2. 促进经济结构调整转型与经济良好发展

经济结构调整转型是各国经济社会发展的主线。结构调整转型的方向之一是:产业结构向技术水平高、资源消耗少、经济效益好且对环境影响小的结构转变,进而实现产业结构的优化和升级,这些都需要环保产业的良好发展。环保产业自身具有连接和协调自然和经济的特殊性质,环保产业是一个跨行业、跨领域、跨地域,与其他经济部门相互交叉、相互渗透的综合性新兴产业。所以,环保产业的良好发展关系到其他产业的良好发展,也直接影响着国民经济的良好发展。

3. 引导社会生活方式和消费方式向着可持续性方向转化

环保产业为全社会环境意识的提高创造物质条件,这种提高体现在社会观念层面,又体现于物质消费层面。它倡导一种简朴的,与自然相和谐的生存方式,倡导一种适度的没有环境代价的消费方式。社会行为的绿色化逐步发展为一种自觉行为,由社会时尚发展为社会规范,由一种道德约束发展为制度约束,这是人类发展的可持续方向。

二、我国环保产业的发展状况

(一)我国环保产业的发展过程

1990 年 11 月,国家发布了《关于积极发展环境保护产业的若干规定》,为我国环保产业的发展奠定了政策基础;1992 年 4 月,国务院环境保护委员会委托国家环保局召开全国第一次环保产业会议,明确了我国环保产业发展的指导思想和基本方向,促进了我国环保产业的快速发展。

"九五"期间,随着环保事业的不断发展,我国环保产业经历了从量变到质变的过程。在经济快速发展的同时,加快了产业结构的调整步伐,可持续发展和循环经济战略在国民经济中得到加强。环保产业发展基本走过了以"三废"治理为特征的发展阶段,朝着有利于改善经济质量、促进经济增长、提高经济档次的方向发展。我国的环保产业已初具规模,产业领域不断扩大,技术水平不断提高,为治理污染、改善生态环境提供了一定的技术支持和物质基础。我国的环保产业在这一阶段得到快速发展,并逐步形成一个独立的综合性的新兴产业,具备初步的产业规模,对我国的环保事业发展发挥了重要作用。至 2000 年底,全国已有一万八千多家企事业单位专营和兼营环保产业,从业人数达 300 多万人,固定资产总值达 8484.7 亿元。2000 年全国环保产业年收入总额 1689.9 亿元。

"十五"期间,由于国家加大了环保基础设施的建设投资,有力拉动了相关产业的市场需求,环保产业总体规模迅速扩大,产业领域不断拓展,产业结构逐步调整,产业水平明显提升。2002 年我国环保产业年产值达 2200 亿元,环保产业总体年均增长速度约达 25%,已形成门类齐全、领域广泛、具有一定规模的产业体系,成为国民经济结构的重要组成部分。

"十一五"期间,我国环保产业继续高速增长,增速进一步提高,环保产业年均增长率达 15% 以上。2006 年全国环境保护相关产业从业单位约 3.5 万家,从业人员约 300 万人,年产值约 6000 亿元,实现利润约 520 亿元。2010 年环保产业的年收入总值近 10000 亿元,其中资源综合利用产值约 6600 亿元,环保装备产值约 1200 亿元,环境服务产值约 1000 亿元。

党的十八大以来,生态文明理念和一系列生态环境保护的重要政策,推动了环保产业的不断发展。"十二五"以来,国家对于环境污染治理力度前所未有,环境保护被提高到生态文明的高度,建立美丽中国已经成为实现中国梦的重要组成部分,支持环保产业发展的政策密集出台。环保产业各领域均取得长足进步和跨越式的发展。环保装备产品和服务性能、质量大幅度提高,产生了一大批具有核心竞争力的环保装备和产品,部分达到国际先进水平。环境服务业高速增长,环保装备门类齐全的产品体系已经形成。我国作为世界最大的环保市场,其使用的 90% 以上的技术装备和工程技术服务供给均实现本地化。环保装备和产品已经出口到 70 多个国家和地区。环保产业投资成倍增长,融资能力提高,资金来源多样化,规模以上环保装备制造企业 2015 年资金来源合计是 2010 年的 6.9 倍。

"十二五"期间的规划目标全面提前实现。2015 年污染减排科技贡献率达 55% 以上。环保装备安装使用率迅速提高,截至 2015 年底,我国的城镇污水日处理能力由 2010 年的 1.21 亿 t 增加到 1.82 亿 t,已成为全世界污水处理能力最大的国家之一;环保装备制造业产值已超过 5556 亿元,超额完成《节能环保产业"十二五"发展规划》规定的发展目标。我国环保企业数量 10 年翻四番,2014 年突破 50000 家,实现产值 15000 亿元,产值与 2010 年相比增长 50%,从业人数达 300 万人以上,超额完成发展目标。2014 年,A 股上市环保公司总收入规模达到 791 亿元,较 2010 年相比,A 股上市环保公司总收入规模增长 87.6%。与环境相关的服务贸易活动的环境服务业扩展到技术服务、环境咨询服务、污染治理设施运营管理、废旧资源回收处置、环境贸易与金融服务、环境功能及其他环境服务六类。"十二五"期间环境服务业主要经济数据年均增速超 30%,高于环保产业平均增长速度。截至 2015 年产值达 5700 亿元,在环保产业中占比超过 37%，较"十一五"期间增长 146.7%。从投融资机制来看，对环保产业影响最大的是地方政府投融资模式的调整。为配合《预算法》实施，2014 年以来多项涉及地方融资和预算管理的文件出台，所需融资按一定比例转而通过 PPP 和混合所有制的方式引入社会资本来盘活，远超出之前特许经营的范围。

"十二五"以来，我国环保产业总体呈现持续稳定增长并逐渐加速的发展态势，环保产业进入了外部发展环境最为良好的黄金期。同时，环保市场的全球化发展，使得各大跨国企业纷纷调整发展战略，布局全球环保市场。我国环保产业发展在污水处理、再生水利用、海水淡化、污泥处置、垃圾焚烧以及烟气脱硫脱硝等方面初具规模，积累了丰富的建设运营经验，拥有了门类齐全、具有自主知识产权的技术装备，培育了一批拥有自主品牌、掌握核心技术、市场竞争力强的环保龙头企业。这些进步为我国环保产业走出去奠定了坚实基础。

"十三五"生态环境保护规划所指明的方向，释放了巨大的环境治理服务投资需求。节能环保产业作为七大战略性新兴产业之一迎来了发展契机。《"十三五"国家战略性新兴产业发展规划》《"十三五"节能环保产业发展规划》《关于培育环境治理和生态保护市场主体的意见》等政策发布，为环保产业发展提供了强大的驱动力。2012 年底，环保类上市公司有 54 家，营业收入约为 750 亿元，而 2017 年底，环保类上市公司数量达到 85 家，营业收入增至 2500 亿元，年均增长幅度接近 30%。

2019 年 1 月 23 日，中央全面深化改革委员会第六次会议通过的《关于构建市场导向的绿色技术创新体系的指导意见》强调：绿色技术创新是绿色发展的重要动力，是打好污染防治攻坚战、推进生态文明建设、促进高质量发展的重要支撑。要以解决资源环境生态突出问题为目标，坚持市场导向，强化绿色引领，加快构建企业为主体、产学研深度融合、基础设施和服务体系完备、资源配置高效、成果转化顺畅的绿色技术创新体系，推动研究开发、应用推广、产业发展的贯通融合。

（二）我国环保产业存在的问题

改革开放以来，我国的环保产业有了很大的发展，环保产业规模、服务领域和技术水平都有所提高，但总体来说，尚不能完全适应经济发展和环境保护的需求，主要存在以下问题。

1. 产业结构不合理

产业结构不合理主要表现在：一是企业规模结构不合理，尚未形成一批大型骨干企业或企业集团，而中小型企业专业化水平低，技术装备落后，难以形成规模效益；二是环保产品结构不合理，环保设备、环保产品成套化、系列化、标准化、国产化水平；三是环境保护服务发展薄弱，我国目前环保市场主要集中在环保产品生产和废物循环利用领域，而与环境相关的服务贸易活动，如环境技术服务、环境咨询服务、污染设施运营管理、废旧资源回收处置、环境贸易与金融服务、环境功能服务等环境保护服务发展相对薄弱。

2. 技术水平不高

技术水平不高主要表现在：一是技术开发能力弱，产品技术含量低，技术开发的投入不足，尚未形成以企业为主的技术开发和创新体系；二是在我国的环保产品生产、环保技术开发领域里，经济效益不明显，一些环保企业的竞争力受到了影响。

3. 管理、政策体系尚不健全

管理、政策体系尚不健全主要表现在：一是管理体制不畅，我国环保产业缺乏引导产业发展的总体规划，缺乏统一的管理部门来统一负责环保产业的政策、计划、产业结构和产业结构调整、环保产业管理及综合协调；二是环保法规政策体系尚不健全，环保产业政策尚不到位，虽然初步形成了环保产业政策体系，但缺乏重要的宏观管理政策，如环保产业政策、环保产业技术政策、环境服务的政策及配套政策等的制定、修改、完善滞后，使环保产业缺少发展方向的宏观引导。

4. 社会化服务体系没有形成

社会化服务体系没有形成主要表现在：一是环境服务相对落后，社会化、专业化程度低，全方位的服务体系还没有建立起来；二是不少环境治理设施运转效率低，环保产业活动的各个环节，如产品的开发、生产、流通、使用、工程的设计、施工、设施的运营管理等脱节现象严重，没有形成一个优化的组合系统，影响了环保产业向更高的层次和更广泛的领域扩张；三是缺乏全方位服务的市场体系，技术和市场信息传递渠道不畅，技术转化的市场化程度低，不能很好地形成优势。

党的十八大以来，环保产业在新理念发展的指导和要求中也暴露出一些问题：一是金融深度创新不足和资本化过度并存。我国金融体系尚不完善，投资渠道狭窄、信用过度使用和高杠杆等问题凸显，绿色金融创新缓慢，资本市场对环保企业处于非均衡态势；二是各领域普遍存在重工程、轻运营的情况。无论是公建公营模式，还是 PPP 模式，抑或是 EPC 模式，对项目本身的达标稳定运营普遍重视不足，尤其是危废领域相较于其他领域蕴藏着巨大风险；三是产权保护和原创技术缺乏，科技转化和科技成果市场化应用不理想，企业研发投入动力不足，国家产权保护制度建设还需完善。

（三）我国环保产业的发展趋势

国家已将环保产业列为我国重点发展的领域之一。一些传统产业在寻求新的经济增长点时，也力求从环保领域找出突破口，随着我国对科技加大投资，环境科技创新也将进入快速发展时期，这都将给环保企业的发展带来机遇。我国的环保产业是具有广阔市场需求和发展前景的朝阳产业。

节能减排是指节约物质资源和能量资源，减少废弃物和环境有害物排放。随着我国和国际上对节能减排的日趋重视，我国逐步把节能产业与环保产业的发展结合起来。节能是指加强用能管理，采用技术上可行、经济上合理以及环境和社会可以承受的措施，减少从能源生产到消费各个环节中的损失和浪费，更加有效、合理地利用能源。其中，技术上可行是指在现有技术基础上可以实现；经济上合理就是要有一个合适的投入产出比；环境可以接受是指节能还要减少对环境的污染，其指标要达到环保要求；社会可以接受是指不影响正常的生产与生活水平的提高；有效就是要降低能源的损失与浪费。

我国把发展节能环保产业作为发展绿色经济、低碳经济、循环经济的重要支撑，从以下四个方面推动节能环保产业的发展：

一是实施重点工程，拉动产业需求。加大资金投入，加快实施节能产品惠民工程，加快推进重点节能工程、资源循环利用工程和大规模环保治理工程建设，形成对节能环保产业最直接、最有效的需求拉动。

二是完善政策体系,健全激励机制。进一步推进资源性产品价格改革,健全污水垃圾处理费征收和使用管理;完善已出台的节能环保、资源综合利用税收优惠政策和政府强制采购节能环保设备政策,鼓励有条件的节能环保企业上市融资。

三是突出自主创新,强化科技支撑。加强技术创新体系建设,突破核心关键技术瓶颈,保护知识产权。在提高能效、煤炭清洁利用、污染综合治理等领域攻克一批关键和共性技术。

四是完善服务体系,优化市场环境。推广合同能源管理新机制,鼓励多种建设营运模式,实施环保设施特许经营,完善准入标准,打破地方保护,为节能环保企业创造公平竞争的市场环境。

环保产业是典型的政策驱动型产业,党的十八大以来,党中央高度重视生态环境保护工作,环保产业快速发展也得益于政策释放的红利。党的十九大提出了国家进入中国特色社会主义新时代,环保产业要以生态文明、生态循环为方向,健康发展。

第二节　环保产业经济分析

对环保产业进行经济分析,明确环保产业在国民经济中的重要地位和作用,有助于对环保行业经济运行现状、行业现状与需求及环保行业发展趋势进行分析,为环保产业的结构调整的最优化、政府的宏观决策和企业的微观运营提供依据。

一、环保产业的结构分析

(一)环保产业结构的合理化

产业结构合理化是指各产业之间有机联系和耦合增强的过程。产业结构没有合理化作基础,就难以进行高级化的演进。一个国家的国民经济能否健康发展,关键取决于能否建立合理的产业结构。产业结构合理性的本质是指它的功能性的强弱,或称为聚合质量。产业结构的聚合质量是指产业结构系统的资源转换能力,这是判断产业结构是否合理的关键所在。产业结构系统的资源转换能力越高,则产业结构的聚合质量越高,产业结构就越合理。对于环保产业结构系统来说,这种转换能力体现在环保产业改善环境质量的整体能力,可将这种整体能力称之为环保产业的聚合质量。

我国环保产业的聚合质量需要提高,提高聚合质量的关键是强化环保产业系统的协调。而系统内各要素相互协调的基本条件是系统结构的有序性和层次性。我国环保产业系统的有序性和层次性还比较弱,环保产品生产企业较多,但环保产业规模小、投资分散、规模效益和产品的技术含量低。从总体上来说,我国环保产业总体水准与我国环保事业发展的需求还有较大的差距,我国环保企业的规模、效益与国际水平相比也有很大差距。加快我国环保产业的发展,首先要调整环保产业的结构,使其合理化。

(二)环保产业结构的高级化

分析环保产业结构的高级化问题,就是重视环保产业结构软化的问题。产业结构软化有两层含义:一是第三产业的比重不断提高;二是整个产业中技术、管理和知识等要素的重要性大大加强。环保产业结构软化,就是指环保产业中非物质因素的作用越来越大。这些非物质因素也有两层含义:一是指用于治理和改善环境的环保产业技术、管理、信息、服务等因素;二是指完善环境保护的法律法规,加强和提高环境保护的监督管理和全民环保意识等因素。

二、环保产业的市场分析

(一)环保产业市场结构分析

产业的市场结构,是指市场经济活动中构成产业市场的各组成部分之间的相互关系,包括卖方之间、买方之间和买卖双方之间的相互关系。这种关系表现在现实的市场中,综合反映出市场的竞争和垄断的关系。影响市场结构的三个主要因素是市场进退障碍、市场集中度和产品差别化程度。

1. 环保产业市场进退障碍分析

作为新兴的环保产业,其市场进退的两大障碍都比较大。一方面,由于环保产业一出现就决定了要解决传统产业和日常生活所废弃的物质和能量,要求环保产业具有较高的技术水平,所以,环保产业进入市场的障碍比较大;另一方面,环境保护不能因为某些企业的随意退出而受影响,因此,一般环保产业市场退出的障碍也比较大。我国环保产业的市场进入由于没有标准化依据,所以呈不稳定发展趋势。同时,许多技术、设备相对落后的小规模环保企业进入市场,并成为环保企业的主体,而一些高科技的大规模的环保企业由于受到资金的约束、地方或部门对污染型企业的保护、地方政府的垄断等障碍因素的影响和制约而难以进入。这些因素的存在要求要深入分析环保产业市场的进退障碍,采取相应措施,调整市场结构。

2. 环保产业市场集中度分析

市场集中度是指特定产业的供需集中程度,包括两个方面:买方集中度和卖方集中度。由于我国环保产业还处于初级发展阶段,所以应着重分析卖方集中度问题,影响卖方集中度的有企业规模和市场容量两个直接因素。首先,当市场容量既定时,企业规模和集中度一般呈正相关。其次,一般来说,市场容量与集中度呈反比。我国环保产业的可操作市场还较小,这一较小的市场还被条条块块所分割,所以我国环保产业的集中度很低,还需要进行包括供给侧等方面的改革来调整环保产业市场集中度。进行环保产业市场集中度分析,是环保产业结构分析的重要内容。

3. 环保产业产品差别化程度分析

产品差别化是指同类产品中,不同企业提供的产品具有不同的特点和差异。企业生产差异产品的目的是为了满足消费者的不同偏好,从而在市场占据有利地位。因此,对企业来说,产品差异化是一种非价格竞争的经营手段。环保产品和服务不仅要满足不同消费者的需求,而且还要适应千差万别的自然条件,因此,环保产品和服务必须多样化。我国环保企业较多,但环保产品的性质、结构、功能等方面的差别不大,特别是环保产业多偏重于产品的生产,而其他方面如环保技术开发、资源利用、环保咨询、环保工程承包、自然资源保护等方面还比较弱,所以提高我国环保产业产品的差别化程度对于优化环保产业市场结构具有重要意义。

(二)环保产业市场行为分析

市场行为,是指企业为了实现其经营目的而根据市场环境的情况采取相应行动的行为,主要包括价格行为、促销行为和企业组织调整行为三方面。

环保产业市场行为和市场环境的相互关系,总的来说,表现在市场秩序是否规范,市场运作规则、市场管理手段是否完善,市场管理的有关法律、法规体系是否建立,是否具备强有力的监督管理措施和手段等。这些都是环保产业市场行为分析的主要内容。

三、环保产业绩效分析

市场绩效是指市场的运行效率,它是指在一定的市场结构下,由一定的市场行为所形成的价格、产量、成本、利润、产品质量以及在技术进步等创新方面的最终经济成果。评价市场绩效的好坏,主要涉及资源配置效率、市场供求平衡、企业规模效益、科技水平的提高以及社会公平等因素。评价环保产业市场绩效的最终标准是环境污染的降低程度和生态环境状况的好转程度。用这些评价因素来衡量我国的环保产业总体市场绩效,可看出我国环保产业总体市场绩效不够理想。另外,环保产品生产和三废综合利用构成了环保产业的主体,低公害产品的生产出现了良好的发展势头,但环保服务业发展滞后。我国环保服务业总体上还存在发展水平较低、结构不合理、创新能力不强、市场不规范、服务体系不健全等问题。因此,要按照《关于发展环保服务业的指导意见》,在规范环境污染治理设施运行服务、促进环保服务业发展的政策试点的开展、建立环保服务业监测统计体系、健全环保技术适用性评价验证服务体系、完善消费品和污染治理产品环保性能认证服务、促进环保相关服务和环保服务贸易发展等方面,加强环保产业的绩效分析。

四、环保产业对经济发展的作用

按照战略产业的分类标准,环保产业属于基础产业的范畴,它有着很高的感应度。环保产业的感应度具体体现在:一方面该产业在产业链上处于上游产业位置,为其他产业提供重要的支撑,有着较为突出的供给作用;另一方面,其他产业的发展对环保产业有着较强的依赖性和较高的需求,即环保产业的规模、产业水平、内部结构和运行机制在一定程度上会影响甚至决定其他产业发展的速度和质量,影响整个战略产业演进中结构的合理化和高度化。环保产业对经济发展的带动作用主要表现在以下几个方面。

(一)创造新的经济增长途径

环保产业是市场潜力大、成长性能好的产业,是世界各国重点培育和发展的产业,显示出蓬勃生机,已成为最具潜力的新的经济增长点之一。在刺激经济增长的方式上看,清洁技术类产业、清洁产品类产业、环境功能服务类产业与末端控制类产业的不同之处在于它们不是以抵御性消费方式来促进经济增长,而是以更直接和积极的方式来促进经济增长。清洁技术类产业、清洁产品类产业、环境服务类产业将会成为更有意义的新的经济增长途径。

(二)带动非环保产业的增长

由于环保产业对经济系统广泛的渗透性以及经济部门之间固有的供求关联关系,环保产业的发展也带动着它所渗透的产业部门的发展,带动着与环保产业有供求关系的产业部门的发展。这些非环保类产业包括原材料和基础产业部门、制造业部门、轻工业部门以及各类服务业等。

(三)促进经济系统的转型升级

环保产业是以满足环境需求和采用环境安全技术为特征的。在经济总体构成上,高科技支持下的服务业增长高于制造业;在制造业中,以污染技术为背景的夕阳产业逐步被淘汰和转移,以高科技和环境安全技术为背景的朝阳产业则受到鼓励。在市场上,具有绿色产品特征的商品日益成为消费主流,整个经济朝着绿色经济转型。

随着国家大力实施生态文明建设和可持续发展战略,人民的生活水平得到提升,同时对环境质量的要求不断提高,对高质量环保产品的需求越来越大。在这种情况下,对环保产业的生产要素加以重新配置,以结构调整推动环保产业向专业化、市场化、现代化转变,已成为我国环保产业发展的方向,也符合世界环保产业发展的一般规律。

第三节 环保融资

随着我国环境保护力度的不断加大,环保投资也在快速增长,但资金供需矛盾、融资渠道单一等成为制约环保产业发展的主要问题。在我国环保融资资金中,财政投资占大多数,虽然存在多种辅助融资渠道,但是资金量有限。引入商业银行、民间资本、国外资金等多种资金,采用多样化的融资模式,形成市场化的投融资机制,是加大环保投入、解决环保产业的融资问题、建立我国环保产业的投融资新格局的重要途径,对发展我国环保产业至关重要。

一、融资的概念和特点

(一)融资的概念

1. 融资

融资(Financing)是指为项目投资而进行的资金筹措行为。一般来说,企业进行融资是通过项目来融资,所以融资常被称为项目融资。融资有很多种方式,其中贷款和租赁是两种主要的方式。环保融资主要是指环保企业或其他企业,以及其他经济体和非经济体,为建设和运营环保建设项目进行的融资,也包括为某项环保活动而通过多种方式筹措资金的行为,但通常环保融资是指环保项目融资。

项目融资概念可以从广义与狭义两个方面理解。狭义的项目融资概念是指项目融资就是通过项目来融资,是以项目的资产、收益作抵押来融资。在向一个具体的经济实体提供贷款时,贷款方首先查看该经济实体的现金流量和收益,将其视为偿还债务的资金来源,并将该经济实体的资产视为这笔贷款的担保物,若对这两点感到满意,则贷款方同意贷予。广义的项目融资,是指一切为了建设一个新项目、收购一个现有项目或对已有项目进行债务重组所进行的融资活动。

2. 项目贷款与项目融资

项目融资与传统的项目贷款是有区别的,下面通过具体实例来说明。假设某公司已经拥有 A、B 两个环保企业,现拟从金融市场上筹集资金建环保企业 C,可采用两种筹集资金的基本方式。

一是传统的项目贷款方式。该公司贷来的款项用于建设新的环保企业 C,而归还贷款的款项来源于整个公司的收益。如果 C 建设失败,该集团公司将原来 A、B 两个环保企业的收益作为偿债的担保,这时称贷款方对该集团公司有完全追索权,如图 12-2a)所示。

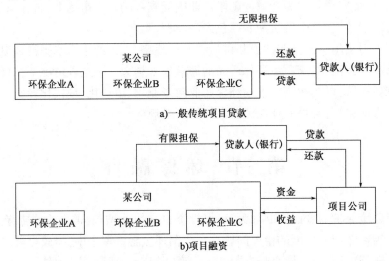

图 12-2 项目融资与传统贷款的区别

二是项目融资方式。一般项目融资方式是该公司借来的款项用于建设新的环保企业 C,用于偿债的资金仅限于 C 建成后经营所获得的收益。如果 C 建设失败,贷款方只能从清理环保企业 C 的资产中收回一部分贷款,除此之外,不能要求该公司从别的资金来源归还贷款,这时,贷款方对该集团公司无追索权,或者在签订贷款协议时,贷款方只要求该公司把特定的一部分资产作为贷款担保,这时称贷款方对该公司有有限追索权。因此,项目融资有时还称为无担保或者有限担保贷款,也就是说,项目融资是将归还贷款资金来源限定在特定项目的收益和资产范围之内的融资方式。

项目融资是一种融资手段,是以项目的名义筹措资金,以项目营运收入承担债务偿还责任的融资形式。项目融资的形式和方式有很多,每一种都有适用的领域和趋势。项目融资实践中被广泛采用的项目融资结构是项目公司融资,项目公司融资具有结构简单、财务关系清晰的特点,项目公司融资是指拟建项目的主办人及投资人先以股权合资方式建立有限责任的项目公司,由项目公司向贷款人协议借款并负责偿债,然后由该项目公司直接投资于拟建项目并取得项目资产权和营业权的项目融资方式,如图 12-2b)所示。

(二)项目融资的特点

通过上述比较,可以看出项目融资有以下特点。

1. 项目的导向性

资金来源主要是依赖于项目的现金流量和资产,而不是依赖于项目投资者或发起人的资信来安排融资。这样,有些投资者很难借到的资金可利用项目来实现,有些投资者很难得到的担保条件可通过组织项目融资来实现。进一步,由于项目导向,项目融资的贷款期限可以根据项目的具体需要和项目的经济寿命期来安排设计,可以做到比一般商业贷款的期限长,有的项目贷款期限可以长达20年以上。

2. 有限追索

追索是指在贷款人未按期偿还债务时贷款人要求借款人用以除抵押资产之外的其他资产偿还债务的权利。在某种意义上,贷款人对项目借款人的追索形式和程度是区分狭义项目融资和传统形式融资的重要标志。作为有限追索性的项目融资,贷款人可以在贷款的某个特定阶段对项目借款人实施追索,或者在一个规定的范围内对项目借款人实施追索。除此以外,无论项目出现何种问题,贷款人均不能追索项目借款人除该项目资产、现金流量以及所承担的义务之外的任何形式的资产。有限追索项目融资的特例是无追索项目融资。

3. 风险分担

为实现项目融资的有限追索,对于与项目有关的各种风险要素,需要以某种形式在项目投资者(借款人),与项目开发有直接或间接利益关系的其他参与者和贷款人之间进行分担。一个成功的项目融资结构应该是在项目中没有任何一方单独承担起全部项目债务的风险责任。项目主办人通过融资,将原来应由自己承担的还债义务,部分地转移到该项目贷款人身上,也就是将原来由借款人承担的风险部分地转移给贷款人,由借贷双方共担项目风险。

4. 融资成本较高

项目融资涉及面广,结构复杂,需要做好大量有关风险分担、税收结构、资产抵押等一系列技术性工作,所需法律文件比传统形式融资往往要多出几倍、甚至几十倍才能解决问题。因此,与传统的融资方式比较,项目融资存在的主要问题是,相对筹资成本较高,组织融资所需要的时间较长。

5. 非公司负债型融资

根据项目融资风险分担的原则,贷款人对于项目的债务追索权主要被限制在项目公司的资产和现金流量中,借款人承担的是有限责任,因而有条件使融资被安排为一种不需要进入借款人资产负债表的贷款形式,通过对投资结构和融资结构的设计,可以帮助借款人将贷款安排成为非公司的负债型融资。

6. 信用结构多样化

在项目融资中,用于支持贷款的信用结构的安排是灵活和多样化的。

二、项目融资工作程序

项目融资的工作程序一般分为五个阶段:

第一阶段:投资决策分析。投资决策分析阶段的主要内容包括:拟投资部门和地区的技术、市场、环保等状况分析,进行项目可行性研究,初步确定投资结构,进行投资决策分析。

任何一个投资项目都需要经过相当周密的投资决策分析,投资者在决定项目投资结构时需要考虑的因素有很多,其中主要包括:项目的产权形式、产品分配方式、决策程序、债务责任、现金流量控制、税务结构和会计处理等方面的内容。投资结构的选择将影响到项目融资的结构和资金来源的选择，反过来，项目融资结构的设计在多数情况下也将会根据投资结构的安排作出调整。

第二阶段：融资决策分析。融资决策分析阶段的主要内容包括：决定是否采用项目融资、选择项目融资方式、明确融资的任务和具体目标要求等。

在这个阶段，项目投资者要决定采用何种融资方式为项目开发筹集资金。是否采用项目融资，取决于投资者对债务分担上的要求、贷款资金数量要求、时间要求等方面的综合评价。如果决定采用项目融资作为筹资手段，投资者就需要研究和设计项目的融资结构。有时，项目的投资者自己也无法明确判断采取何种融资方式好，在这种情况下，投资者可以聘请融资顾问对项目的融资能力以及可能的融资方案做出分析和比较，在获得一定的信息反馈后，再做出项目融资方案决策。

第三阶段：融资结构分析。融资结构分析阶段的主要内容包括：评价项目风险因素、评价项目的融资结构和资金结构、修正项目融资结构。

设计项目融资结构的一个重要步骤是完成对项目风险的分析和评估。对于银行和其他债权人而言，项目融资的安全性来自两个方面：一是来自项目本身的经济强度；二是来自项目之外的各种直接或间接的担保。这些担保可以是由项目的投资者提供的，也可以是由与项目有直接或间接利益关系的其他方提供的。因此，能否采用以及如何设计项目融资结构的关键，就是要求项目融资顾问和项目投资者一起对项目有关的风险因素进行全面的分析和判断，确定项目的债务承受能力和风险，设计出切实可行的融资方案。

第四阶段：融资谈判。融资谈判阶段的主要内容包括：选择银行等金融机构、发出项目融资建议书、组织贷款银团、起草融资法律文件、融资谈判。

在初步确定项目融资方案之后，融资顾问将有选择地向商业银行或其他一些金融机构发出参加项目融资的建议书，组织贷款银团，着手起草项目融资的有关协议。这一阶段往往会反复多次，此时，融资顾问、法律顾问和税务顾问的作用是十分重要的。强有力的融资顾问和法律顾问可以帮助加强项目投资者的谈判地位，保护投资者的利益，并在谈判陷入僵局时，及时地、灵活地找出适当的变通办法，绕过难点解决问题。

第五阶段：项目融资的执行。项目融资执行阶段的主要内容包括：签署项目融资文件、执行项目投资计划、贷款银团经理人监督并参与项目决策、项目风险的控制与管理。

在正式签署项目融资的法律文件之后，融资的组织安排工作就结束了，项目融资将进入其执行阶段。在传统的融资方式中，一旦进入贷款的执行阶段，借贷双方的关系就变得相对简单明了，借款人只被要求按照贷款协议的规定提款和偿还贷款的利息和本金。然而，在项目融资中，贷款银团通过其经理人将会经常性地监督项目的进展。由于项目融资的债务偿还与该项目的金融环境和市场环境密切相关，所以帮助项目投资者加强对项目风险的控制和管理，成为银团经理人在项目正常运行阶段的一项重要工作。

三、项目融资模式

项目融资是一种融资手段、融资形式。项目融资形式有很多，也比较灵活，如 BOT 融资模式、PPP 融资模式、PFI 融资模式、ABS 融资模式等，每一种模式都有其适用的领域和条件。

(一)BOT 模式

1. BOT 概述

BOT,即建设-运营-移交(Building Operate Transfer)。根据世界银行《1994 世界发展报告》指出:"BOT 是指政府给予某些公司新项目建设的特许权时,通常采用这种方式,私人合伙人或某国财团愿意自己出资,建设某项基础设施并在一定时期内经营该设施,然后将此设施移交给政府部门或其他公共机构。"也就是说,BOT 融资的基本做法是政府选择一批效益好的工程项目,采取一系列优惠政策,鼓励投资者或私营部门投资建设,然后在一定的优惠期内由投资者经营、管理建成后的项目,待优惠期满后,将项目转交给国家。它是一种新型的工程项目融资和建设方式,多用在基础项目的建设。

BOT 方式最早出现在美国,而现代 BOT 模式的运用是在 1984 年由当时的土耳其总理厄扎尔倡导的,土耳其政府运用 BOT 方式建设了土耳其火力发电站,相继又建设了土耳其机场和大型桥梁。此后,其他国家特别是发展中国家也开始采用 BOT 模式建设基础项目。

BOT 模式在 20 世纪 80 年代出现在我国,首次运用是建设广东省沙角 B 电厂,取得了很好的效益,充分体现了 BOT 方式的优越性以及在我国的可行性。由于当时我国市场经济体系正在建立,直到 1993 年,国家才开始研究 BOT 投资方式,着手进行 BOT 项目试验,召开 BOT 国际研讨会议,逐步建立 BOT 投资专项管理制度和操作规范,并提倡采用 BOT 模式建设大型基础设施,集中运用在收费公路、大型桥梁、发电厂、城市地铁、水利设施等领域,之后又运用在环保设施领域。经过多年的发展,BOT 模式在我国已逐步规范,相关体制也已逐步建立和完善,操作方式和程序逐渐步入正轨和走向国际化,出现了越来越多成功的 BOT 案例。

由于环保建设项目投资大,所以越来越多的投资商将目光投向 BOT,采用 BOT 方式进行融资建设城市污水处理厂、城市垃圾处理厂等环境保护项目。北京桑德集团和金源环保公司率先采用 BOT 模式承建和运营城市污水处理厂,为 BOT 在我国环保领域运用开了先河,也为我国环保基础设施融资和建设开辟了新路。

上述的 BOT 模式为 BOT 普通模式,BOT 还有 20 多种演化模式,比较常见的有:BOO(建设-经营-拥有)、BT(建设-转让)、TOT(转让-经营-转让)、BOOT(建设-经营-拥有-转让)、BLT(建设-租赁-转让)、BTO(建设-转让-经营)等。

2. BOT 的特点

BOT 方式最大的特点就是,政府和单位引进资金用于基础设施等项目的建设而无债务负担。采用 BOT 投资方式,政府和单位不需要负责项目资金的计划和筹备,项目融资的所有责任都转移到承包者身上,项目债务也不需要政府和单位担保。采用 BOT 投资方式,不仅可以加快基础设施等项目的建设,而且又可以无债务压力。同时采用 BOT 模式可以引进先进的设备和管理方法,大大提高建设质量和建设速度,在运营中提供良好的服务。

但 BOT 模式也有一些不足之处,主要表现在:由项目公司全权运作,至少在特许经营期内,政府和单位不能拥有对 BOT 项目的所有权和经营权;政府部门转移过来的某些风险将在较高的融资费用中反映出来,高风险高回报将使私营和民营机构可能得到丰厚的利润;BOT 项目操作复杂,因此前期准备过程长,政府和项目公司投入的人力和费用也比较多;项目运作的风险较大,失败的概率也比较大。

3. BOT 的运营模式

由于各个 BOT 项目自身的特点不同,因此不同的 BOT 项目之间的实施也可能有较大的差距,但其基本操作是相似的。BOT 项目的实现一般要经过前期准备阶段、招标投标阶段、合同签约阶段、建设经营阶段、产权移交阶段等阶段。

在前期准备阶段,主要包括项目可行性研究和项目确定两项主要工作;在招标投标阶段,要按照工程招投标的规定和程序进行,要特别注意投资者融资条件是否具备,风险因素考虑得是否周全;在合同签约阶段,要同投资者就工程建设质量、污染物处理预期目标、经营期限、违约责任等项目各方面的条款进行谈判,谈判成功则签订合同;在产权移交阶段,合同期满,投资者将该设施无偿移交给当地政府或是其指定的单位,同时,也应将核心技术无偿移交,对其员工进行技术培训和工作指导,保证项目移交后能够正常运营。

4. 特许权协议

特许权协议文件是实现 BOT 等融资方式的最基本、最核心的文件,它规定了协议各方在项目的建设、运营和移交中的权利和义务,对项目风险进行界定和分担,确定项目融资的文件和解决争议的原则及程序。它的实质是指定和规范 BOT 项目业主、政府与有关营运机构之间的相互权利义务关系的一种法律文件。

特许权协议文件一般应包括以下内容:

(1)特许权协议协约各方的法定名称、住所。

(2)项目特许权内容、方式及期限。

(3)项目工程设计、建造施工、经营和维护的标准。

(4)项目的组织实施计划与安排。

(5)项目成本计划与收费方案。

(6)协约双方各自权力、责任和义务。

(7)项目转让、抵押、征收、中止条款。

(8)特许权期满,项目移交内容、标准及程序。

(9)罚责与仲裁。

5. BOT 在我国环保产业发展中的作用

(1)BOT 在我国环保产业运用的可行性。

BOT 在我国环保产业运用的可行性主要体现在四个方面:一是我国环保产业发展的需要。采用 BOT 模式是我国环保产业项目融资的一个发展方向。二是国家政策的支持和扶持。国家鼓励大型建设项目采用 BOT 模式,污水处理设施、垃圾处理厂、焚烧储存等环保基础设施的建设均属于零税率范围。三是 BOT 运作已有经验。我国在运用 BOT 模式建设电厂、高速公路、集中供热、污水处理等项目时,积累了较丰富的运作经验,国家相关部门也对 BOT 的专门管理制度和操作程序进行了规范与指导,这些使得我国环保 BOT 项目的运行既有经验可参考,又有规范可遵从。四是 BOT 可有效吸引外资和内资。我国环保产业在短期内直接获得大量外资是困难的,所以采用 BOT 的方式显得尤为重要。

(2)BOT 在我国环保产业运用的重要性。

BOT 在我国环保产业运用的重要性主要体现在三个方面:一是促进环保产业发展。环保产业作为一项经济活动,采用 BOT 方式可以激活环保产业,促进环保产业的发展和完善。二是补充资金的不足,带来先进技术。采用 BOT 模式,将环保公用事业产业化,解决财政不足的问题,同时有利于引进先进的技术和管理经验,实现资金和技术引进的结合。三是增强竞争意识,发展大型企业。我国环保产业一开始就确定了"引进、消化、吸收、普及"的八字方针,成为对外开放面最大的行业之一,在环保领域采用 BOT 方式,可以鼓励外资进入环保基础设施建设、改变国内环保产业的生存环境、参与国际竞争、刺激环保产业转换经营机制、调整产业结构、建立现代企业制度、促进大型的具有国际水平的环保产业的产生。

6. 应处理好的几个问题

由于环保产业的特殊性,在环保产业领域内运用 BOT 融资方式会遇到许多问题,这里特别提出以下几个问题:

一是价格问题。投资者投资环保产业,是看到环保产业市场广阔,可以产生资本增值,而利润的实现要靠运营项目,这就要涉及确定价格问题。由于环保类基础设施带有很大的公益性,其产品的价格受多种因素的制约,实行随行就市的市场价格还有诸多限制;这一不同于其他 BOT 项目的特性,使得环保产业 BOT 项目价格的确定显得较为复杂。

二是风险分担问题。BOT 项目能否成功,在很大程度上取决于风险的合理分担。BOT 项目多是工期长、投资大、潜在风险多的项目,很多投资者都要求政府部门对金融风险、经济风险、自然风险等风险进行承诺,以保证他们的利益不受损害。这就产生了谈判项目多,签约项目少的现象。对于风险分担问题,要认真对待,仔细地调查和分析判断,按照国际通行的做法,合理分担风险,哪一方最能控制风险,应由该方主要承担,以降低整体风险,单方不能解决的,应通过谈判的方式,共同承担风险,并在相关协议内明确规定。

三是适用领域的限制问题。投资商投资建设环保项目,其主要目的是为能够产生资金增值,如投资建设城市污水处理厂,可以通过集中处理城市污水,向使用者(城市居民、企事业单位等)收取处理费用。使用者因为能从污水处理提供的服务中受益,愿意交纳合理的服务费用,期待这种服务能够持续。而在环保领域内像这样合理收费的项目还不多,多数的环保设施还是带有很大程度的公益性,收取的费用偏低。环保项目实施后带来的波及于其他领域的效益,难以实现货币量化,更不易确定其价格,进行服务收费。因此,现行的 BOT 项目也仅局限于城市污水、垃圾处理等项目,使用范围有限。这一问题的出现,不在于 BOT 方式本身,而在于对这类项目产生的社会效益、长远效益、间接效益的合理确定和科学计算。

(二)PPP 模式

1. PPP 概述

为弥补 BOT 模式的不足,在公共基础设施建设中发展起来一种优化的项目融资与实施模式,即 PPP(Public-Private-Partnership)模式,即公共政府部门与民营企业合作模式,简称"公共私营合作制",是指政府与私人组织之间,合作建设基础设施项目,是一种以各参与方的"双赢"或"多赢"为合作理念的现代融资模式。

PPP 本身是一个意义非常宽泛的概念,从各国和国际组织对 PPP 的理解来看,PPP 有广义和狭义之分。广义的 PPP 泛指公共部门与私人部门为提供公共产品或服务而建立的各种合作关系,可以理解为一系列项目融资模式的总称,包含 BOT、TOT、DBFO 等多种模式;狭义的PPP 更加强调合作过程中的风险分担机制和项目的物有所值(Value For Money)原则。

PPP 模式发展时间不长,1992 年英国最早应用 PPP 模式。英国 75% 的政府管理者认为 PPP 模式下的工程达到和超过价格与质量关系的要求,可节省 17% 的资金。80% 的工程项目按规定工期完成,常规招标项目按期完成的只有 30% 。PPP 模式在许多国家已经得到了普遍应用。

我国在试点的基础上,于 2014 年开始大规模推广 PPP 模式。2014 年 11 月 16 日国务院发布的《关于创新重点领域投融资机制鼓励社会投资的指导意见》明确提出"为推进经济结构战略性调整,加强薄弱环节建设,促进经济持续健康发展,迫切需要在公共服务、资源环境、生态建设、基础设施等重点领域进一步创新投融资机制,充分发挥社会资本特别是民间资本的积极作用。"

2015 年 3 月 10 日国家发展和改革委、国家开发银行联合印发《关于推进开发性金融支持政府和社会资本合作有关工作的通知》(以下简称《通知》),对发挥开发性金融积极作用、推进 PPP 项目顺利实施等工作提出具体要求。《通知》要求,各地发展改革部门要加强协调,积极引入外资企业、民营企业、中央企业、地方国企等各类市场主体,灵活运用基金投资、银行贷款、发行债券等各类金融工具,推进建立期限匹配、成本适当以及多元可持续的 PPP 项目资金保障机制。要加强与开发银行等金融机构的沟通合作,及时共享 PPP 项目信息,协调解决项目融资、建设中存在的问题和困难,为融资工作顺利推进创造条件。

2015 年 5 月 19 日,国务院转发了财政部、发展改革委、人民银行《关于在公共服务领域推广政府和社会资本合作模式的指导意见》(以下简称《指导意见》),要求认真贯彻执行。《指导意见》对 PPP 模式的含义做出了界定,即"政府采取竞争性方式择优选择具有投资、运营管理能力的社会资本,双方按照平等协商原则订立合同,明确责、权、利关系,由社会资本提供公共服务,政府依据公共服务绩效评价结果向社会资本支付相应对价,保证社会资本获得合理收益。政府和社会资本合作模式有利充分发挥市场机制的作用,提升公共服务的供给质量和效率,实现公共利益最大化。"

我国已在交通、市政、能源、水利、环境保护、农业、林业、科技、城镇综合开发、保障性安居工程、医疗、卫生、养老、教育、文化等公共服务领域,广泛实施了 PPP 模式。在国家大力倡导、鼓励和推广下,PPP 模式入库项目数不断增加,项目签约率逐步提高,项目管理趋于规范。截至 2016 年 10 月底,财政部 PPP 入库项目 10685 个,总投资 12.73 万亿元;国家发展和改革委 PPP 入库项目 3764 个,总投资 6.37 万亿元。

2. PPP 项目基本模式

从世界银行对 PPP 的分类来看,广义的 PPP 可以分为外包、特许经营和私有化三类。

外包类 PPP 项目一般是由政府投资,私人部门承包整个项目中的一项或几项职能,例如只负责工程建设,或者受政府之托代为管理维护设施或提供部分公共服务,并通过政府付费实现收益。在外包类 PPP 项目中,私人部门承担的风险相对较小。

特许经营类 PPP 项目需要私人参与部分或全部投资,并通过一定的合作机制与公共部门分担项目风险、共享项目收益。公共部门可能会向特许经营公司收取一定的特许经营费或给予一定的补偿,这就需要公共部门协调好与私人部门的利润和项目的公益性两者之间的平衡关系,因而特许经营类项目能否成功很大程度上取决于政府相关部门的管理水平。

私有化类 PPP 项目则需要私人部门负责项目的全部投资,在政府的监管下,通过向用户收费收回投资实现盈利。由于私有化类 PPP 项目的所有权归私人永久拥有,并且不具备有限追索的特性,因此私人部门在这类PPP项目中承担的风险最大。

3. PPP的特点

(1)有利于转换政府职能。政府可以从繁重的事务中脱身出来,从过去公共服务的提供者变成一个监管的角色,保证了项目在技术上和经济上的可行性,缩短了工作周期,降低了项目费用,保证了工程质量,也可以在财政预算方面减轻政府压力。有研究表明,与传统的融资模式相比,PPP项目平均为政府部门节约17%的费用,并且建设工期都能按时完成。

(2)促进了投融资体制改革。PPP融资模式可以使民营资本更多地参与到项目中,利用私营部门来提供资产和服务能为政府部门提供更多的资金和技能,促进了投资主体的多元化。

(3)实现了风险分配的合理性。PPP项目初期就可以减轻政府建设投资负担,实现风险分配。由于政府分担一部分风险,风险的分配更为合理,减少了投资商与承建商的风险,从而降低了融资难度,提高了项目融资成功的可能性。政府在分担风险的同时也可拥有一定的控制权。

(4)提高了管理与技术方法的有效性。私营部门参与项目能推动在项目设计、施工、设施管理过程等方面的革新,提高效率,传播最佳管理理念和经验。政府部门和民间部门可以取长补短,将民营企业在投资建设中更有效率的管理方法与技术引入项目中来,能有效地实现对项目的控制,提高项目建设与运行的质量。

(5)应用范围广泛。PPP模式突破了目前的引入私人企业参与公共基础设施项目组织机构的多种限制,适用于公共服务、资源环境、生态环保、基础设施等领域。私人企业与政府双方可以形成互利的长期目标,更好地为社会和公众提供服务。

4. PPP在我国环保领域发展中的作用

PPP作为一项让非公共部门所掌握的资源参与提供公共产品和服务的投融资模式,可以有效缓解政府部门在环保产业的资金压力。为此,中央和地方政府出台了一系列环保PPP的政策文件,支持在环保领域积极推广PPP模式。通过政策引导、项目示范、机制探索等方面提升PPP模式实操能力,促进PPP模式在环保产业的健康发展。

2015年国务院发布的《关于创新重点领域投融资机制鼓励社会投资的指导意见》(以下简称《指导意见》)明确提出"在公共服务、资源环境、生态环保、基础设施等领域,积极推广PPP模式。"《指导意见》的第二部分就对创新生态环保投资运营机制提出了具体的要求,涉及深化林业管理体制改革、推进生态建设主体多元化、推动环境污染治理市场化、积极开展排污权、碳排放权交易试点。2016年9月住房城乡建设部印发了《关于进一步鼓励和引导民间资本进入城市供水、燃气、供热、污水和垃圾处理行业的意见》(建城〔2016〕208号),该意见明确鼓励民间资本通过PPP模式参与国有企业改制重组、股权认购等进入市政行业。2017年7月财政部等四部委印发了《关于政府参与的污水、垃圾处理项目全面实施PPP模式的通知》(财建〔2017〕455号),该通知明确了政府参与的新建污水、垃圾处理项目必须采用PPP模式。

环境保护资金需求巨大、财政资金难以全包、大量社会资本难以与环境保护需求融合等表明在环保领域推广PPP模式,吸引社会资本是重要的方式,政府与社会资本合作意义重大。在我国环保领域推广PPP模式是转变政府职能、深化环境保护投融资体制改革的重要内容,是提升环境公共服务水平、建设生态文明的重要举措,是拓宽环境保护投融资渠道、实现社会资本与环境保护需求有效融合的重要途径,是提高财政资金使用效率、优化政府环保投入方式的重要载体。

(三)PPP 模式与 BOT 模式的关系

1. PPP 模式与 BOT 模式特点

从世界银行对 PPP 的分类来看,PPP 模式主要包括外包类、特许经营类和私有化类。因此,BOT 本质上也可视为是 PPP 的一种。

从合作关系而言,BOT 中政府与企业更多是垂直关系,即政府授权私企独立建造和经营设施,而不是与政府合作,PPP 中通过共同出资特殊目的公司更强调政府与私企利益共享和风险分担。

PPP 的优点在于政府能够分担投资风险,能够降低融资难度,双方合作也能够协调不同利益主体的不同目标,形成社会利益最大化;其缺点在于增加了政府潜在的债务负担。BOT 优点在于政府最大可能地避免了项目的投资损失;缺点是投资风险大,私营资本可能望而却步,且不同利益主体的利益不同,单方面利益最大化的纳什均衡并非全社会最优。

2. PPP 模式与 BOT 模式的共同点

(1)这两种融资模式的当事人都包括融资人、出资人、担保人。

融资人是指为开发、建设和经营某工程项目而专门成立的经济实体,如项目公司。出资人是指为该项目提供直接或间接投资的政府、企业、个人或金融组织等。担保人是指为项目融资人提供融资担保的组织或个人,也可以是政府。

(2)两种模式都是通过签订特许权协议使公共部门与民营企业发生契约关系。

一般情况下,当地政府通过签订特许权协议,由民营企业建设、经营、维护和管理,并由民营企业负责成立的项目公司作为特许权人承担合同规定的责任和偿还义务。

(3)两种模式都以项目运营的盈利偿还债务和获取投资回报,一般以项目本身资产作担保抵押。

四、绿色金融体系构建

"绿色"是我国五大发展新理念之一。构建绿色金融体系,增加绿色金融供给,是贯彻落实"五大发展理念"和发挥金融服务供给侧结构性改革作用的重要举措。

(一)概述

发展绿色金融,是实现绿色发展的重要措施,也是供给侧结构性改革的重要内容。通过创新性金融制度安排,可以引导和激励更多社会资本投入绿色产业,同时有效的抑制污染性投资。利用绿色信贷、绿色债券、绿色股票指数和相关产品、绿色发展基金、绿色保险、碳金融等金融工具和相关政策为绿色发展服务。要加强对绿色金融业务和产品的监管协调,完善有关监管规则和标准。

2016 年 8 月 31 日,中国人民银行、财政部、国家发改委、环境保护部、银监会、证监会、保监会七部委联合印发了《关于构建绿色金融体系的指导意见》。随着该意见的出台,我国成为全球首个建立了比较完整的绿色金融政策体系的经济体。

该意见由九部分三十五条构成,分别是构建绿色金融体系的重要意义;大力发展绿色信贷;推动证券市场支持绿色投资;设立绿色发展基金,通过政府和社会资本合作(PPP)模式动员社会资本;发展绿色保险;完善环境权益交易市场、丰富融资工具;支持地方发展绿色金融;推动开展绿色金融国际合作;防范金融风险,强化组织落实。

(二)构建绿色金融体系的目的

(1)绿色金融是指为支持环境改善、应对气候变化和资源节约高效利用的经济活动,即对环保、节能、清洁能源、绿色交通、绿色建筑等领域的项目投融资、项目运营、风险管理等所提供的金融服务。

(2)绿色金融体系是指通过绿色信贷、绿色债券、绿色股票指数和相关产品、绿色发展基金、绿色保险、碳金融等金融工具和相关政策支持经济向绿色化转型的制度安排。

(3)构建绿色金融体系主要目的是动员和激励更多社会资本投入到绿色产业,同时更有效地抑制污染性投资。构建绿色金融体系,不仅有助于加快我国经济向绿色化转型、支持生态文明建设,也有利于促进环保、新能源、节能等领域的技术进步,加快培育新的经济增长点,提升经济增长潜力。

(4)建立健全绿色金融体系,需要金融、财政、环保等方面的政策和相关法律法规的配套支持,通过建立适当的激励和约束机制解决项目环境外部性问题。同时,也需要金融机构和金融市场加大创新力度,通过发展新的金融工具和服务手段,解决绿色投融资所面临的期限错配、信息不对称、产品和分析工具缺失等问题。

(三)实施绿色金融的政策与措施

《关于构建绿色金融体系的指导意见》提出了一系列政策、措施,提出要发展新的金融工具和服务手段推动我国绿色金融发展,以全方面、全方位、多维度地满足绿色产业发展多层次、多元化的投融资需求。

该意见提出了支持和鼓励绿色投融资的一系列激励措施,包括通过再贷款、专业化担保机制、绿色信贷支持项目财政贴息、设立国家绿色发展基金等;明确了证券市场支持绿色投资的重要性,要求统一绿色债券界定标准,积极支持符合条件的绿色企业上市融资和再融资,支持开发绿色债券指数、绿色股票指数以及相关产品,逐步建立和完善上市公司和发债企业强制性环境信息披露制度;提出了发展绿色保险和环境权益交易市场,按程序推动制订和修订环境污染强制责任保险相关法律或行政法规,支持发展各类碳金融产品,推动建立环境权益交易市场,发展各类环境权益的融资工具;支持地方发展绿色金融,鼓励有条件的地方通过专业化绿色担保机制、设立绿色发展基金等手段撬动更多的社会资本投资绿色产业;广泛开展绿色金融领域国际合作,继续在二十国集团(G20)框架下推动全球形成共同发展绿色金融的理念等。

国务院发展研究中心金融研究所预测,"十三五"期间,我国绿色投资需求每年将达2万亿~4万亿元,这其中需要依靠大量的社会投资。深化金融体制改革,大力发展绿色金融,引导和激励更多社会资金投入到环保、节能、清洁能源、清洁交通等环保产业越来越重要。发展绿色金融体系是促进经济和生态环境协调发展的重要保障。

复习思考题

1. 名词解释

产业 环保产业 绿色产业 节能减排 环保产业的聚合质量 融资 BOT PPP 绿色金融体系

2. 选择题

(1)环保产业内涵丰富,有狭义的定义和广义的定义,对环保产业的称呼也有多种,以下 ( )都是与环保产业相关的称呼。

    A.环境产业　　　　　B.生态产业　　　　　C.绿色产业　　　　　D.环境保护相关产业

选择说明:

(2)我国环保产业主要倾向于三个方面,即( )。

    A.工业污染防治　　　　　　　　　　B.环保产品的生产和经营

    C.资源的综合利用　　　　　　　　　D.环境服务

选择说明:

(3)环保产业广泛渗透于第( )产业。

    A.一、二　　　　　B.二、三　　　　　C.一、三　　　　　D.一、二、三

选择说明:

(4)影响环保产业市场结构的三个主要因素是( )。

    A.市场进退障碍　　　　　　　　　　B.市场集中度

    C.产品差别化程度　　　　　　　　　D.市场需求的增长率

选择说明:

(5)项目融资模式有多种,每一种模式都有适用的领域和趋势,比较常见的有( )。

    A.BOT　　　　　　B.PFI　　　　　C.PPP　　　　　D.ABS

选择说明:

3. 论述题

(1)简述环保产业的分类。

(2)简述环保产业的特点。

(3)试论目前我国环保产业存在的问题。

(4)简述我国环保产业的发展趋势。

(5)如何进行环保产业的结构分析?

(6)简述环保产业对经济发展的带动作用。

(7)简述项目融资与传统贷款的区别。

(8)论述BOT的特点和运作方式。

(9)简述PPP项目基本模式。

(10)简述构建绿色金融体系的意义。

第十三章

环境与环境经济指标体系

　　环境与环境经济指标是反映客观存在的社会活动、经济活动与自然现象的概念和数量,是评价和调控自然生态环境和社会经济活动的工具。由于环境、经济和社会系统是一个复杂的综合体,我们必须使用由一系列相互关联的指标组成的指标体系,从多个方面分析、说明、评价经济再生产过程与自然再生产过程中的物质变换的状况及影响的规律,为协调社会经济发展与环境保护提供科学依据。本章概述了环境承载力,对环境指标综合体系与环境经济指标体系进行了分析论述。

第一节　环境承载力

　　承载力是工程地质领域里的概念,是指地基的强度对建筑物负重的能力,现"承载力"一词及概念已在多个领域使用。生态承载力是最早将承载力引入到生态学学科领域内的概念。承载力概念引入环境生态学,体现了人类社会对自然界的认识不断深化。在环境污染、生态破坏加剧的情况下,提出环境承载力概念具有特别的意义。环境承载力是一个重要概念,环境问题就是人类活动与环境承载力之间出现冲突的表现,它反映了环境与人类的相互作用关系,是衡量人类社会与环境协调程度的指标,逐渐得到了广泛应用。

一、环境承载力概念

1921年,美国社会学家帕克和伯吉斯提出了生态承载力的概念。生态承载力(Ecological Carrying Capacity)主要指在某一特定环境条件下(如生存空间、营养物质、阳光等生态因子的组合),某种个体存在数量的最高极限。生态承载力概念源于环境容量,在环境、经济和社会的各个领域,承载力的概念都得到了不同程度的延伸,在不同领域被广泛应用。

环境承载力(Environmental Bearing Capacity)又称环境承受力,是指在一定时期内,在某种环境状态下,某一区域环境对人类社会、经济活动的支持能力的限度,也可表述为环境对人类社会、经济活动的支持能力的限度。环境承载力是环境科学的一个重要而又区别于其他学科的概念,它反映了环境与人类的相互作用关系,在环境科学的许多分支学科可以得到广泛应用。

环境承载力强调的是环境系统对其中生物和人文系统活动的支撑能力,主要表现为生态系统所提供的资源和环境对人类社会经济系统良性发展的一种支持能力,所以说资源是制约环境承载力的首要因素。这种支持能力也称为人类活动的阈值,而这种阈值通常用环境人口容量来表示。

简单地说,环境人口容量就是环境所持续供养的最大人口数。联合国教科文组织对环境人口容量的定义是:一个国家或地区的环境人口容量,是在可预见到的时期内,利用本地资源及其他资源和智力、技术等条件,在保证符合社会文化准则的物质生活水平条件下,该国家或地区所能持续供养的人口数量。我国的环境人口容量位于世界人均水平最低的国家行列,目前人均可耕地不足世界值的1/3,人均淡水占有量仅为世界的1/4。有研究表明,我国环境人口容量最高应控制在16亿左右。影响环境人口容量的要素有自然环境要素、社会经济发展水平、科技发展水平、文化和消费水平等。

二、环境承载力评价

(一)环境承载力评价概述

环境承载力评价是在一定的环境质量要求下,在不超出生态环境系统弹性限度条件下,对环境可支撑的人口、经济规模和容纳污染物的能力,进行定性和定量分析,从而确定各区域的环境承载能力和承载水平。环境承载力的研究对象是社会经济与自然生态环境的复合体,进行环境承载力的评价是把社会、经济和环境三方面结合起来,以量化的手段表现出评价对象现状和未来各个系统间的协调关系。

环境承载力评价包括对承载能力和承载水平的评价。承载水平是当前承载量和承载能力的比较,承载水平越高,表明该区域环境压力越大。对承载水平的评价是制定环境政策的主要依据。在环境承载力评价中,可以根据环境各要素承载水平的高低,设置不同的预警和响应措施。

(二)环境承载力评价技术路线

环境承载力评价是综合衡量区域人口、资源、环境是否协调、经济发展是否可持续的重要方式和评价技术,环境承载力评价应遵循规定的技术路线。

首先,调查评价区域社会、经济、环境状况,进行环境质量评价,这是评价环境承载力的重要基础。通过资料收集和现状调查,全面掌握区域自然生态环境、社会环境、经济状况,以及环境质量现状资料(包括水、空气、土壤、固废等)。利用技术手段进行区域生态和土地利用现状调研,全面了解区域土地利用和产业规划、国民经济和社会发展规划等。在此基础上,分析存在的主要环境问题,进行区域环境现状评价。

其次,在对环境和社会状况调查的基础上,分析社会经济发展、资源利用和自然生态保护的现状,确定与社会经济发展关系最为密切的自然生态环境问题。如以区域的社会经济现状为基础,以区域城市规划、国民经济和社会发展规划等现行政策为依据,分析区域未来社会经济发展的规划情景。对区域规划情景下的环境与资源承载状况进行研究,分析未来制约区域社会经济发展的主要环境资源约束,并提出解决问题的途径。

最后,评价环境承载力的核心是构建环境承载力评价指标体系,根据评价指标体系,采用合适的评价方法评价区域的环境承载状态,得到区域环境质量、环境容量等结果,据此进行环境适宜性分区。根据不同需要构建的各种环境承载力评价指标体系是环境承载力评价的关键。

(三)环境承载力评价方法

环境承载力评价是判断区域能否可持续发展的重要技术手段之一,环境承载力评价的方法也有多种。环境承载力的综合评价方法主要有环境承载率法、需求差量法、相对剩余率法、向量-承载剩余率法等,也有采用直接比较压力(承载量、生态足迹)和承载力的思路判断环境承载力是否超载,还有综合应用数值模型、信息技术和情景分析等方法对环境承载力进行定量描述和分析。这些评价方法的应用促进了对区域环境承载状态及可持续发展状态的分析与评价。

第二节 环境指标体系概述

指标一般由名称和数值组成,是一种可以帮助人们理解事物是如何变化的信息。指标体系是指由一系列互相联系、互相补充的指标所组成的统一整体的指标集合。指标体系能够反映分析对象的全部或整体状况,从而评价对象的本质。环境指标是由一系列相互关联的环境指标,以及与环境密切相关的经济与社会指标组成的指标体系。为了使指标体系科学化、规范化、实用化,在构建指标体系时,应遵循科学、实证与规范相统一的原则和要求。本节在概述环境指标体系概念的基础上,论述了环境指标体系的作用、制定原则以及分类等。

一、环境指标体系的概念

环境指标(Environmental Index)是反映社会经济发展与环境保护协调状况的工具。环境指标体系是用以体现环境-经济-社会系统的一套相互联系、相互补充的指标集合,它是对经济、社会、环境三个系统的信息进行系统分析、综合平衡并加以具体化后所确定的环境发展目标和计划。与社会、经济指标体系相关联的环境指标体系可以有效地揭示环境、社会、经济三个系统相互作用的规律,确定环境质量对社会经济发展的促进与约束功能,并能转换为统一的社会经济信息,定量地描述彼此的协调关系。

二、环境指标体系的作用

科学的环境指标体系在解决经济发展与环境保护这个重大课题上起到了很好的计划、控制、

调整和约束作用。环境指标体系在我国经济和社会活动中的作用主要表现在以下几个方面:

(1)环境指标体系能反映环境系统运行状况,也能反映经济系统运行状况,同时能反映规划、计划的执行情况,是对环境经济系统进行科学管理的重要工具,它是把环境保护切实纳入国民经济与社会发展规划中的桥梁。

(2)环境指标体系可以将发展经济与保护环境、经济管理与环境管理紧密联系起来,促进经济建设、环境建设同步规划、同步实施、同步发展,确保经济效益、社会效益、环境效益的协调统一。

(3)环境指标体系可以使环境管理工作、经济管理工作都有一个明确具体的指标标准来衡量,使各地区、各部门都有一个近期的努力方向和长远的奋斗目标,让环境保护工作变成"硬指标",有利于加强环境管理与生态文明建设工作。

(4)环境指标体系把环境管理工作由单纯的定性管理,提升到高效的定性管理和科学的定量管理相结合的管理制度,为实行环境保护责任制,考核评比,公众参与环境保护工作等创造条件。

三、环境指标体系的制定原则

(一)环境指标的设置原则

设置环境指标就是设置一种特殊的测量系统,其作用在于帮助人们了解环境系统过去和当前分别是什么状况,环境系统的发展趋势和目标实现情况。一个科学合理的环境指标可以在环境系统发展的不同阶段,都具有清晰的结果反映。环境指标设置的基本原则如下。

1. 指标名称和含义明确化

环境指标是对区域环境现象、状况等的有代表性的描述,因此,指标的概念必须明确,指标的名称应简明、易于理解。随着环境保护公众参与力度的加强,有些指标是需要面向广大非专业的公众,因此指标的名称与含义更要强调明确、直接。

2. 指标适用空间和时间确切化

环境指标有其明确的适用空间与时间范围,指标的内容和范围要有明确的界限,此外还应制定一个阈值或参考值,可以进行比较,以便能够对指标数值所描述现象的水平作出判断。环境指标的设置还须同环境保护政策、环境保护目标以及环境保护标准相关。

3. 计量单位和方法标准化

环境指标应具有统一可量性,指标的计算方法应一致,以利于纵横向的比较。为使环境指标具有可比性,指标的量纲应以国家标准或达成有效共识的计量单位为基础。测量与计算应该采用比较成熟或获得公认的方法,具有较强的通用性,尽量减少主观因素的影响。

(二)环境指标体系的构建原则

环境指标体系体现环境保护的目标和任务,反映发展与环境的相互关系,对社会经济和环境协调发展具有重要的指导作用。环境指标体系的构建应符合以下几个原则。

1. 环境指标体系要符合规律

环境指标体系要符合经济规律、自然规律和社会发展规律,体现国家建设发展的方针政策,对各部门、各地区的社会经济发展和环境保护工作要具有指导作用、监督作用、考核作用。

2. 环境指标体系要反映经济、社会和环境的关系

环境指标体系要能反映经济、社会和环境之间的相互作用、动态状况,以利于综合平衡与协调经济、社会发展和环境保护的关系,保证环境资源的有效利用,促进环境质量的不断改善。

3. 环境指标体系要反映环境损益状况

环境指标体系要能反映环境质量与环境资源的水平变化,能反映出环境影响与危害,以及采取措施后可取得的环境效益、经济效益和社会效益。

4. 环境指标体系要体现综合管理的要求

环境指标体系的构建应体现环境管理、社会管理与经济管理的要求,把经济管理、社会管理与环境管理有机结合起来。

5. 环境指标体系应科学、简洁

环境指标体系应合理划分指标的层次、范围、边界及功能,设计的指标科学合理、概念明确、数量适中,使指标体系具有应用的可行性,同时兼具有效、方便、经济等优点。

四、环境指标体系的分类

环境指标体系的分类要依据科学客观的分类方法,充分展示环境指标体系中环境的内涵和外延,揭示环境保护的目的。环境指标体系的分类应科学地体现环境的特点,以及环境与经济、社会的关系、内容和特点。一般通过使用层次、涉及系统的情况、研究的对象和功能等对环境指标体系进行分类。

(一)按使用层次分类

(1)高层环境指标体系。高层环境指标体系表现为国家或区域性的宏观指标,是反映环境、环境保护总体状况的综合性分析评价指标体系,主要用于国家或区域环境保护和社会经济发展的决策依据。

(2)中层环境指标体系。中层环境指标体系表现为部门或行业的中观指标,是由对各种环境污染和破坏及其防治进行分析评价的指标构成,主要用于部门及行业政策制定,是工作指导的依据。

(3)基层环境指标体系。基层环境指标体系表现为企业管理性指标的微观指标,它由基层环境保护部门和企业掌握,是管理当地环境污染及其防治的重要依据,也是企业防治环境污染的重要依据。

(二)按涉及系统的情况分类

随着人们对环境、经济与社会的关系的认识越来越深入,对于联结经济、社会和环境的指标研究更注重符合可持续发展的要求,更注重全面反映发展的科学性,而多系统的联结指标体系可以科学地度量可持续发展。从环境保护的角度说,这种联结系统的指标可分为以下四种:

(1)单一环境系统指标。

(2)经济和环境系统二重交叉部分指标,如环境经济指标。

(3)社会与环境系统二重交叉部分指标,如环境社会指标。

(4)经济、社会、环境系统三重交叉部分指标,如可持续发展指标。

(三)按研究的对象分类

最为典型的反映环境与社会经济间关系的指标是状态-压力-响应指标体系。它以自然资源和环境为研究对象,为人们提供环境和自然资源变化状况,以及环境与社会经济系统之间相互作用方面的信息。

(1)状态指标。状态指标表征环境质量与自然资源的状况。

(2)压力指标。压力指标表征人类活动给环境造成的压力。

(3)响应指标。响应指标表征人类对环境问题采取的对策。

状态-压力-响应,即压力、状态、响应(Pressure-State-Response,PSR),是环境质量评价学科中生态系统健康评价子学科中常用的一种评价模型,最初是由加拿大统计学家戴维和安东尼于1979年提出,后由经济合作与发展组织(OECD)和联合国环境规划署(UNEP)于20世纪八九十年代共同发展起来的用于研究环境问题的框架体系。

状态-压力-响应指标体系可应用于污染防治与资源保护指标体系和环境经济分析与效益评价指标体系等。在污染防治与资源保护指标体系中,常见的有环境污染防治系统指标体系、自然资源系统指标体系、生态环境系统指标体系等。

(四)按功能不同分类

(1)环境计划类指标。环境计划指标是纳入国民经济预算、决算的计划指标。如:在一定的国民经济发展规模下对应的环保投资比例。

(2)环境控制类指标。环境控制类指标是指环境损失控制指标、环境污染控制指标、资源保护控制指标等。

(3)环境评价类指标。环境评价类指标是由环境经济分析的三要素,即环境损失、环保投资、环保投资效益及其相互间的关系构成。

(4)环境约束类指标。环境约束类指标是对经济系统与环境经济系统进行综合平衡,按若干决策变量形成若干约束指标,作为系统规划的约束条件。

此外,环境指标及其指标体系还有其他多种分类,如指标实际值越大,在分析评价中所起的正面效应也越大的指标称为正指标,如国内生产总值等指标;指标数值越小,其反映的正面效应越好的指标称为逆指标,如环境损失等指标。另外环境指标还可分为总量指标、分量指标、绝对指标、相对指标等。

第三节 环境指标综合体系

评价和把握生态文明建设和社会经济发展的进程与效果,需要综合指标体系作为工具,这是不可或缺的技术支持和保障。在环境与社会经济的综合指标体系中,环境的综合指标体系是一个主要的组成部分。从资源节约、生态建设、可持续发展等方面所建立的环境综合指标体系,重点在环境与资源方面。环境综合指标体系具有广泛的适应性,所设立的指标能反映不同类别、不同方面的共性,能从宏观、中观和微观的不同层次更准确地反映所分析对象的特征。本节在概述环境综合指标体系的基础上,重点对"绿色发展指标体系""生态文明建设考核目标体系""ESI 与 EPI 指标体系"和"国家环境保护模范城市考核指标体系"进行了论述。

一、环境综合指标体系概述

从宏观层次来说,环境综合指标体系可以计划指标、控制指标、评价指标和约束指标四大功能指标作为一级指标,环境综合指标体系的一级指标应从宏观上反映社会经济与环境相互促进、相互制约的关系。

一般一级指标下,对应设置一定数量的二级指标。二级指标要求含义明确,具有科学性、可操作性。各二级指标分别反映一个具体的方面,同时组合起来又相互补充,能综合地反映区域、行业和企业单位的社会、经济、环境协调发展的状况。

例如,在环境综合指标体系中,污染物控制总量应作为其中一项约束指标,绿色国内生产总值也应作为一项重要的指标。又如,环保投资比例(环保投资/国内生产总值)这项指标定量地反映了环境保护的力度;环境污染程度(污染物排放总量与万元国内生产总值之比)这项指标定量地描述了污染程度,这是一个逆指标,即环境污染指标越低,所获得的社会经济综合效益越好。当然,仅此一两个指标并不能说明环境质量是否好转,需要用指标体系来综合评价。环境综合指标体系是从宏观层次设置的,但可以看出该指标体系不仅适用于国家,也适用于地方、部门(行业)及企业各层次。

除了宏观层次的综合指标体系外,属于微观层次的用于工业企业的环境指标体系也是环境指标体系的组成部分,所列指标具有很强的分析与评价的针对性。如工业企业环境指标体系可以反映工业企业环境保护的状况,对工业企业的环境保护工作具有重要的指导作用。又如,企业清洁生产评价指标体系,从生产这个始端到排污这个终端的全过程对企业起到监督、管理、指导和评价的作用。一些重点行业的清洁生产评价指标体系针对性强,目标具体,对重点行业的清洁生产具有重要的促进作用。

二、生态文明建设目标评价体系

(一)《生态文明建设目标评价考核办法》概述

十八大以来,党中央、国务院就推进生态文明建设做出一系列决策部署,印发了《关于加快推进生态文明建设的意见》(中发〔2015〕12 号)、《生态文明体制改革总体方案》(中发〔2015〕25 号),《国民经济和社会发展第十三个五年规划纲要》进一步明确了资源环境约束性目标,增加了很多事关群众切身利益的环境质量指标。

根据中共中央办公厅、国务院办公厅关于印发《生态文明建设目标评价考核办法》(以下简称《办法》)的通知(厅字〔2016〕45 号)要求,国家发展和改革委、国家统计局、环境保护部、中央组织部制定了《绿色发展指标体系》和《生态文明建设考核目标体系》,作为生态文明建设评价考核的依据,要求结合实际贯彻执行。

1.《办法》出台的意义

一是有利于完善经济社会发展评价体系。把资源消耗、环境损害、生态效益等指标的情况反映出来,有利于加快构建经济社会发展评价体系,更加全面地衡量发展的质量和效益,特别是发展的绿色化水平。

二是有利于引导各级党委和政府形成正确的政绩观。实行生态文明建设目标评价考核,就是要进一步引导和督促各级党委和政府自觉推进生态文明建设,在发展中保护、在保护中发展。

三是有利于加快推动绿色发展和生态文明建设。实行生态文明建设目标评价考核,使之成为推进生态文明建设的重要约束和导向,加快推动中央决策部署落实和各项政策措施落地,为确保实现生态文明建设的战略目标提供重要的制度保障。

2.《办法》的主要特点

《办法》主要是对生态文明建设目标评价考核进行制度规范,在指标设置上突出人民群众获得感,在结果应用上体现严格的要求,具体包括以下几个方面:

一是围绕落实党中央、国务院部署要求,对生态文明建设目标评价考核的方式、主体、对象、内容、时间及结果应用、组织协调、能力保障等进行制度规范,做出6个方面共21条具体规定,发挥评价考核"指挥棒"作用,落实地方党委和政府领导班子成员生态文明建设责任。

二是采取评价与考核相结合的方式,考核重在约束、评价重在引导,可以各有侧重地推动地方党委和政府落实生态文明建设重点目标任务。

三是坚持以人民为中心的发展思想,突出问题导向、目标导向,在指标设计中提高生态环境质量、公众满意程度等反映人民群众获得感指标的权重,引导地方党委和政府把绿色惠民作为生态文明建设的出发点和落脚点。

四是强化结果应用,将考核结果作为省级党政领导班子和领导干部综合考核评价、干部奖惩任免的重要依据,体现"奖惩并举"。

3.《办法》的主要内容

《办法》规定,生态文明建设目标评价考核实行党政同责,采取年度评价和五年考核相结合的方式,在节能减排、大气污染防治、最严格耕地保护等现有专项考核的基础上综合开展。绿色发展指标体系、生态文明建设考核目标体系分别作为年度评价和五年考核的依据。

年度评价按照《绿色发展指标体系》实施,主要评估各地区生态文明建设进展的总体情况,引导各地区落实生态文明建设相关工作,每年开展一次。

五年考核按照《生态文明建设考核目标体系》实施,主要考核国民经济和社会发展规划纲要确定的资源环境约束性指标,以及党中央、国务院部署的生态文明建设重大目标任务完成情况,强化省级党委和政府生态文明建设的主体责任,每个五年规划期结束后开展一次。

绿色发展指标体系包含考核目标体系中的主要目标,增加有关措施性、过程性的指标,包括资源利用、环境治理、环境质量、生态保护、增长质量、绿色生活、公众满意程度7个方面,共56项评价指标,采用综合指数法测算生成绿色发展指数,衡量地方每年生态文明建设的动态进展,侧重于工作引导。同时五年规划期内年度评价的综合结果也将纳入生态文明建设目标考核。

考核目标体系以"十三五"规划《纲要》确定的资源环境约束性目标为主,少而精地避免目标泛化,使考核工作更加聚焦。在目标设计上,按照涵盖重点领域和目标不重复、可分解、有数据支撑的原则,包括资源利用、生态环境保护、年度评价结果、公众满意程度、生态环境事件等5个方面,共23项考核目标;在目标赋分上,对环境质量等体现人民获得感的目标赋予较高的分值,对约束性、部署性等目标依据其重要程度,分别赋予相应的分值;在目标得分上,体现"奖罚分明""适度偏严",对超额完成目标的地区按照超额比例进行加分,对3项约束性目标未完成的地区考核等级直接确定为不合格。

需要说明的是,我国各地区的情况不一,差异很大,《办法》在强调各地区落实中央生态文明建设总体要求的同时,也对差异化考核进行了考虑,主要体现在两个方面:一是在目标分解上,《办法》要求有关部门要结合各地区经济社会发展水平、资源环境禀赋等因素,将考核目标科学合理地分解到各省、区、市;二是在结果应用上,将考核结果纳入地方党政领导班子和领导干部综合考核评价时,会充分考虑各地区的区位特点和发展定位,予以差别对待。

另外,现在的绿色发展指标体系、生态文明建设考核目标体系主要是针对"十三五"时期,今后将根据经济社会发展五年规划及生态文明建设进展情况适时进行调整。

(二)绿色发展指标体系

绿色发展(Green Development)是传统发展基础上的一种模式创新,是建立在生态环境容量和资源承载力的约束条件下,将环境保护作为实现可持续发展重要支柱的一种新型发展模式。绿色发展是建设生态文明、构建高质量现代化经济体系的必然要求,是发展观的一场深刻革命,核心是保护生态环境和节约资源。绿色发展的要求体现在:一是要将环境资源作为社会经济发展的内在要素;二是要把实现经济、社会和环境的可持续发展作为绿色发展的目标;三是要把经济活动过程的"绿色化"和经济活动结果的"绿色化"作为绿色发展的主要内容和途径。

1. 绿色发展指标体系内容

2016 年 12 月 12 日国家发改委、国家统计局、环境保护部、中央组织部制定了《绿色发展指标体系》和《生态文明建设考核目标体系》,作为生态文明建设评价考核的依据,要求结合实际贯彻执行。这两个重要的指标体系既是环境综合指标体系,也是环境经济指标体系。绿色发展指标体系见表 13-1。

绿色发展指标体系
表 13-1

一级指标	序号	二级指标	计量单位	指标类型	权数	数据来源
一、资源利用 (权数 = 29.3%)	1	能源消耗总量	万吨标准煤	◆	1.83	国家统计局、国家发改委
	2	单位 GDP 能源消耗降低	%	★	2.75	国家统计局、国家发改委
	3	单位 GDP 二氧化碳排放降低	%	★	2.75	国家发改委、国家统计局
	4	非化石能源占一次能源消费比重	%	★	2.75	国家统计局、国家能源局
	5	用水总量	亿 m^3	◆	1.83	水利部
	6	万元 GDP 用水量下降	%	★	2.75	水利部、国家统计局
	7	单位工业增加值用水量降低率	%	◆	1.83	水利部、国家统计局
	8	农田灌溉水有效利用系数	—	◆	1.83	水利部
	9	耕地保有量	亿亩	★	2.75	国土资源部
	10	新增建设用地规模	万亩	★	2.75	国土资源部
	11	单位 GDP 建设用地面积降低率	%	◆	1.83	国土资源部、国家统计局
	12	资源产出率	万元/t	◆	1.83	国家统计局、国家发改委
	13	一般工业固体废物综合利用率	%	△	0.92	环境保护部、工业和信息化部
	14	农作物秸秆综合利用率	%	△	0.92	农业部

续上表

一级指标	序号	二级指标	计量单位	指标类型	权数	数据来源
二、环境治理 （权数=16.5%）	15	化学需氧量排放总量减少	%	★	2.75	环境保护部
	16	氨氮排放总量减少	%	★	2.75	环境保护部
	17	二氧化碳排放总量减少	%	★	2.75	环境保护部
	18	氮氧化物排放总量减少	%	★	2.75	环境保护部
	19	危险废物处置利用率	%	△	0.92	环境保护部
	20	生活垃圾无害化处理率	%	◆	1.83	住房城乡建设部
	21	污水集中处理率	%	◆	1.83	住房城乡建设部
	22	环境污染治理投资占GDP比重	%	△	0.92	住房城乡建设部、环境保护部、国家统计局
三、环境质量 （权数=19.3%）	23	地级及以上城市空气质量优良天数比率	%	★	2.75	环境保护部
	24	细颗粒物（PM2.5）未达标地级及以上城市浓度下降	%	★	2.75	环境保护部
	25	地表水达到或好于Ⅲ类水体比例	%	★	2.75	环境保护部、水利部
	26	地表水劣Ⅴ类水体比例	%	★	2.75	环境保护部、水利部
	27	重要江河湖泊水功能区水质达标率	%	◆	1.83	水利部
	28	地级及以上城市集中式饮用水源水质达到或优于Ⅲ类比例	%	◆	1.83	环境保护部、水利部
	29	近岸海域水质优良（一、二类）比例	%	◆	1.83	国家海洋局、环境保护部
	30	受污染耕地安全利用率	%	△	0.92	农业部
	31	单位耕地面积化肥使用量	kg/公顷	△	0.92	国家统计局
	32	单位耕地面积农药使用量	kg/公顷	△	0.92	国家统计局
四、生态保护 （权数=16.5%）	33	森林覆盖率	%	★	2.75	国家林业局
	34	森林蓄积量	亿 m³	★	2.75	国家林业局
	35	草原综合植被覆盖度	%	◆	1.83	农业部
	36	自然岸线保有率	%	◆	1.83	国家海洋局
	37	湿地保护率	%	◆	1.83	国家林业局、国家海洋局
	38	陆地自然保护区面积	万公顷	△	0.92	环境保护部、国家林业局
	39	海洋保护区面积	万公顷	△	0.92	国家海洋局
	40	新增水土流失治理面积	万公顷	△	0.92	水利部
	41	可治理沙化土地治理率	%	◆	1.83	国家林业局
	42	新增矿山恢复治理面积	公顷	△	0.92	国土资源部

一级指标	序号	二级指标	计量单位	指标类型	权数	数据来源
五、增长质量（权数＝9.2%）	43	人均 GDP 增长率	%	◆	1.83	国家统计局
	44	居民人均可支配收入	元/人	◆	1.83	国家统计局
	45	第三产业增加值占 GDP 比重	%	◆	1.83	国家统计局
	46	战略性新兴产业增加值占 GDP 比重	%	◆	1.83	国家统计局
	47	研究与试验发展经费支出占 GDP 比重	%	◆	1.83	国家统计局
六、绿色生活（权数＝9.2%）	48	公共机构人均能耗降低率	%	△	0.92	国管局
	49	绿色产品市场占有率	%	△	0.92	国家发改委、工业和信息化部、质检总局
	50	新能源汽车保有量增长率	%	◆	1.83	公安部
	51	绿色出行(城镇每万人口公共交通客运量)	万人次/万人	△	0.92	交通运输部、国家统计局
	52	城镇绿色建筑占新建建筑比重	%	△	0.92	住房城乡建设部
	53	城市建成区绿地率	%	△	0.92	住房城乡建设部
	54	农村自来水普及率	%	◆	1.83	水利部
	55	农村卫生厕所普及率	%	△	0.92	国家卫计委
七、公众满意程度	56	公众对生态环境质量满意程度	%	—	—	国家统计局

2. 绿色发展指标体系相关说明

（1）标★的为《国民经济和社会发展第十三个五年规划纲要》确定的资源环境约束性指标；标◆的为《国民经济和社会发展第十三个五年规划纲要》和《中共中央、国务院关于加快推进生态文明建设的意见》等提出的主要监测评价指标；标△的为其他绿色发展重要监测评价指标。根据其重要程度，按总权数为100%，三类指标的权数之比为3∶2∶1计算，标★的指标权数为2.75%，标◆的指标权数为1.83%，标△的指标权数为0.92%。6个一级指标的权数分别由其所包含的二级指标权数汇总生成。

（2）绿色发展指标体系采用综合指数法进行测算，"十三五"期间，以2015年为基期，结合"十三五"规划纲要和相关部门规划目标，测算全国及分地区绿色发展指数和资源利用指数、环境治理指数、环境质量指数、生态保护指数、增长质量指数、绿色生活指数6个分类指数。绿色发展指数由除"公众满意程度"之外的55个指标个体指数加权平均计算而成。计算公式见式(13-1)：

$$Z = \sum_{i=1}^{N} W_i Y_i \qquad (N = 1, 2, \cdots, 55) \tag{13-1}$$

式中:Z——绿色发展指数;

  Y_i——指标的个体指数;

  N——指标个数;

  W_i——指标 Y_i 的权数。

绿色发展指标按评价作用分为正向指标和逆向指标,按指标数据性质分为绝对数指标和相对数指标,需对各个指标进行无量纲化处理。具体处理方法是将绝对数指标转化成相对数指标,将逆向指标转化成正向指标,将总量控制指标转化成年度增长控制指标,然后再计算个体指数。

(3)公众满意程度为主观调查指标,通过国家统计局组织的抽样调查来反映公众对生态环境的满意程度。调查采取分层多阶段抽样调查方法,通过采用计算机辅助电话调查系统,随机抽取城镇和乡村居民进行电话访问,根据调查结果综合计算 31 个省(区、市)的公众满意程度。该指标不参与总指数的计算,进行单独评价与分析,其分值纳入生态文明建设考核目标体系。

(4)国家负责对各省、自治区、直辖市的生态文明建设进行监测评价,对有些地区没有的地域性指标,相关指标不参与总指数计算,其权数平均分摊至其他指标,体现差异化;各省、自治区、直辖市根据国家绿色发展指标体系,并结合当地实际制定本地区绿色发展指标体系,对辖区内市(县)的生态文明建设进行监测评价。各地区绿色发展指标体系的基本框架应与国家保持一致,部分具体指标的选择、权数的构成以及目标值的确定,可根据实际进行适当调整,进一步体现当地的主体功能定位和差异化评价要求。

(5)绿色发展指数所需数据来自各地区、各部门的年度统计,各部门负责按时提供数据,并对数据质量负责。

(三)生态文明建设考核目标体系

生态文明(Eco-civilization)是人类为保护和建设美好生态环境而取得的物质成果、精神成果和制度成果的总和,是贯穿于经济建设、政治建设、文化建设、社会建设全过程和各方面的系统工程,反映了一个社会的文明进步状态。生态文明是人类文明发展的一个新的阶段,生态文明是以人与自然、人与人、人与社会和谐共生、良性循环、全面发展、持续繁荣为基本宗旨的社会形态。

2012 年 11 月,党的十八大从新的历史起点出发,做出"大力推进生态文明建设"的战略决策,全面深刻论述了生态文明建设的各方面内容,完整描绘了今后相当长一个时期我国生态文明建设的宏伟蓝图。2015 年 5 月 5 日,《中共中央国务院关于加快推进生态文明建设的意见》发布。

1. 生态文明建设考核目标体系内容

中共中央办公厅、国务院办公厅于 2016 年 12 月 22 日印发的《生态文明建设目标评价考核办法》是为贯彻落实党的十八大和十八届三中、四中、五中、六中全会精神,加快绿色发展,推进生态文明建设,规范生态文明建设目标评价考核工作,根据有关党内法规和国家法律法规制定。生态文明建设考核目标体系见表 13-2。

生态文明建设考核目标体系

表 13-2

目标类别	目标类分值	序号	子目标名称	子目标分值	目标来源	数 据 来 源
一、资源利用	30	1	单位 GDP 能源消耗降低★	4	规划纲要	国家统计局、国家发改委
		2	单位 GDP 二氧化碳排放降低★	4	规划纲要	国家发改委、国家统计局
		3	非化石能源占一次能源消费比重★	4	规划纲要	国家统计局、国家能源局
		4	能源消费总量	3	规划纲要	国家统计局、国家发改委
		5	万元 GDP 用水量下降★	4	规划纲要	水利部、国家统计局
		6	用水总量	3	规划纲要	水利部
		7	耕地保有量★	4	规划纲要	国土资源部
		8	新增建设用地规模★	4	规划纲要	国土资源部
二、生态环境保护	40	9	地级及以上城市空气质量优良天数比率★	5	规划纲要	环境保护部
		10	细颗粒物（PM2.5）未达标地级及以上城市浓度下降★	5	规划纲要	环境保护部
		11	地表水达到或好于Ⅲ类水体比例★	(3)a(5)b	规划纲要	环境保护部、水利部
		12	近岸海域水质优良（一、二类）比例	(2)a	水十条	国家海洋局、环境保护部
		13	地表水劣Ⅴ类水体比例★	5	规划纲要	环境保护部、水利部
		14	化学需氧量排放总量减少★	2	规划纲要	环境保护部
		15	氨氮排放总量减少★	2	规划纲要	环境保护部
		16	二氧化硫排放总量减少★	2	规划纲要	环境保护部
		17	氮氧化物排放总量减少★	2	规划纲要	环境保护部
		18	森林覆盖率★	4	规划纲要	国家林业局
		19	森林蓄积量★	5	规划纲要	国家林业局
		20	草原综合植被覆盖度	3	规划纲要	农业部
三、年度评价结果	20	21	各地区生态文明建设年度评价的综合情况	20	—	国家统计局、国家发改委、环境保护部等有关部门
四、公众满意程度	10	22	居民对本地区生态文明建设、生态环境改善的满意程度	20	—	国家统计局等有关部门
五、生态环境事件	扣分项	23	地区重特大突发环境事件、造成恶劣社会影响的其他环境污染责任事件、严重生态破坏责任事件的发生情况	扣分项	—	环境保护部、国家林业局等有关部门

2. 生态文明建设考核目标体系相关说明

（1）标★的为《国民经济和社会发展第十三个五年规划纲要》确定的资源环境约束性目标。

（2）"资源利用""生态环境保护"类目标采用有关部门组织开展专项考核认定的数据,完成的地区有关目标得满分,未完成的地区有关目标不得分,超额完成的地区按照超额比例与目标得分的乘积进行加分。

（3）"非化石能源占一次能源消费比重"子目标主要考核各地区可再生能源占能源消费总量比重;"能源消费总量"子目标主要考核各地区能源消费增量控制目标的完成情况。

（4）"地表水达到或好于Ⅲ类水体比例""近岸海域水质优良（一、二类）比例"子目标分值中括号外右上角标注"a"的,为天津市、河北省、辽宁省、上海市、江苏省、浙江省、福建省、山东省、广东省、广西壮族自治区、海南省等沿海省份分值;括号外右上角标注"b"的,为沿海省份之外省、自治区、直辖市分值。

（5）"年度评价结果"采用"十三五"期间各地区年度绿色发展指数,每年绿色发展指数最高的地区得4分,其他地区的得分按照指数排名顺序依次减少0.1分。

（6）"公众满意程度"指标采用国家统计局组织的居民对本地区生态文明建设、生态环境改善满意程度抽样调查数据,通过每年调查居民对本地区生态环境质量表示满意和比较满意的人数占调查人数的比例,并将五年的年度调查结果算术平均值乘以该目标分值,得到各省、自治区、直辖市"公众满意程度"分值。

（7）"生态环境事件"为扣分项,每发生一起重特大突发环境事件、造成恶劣社会影响的其他环境污染责任事件、严重生态破坏责任事件的地区扣5分,该项总扣分不超过20分。具体由环境保护部、国家林业局等部门根据《国务院办公厅关于印发国家突发环境事件应急预案的通知》等有关文件规定进行认定。

（8）根据各地区约束性目标完成情况,生态文明建设目标考核对有关地区进行扣分或降档处理:仅1项约束性目标未完成的地区该项考核目标不得分,考核总分不再扣分;2项约束性目标未完成的地区在相关考核目标不得分的基础上,在考核总分中再扣除2项未完成约束性目标的分值;3项（含）以上约束性目标未完成的地区考核等级直接确定为不合格。其他非约束性目标未完成的地区有关目标不得分,考核总分中不再扣分。

三、其他环境综合指标体系

（一）ESI 与 EPI 指标体系

1. 环境可持续性指数（ESI）指标体系

环境可持续指数（Environmental Sustainability Index,ESI）是耶鲁大学、哥伦比亚大学和世界经济论坛共同开展的项目。ESI 是一项整合性指标系统,研究人员使用、追踪21项指标来评估各国或地区的环境质量。这21项指标内容涉及自然资源、过去与现在的污染程度、环境管理努力成果、对国际公共事务的环保贡献度,以及历年来改善环境绩效的社会能力。ESI 可用以衡量一个国家或地区环境可持续的能力,是可持续发展决策的重要依据之一。

ESI 建立在"压力-状态-响应"模型基础上,它可以测量一个国家或地区能够为其后代人保持良好环境状态的能力,能够为环境决策提供有力的分析工具,促进环境政策制定和环境管理的定量化与系统化。ESI 数值越高,表明其环境可持续性越强,越有利于在未来能够保持良好的环境状态。

ESI 为跨国家或地区比较环境问题提供了系统的指标,为阐明大量紧迫的环境政策问题提供了比较和分析的基础,在国家或地区确定优先进行的政策改善、量化政策和项目的成功状况、促进调查经济和环境发展的相互关系、确定影响环境可持续能力的主要因素等方面提出了标准。

2002年第一次公布的ESI包括20项指标。2002年在纽约举办的年度世界经济论坛公布了142个国家的环境可持续能力排行榜,芬兰列在排行榜之首,美国位居第45位,我国位居第129位,阿拉伯联合酋长国排名为最后一位。

ESI认为,环境治理的成功与经济的成功不一定成正比。例如,芬兰和比利时的人均国内生产总值(GDP)相差不大,但是在ESI上的排名却相差甚远。芬兰的人均GDP是22008美元,ESI给它的得分为73.7,而比利时的人均GDP为24533美元,得分却只有38.6。看来一个国家的经济地位和发达程度并不一定预示着该国在解决环境问题上也一定会取得成功。芬兰之所以位居首位,是因为芬兰政府成功地使该国的空气和水污染最小化,他们有良好的处理环境问题的体制保障,温室气体排放水平相对较低。而美国在控制温室气体排放上行动迟缓,在减少垃圾污染方面也存在问题,不过美国在控制水污染方面位居世界前端,而且政府积极促进了国内环境政策的辩论活动,这些因素的综合评价使它的排位名列第45位。

2005年公布的ESI包括21项指标,见表13-3。2005年1月27日,世界各国(地区)的ESI在瑞士达沃斯正式对外发布。在全球144个国家和地区中,芬兰位居第一,位居第二到第五的国家分别是挪威、乌拉圭、瑞典和冰岛;位居倒数5位的国家或地区分别是朝鲜、中国台湾、土库曼斯坦、伊拉克和乌兹别克斯坦;中国位居第133位。排名前5位的国家主要得益于丰富的自然资源、较低的人口密度以及成功的环境管理三大方面。

2005年ESI指标和变量设置情况　　　　　　　　　　　表13-3

组成部分	指标	变量
环境系统	空气质量	城市SO_2浓度;城市NO_2浓度;城市总悬浮颗粒物(TSP)浓度;使用固体燃料的室内空气污染
	生物多样性	受到生态威胁的国土面积比例;受威胁哺乳动物百分率;受威胁鸟类百分率;受威胁的两栖动物百分率;生物多样性指数
	土地	人为影响较低的土地面积比例;人为影响较高的土地面积比例
	水体质量	溶解氧;磷的浓度;悬浮固体(SS);电导率
	水储量	国内人均可更新水的数量;人均地下水可利用量
减轻压力	减少空气污染	每单位"人口化土地面积"(Populated Land Area)NO_x排放量;每单位"人口化土地面积"SO_2排放量;每单位"人口化土地面积"可挥发性有机物(VOCs)排放量;每单位"人口化土地面积"煤炭消耗量;每单位"人口化土地面积"机动车数目
	减轻生态系统压力	1990—2000年森林覆盖率变化;超出酸雨负荷的国土面积百分比
	降低人口增长	总生育率;2004—2050年预计人口变化百分率
	减轻废物和消费压力	人均生态足迹;废物回收率;危险废物产生量
	减轻水压力	每公顷耕地化肥用量;每公顷农地杀虫剂施用量;每单位工业新水中BOD排放量;处于严重缺水压力之下的国土面积百分比
	自然资源管理	过度捕捞量;确认的实行可持续管理的森林比例;世界经济论坛对补贴的调查;灌溉盐碱化的耕地比例;农业补贴

组成部分	指　标	变　量
减少人类损害	环境保健	儿童呼吸系统疾病死亡率;肠道感染疾病死亡率;5 岁以下死亡率
	人类基本生计	总人口中营养不良百分数;能获得良好饮水供应的人口百分数
	减少环境相关的自然灾害脆弱性	每百万居民遭受洪水、热带气旋和干旱的平均死亡率;环境危害暴露指数
社会和体制能力	环境管理	价格扭曲(汽油价格与国际平均价格的比例);腐败的控制;政府效率;世界经济论坛关于环境管理的问卷调查;受保护的国土面积百分比;法制管理;每百万人口中当地 21 世纪议程倡议者;公众和政治自由;对于国际可持续发展指标体系咨询组(CGSDI)"可持续测定仪"缺失的变量数;每百万人中的国际自然保护同盟(IUCN)成员数;环境科技、政策的知识创新;民主衡量
	生态效率	能源效率(单位 GDP 总能耗);总能源消耗中水能和可再生能源生产所占百分比
	私有部门的响应	每 10 亿美元 GDP 中通过 ISO14001 认证的企业数;道琼斯可持续性组织指数(DowJones Sustainability Group Index);企业平均生态价值评价;世界商业可持续发展委员会(WBCSD)成员数;化学生产商联盟责任关心项目(Responsible Care Program)的参与
	科学与技术	数码存取指数(Digital Access Index);女性初等教育实现率;三次教育总入学率;每百万居民中科学研究人员数
全球参与	参与国际合作的努力	政府间环境组织的成员数;对国际多边和双边环境项目和发展援助基金的贡献;国际公约的参与情况
	减少温室气体排放	生活方式上的碳效率(人均 CO_2 排放量);经济上的碳效率(每百万美元 GDP 的碳排放量)
	减缓跨境环境压力	SO_2 跨境转移量;进口货物和服务中造成污染的货物和原材料所占比例

资料来源:2005 Environmental Sustainability Index,世界经济论坛。

2. 环境绩效指数(EPI)指标体系

环境绩效指数(Environmental Performance Index, EPI)是环境可持续指数的团队发展出的另一项新的指标系统。EPI 利用结果导向的指标,以作为政策制定者、环境科学家、咨询者与一般大众能更容易使用的基准指标。耶鲁大学自 2006 年开始开展国家及地区环境绩效评估工作,每两年开展一次评估,截至 2018 年开展了 7 次全球尺度的评估工作。2008 年,在全球 149 个国家中,我国位列第 105 名。

2016 年 1 月 28 日,美国耶鲁大学环境法律与政策中心(YCELP)联合哥伦比亚大学国际地球科学信息网络中心(CIESIN)、世界经济论坛(WEF)发布《2016 年全球环境绩效指数报告》(Environmental Performance Index:2016 Report),简称"2016 年 EPI 报告"。2016 年 EPI 报告搜集整理了全球 180 个国家和地区 2000—2014 年的数据,系统分析了过去 15 年各项指标得分的变化情况,探究了全球 180 个国家和地区的环境管理短板;测量了 2014 年全球 180 个国家和地区的 EPI 分值,对比分析了 2005 年与 2014 年 EPI 改善情况。在全球 180 个参评国家和地区中,排名前 5 位的分别是芬兰、冰岛、瑞典、丹麦和斯洛文尼亚,排名最后 5 位的分别是索马里、厄立特里亚、马达加斯加、尼日尔、阿富汗;中国以 65.1 分的得分位居第 109 位。

由美国耶鲁大学等单位联合发布的《2018 年全球环境绩效指数 EPI 报告》分析了全球 180 个国家和地区在过去 10 年间(2007—2016 年)各项指标得分的变化情况,识别了全球 180 个国家和地区的环境管理短板,测量了 2016 年全球 180 个国家和地区的 EPI 分值,对比分析了基准年(2007 年)与 2016 年 EPI 改善水平。在全世界 180 个参加排名的国家和地区中,排名前 5 位的分别是瑞士、法国、丹麦、马耳他、瑞典,排名最后 5 位的分别是尼泊尔、印度、刚果民主共和国、孟加拉国、布隆迪。中国以 50.74 分的得分位居第 120 位。尽管评估指标体系、方法学以及数据源仍存在争议,但该结果在一定程度上反映了中国的环境绩效在全球尺度下仍相对滞后。EPI 是对国家政策中环保绩效的量化测度,对我国开展环境绩效评估与管理工作具有一定的借鉴意义。

耶鲁大学自 2006 年开始,每两年开展一次国家及地区环境绩效评估工作,一直以来二级指标都包括"环境健康"和"生态系统活力"两大目标。2018 年全球 EPI 在"环境健康"和"生态系统活力"两大目标下确定空气质量、水与卫生、重金属、生物多样性与栖息地、森林、渔业、气候与能源、空气污染、水资源、农业 10 个政策领域共 24 项具体评估指标(表 13-4),以评估各个国家、地区在各方面的环境表现。

2018 年 EPI 评估指标框架与权重分配

表 13-4

目 标	政 策 领 域	指 标
环境健康(0.4)	空气质量(0.65)	家用固体燃料(0.4)
		空气污染——PM2.5 的暴露平均值(0.3)
		空气污染——PM2.5 的超标率(0.3)
	水与卫生(0.3)	卫生设施(0.5)
		饮用水(0.5)
	重金属(0.05)	铅暴露(1.0)
生态系统活力(0.6)	生物多样性与栖息地(0.25)	海洋保护区(0.2)
		生物群落保护——全球(0.2)
		生物群落保护——国家(0.2)
		物种保护指数(0.2)
		代表性指数(0.1)
		物种栖息地指数(0.1)
	森林(0.1)	树木覆盖损失(1.0)
	渔业	鱼类资源情况(0.5)
		区域海洋营养指数(0.5)
	气候与能源(0.3)	二氧化碳排放总量(0.5)
		二氧化碳排放量——电力行业(0.2)
		甲烷排放量(0.2)
		N_2O 排放量(0.05)
		黑炭排放量(0.05)
	空气污染(0.1)	SO_2 排放量(0.5)
		NO_x 排放量(0.5)
	水资源(0.1)	污水处理(1.0)
	农业(0.05)	可持续氮管理(1.0)

2018 年 EPI 评估仍采用目标渐进法,用于评估某一国家当前的表现与某一确定的政策目标之间的距离,这样可保证在各政策问题以及整个 EPI 评估中的指标得分具有同向性。每一项指标在各政策类别下被赋予对应的权重,形成独立的指标得分。权重一般根据指标所用数据的质量设定,也与指标是否适合用于评估某一给定的政策问题有关。对于数据来源,EPI 的评估采用与多边组织、政府机构和学术机构合作获取的一手数据和二手数据。数据来源的主要途径为政府或国际组织正式发布的统计数据、研究机构或国际组织汇编的空间或卫星数据、监测数据、学术研究、调查和问卷调查以及行业报告等。

要说明的是,耶鲁大学等单位开展的 EPI 评估报告一直在利用环境科学和分析方面的最新进展改进 EPI 的评估。EPI 方法学变化意味着历史 EPI 评分不具有可比性。EPI 分数的差异在很大程度上是由于指标数量的增加和减少,新的权重方案以及方法学变化因素等造成的,而不一定是由于绩效的提高或下降。因此,通过对比分析 2018 年 EPI 与基线 EPI,可以更好地评估一个国家真实的绩效变化水平。

(二)国家环境保护模范城市考核指标体系

1. 环境保护模范城市概述

城市作为人类社会经济发展和文明进步的产物,不仅是衡量一个区域综合实力、文明程度的重要标志,而且也是区域经济的中心和纽带。在现代化建设的进程中,城市发挥着最重要的作用。在城市化发展的同时,也带来了一些负面效应。如:人口密度大,资源过度消耗;水、大气、噪声、固体废物的污染对居民生存环境产生严重的影响;交通拥挤;城市基础设施建设和城市环境管理滞后等。如何使城市健康、安全、生态、可持续地发展,已成为人类面临的重要问题。

可持续发展是城市化的方向。城市是一个人工生态系统,城市生态系统的调节机能是否能维护生态系统的良性循环,主要取决于人类的社会经济活动与环境是否协调,经济规律与生态规律是否统一,城市经济社会结构的规划设计是否合理。城市的可持续发展是实现人类可持续发展目标的重要组成部分,是社会可持续发展的集中体现。建设可持续发展城市,应当根据城市的特点、性质和发展的不同阶段,提出相适应的目标,采取切实可行的措施,改造城市原有的生态系统;要将环境保护列为工作的重点,加强环境污染控制,加强环境基础设施建设;完善城市功能,美化城市环境,不断改善居民生存和居住条件,提高城市的环境管理水平,促进城市的可持续发展。

1997 年以来我国开展了创建国家环境保护模范城市工作。《国家环境保护"十五"计划》提出:大中城市的空气、地表水、声环境质量明显改善,建成一批国家环境保护模范城市。国家环境保护模范城市考核项目及指标包括基本条件、社会经济、环境质量、环境建设、环境管理 5 类共 28 个指标。我国开展的创建国家环境保护模范城市工作,探索建设生态城市,不断提升城市环境管理水平,不断提升城市的可持续发展能力,城市环保工作取得了很大成就。我国城市环境管理战略思想与制度的建立和重点城市的实践结果表明,我国城市环境保护创出了独特的模式,探索出了一条具有中国特色的城市环境保护道路。

国家环保模范城市创建工作开展以来,调动了许多地方政府努力改善城市环境质量的积极性,对推进我国城市可持续发展起到了积极的促进作用。在新形势下,2008 年环境保护部要求以更高的标准开展"创模"活动,继续培育城市环境保护典型,充分发挥环保模范城市的示范作用;为进一步规范和严格环境保护模范城市的创建工作,环境保护部细化和提高了各考核指标,指导环境保护模范城市成为积极推进建设资源节约型、环境友好型社会和生态文明建设的典范。环境保护部组织修订了"十一五"国家环境保护模范城市考核指标及其实施细则,自 2010 年 1 月 1 日起实行。"十一五"国家环境保护模范城市考核指标见表13-5,考核项目及指标还是基本条件、社会经济、环境质量、环境建设、环境管理 5 类,指标为 26 个,但"十一五"国家环境保护模范城市考核指标的标准要求有了新的提高。

国家环境保护模范城市考核指标 表 13-5

序号	分类	指标名称和标准要求
1	基本条件	按期完成国家和省下达的主要污染物总量削减任务
2		近三年城市市域内未发生重大、特大环境污染和生态破坏事故,前一年未有重大违反环保法律法规的案件,制定环境突发事件应急预案并进行演练
3		城市环境综合整治定量考核连续三年名列本省(自治区)前列
4	社会经济	人均可支配收入达到10000 元,西部城市达 8500 元;环境保护投资指数≥1.7%
5		规模以上单位工业增加值能耗<全国平均水平,且近三年逐年下降
6		单位 GDP 用水量<全国平均水平,且近三年逐年下降
7		单位工业增加值主要工业污染物排放强度<全国平均水平,且近三年逐年下降
8	环境质量	空气质量全年优良天数占全年天数 85% 以上且主要污染物年均值满足国家二级标准(城区)
9		集中式饮用水水源地水质达标
10		市辖区内水质达到相应水体环境功能要求,全市域跨界断面出境水质达到要求
11		区域环境噪声平均值≤60dB(A)(城区)
12		交通干线噪声平均值≤70dB(A)(城区)
13	环境建设	建成区绿化覆盖率≥35%(西部城市可选择人均公共绿地面积≥全国平均水平)
14		36 个大城市污水集中处理率≥95%,其他城市生活污水集中处理率≥80%,缺水城市污水再生利用率≥20%
15		重点工业企业污染物排放稳定达标
16		城市清洁能源使用率≥50%
17		机动车环保定期检测率≥80%
18		生活垃圾无害化处理率≥85%
19		工业固体废物处置利用率≥90%
20		危险废物依法安全处置
21	环境管理	环境保护目标责任制落实到位,环境指标已纳入党政领导干部政绩考核,制定创模规划并分解实施,实行环境质量公告制度
22		建设项目依法执行环评、"三同时",依法开展规划环境影响评价
23		环境保护机构独立建制,环境保护能力建设达到国家标准化建设要求
24		公众对城市环境保护的满意率≥85%
25		中小学环境教育普及率≥85%
26		城市环境卫生工作落实到位,城乡接合部及周边地区环境管理符合要求

注:按照《中国城市统计年鉴》中定义,市辖区包括城区和郊区,全市包括市辖区、下辖的县和县级市。

2."十一五"国家环境保护模范城市考核指标

为进一步做好新时期创建国家环境保护模范城市工作,环境保护部组织修订了《国家环境保护模范城市考核指标及其实施细则(第六阶段)》,2011 年 1 月 18 日经 2010 年第一次部务会议审议通过,自发布之日起施行,国家环境保护模范城市考核指标见表 13-5。

第四节　环境经济指标体系

环境经济指标体系是由若干相互联系、相互补充的环境经济指标组成的系列,是对环境经济系统进行计量、分析,从而确定环境保护与经济发展的目标和计划的基础。环境经济指标是用以反映和评价环境保护与经济活动相互促进、相互制约关系,揭示环境经济系统相互作用规律的工具。环境经济指标体系以环境损失、环保投资与环保投资效益三个基本指标为基础,描述分析环境保护与经济发展的关系,为实施环境经济系统的规划和计划、控制和管理提供依据。根据研究对象规模的大小,环境经济指标体系分为宏观环境经济指标体系和微观环境经济指标体系,也称为区域环境经济指标体系和企业环境经济指标体系。环境经济指标体系为政府和企业开展宏观与微观的环境经济系统调控提供有效手段。

一、区域环境经济指标体系

2006 年 9 月 7 日,国家环保总局和国家统计局联合发布了《中国绿色国民经济核算研究报告 2004》,报告中应用了一些主要环境经济指标以描述评价经济增长和环境问题的状况,引起了强烈的社会反响。建立区域环境经济指标体系,可以从不同方面说明和揭示区域环境经济状况,有助于正确评价区域经济发展与环境保护的协调关系。区域环境经济指标体系对区域的宏观环境经济现象描述、分析与评价、对区域环境实施更加有效的管理、实现经济增长和环境保护的协调发展具有重要的指导作用。

（一）区域环境经济指标体系概述

1.区域环境经济指标概述

区域环境经济指标是综合反映区域范围内宏观环境经济现象数量特征的概念和数值,按不同的作用有不同的分类,见表 13-6。区域环境经济指标是以技术实践与科学理论为基础,可以通过测量或者计算得出,可以提供时间、空间上的比较,可以对宏观环境经济现象进行代表性的分析评价。

区域环境经济指标的分类与功能　　　　　　　　　　表 13-6

分类标准	分　类	功　能
按内容不同	数量指标	反映区域环境经济的总量规模
	质量指标	反映区域环境经济相对数量关系
按数值形式不同	总量指标	反映区域环境经济的总量规模(同数量指标)
	相对指标	反映区域环境经济相互关联指标的对比关系
	平均指标	反映某一数量指标在总体上的平均水平

续上表

分类标准	分类	功能
按反映区域环境经济的功能不同	描述指标	反映区域环境经济和变化的状况
	评价指标	评估、比较区域环境经济的质量及效果
	预警指标	对环境经济系统中的关键点进行检测与警示

2. 区域环境经济指标体系的作用

区域环境经济指标体系是若干个反映区域环境经济现象数量特征的相互独立又相互联系的环境经济指标所组成的整体。区域环境经济指标体系可以比较全面地描述区域内宏观环境经济现象的变化过程,对人类的活动起着必要的计划、控制和指导作用。区域环境经济指标体系的作用体现在:

(1)环境经济系统是一个复杂的非线性系统,区域环境经济指标体系能反映区域范围内环境经济系统运行状况,也能反映该区域环境保护计划的执行情况。

(2)区域环境经济指标体系可以使人们关注在经济发展的同时,环境保护的主要问题,使人们掌握这些环境问题的状态和发展,从而科学地协调经济发展与环境保护。

(3)区域环境经济指标体系促使区域环境保护工作有一个明确、具体的标准来衡量,促进人们采取积极态度和行动应对经济发展中的环境问题,使环境保护工作有一个长远的奋斗目标和近期的努力方向。

(4)区域环境经济指标体系是人类对自身经济活动的调控工具和预警手段,指标体系可以预测和掌握经济问题与环境问题发展态势,有针对性地对人类经济活动进行调控。

(二)区域环境经济指标体系设置

1. 区域环境经济指标体系的设置原则

区域环境经济指标体系的设置应能够从不同的角度来反映区域内的宏观环境经济现象,应从环境经济损失、环境保护投入、环境保护效益、环境与经济协调发展程度和发展潜力等几个方面来设计指标体系。设置区域环境经济指标体系应遵循以下原则:

(1)区域环境经济指标体系应遵循统一性原则。其内容和范围应有明确统一的要求,指标的计算方法科学统一,以利于纵横向的分析比较。

(2)区域环境经济指标体系应遵循科学性原则。体系中的各项指标应具有较好的代表性,并能够科学准确有效地计量。

(3)区域环境经济指标体系应符合整体性原则。应能综合反映经济、社会和环境之间的相互作用,以利于协调经济社会发展和环境保护的关系。

(4)区域环境经济指标体系应符合指导性原则。应能对区域的社会经济发展和环境保护工作具有指导和监督作用。

2. 区域环境经济指标体系的内容设置

区域环境经济指标体系是一系列有内在联系的指标的组合。在设置区域环境经济指标体系时,既要从整体上全面考虑区域环境经济指标体系所应包括的内容及其框架体系,也要逐一考虑各个单项指标的含义、口径及计算方法。区域环境经济指标体系包括 4 个一级指标,13 个二级指标,见表 13-7。

区域环境经济指标体系 表 13-7

一级指标	二级指标	单位	说　明
环境经济规模	绿色国内生产总值	亿元	考虑环境因素后的 GDP
	环境退化成本	亿元	环境污染损失成本和环境生态破坏成本
	环境治理成本	亿元	分为虚拟治理成本和实际治理成本
	环境保护投资	亿元	环境保护投资包括环境污染治理投资以及其他投资等
环境经济结构	环境保护投资指数	%	环境保护投资占 GDP 的比例
	环境治理成本指数	%	实际治理成本与治理环境所需总成本之间的比例
	环境损失强度	%	单项退化成本占总退化成本的比例
环境经济效益	环境影响代价	元/万元 GDP	万元 GDP 产生的环境退化成本
	环境扣减指数	%	虚拟治理成本占 GDP 的比例
	环境投损指数	%	环境污染治理投资(环境保护投资)与环境污染经济损失的比例
环境经济发展	环境退化成本变化率	%	当年比上年环境退化成本的变化趋势
	环境治理成本变化率	%	当年比上年实际环境治理成本的变化趋势
	环境保护投资变化率	%	当年比上年环境保护投资的变化趋势

区域环境经济指标体系中的区域环境经济指标可分为区域环境经济绝对指标和区域环境经济相对指标,具体分类见表 13-8。

区域环境经济指标类别划分 表 13-8

区域环境经济绝对指标	区域环境经济相对指标
绿色国内生产总值 环境退化成本 环境治理成本 环境保护投资	环境保护投资指数 环境治理成本指数 环境损失强度 环境影响代价 环境扣减指数 环境投损指数 环境退化成本变化率 环境治理成本变化率 环境保护投资变化率

区域环境经济绝对指标的表现形式为绝对数,是反映一定社会经济条件下区域环境经济系统的总体规模和总体水平的指标。它是对区域环境经济系统这一总体现象进行认识的起点,是进行区域环境经济管理的重要科学依据,同时也是计算区域环境经济相对指标的基础。

区域环境经济相对指标是应用对比的方法,反映区域环境经济系统中相关因素联系程度的指标,以说明区域环境经济系统的发展变化、发展质量等状况,并揭示区域环境经济系统各要素之间的相互联系以及相互制约关系,它的表现形式通常为百分数、系数或倍数等。

3. 区域环境经济指标结构关系

环境经济系统内部多种要素彼此相互作用、相互制约,分析区域环境经济指标结构关系有利于揭示环境经济系统各要素之间的关系,有利于分析评价环境经济系统的状况。区域环境经济指标结构关系如图 13-1 所示。

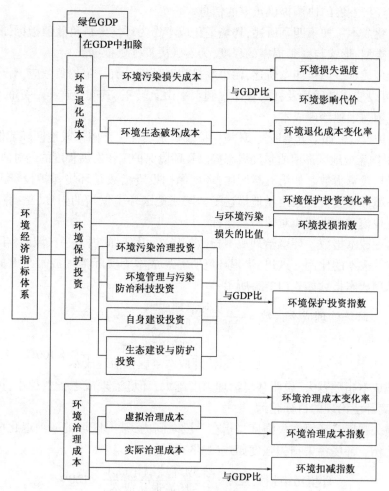

图 13-1 区域环境经济指标结构关系

4.区域环境经济指标的分级

(1)一级指标

①环境经济规模。环境经济规模反映了一定时间条件下区域内环境经济系统宏观状况的总量大小和水平高低。

②环境经济结构。环境经济结构不仅反映了区域内部环境经济系统的变化程度,而且还反映了系统内部各要素之间的相互联系、相互作用的关系。

③环境经济效益。环境经济效益可以表示外界因素为了实现特定的目标而作用于区域环境系统之上的最终结果,包括正面的收益和负面的损失。

④环境经济发展。环境经济发展描述了某一段时间内区域环境经济系统的变化趋势以及人类作用于区域环境经济系统之上的环境与经济行为,它可以间接反映经济发展和环境保护的协调关系。

(2)二级指标

①绿色国内生产总值。如第四章所述,绿色国内生产总值能够很好地把外部不经济性与

一个区域的经济发展结合起来,从环境与经济发展两个方面来衡量一个区域的发展水平,可以更为真实地衡量经济发展的成果,而且还可以显示环境保护工作的进展情况以及存在的问题,为环境保护与经济发展的协调提供重要的信息。

②环境退化成本。如第四章所述,环境退化成本作为环境经济负效值指标,能表征区域环境遭到破坏的类型、形式与受到损害的程度,为宏观决策提供依据。

③环境治理成本。如第四章所述,污染物排放对环境具有一定的负效应,对环境污染与破坏进行治理,可以使环境质量及社会整体福利水平由负转正,其间会产生一定的治理成本,包括实际治理成本与虚拟治理成本。

④环境保护投资。如第五章所述,环境保护投资是表征一个国家或地区环境保护力度的重要指标,是衡量国家或地区环境质量发展态势以及环境保护工作发展程度的绝对值经济指标。

⑤环境保护投资指数。如第五章所述,环境保护投资指数是环境保护投资占国内生产总值的比例。环境保护投资指数定量地描述了国家或地区环境保护的力度,是衡量一个国家或地区环保投资规模和水平的相对值经济指标。

⑥环境治理成本指数。环境治理成本指数是指在一段时间内某一区域的实际治理成本占治理环境所需总成本的比例。这里,治理环境所需总成本为实际治理成本与虚拟治理成本的总和。环境治理成本指数如式(13-2)所示:

$$环境治理成本指数 = \frac{实际治理成本}{治理环境所需总成本} \times 100\%$$

$$= \frac{实际治理成本}{实际治理成本 + 虚拟治理成本} \times 100\% \tag{13-2}$$

环境治理成本指数越大,说明环境治理力度越大;环境治理成本指数越小,说明环境治理力度越小,距离环境治理的目标越远。

⑦环境损失强度。环境损失强度是指在一段时间内,某一区域的一项退化成本占总环境退化成本的比例。环境污染损失强度如式(13-3)所示:

$$环境污染损失强度 = \frac{某项环境退化成本}{总环境退化成本} \times 100\% \tag{13-3}$$

环境污染损失强度的确定为分析环境保护工作、确定环境保护的重点提供了依据。表13-9为2004年我国水、大气、固体废物、环境污染事故四项环境因素造成的损失强度,水污染损失强度最大,达到55.9%,这说明当时水污染治理已成为我国环境治理的重点。

2004 年我国环境损失强度 表 13-9

指标	水污染	大气污染	固体废物	环境污染事故	合计
环境退化成本(亿元)	2862.8	2198.0	6.5	50.9	5118.2
环境损失强度(%)	55.9	42.9	0.1	1.1	100

⑧环境影响代价。环境影响代价是指每万元 GDP 所发生的环境退化成本。环境影响代价如式(13-4)所示:

$$环境影响代价 = \frac{环境退化成本(元)}{GDP(万元)}$$

$$= \frac{环境污染损失成本(元)}{GDP(万元)} + \frac{环境生态破坏成本(元)}{GDP(万元)} \tag{13-4}$$

环境影响代价既是评价社会经济发展目标的重要指标,同时也是政府调整产业结构,制定发展规划的依据。

⑨环境扣减指数。环境扣减指数是指虚拟治理成本占 GDP 的比例。环境扣减指数如式(13-5)所示:

$$环境扣减指数 = \frac{虚拟治理成本}{GDP} \times 100\% \tag{13-5}$$

虚拟治理成本占 GDP 的比例反映了社会经济发展的质量和环境治理的程度,诠释了需要再付出多少治理成本(或多大的 GDP 比例)才能将排放到环境中的污染物质进行治理。

⑩环境投损指数。环境投损指数是分析、评价环境保护投资效果的指标。环境投损指数如式(13-6)所示:

$$环境投损指数 = \frac{环境保护投资}{环境污染经济损失} \times 100\% \tag{13-6}$$

环境投损指数定量地描述了环境保护投资与污染环境造成经济损失之间的比例,诠释出环境保护投资产生的环境效益,可以衡量环境保护成果的优劣。由于目前我国环境统计工作中主要统计的是环境污染治理投资,所以在实际计算时可运用式(13-7):

$$环境投损指数 = \frac{环境污染治理投资}{环境污染经济损失} \times 100\% \tag{13-7}$$

⑪环境退化成本变化率。环境退化成本变化率可以表征一定时间内环境退化成本的变化速度,反映了区域环境质量变化的发展状况。环境退化成本变化率如式(13-8)所示:

$$环境退化成本变化率 = \frac{当年环境退化成本 - 上年环境退化成本}{上年环境退化成本} \times 100\% \tag{13-8}$$

⑫环境治理成本变化率。环境治理成本变化率能够说明一定时间、一定区域内环境治理成本的变化情况,这里的环境治理成本一般采用实际环境治理成本来代替。环境治理成本变化率如式(13-9)所示:

$$环境治理成本变化率 = \frac{当年实际环境治理成本 - 上年实际环境治理成本}{上年实际环境治理成本} \times 100\%$$

$$\tag{13-9}$$

⑬环境保护投资变化率。环境保护投资变化率能够表明国家或地区环境保护投资的变化状况,并在一定程度上表明了区域环境状况的发展趋势。环境保护投资变化率如式(13-10)所示:

$$环境保护投资变化率 = \frac{当年环境保护投资 - 上年环境保护投资}{上年环境保护投资} \times 100\% \tag{13-10}$$

在区域环境经济指标体系中,环境损失、环境保护投资、环境保护投资效益既是经济、社会、环境三个系统交叉结合部的表征值,同时也是区域环境经济指标体系的三个要素和基础,另外还是环境保护与社会经济综合平衡与协调发展的定量相关值。

区域环境经济指标体系的研究和应用还包括对其评价方法和评价基准的确定。区域环境经济指标的分析方法和评价基准的科学性影响着区域环境经济系统状况的科学分析和客观评价,并应与其指标体系最大限度地对应,以获得应用区域环境经济指标体系的最大可行性。

二、企业环境经济指标体系

企业是社会财富的主要创造者,也是资源消耗和环境影响的主要当事者,企业经济行为协调与否对区域环境质量有着直接影响。在对企业经济发展指标进行研究应用的同时,也要关注和加强企业环境系统指标的研究。企业环境经济指标的建立可以反映企业内部环境与经济之间的关系变化,为企业调整其环境经济行为提供依据,对于现代企业、绿色企业的建立和发展具有引导作用。

(一)企业环境经济指标体系设置

企业环境经济指标体系是为了企业科学发展的目的而建立的一套相互联系、相互补充的指标有机体系,它不仅是反映和评价企业生产经营好坏、环境保护整体状况的工具,而且也是衡量企业环境经济系统协调与否的评价手段。企业环境经济指标体系分为两个级别,其中一级指标 4 个,二级指标 12 个,见表 13-10。

企业环境经济指标体系 表 13-10

一级指标	二级指标	单位	说　明
环境经济规模	企业环保投资	万元	主要指环保工程和设备等一次性投资
	企业环境成本	万元	主要指环保工程和设备等运行费用
	企业环保事业费	万元	主要指与企业环境保护有关的科研、监测和管理费用等
	企业环境损失	万元	主要指由于企业污染给自身和社会带来的经济损失
环境经济结构	企业环保投资占总投资比例	%	反映企业环保投入程度
	企业环境成本占总成本比例	%	反映环境成本在总成本中的水平
	企业环境损失率	%	反映企业环境损失程度
环境经济效益	企业环保投资回收期	年	反映企业环保投资与其产生的环境经济效益之间关系
	万元产值综合能耗及变化率	吨标煤/万元	反映企业能源消耗方面的环境经济水平
		%	反映当年与上年万元产值综合能耗的变化趋势
	万元产值用水量及变化率	m³/万元	反映企业水资源消耗方面的环境经济水平
		%	反映当年比上年万元产值用水量的变化趋势
环境经济发展	企业环保投资变化率	%	反映当年比上年企业环保投资的变化趋势
	企业环境损失变化率	%	反映当年比上年企业环境损失的变化趋势

(二)企业环境经济指标

企业环境经济指标是对企业的环境经济系统进行监测、表征、评估和调节的工具,用定性、定量或半定量的方法将企业所确定的企业发展计划与环境保护目标加以具体化,反映企业环境保护与经济活动之间的关系。

1. 一级指标

(1)环境经济规模。反映一定时期内,企业系统范围内有关环境经济状况的总量和水平。

(2)环境经济结构。反映企业环境经济系统内部因素平衡协调的关系。

(3)环境经济效益。反映企业环境经济质量状况,是企业经济与环境行为综合后的效果。

(4)环境经济发展。反映一定时期内企业环境经济系统的变化趋势以及协调发展状况。

2.二级指标

(1)企业环保投资。

企业环保投资是指企业在一定时期内用于环保工程和设施设备等一次性资产方面的投资,是一个总量指标。企业环保投资反映企业对环保工作的重视程度、企业环境经济系统水平的高低以及企业可持续发展能力的大小。从对企业环保工作指导性的角度考虑,企业环保投资中的环保科研费用、环境监测费用以及环境管理费用等归到"企业环保事业费"指标中。

(2)企业环境成本。

企业环境成本包括企业的内部环境成本和外部环境成本。企业内部环境成本是指那些保证企业环境保护工程和设施设备等一次性资产项目正常运行的费用以及它们的摊销费用,这些费用是由企业自身承担的,包括环保工程和设施设备运行过程中产生的材料费、水电费、工程和设备维护费、保证环保工程和设备正常运行的人员费用以及环保工程和设备的折旧费用等。企业的外部环境成本视具体情况确定。

(3)企业环保事业费。

企业环保事业费主要指与环保有关的科研费用、环境监测费用以及环境管理费用等。环保科研费用是指企业为进一步改善或提高企业的环保工作水平和环境质量而开展的科学研究费用。环境监测费用是指企业对污染物及其处理状况进行监控,以及执行某项特定环保工作而开展的监测费用。企业环境管理费用是企业在环境管理方面的各种开支,主要包括环保的培训和宣传教育、环境评价、环境规划、企业环保工作条件建设等方面的费用。

(4)企业环境损失。

企业环境损失是指企业的污染给自身和社会造成的各种损失的经济值,它是从价值角度进行计量的,是一个总量指标。企业环境损失一般包括污染对人体健康造成的经济损失,对产品质量造成的经济损失,对企业周边或更大范围造成的各种经济损失,以及企业缴纳的排污费和企业排污未达标而受到的罚金等。企业环境损失可按环境污染的种类进行计算,如水污染经济损失、大气污染经济损失等。

(5)企业环保投资占总投资比例。

企业环保工作质量与企业在环保工程和设备等方面的一次性投资量的大小密切相关。该指标反映了一个企业应承担的环境成本,也反映了一个企业对环保工作的重视程度。企业环保投资占总投资比例如式(13-11)所示:

$$企业环保投资占总投资比例 = \frac{企业环保投资}{企业总投资} \times 100\% \tag{13-11}$$

(6)企业环境成本占总成本比例。

企业环境成本占总成本比例指标是指在一定时期(通常是一年)内企业发生的环境成本占全部成本的比例。它反映了企业在环保方面的投入程度,还反映了企业环境管理与治理的状况,企业环境成本占总成本比例如式(13-12)所示:

$$企业环境成本占总成本比例 = \frac{企业环境成本}{企业全部成本} \times 100\% \tag{13-12}$$

（7）企业环境损失率。

企业环境损失率指标是指企业在一定时期内（通常是一年）的环境损失数额占当年企业总产值的比重，是一个相对指标。该指标将企业造成的不经济性与企业的发展成果结合起来，反映出企业环境损失的程度，从而反映和监督企业的环境经济行为，企业环境损失率如式（13-13）所示：

$$企业环境损失率 = \frac{企业环境损失}{企业总产值} \times 100\% \tag{13-13}$$

（8）企业环保投资回收期。

企业环保投资回收期指标是企业环保投资与企业环保投资所产生的年净环境经济效益之比，是一个相对指标。企业年净环境经济效益等于企业年环境经济效益与企业年环境保护运转费用之差。企业环保投资回收期如式（13-14）所示：

$$企业环保投资回收期 = \frac{企业环保投资}{企业年净环境经济效益}$$
$$= \frac{企业环保投资}{企业年环境经济效益 - 企业年环境保护运转费用} \tag{13-14}$$

由于企业环保投资产生的主要是环境效益和社会效益，其产生的经济效益具有长远性，即所产生的近期经济效益不是那么显著，同时对它的计算也有一定的难度。因此，可采用企业总投资回收期作为企业环保投资回收期的近似值。

（9）万元产值综合能耗及变化率。

万元产值综合能耗是指在一定时期（通常是一年）内企业的能源消耗总量与总产值的比值，它能够衡量企业纵向和横向的环境经济水平，是一个相对指标，如式（13-15）所示：

$$万元产值综合能耗 = \frac{企业能源消耗总量}{企业总产值} \tag{13-15}$$

万元产值综合能耗变化率是反映一定时期（通常是一年）企业环境经济效益变化的指标，用它可以度量企业纵向的环境经济效益状况，如式（13-16）所示：

$$万元产值综合能耗变化率 = \frac{当年万元产值综合能耗 - 上年万元产值综合能耗}{上年万元产值综合能耗} \times 100\%$$
$$\tag{13-16}$$

（10）万元产值用水量及变化率。

万元产值用水量是指在一定时期（通常是一年）内企业生产用水总量与总产值的比值，它能够衡量企业纵向和横向的环境经济水平，是一个相对指标。企业生产用水量为企业生产取用新水量和重复用水量总和。万元产值用水量如式（13-17）所示：

$$万元产值用水量 = \frac{企业生产用水总量}{企业总产值} \tag{13-17}$$

万元产值用水量变化率是反映一定时期（通常是一年）企业环境经济效益的指标，用它也可以度量企业纵向的环境经济效益状况，如式（13-18）所示：

$$万元产值用水量变化率 = \frac{当年万元产值用水量 - 上年万元产值用水量}{上年万元产值用水量} \times 100\%$$
$$\tag{13-18}$$

（11）企业环保投资变化率。

企业环保投资变化指标既可衡量一定时期内（通常是一年）企业在生产规模、生产工艺、技术水平（包括环境污染治理水平）等基本状况不变下的企业环境保护投资变化程度，也可衡量同一性质企业之间的环保投资变化程度，如式（13-19）所示：

$$企业环保投资变化率 = \frac{当年环保投资额 - 上年环保投资额}{上年环保投资额} \times 100\% \qquad (13\text{-}19)$$

（12）企业环境损失变化率。

企业环境损失变化率指标既可衡量一定时期内（通常是一年）企业在生产规模、生产工艺、技术水平（包括环境污染治理水平）等基本状况不变下的企业环境损失变化程度，也可衡量同一性质企业之间的环境损失变化程度，如式（13-20）所示：

$$企业环境损失变化率 = \frac{当年环境损失额 - 上年环境损失额}{上年环境损失额} \times 100\% \qquad (13\text{-}20)$$

（三）企业环境经济指标结构关系

企业环境经济指标可以反映企业环境经济系统运行与发展过程中的状况，这是因为企业环境经济指标体系存在着一定的结构关系。由于企业环境经济系统复杂多样，导致反映系统现象的环境经济指标也多样，但概括起来不外是绝对指标和相对指标两类，而相对指标又为绝对指标的派生指标。所以，从绝对指标和绝对指标的派生指标这一角度出发可以对企业环境经济指标体系进行分类。另外，由于环境损失、环保投资与环保投资效益是构建环境保护指标体系的三要素与基础，所以对于企业环境经济指标体系的构建也应体现这三要素与基础的结构要求。企业环境经济指标结构关系如图 13-2 所示。

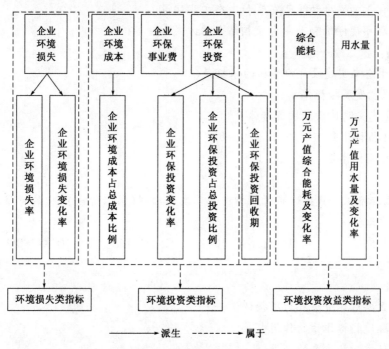

图 13-2　企业环境经济指标结构关系

复习思考题

1. 名词解释

环境承载力　环境指标　环境指标体系　环境经济指标　绿色发展　生态文明
ESI　EPI

2. 选择题

(1)关于环境承载力的叙述,正确的是(　　)。

　　A.环境承载力是指环境所能容纳的最大人口数量

　　B.环境承载力是指能促进社会、经济和环境可持续发展的最适宜人口数

　　C.对于封闭的区域而言,环境承载力是固定不变的

　　D.资源是制约环境承载力的首要因素

选择说明:

(2)状态-压力-响应指标体系中包括(　　)。

　　A.表征环境质量与自然资源的状况的指标

　　B.表征人类活动给环境造成的压力的指标

　　C.表征人类对环境问题采取的对策的指标

　　D.表征环境与社会经济系统之间相互作用方面的指标

选择说明:

(3)《生态文明建设目标评价考核办法》出台的意义体现在(　　)。

　　A.有利于完善经济社会发展评价体系

　　B.有利于引导各级党委和政府形成正确的政绩观

　　C.有利于加快推动绿色发展和生态文明建设

　　D.采取年度评价和五年考核相结合的方式

选择说明:

(4)我国生态文明建设评价考核的依据是(　　)。

　　A.《绿色发展指标体系》

　　B.《生态文明建设考核目标体系》

　　C.ESI指标体系

　　D.EPI指标体系

选择说明:

(5)《国家环境保护模范城市考核指标及其实施细则(第六阶段)》中的考核指标"环境保护投资指数"要求(　　)。

　　A.≥1.5%　　　　B.≥1.6%　　　　C.≥1.7%　　　　D.≥2.0%

选择说明:

3. 论述题

(1)为什么要对环境承载力进行评价?

(2)简述环境指标体系的作用。

(3)简述环境指标体系的分类。

(4)结合"绿色发展指标体系"与"生态文明建设考核目标体系",对其中标★的资源环境

约束性指标进行分析。

（5）简述国家环境保护模范城市考核项目及指标。

（6）简述区域环境经济指标体系的作用。

（7）为什么说环境损失、环保投资与环保投资效益三个基本指标是环境经济指标体系的基础？

（8）为什么要建立企业环境经济指标体系？它与区域环境经济指标体系有什么不同？

附录一
全国环境保护会议综述

新中国成立以来,我国环境保护事业从无到有,从小到大,环境保护工作取得了重大成效。从总体上看,全国环境质量严重恶化的趋势开始减缓,环境保护和经济建设之间的矛盾有所缓和,但是我国的环境状况仍十分严峻。回顾我国环境保护事业的历程,综述八次全国环境保护会议(大会),对于我们制定新时期的环境保护战略方针和政策,促进经济与环境的协调发展,具有十分重要的意义。

一、全国环境保护会议的前奏

周恩来是我国环境保护事业的奠基人。1972年北京发生官厅水库严重污染事件,周恩来四次做出指示,并指定北京市、河北省、山西省、天津市和国务院有关部门组成官厅水源保护领导小组,积极开展治理。这是由国家出面针对污染进行的第一次治理,开启了我国污染治理的新篇章。1972—1974年,周恩来多次亲自调查,对环境保护方面的问题做过多次指示。正是在他的重视和支持下,中国派出代表团出席了于1972年6月联合国在斯德哥尔摩召开的人类环境会议,这也是中国重返联合国后参加的首个国际会议。这次会议让中国代表团意识到,发达工业国家出现的污染问题也在中国出现了苗头。在听取了代表团关于斯德哥尔摩人类环境会议的汇报后,周恩来指出:对环境问题再也不能放任不管了,应当把它提到国家的议事日程上来,并决定召开一次全国性的环境工作会议。联合国人类环境会议不仅是世界环境保护的里程碑,也成为我国环境保护事业的转折点。1973 年 1 月,国务院开始筹备召开全国环境保护会议。

二、历次全国环境保护会议(大会)概况

(一)第一次全国环境保护会议

1973 年 8 月 5 日至 20 日国务院在北京召开了第一次全国环境保护会议。会议研究、讨论了我国的环境问题,并制定了我国第一部关于环境保护法规性的文件——《关于保护和改善环境的若干规定》。《关于保护和改善环境的若干规定》确定了"全面规划,合理布局,综合利用,化害为利,依靠群众,大家动手,保护环境,造福人民"的环境保护工作 32 字方针。第一次全国环境保护会议的召开,揭开了我国环境保护事业的序幕,把环境保护的概念第一次推向全社会,这一年被认为是我国环境保护"元年"。这次会议后,中央政府决定在当时的城乡建设部设立一个管理环境保护的部门。

出席第一次全国环境保护会议的一些代表反映了当时各地区和各方面环境污染和生态破坏的大量情况,使会议代表认识到了环境问题的严重性。"现在就抓,为时不晚"是会议做出的结论。会议通过的《关于保护和改善环境的若干规定》共十条,这"十条"包括了环境保护广泛的领域和内容。其中一条提出了避免先污染后治理的原则,就是新建、改建、扩建项目的防治污染的措施必须同主体工程同时设计,同时施工,同时投产,即"三同时"制度。

国务院对这次会议很重视,会议结束前在人民大会堂召开了由党、政、军、民、企业等各界代表参加的万人大会,强调了环境保护要引起全党、全国人民的重视,并要把这项工作作为社会主义建设中的一件大事抓紧抓好。这表明,政府既认识到了环境保护意识对于环境保护的重要性,也初步明确了环境保护在社会主义建设中的重要地位。从此,我国的环境保护事业被提到了政府工作的日程上来,20 世纪 60 年代提出的"三废"治理和综合利用的概念,逐步被"环境保护"的概念所代替,环境保护事业开始起步。

第一次全国环境保护会议召开后的 1974 年,国务院环境保护领导小组提出了治理环境污染的目标:"五年控制,十年解决"。由于低估了环境污染的复杂性,没有认识到环境保护是一项长期的艰巨的工程,所以这个目标不可能实现。1978 年第五届全国人民代表大会通过了《中华人民共和国宪法(1978)》,这部宪法规定:"国家保护环境和自然资源,防止污染和其他公害"。这是新中国历史上第一次在宪法中对环境保护做出规定,为我国环境保护法制化建设和环境保护事业开展奠定了坚实的基础。同年 12 月,十一届三中全会的召开,在全党确定了解放思想、实事求是的思想路线,为正确认识我国的环境形势奠定了思想基础。

1978 年 12 月 31 日,中共中央批转了国务院环境保护领导小组的《环境保护工作汇报要点》。在通知中指出:"我们绝不能走先建设后治理的弯路,我们要在建设的同时就解决环境污染的问题。"这是在中国共产党历史上,第一次以党中央的名义对环境保护工作做出指示,从而引起了各级党组织的重视,加强了领导,推动了我国环境保护事业的发展。这个时期,虽然国家进行了环境保护法制的建设以及各种污染的防治,初步明确了环境保护在社会经济发展中的地位和作用,但还没有真正从宏观上理顺经济建设和环境保护的关系。

1979 年 9 月,我国颁布了中华人民共和国成立以来第一部综合性的环境保护基本法——《中华人民共和国环境保护法(试行)》,把我国环境保护的基本方针、任务和政策,用法律的形

式确定下来。其后在此基础上又陆续颁布了许多重要的环境保护单行法规,如1982年颁布的《中华人民共和国海洋环境保护法》,1984年颁布的《中华人民共和国水污染防治法》等。

（二）第二次全国环境保护会议

从1973年第一次全国环境保护会议到1983年,我国的环境保护事业走过了整整10年。为了总结这段时期环境保护的经验与教训,确定今后环境保护的工作方针,目标、任务和措施,国务院于1983年12月31日至1984年1月7日,在北京召开了第二次全国环境保护会议,这是我国改革开放时期召开的第一次全国环境保护会议。第二次全国环境保护会议产生了五项主要成果:

第一,确立了环境保护是一项基本国策,明确了环境保护是我国现代化建设中的一项战略任务,从而确立了环境保护在社会经济发展中的重要地位。

第二,根据我国的具体国情,制定出我国环境保护事业的战略方针,即经济建设、城乡建设和环境建设同步规划,同步实施,同步发展,实现经济效益、社会效益和环境效益的统一,简称"三同步"和"三效益统一"。这是"以防为主"环境保护方针的新发展,指明了处理与解决经济发展与环境保护之间矛盾的正确途径。

第三,初步规划出到20世纪末我国环境保护的主要目标、步骤和措施。按照这个规划的要求,各地区、各部门也制定了自己的规划,纳入国家和地方的长远规划和近期规划之中,并开始得到贯彻执行。

第四,确定把强化环境管理作为当前环境保护工作的中心环节,通过管理去解决那些不花钱或少花钱的环境问题。在这条方针的指导下,我国的环境建设和环境管理都得到了很大发展。随着我国改革开放的不断深入,我国环境保护的重点逐步转移到加强环境管理上来,实践证明这是一条符合我国国情的正确方针。

第五,形成了我国环境保护的三大政策,即预防为主、谁污染谁治理、强化环境管理的政策体系。环境保护三大政策是我国环境政策的基础,在此后的实践中,不断探索出了一些环境保护的新方法和新路子,取得了显著成效。

第二次全国环境保护会议宣布将环境保护确定为基本国策是需要勇气和智慧的,当时在会议上是有不同声音的。因为在20世纪80年代初,经济百废待兴,改革蓬勃发展,各级政府更多关注的是经济复兴而忽略环境保护。但中央政府还是提出了经济建设、城乡建设和环境建设要同步规划、同步实施、同步发展的方针。1984年5月,国务院决定成立环境保护委员会,专门负责协调各部门间的环保问题。

（三）第三次全国环境保护会议

第二次全国环境保护会议召开6年之后,1989年4月28日至5月1日,国务院在北京召开了第三次全国环境保护会议。第三次全国环境保护会议,提出要加强制度建设,深化环境监管,向环境污染宣战,促进经济与环境协调发展。会议通过了实施环境管理的"新五项"制度。

在第三次全国环境保护会议大会主席台的两侧分别高悬着两面条幅,左联是"切实加强环境保护,是我国的一项基本国策",右联是"环境保护和生态平衡是关系经济和社会发展全局的重要问题"。这两句话集中体现了政府对环境问题的认识以及重视。在原有"老三项"环境管理制度的基础上,即环境影响评价制度、"三同时"制度和排污收费制度,这次大会又提出了积极推行深化环境管理的"新五项"制度,即环境保护目标责任制,城市环境综合整治定量考核制,排放污染许可证制,污染集中控制、限期治理。环境保护八项环境管理制度,昭示了我国的环境管理由号召转变为制度规范,使我国环境管理进一步得到加强。至此,我国已基本形成了一条具有中国特色的环境保护的道路和比较完善的政策体系,以及相互配套的管理制度。

第三次全国环境保护会议后,在对1979年颁布的《中华人民共和国环境保护法(试行)》实施情况总结的基础上,1989年12月26日,《中华人民共和国环境保护法》由第七届全国人民代表大会常务委员会第十一次会议通过,自公布之日起施行。

1992年联合国里约热内卢环境与发展大会之后,我国提出了《环境与发展十大对策》,第一次明确提出转变传统模式,走可持续发展道路。此间,国家环境保护机构不断加强,反映出环境保护被摆放到越来越重要的位置。在中国共产党十四届五中全会和十五大,提出实施可持续发展战略,实行计划经济体制向社会主义市场经济体制、粗放型经济增长方式向集约型经济增长方式两个根本性转变。可持续发展成为指导国民经济与社会发展的总体战略,环境保护成为改革开放和现代化建设的重要组成部分。

(四)第四次全国环境保护会议

1996年7月16日,国务院召开第四次全国环境保护会议。会议做出了《关于环境保护若干问题的决定》,明确了跨世纪环境保护工作的目标和措施。会议提出保护环境是实施可持续发展战略的关键,保护环境就是保护生产力。这次会议确定了坚持污染防治和生态保护并重的方针,并在全国开展了大规模的重点城市、流域、区域、海域的污染防治及生态建设和保护工程,环境保护工作进入了新的阶段。同时,国务院批复同意的《国家环境保护"九五"计划和2010年远景目标》,为环境保护制定了系统、全面、有计划、有目标的工作指南,特别是加大了环境保护投资。至第五次全国环境保护会议召开之际,"九五"期间累计环保投资达3600亿元,比"八五"时期增加了2300亿元,约占GDP的1.04%。

(五)第五次全国环境保护会议

2002年1月8日,国务院召开第五次全国环境保护会议,这是跨入21世纪我国召开的第一次全国环境保护会议。这次环境保护会议采用电视电话会的形式,会议直接连到省、市、县,有利于贯彻会议的精神。会议提出环境保护是政府的一项重要职能,要按照社会主义市场经济的要求,动员全社会的力量做好这项工作。

第五次全国环境保护会议的主题是贯彻落实国务院批准的《国家环境保护"十五"计划》,部署"十五"期间的环境保护工作。"十五"期间环境保护计划的主要措施:一要加大污染防治力度,实现总量控制;二要加大重点地区、重点流域的治理;三要加强生态环境保护;四要加强生物多样化保护,五要加大环境执法力度,加强执法队伍建设。这次会议着重强调"十五"期间环境保护既是经济结构调整的重要方面,又是扩大内需的投资重点之一。"十五"期间环境保护投资计划7000亿元,达到同期GDP的1.2%,实际完成8393.9亿元,达到同期GDP的1.32%。

会议强调保护环境是我国的一项基本国策,是可持续发展战略的重要内容,直接关系现代化建设的成败和中华民族的复兴。在保持国民经济持续快速健康发展的同时,必须把环境保护放在更加突出的位置,加大力度,狠抓落实,努力开创21世纪环境保护工作新局面。

（六）第六次全国环境保护大会

第六次全国环境保护大会于 2006 年 4 月 17 日至 18 日在北京召开。这次全国环境保护会议是在"十一五"规划开局之年召开的一次重要会议。会议要求要把思想和行动统一到中央的部署和要求上来，进一步提高对环境保护重要性和紧迫性的认识，把"十一五"环境保护目标和任务落到实处，把环境保护的责任落实到位。抓紧制定环境保护专项规划，进一步落实加强环境保护的工作措施，建立和完善有利于环境保护的体制机制，加大环境执法力度，提高环保工作水平，努力开创我国环保事业新局面。

会议强调，保护环境关系到我国现代化建设的全局和长远发展，是造福当代、惠及子孙的事业。我们一定要充分认识我国环境形势的严峻性和复杂性，充分认识加强环境保护工作的重要性和紧迫性，把环境保护摆在更加重要的战略位置，以对国家、对民族、对子孙后代高度负责的精神，切实做好环境保护工作，推动经济社会全面协调可持续发展。

第六次全国环境保护大会设有 2300 多个分会场，有 11 万人参加，会议坦承："十五"期间环保指标没有完成，同时强调"十一五"期间，我国将推行环境保护责任制，地方政府要对环境质量负总责。最重要的是，环保目标的完成情况将被纳入对地方经济社会发展评价范围和干部的政绩考核。会上表彰了全国环保系统先进集体和先进工作者。

（七）第七次全国环境保护大会

2011 年 12 月 20 日至 21 日第七次全国环境保护大会在北京召开。第七次全国环境保护大会是在国家实施"十二五"规划的开局之年，在我国经济社会发展到了新阶段，面临着复杂的国际经济形势的情况下，也是在中央经济工作会议之后召开的一次重要会议。会议的主要目的是，落实"十二五"规划的主题和主线，落实中央经济工作会议精神，落实国务院出台的《关于加强环境保护重点工作的意见》和《国家环境保护"十二五"规划》，总结"十一五"期间的环境保护工作，分析环境保护面临的新形势，部署今后一个时期的环保任务。

大会系统分析了当前环境保护中存在的突出问题和深层次矛盾，强调环境是重要的发展资源，良好的环境本身就是稀缺资源，要坚持在发展中保护、在保护中发展，推动经济转型，提升生活质量，为经济长期平稳较快发展固本强基，为人民群众提供"水清天蓝地干净"的宜居安康环境。大会强调"三个转变"，即从重经济增长轻环境保护转变为保护环境与经济增长并重；从环境保护滞后于经济发展转变为环境保护和经济发展同步；从主要用行政办法保护环境转变为综合运用法律、经济、技术和必要的行政办法解决环境问题。

大会认为，"十一五"期间，环境保护从认识到实践都发生了重要变化，取得了显著成效，为经济较快增长、应对国际金融危机和新兴产业发展提供了支撑和保障。但要看到，我国正处于工业化和城镇化快速发展的时期，发达国家一两百年间逐步出现的环境问题在我国现阶段集中显现，环境保护仍是经济社会发展的薄弱环节，形势依然严峻。对此，必须有充分认识，进一步增强紧迫感和责任意识，继续为保护和改善环境作出不懈努力。

（八）第八次全国生态环境保护大会

2018 年 5 月 18 日至 19 日在北京召开第八次全国生态环境保护大会。习近平和其他政治局常委出席大会，表明中央对生态环境保护的高度重视。

习近平在大会上发表讲话,强调生态文明建设是关系中华民族永续发展的根本大计,生态环境是关系党的使命宗旨的重大政治问题,也是关系民生的重大社会问题。习近平强调,中华民族向来尊重自然、热爱自然,绵延5000多年的中华文明孕育着丰富的生态文化。生态兴则文明兴,生态衰则文明衰。习近平在全国生态环保大会上的讲话为我国生态文明建设做出了顶层设计。

大会指出,党的十八大以来,生态文明建设发生历史性、转折性、全局性变化,生态环境质量持续好转,出现了稳中向好趋势,但成效并不稳固。因此,要加大力度推进生态文明建设、解决生态环境问题,坚决打好污染防治攻坚战,推动我国生态文明建设迈上新台阶。

大会对我国生态文明建设的现实情况做出三个判断:正处于压力叠加、负重前行的关键期;已进入提供更多优质生态产品以满足人民日益增长的优美生态环境需要的攻坚期;也到了有条件有能力解决生态环境突出问题的窗口期。

大会对新时代推进生态文明建设,提出6个原则:一是坚持人与自然和谐共生;二是绿水青山就是金山银山;三是良好生态环境是最普惠的民生福祉;四是山水林田湖草是生命共同体;五是用最严格、制度最严密的法治保护生态环境;六是共谋全球生态文明建设。

大会对生态文明建设提出5点要求:要加快构建生态文明体系;要全面推动绿色发展;要把解决突出生态环境问题作为民生优先领域;要有效防范生态环境风险;要提高环境治理水平。

大会强调加快建立健全5个生态文明体系:以生态价值观念为准则的生态文化体系;以产业生态化和生态产业化为主体的生态经济体系;以改善生态环境质量为核心的目标责任体系;以治理体系和治理能力现代化为保障的生态文明制度体系;以生态系统良性循环和环境风险有效防控为重点的生态安全体系。

大会强调生态文明建设必须加强党的领导,地方各级党委和政府主要领导是本行政区域生态环境保护第一责任人。第八次全国生态环境保护大会,开启了新时代生态环境保护工作的新阶段。

回顾我国环境保护历程,全国环境保护会议起了极大的推动作用。比较我国几次环境保护会议,我国环境保护工作从无到有,从第一次参加环境保护会议人员尚不知环境保护到如今环境保护深入人心,从起初末端治理环境污染问题到目前的可持续发展战略的实施,在我国环境保护事业发展的道路上,全国环境保护会议是里程碑。全面建设小康社会,提高人民群众的生活质量和健康水平,保障中华民族永续发展,必须加强环境保护。党的十九大报告指出:2035年美丽中国基本实现,2050年美丽中国全面实现。习近平在第八次全国生态环境保护大会上指出"要通过加快构建生态文明体系,确保到2035年,生态环境质量实现根本好转,美丽中国目标基本实现"。

中国环境保护法律法规体系

我国政府高度重视环境保护,将环境保护确立为一项基本国策,把可持续发展作为一项重大战略,以生态文明思想为指导,坚持在推进经济发展的同时,采取一系列措施加强环境保护。环境保护法律法规是国家进行环境管理的根本依据,是协调经济、社会发展和环境保护的重要手段。

一、环境法规体系的概念及组成

(一)环境法规体系的概念

环境法规体系是指由国家制定的开发利用自然资源、保护改善环境的各种法律、法令、条例、规则、规范等所组成相互联系、相互补充、内部协调一致的统一整体。

一个国家的环境法规形式多种多样,立法机关与政府的作用不同,立法机关出台的法律的效力与政府制定的各种规定的效力不同,涉及的内容和任务也有不同,但是它们的功能是一致的,即调整人们在保护生态环境和自然资源的过程中产生的环境与社会、经济等方面关系。

(二)中国环境法规体系的构成

《中国大百科全书·环境科学》对中国环境法规体系的描述为:由中国现行保护和改善环

境与自然资源、防治环境污染和其他公害的各种规范性文件所组成的相互联系、相辅相成的法律规范的统一体。

在我国环境保护法规体系中，除了由全国人民代表大会及其常务委员会制定的环境法以外，国务院制定的环境行政法规和环境保护部门规章以及地方性、行业性的环境法规和规章构成了我国环境法规体系的主体部分。

按照不同的效力等级或层次，可以将我国环境保护法规的效力体系分为以下组成部分：宪法、环境保护基本法、环境保护单行法、其他部门法中的环境保护规范、环境行政法规、环境保护部门规章、地方性环境法规和地方政府环境规章、环境标准。各组成部分及其相互关系如附图2-1所示。

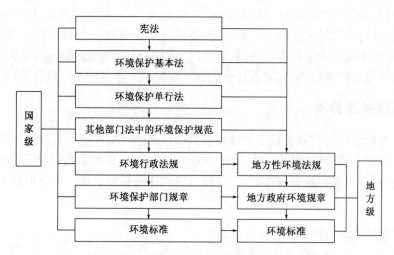

附图 2-1　我国环境法规体系的组成

二、宪法

宪法中关于环境保护的规定，是环境保护法律法规的基础，是各种环境保护法规的立法依据，具有最高的法律效力。《中华人民共和国宪法》对环境保护作出了一系列的规定，集中体现在第九条第1款、第2款，第十条第1、2、5款，第二十二条第2款，第二十六款，第五十一款，如宪法第九条规定：矿藏、水流、森林、山岭、草原、荒地、滩涂等自然资源，都属于国家所有，即全民所有；由法律规定属于集体所有的森林和山岭、草原、荒地、滩涂除外。国家保障自然资源的合理利用，保护珍贵的动物和植物。禁止任何组织或个人用任何手段侵占或者破坏自然资源。第二十六条规定：国家保护和改善生活环境与生态环境，防治污染与其他公害。从内容上看，这些规定确认了环境保护是国家的一项基本职责，划归了一些自然资源和某些重要环境要素的权属，对环境、自然资源、名胜古迹、珍贵文物和其他重要历史遗产进行了保护。

三、环境保护法

环境保护法是对环境保护方面的重大问题的全面的原则性规定，是对国家环境保护政策的宣告以及环境管理职责的确定，是构成其他单项环境保护法的依据。在环境保护法规体系中，具有仅次于宪法的法律地位和效力。1989年12月颁布实施的《中华人民共和国环境保护法》（以下简称《环境保护法》），经2014年4月24日第十二届全国人民代表大会常务委员会第八次会议修订。环境保护法在内容上具有综合性和基础性,在立法实践中也是各单行法的立法依据。所以环境保护法被视为我国环境保护法规体系的基础法。

制定《环境保护法》是为保护和改善环境,防治污染和其他公害,保障公众健康,推进生态文明建设,促进经济社会可持续发展。《环境保护法》适用于中华人民共和国领域和中华人民共和国管辖的其他海域。《环境保护法》规定保护环境是国家的基本国策;国家采取有利于节约和循环利用资源、保护和改善环境、促进人与自然和谐的经济、技术政策和措施,使经济社会发展与环境保护相协调;环境保护坚持保护优先、预防为主、综合治理、公众参与、损害担责的原则;一切单位和个人都有保护环境的义务。地方各级人民政府应当对本行政区域的环境质量负责;企业事业单位和其他生产经营者应当防止、减少环境污染和生态破坏,对所造成的损害依法承担责任;公民应当增强环境保护意识,采取低碳、节俭的生活方式,自觉履行环境保护义务;各级人民政府应当加大保护和改善环境、防治污染和其他公害的财政投入,提高财政资金的使用效益;国务院环境保护主管部门,对全国环境保护工作实施统一监督管理;县级以上地方人民政府环境保护主管部门,对本行政区域环境保护工作实施统一监督管理等。

四、环境保护单行法

环境保护单行法是针对某一特定的环境要素或特定的环境社会关系进行调整的专门性法律规范文件,它以宪法和环境保护法为依据,又是宪法和环境保护法的具体化,具有控制对象的针对性、专一性和可操作性较强等特点,为环境管理提供直接依据。主要由以下几个方面的立法构成。

(一)土地利用规划法

土地利用规划法包括国土整治法、城乡规划法等。其中,国土整治法是从空间和地域上对工业、农业、城镇、人口、交通、环境保护等的总体规划与布置,国土规划包括了各种区域规划。

(二)环境污染防治法

我国环境立法对有关环境污染问题的描述,采用了"环境污染和其他公害"的概念,其中其他公害是指不能以环境污染来概括的其他形式的物质或者能量进入环境而导致环境破坏的现象。《环境保护法》第42条的规定列举了"环境污染和其他公害"的外在表现形式,即"在生产建设或者其他活动中产生的废气、废水、废渣、医疗废物、粉尘、恶臭气体、放射性物质以及噪声、振动、光辐射、电磁辐射等对环境的污染和危害"。

环境污染防治立法主要是从控制环境污染物质和对有关生产工艺流程可能造成环境污染和其他公害的原因物质的管理两方面来进行的。我国现行的环境污染防治法包括6部环境要素控制法和3部环境污染控制管理方面的法律。

1. 水污染防治法

我国现行的《中华人民共和国水污染防治法》(以下简称《水污染防治法》)于1984年5月颁布,2017年6月第二次修正。修正后的《水污染防治法》规定了水污染防治的标准和规划;明确了水污染防治的监督管理办法;规定了防治工业水污染、城镇水污染、农业和农村水污染、船舶水污染的要求和措施;对保护饮用水水源和其他特殊水体的要求和措施进行了细化;对水污染事故处置和法律责任做了比较详细的规定;加大政府责任,规定"政府应当将水环境保护工作纳入政府最重要的规划——国民经济与社会发展规划,而这个规划是有项目和资金作保证的","县级以上地方政府要对本行政区域的水环境质量负责"等。

2. 大气污染防治法

《中华人民共和国大气污染防治法》(以下简称《大气污染防治法》)于 1987 年 9 月制定颁布,2018 年 10 月第二次修正。修订后的《大气污染防治法》规定了大气污染防治标准和限期达标规划;确定了大气污染防治监督管理的制度;针对燃煤和其他能源污染防治、工业污染防治、机动车船等污染防治、扬尘污染防治、农业和其他污染防治,规定了具体的要求和措施;对重点区域大气污染联合防治办法进行了细化;对重污染天气应对措施进行了规定;对大气污染的法律责任做了比较详细的规定。加强监督强化政府责任,新的大气污染防治法第三条明确规定,县级以上人民政府应当将大气污染防治工作纳入国民经济和社会发展规划,加大对大气污染防治的财政投入。地方各级人民政府应当对本行政区域的大气环境质量负责,制定规划,采取措施,控制或者逐步削减大气污染物的排放量,使大气环境质量达到规定标准并逐步改善等。

3. 固体废物污染防治法

《中华人民共和国固体废物污染环境防治法》于 1995 年 10 月颁布,2016 年 11 月第四次修订。该法确定了防治固体废物污染的管理原则,即实行减少固体废物的产生量和危害性、充分合理利用固体废物和无害化处置固体废物的原则,促进清洁生产和循环经济发展;确定了统一监督管理与分级、分部门监督管理相结合的体制;确立了国家对固体废物的防治措施;禁止中华人民共和国境外的固体废物进境倾倒、堆放、处置。国务院环境保护行政主管部门会同国务院经济综合宏观调控部门和其他有关部门对工业固体废物对环境的污染作出界定,制定防治工业固体废物污染环境的技术政策,组织推广先进的防治工业固体废物污染环境的生产工艺和设备。县级以上人民政府应当统筹安排建设城乡生活垃圾收集、运输、处置设施,提高生活垃圾的利用率和无害化处置率,促进生活垃圾收集、处置的产业化发展,逐步建立和完善生活垃圾污染环境防治的社会服务体系等。

4. 噪声污染防治法

《中华人民共和国噪声污染防治法》于 1996 年 10 月颁布,2018 年 12 月修订。该法明确规定国务院和地方各级人民政府应当将环境噪声污染防治工作纳入环境保护规划,并采取有利于声环境保护的经济、技术政策和措施;地方各级人民政府在制定城乡建设规划时,应当充分考虑建设项目和区域开发、改造所产生的噪声对周围生活环境的影响,统筹规划,合理安排功能区和建设布局,防止或者减轻环境噪声污染;国务院生态环境主管部门对全国环境噪声污染防治实施统一监督管理,县级以上地方人民政府生态环境主管部门对本行政区域内的环境噪声污染防治实施统一监督管理;任何单位和个人都有保护声环境的义务,并有权对造成环境噪声污染的单位和个人进行检举和控告;国家鼓励、支持环境噪声污染防治的科学研究、技术开发,推广先进的防治技术和普及防治环境噪声污染的科学知识;对工业噪声、建筑施工噪声、交通运输噪声和社会生活噪声制定了管理措施等。

5. 海洋环境保护法

《中华人民共和国海洋环境保护法》于 1982 年 8 月颁布,2017 年 11 月第三次修正。该法将生态保护红线和海洋生态补偿制度确定为海洋环境保护的基本制度。体现了海洋生态环境保护理念从污染防治转变为生态保护,形成受益者付费、保护者得到合理补偿的运行机制;以法律形式明确海洋主体功能区规划的地位和作用。通过海洋主体功能区规划的实施,引导海洋开发活动与资源环境承载能力相适应;加大了对污染海洋生态环境违法行为的处罚力度。对环境违法行为的处罚不设上限,体现了用严格制度保护生态环境的中央精神等。

6. 放射性污染防治法

《中华人民共和国放射性污染防治法》于 2003 年 6 月颁布。该法规定,国家对放射性污染实行环境保护行政主管部门统一监督管理,有关部门分工负责的管理体制;对核设施、核技术应用等可能造成放射性污染的活动进行严格的全过程监督管理制度,规定放射性污染监测制度,核事故应急制度,核设施退役计划和放射性废物管理等制度;规定了违法行为的行政处罚等。

7. 清洁生产促进法

《中华人民共和国清洁生产促进法》于 2002 年 6 月颁布,2012 年 2 月修正。修正后的清洁生产促进法规定,强化政府推进清洁生产的工作职责;扩大对企业实施强制性清洁生产审核范围;明确规定建立清洁生产财政支持资金,加强财政支持力度,规定中央预算应当加强对清洁生产工作的资金投入;强化清洁生产审核法律责任。新修订的《清洁生产促进法》进一步强化了三方面的法律责任:一是强化了政府部门不履行职责的法律责任;二是强化了企业强制性清洁生产的法律责任;三是强化了评估验收部门和单位及其工作人员的法律责任,强化了政府监督与社会监督作用等。

8. 环境影响评价法

《中华人民共和国环境影响评价法》于 2002 年 10 月颁布,2016 年 7 月修正,2018 年 12 月 29 日,第十三届全国人民代表大会常务委员会第七次会议对《中华人民共和国环境影响评价法》做出修改。《中华人民共和国环境保护法》明确规定,未依法进行环境影响评价的开发利用规划,不得组织实施;未依法进行环境影响评价的建设项目,不得开工建设;将规划环评作为建设项目环评的重要依据;强化了环境影响评价的法律责任等。

9. 循环经济促进法

《中华人民共和国循环经济促进法》于 2008 年 8 月颁布,2018 年 10 月修正。循环经济促进法规定:国务院循环经济发展综合管理部门负责组织协调、监督管理全国循环经济发展工作;国务院生态环境等有关主管部门按照各自的职责负责有关循环经济的监督管理工作;国家制定产业政策,应当符合发展循环经济的要求;县级以上人民政府编制国民经济和社会发展规划及年度计划,县级以上人民政府有关部门编制环境保护、科学技术等规划,应当包括发展循环经济的内容;国家鼓励和支持开展循环经济科学技术的研究、开发和推广,鼓励开展循环经济宣传、教育、科学知识普及和国际合作等。

(三)自然资源保护法

自然资源保护法是以管理自然资源和保护生态为目的的法律。前者是指以合理开发、利用自然资源为目的的法律,通过规范人类对自然资源的开发、利用行为,以减少对环境或自然资源的破坏,如《中华人民共和国森林法》《中华人民共和国土地管理法》《中华人民共和国草原法》《中华人民共和国可再生能源法》《中华人民共和国矿产资源法》等。后者是以保护自然

(生态)环境或为了防止生物多样性破坏为目的而制定的法律,如《中华人民共和国水土保持法》《中华人民共和国防沙治沙法》《中华人民共和国野生动物保护法》等。

五、其他部门法中的环境保护规定

由于环境法调控对象涉及范围广,专门性的环境立法虽然数量上比较多,但仍然不能将涉及的环境与社会、经济方面的关系全部加以调整,在其他的部门法如民法、刑法、行政法、经济法等法中,也包含有关环境保护的法规条款,这些法规也是我国环境法规体系的组成部分。

如,2017年3月修订的《民法通则》中第83条、第123条、第124条中均涉及环境保护的相关条款,如第123条规定,从事高空、高压、易燃、易爆、剧毒、放射性、高速运输工具等对周围环境有高度危险的作业造成他人损害的,应当承担民事责任;如果能够证明损害是由受害人故意造成的,不承担民事责任。

1997年修订后的《刑法》及2015年《刑法修正案(九)》修正,在第六章第六节中,专门设立了"破坏环境资源保护罪",对各种严重污染环境和破坏自然资源的犯罪行为规定了相应的刑事责任。

2012年10月修正的《治安管理处罚法》中对与环境保护有关的妨碍公共安全、侵犯人身权利、财产权利等具有社会危害性但尚不够刑事处罚的行为也规定了行政处罚措施。

在适用法律规范时,一般优先适用专门的环境保护基础法和单行法,对于环境保护基础法和单行法中未作出规定的事项,可以使用部门法中的环境保护规定进行补充。

六、环境行政法规

环境行政法规是由国务院依照宪法和法律的授权或按照法定权限,按法定程序颁布或通过的关于环境保护方面的行政法规。环境行政法规几乎涵盖了所有环境行政管理领域,除了制定各有关环境法律的实施细则外,还对环境管理机构的设置、职权、行政管理程序、行政管理制度以及行政处罚等作出规定,是环境法规体系的重要组成部分之一。如《中华人民共和国防治海岸工程建设项目污染损害海洋环境管理条例》(1990年6月颁布,2018年3月第三次修订)、《防治海洋工程建设项目污染损害海洋环境管理条例》(2006年9月颁布,2018年3月第二次修订)、《中华人民共和国自然保护区条例》(1994年10月颁布,2017年10月第二次修订)等。

为加强环境保护工作,建立全方位的环境保护大战略,国务院出台了"大气十条""水十条""土十条"等环境保护措施。

2013年国务院印发《大气污染防治行动计划》(国发〔2013〕37号),即"大气十条",确定了减少污染物排放;严控高耗能、高污染行业新增耗能;大力推行清洁生产等十条大气污染防治措施。

2015年国务院印发的《水污染防治行动计划》(国发〔2015〕17号),即"水十条",提出了狠抓工业污染防治、强化城镇生活污染治理、推进农业农村污染防治等十项水污染防治措施。

2016年国务院印发《土壤污染防治行动计划》(国发〔2016〕31号),即"土壤十条",确定了开展土壤污染调查,掌握土壤环境质量状况;推进土壤污染防治立法,建立健全法规标准体系;实施农用地分类管理,保障农业生产环境安全等十项土壤污染防治措施。

七、环境保护部门规章

环境保护部门规章是由国务院环境保护行政主管部门或有关部门发布的环境保护规范性文件,如《环境影响公众参与办法》(2018年4月由生态环境部部务会议审核通过)、《关于废止有关排污收费规章和规范性文件的决定》(2018年4月由生态环境部部务会议审核通过)、《工矿用地土壤环境管理办法(试行)》(2018年4月由生态环境部部务会议审核通过)、《粉煤灰综合利用管理办法》(2013年3月国家发改委发布)、《机动车强制报废标准规定》(2012年8月商务部第68次部务会议审核通过)等。

八、地方性环境法规和地方政府环境规章

地方性环境法规是各省、自治区、直辖市根据国家环境法规,结合本地区实际情况而制定并经地方人大审议通过的法规。地方政府的环境规章是各省、自治区、直辖市、省人民政府所在地的城市以及国务院批准的较大城市的人民政府制定的有关环境保护的规范性文件。国家已制定的法律法规,各地可以因地制宜地加以具体化;国家尚未制定的法律法规,各地可根据环境管理的实际需要,现行制定地方法规。地方性环保法规是以实施国家环境法规为宗旨,以解决本地区某一特殊环境问题为目标而制定的。截至2018年,地方性环境保护法规共有2860余部,涉及水、大气、噪声等单个污染因素以及森林、矿产等单个资源要素。

九、环境标准

环境标准是国家为了维护环境质量、控制污染、保护人群健康、社会财富和生态平衡而制定的各种技术指标和规范的总称,是环境法规体系的重要组成部分。环境标准是和环境法规相结合同时发展起来的,是具有法律性质的技术规范,是制定环境目标和环境规划的依据,也是判断环境是否受到污染和制定污染物排放标准的法定依据。

根据《环境保护法》和《环境保护标准管理办法》的规定,我国的环境标准由三类两级组成,即在类别上包括环境质量标准、污染物排放标准、环境保护基础标准与方法标准三类,在级别上包括国家级和地方级(实际上为省级)两级。

环境质量标准是指国家为保护公民身体健康、财产安全、生存环境而制定的空气、水等环境要素中所含污染物或其他有害因素的最高允许值。因此,环境质量标准是环境保护的目标值,也是制定污染物排放标准的重要依据。从法律角度看,它是判断环境是否已经受到污染、排污者是否应当承担排除侵害、赔偿损失等民事责任的根据。

污染物排放标准是指为了实现环境质量标准和环境目标,结合环境特点或经济技术条件而制定的污染源所排放污染物的最高允许限额。它作为达到环境质量标准和环境目标的最重要手段。

环境保护基础标准是为了在确定环境质量标准、污染物排放标准和进行其他环境保护工作中增强资料的可比性和规范化而制定的符号、准则、计算公式等。而环境保护方法标准则是关于污染物取样、分析、测试等的标准。

国家环境质量标准、国家污染物排放标准由国务院环境保护行政主管部门制定、审批、颁布和废止;省、自治区、直辖市人民政府对国家环境质量标准中未做规定的项目,可以制定地方环境质量标准,并报国务院环境保护行政主管部门备案;省、自治区、直辖市人民政府对国家污

染物排放标准中未做规定的项目,可以制定地方污染物排放标准;对国家污染物排放标准中已作了规定的项目,可以制定严于国家污染物排放标准的地方污染物排放标准。地方污染物排放标准须报国务院环境保护行政主管部门备案。而且凡向已有地方污染物排放标准的区域排放污染物的,应当执行地方污染物排放标准。

参 考 文 献

[1] 林肇信,等.环境保护概论(修订版)[M].北京:高等教育出版社,1999.

[2] 鞠美庭.环境学基础[M].北京:化学工业出版社,2010.

[3] 董小林.公路建设项目社会环境评价[M].北京:人民交通出版社,2000.

[4] 汤姆·蒂坦伯格.环境与自然资源经济学[M].北京:中国人民大学出版社,2011.

[5] 董小林.当代中国环境社会学建构[M].北京:社会科学文献出版社,2010.

[6] 赵剑强.公路交通与环境保护[M].北京:人民交通出版社,2002.

[7] 阮贤舜.环境经济学[M].哈尔滨:哈尔滨地图出版社,1992.

[8] 张开远.环境经济学[M].北京:中国环境科学出版社,1993.

[9] 王金南.环境经济学——理论·方法·政策[M].北京:中国环境科学出版社,1994.

[10] 张坤民.可持续发展论[M].北京:中国环境科学出版社,1997.

[11] 张象枢,等.环境经济学[M].北京:中国环境科学出版社,1999.

[12] 叶德磊.微观经济学[M].北京:高等教育出版社,2000.

[13] 蔡继明.微观经济学[M].北京:人民出版社,2002.

[14] 蔡继明.宏观经济学[M].北京:人民出版社,2002.

[15] 赵德海,等.宏观经济学[M].北京:科学出版社,2018.

[16] 董小林,马瑾,王静,等.基于自然与社会属性的环境公共物品分类[J].长安大学学报(社会科学版),2012.

[17] 综合环境和经济核算(临时版本)(SEEA-1993).联合国出版物,1994.

[18] 于富生.成本会计学[M].北京:中国人民大学出版社,2012.

[19] 国家环境保护总局,国家统计局.2004中国绿色国民经济核算研究报告(公众版)[J].环境保护,2006.

[20] 王金南,等.建立中国绿色GDP核算体系:机遇、挑战与对策[J].环境经济,2005.

[21] 董小林,潘望,宋赪,等.基于全寿命周期理论的公路项目环境成本分析[J].中国公路学报学报,2013.

[22] 杨建军,董小林,张振文.城市大气环境治理成本核算及其总量、结构分析[J].环境污染与防治,2014.

[23] 金德环.投资经济学[M].上海:复旦大学出版社,2006.

[24] 董小林,曹广华,李娇娜.城市环境保护投资分析与评价[J].西安建筑科技大学学报(自然科学版),2006.

[25] 董小林,周晶,杨建军.区域环境污染治理投资结构分析[J].西北大学学报(自然科学版),2008.

[26] 董小林,方珍,江泉.基于帕累托改进的经济、社会与环境三效益协调分析[J].中国人口·资源与环境,2009.

[27] 刘鸿亮.环境费用效益分析方法及实例[M].北京:中国环境科学出版社,1988.

[28] 宋赪,王丽,董小林.西安环境污染经济损失估算与分析[J].长安大学学报(社会科学

版),2006.

[29] 赵佳红,董小林,吴阳,等.废水排放总量与污染物浓度的联合聚类分析——以 2014 年各省面板数据为例[J].四川环境,2017.

[30] 董小林,冯文昕,刘丰旋.基于增量的经济增长与污染物排放的脱钩分析——以 2013 年—2015 年各省面板数据为例[J].华中师范大学学报(自然科学版),2018.

[31] 董小林,韩妮晏,薛文婕,等.基于经济弹性系数的环境经济系统分析[J].西北大学学报(哲学社会科学版),2015.

[32] 刘丰旋,董小林,冯文昕.经济发展增量与环境污染关联性分析[J].上海环境科学,2018.

[33] 蔡守秋.环境政策学[M].北京:北京科学出版社,2009.

[34] 温宗国.当代中国的环境政策形成、特点与趋势[M].北京:中国环境科学出版社,2010.

[35] 生态环境部环境规划院.环境经济政策年度报告 2013—2017[R].

[36] 沈满洪.环境经济手段研究[M].北京:中国环境科学出版社,2001.

[37] 王金南,葛察忠,秦昌波,等.中国独立型环境税方案设计及其效应分析[J].中国环境管理,2015.

[38] 吴建.排污权交易[M].北京:中国人民大学出版社,2005.

[39] 刘砚田.工程经济[M].西安:西安交通大学出版社,1988.

[40] 黄瑜祥.工程经济学[M].上海:同济大学出版社,2005.

[41] 何晶晶.从《京都议定书》到《巴黎协定》:开启新的气候变化治理时代[J].国际法研究,2016.

[42] 国家发展改革委等 14 个部委.关于印发《循环发展引领行动》的通知[R].2017.

[43] 中华人民共和国国家发展和改革委员会,中华人民共和国环境保护部.清洁生产审核办法[R].2016.

[44] 中国人民银行,财政部,国家发展改革委,等.关于构建绿色金融体系的指导意见[R].2016.

[45] 董小林,刘玉萍,宋赪.BOT 与中国环保产业的发展[J].长安大学学报(自然科学版),2002.

[46] 薛涛,李曼曼.环保产业高速发展中的四大隐忧和四个突破方向[J].环境经济,2018,9.

[47] 国家发改委,国家统计局,环境保护部,等.关于印发《绿色发展指标体系》《生态文明建设考核目标体系》的通知[R].2016.

[48] 杜斌,张坤民,彭立颖.国家环境可持续能力的评价研究:环境可持续性指数 2005[J].中国人口·资源与环境,2006.

[49] 董战峰,郝春旭,李红祥,等.2018 年全球环境绩效指数报告分析[J].环境保护,2018.

[50] 董小林,宋赪,周晶,等.区域环境经济指标体系的构建[J].长安大学学报(自然科学版),2008.

[51] 杨建军,董小林,关卫省,等.企业环境经济指标体系及其评价基准研究[J].武汉理工大学学报,2010.